纪念梁希先生诞辰一百周年

1883—1983

梁希文集

《梁希文集》編輯組編

中国林业出版社

梁希

高到八千八百多公尺的喜馬拉雅山聖母之水峯，低到一撮撮了土，都是人民的山。都要人民的林業工作者來保護造林。除了雪線以上的高山，要把它全部綠化。而不容許有黃色，這是我們的遠景。

一九五一年三月八日

梁希

全中國自然科學工作者聯合起來！

一九五〇.七.二十一.

梁希在北京謹題

序

梁希先生（1883—1958）是我国杰出的林学家、教育家和爱国主义者。解放前，他长期从事林业教育和科学研究。建国后，曾担任全国人大代表、全国政协常委、全国科学技术协会副主席、全国科学普及协会主席、林业部部长、中国科学院生物学部委员和九三学社副主席等职。他毕生为争取人民民主、发展科学事业和林业而奋斗，功绩卓著，受到国内外科学界、林业界的推崇。

我和梁希先生的接触始于1950年，当时他是全国科普协会主席，我是副主席；1951年，又作为副团长同梁希先生为团长的代表团一起参加了在法国巴黎举行的世界科学工作者国际和平会议。自此以后，来往频繁，相知甚厚。

梁希先生素常治学严谨，精勤不懈。他毕生勤于著作，除了关于林产化学、木材学方面的专著外，还有政论文章、林业科学论文、试验报告、科普文章，以及诗词。遗憾的是，在十年动乱期间，文稿大都散失。为纪念梁希先生百年诞辰，筹委会广为搜集他的文稿，编辑这本《梁希文集》，我是很赞同的。梁希先生这些著作是他遗留给我们的宝贵精神财富，不但具有历史意义，而且对我国当前和今后一个时期的科学事业和林业建设仍有指导意义。

文集中二十年代前后的著作，反映梁希先生从国外学成归来对发展中国林业的抱负。他大力宣传发展林业的重要性。在《民生问题与森林》一文中，他指出：在原始时代和游牧时代，森林就是"人类的发祥之地"；即使到近代，人们的衣食住行还依靠森林，“国无森林，民不聊生！”经过到浙江等地林区考察，他提出了当地发展林业的见解，发出了“西湖可以无森林乎”的呼声。

三十年代初期到抗日战争的著作，大部分为林产化学和木材学方面的科学论文和试验报告。这是因为国民党政府不重视林业，梁希先生在林业生产实践中无用武之地，他只好在教室里、实验室中同助手和同学们一起探讨林产化学和木材学问题，并进行试验研究。他在樟脑（油）凝制、松脂采集、桐油抽提、木材干馏、木材物理性质等试验方面，取得了丰硕成果。本文集收入了一部分这方面的文稿。

梁希先生早在日本求学时期，就参加过孙中山先生领导的中国同盟会，从事革命活动，为革命事业出过力。从抗战期间到解放前夕，在党的指引下，他的思想“升华”到一个新阶段。他孜孜不倦地学习马克思主义，思想境界大为开阔。这一时期，他写了《用唯物辩证法观察森林》一文。他指出，顺应树木生长发育的客观规律，应该“把凋零的老朽的旧枝叶赶快不留情面地一刀剪去，帮助欣欣向荣的新枝叶的生长”。实际上，他是在号召人民起来，把腐朽的没落的蒋家王朝推翻，促进新生的人民民主政权的诞生。在《〈林钟〉复刊词》中，他抨击蒋介石政权的反动统治，鼓动人们起来推翻旧制度，为振兴中国林业而奋斗！并且提出了“黄河流碧水，赤地变青山”的宏伟目标。在《科学与政治》一文中，他提出了争取“人民自决自主，自己管理政治”，“人人有权利受教育，人人有机会求知识，人人有工夫学科学”的思想。解放前夕，他还写了“以身殉道一身轻，与子同仇倍有情，起看星河含曙意，愿将鲜血荐黎明”的壮烈诗篇，表现了崇高的革命者的气魄。

新中国成立后，梁希先生虽然年近古稀，但老当益壮，仍然热心于科普、科协的工作。文集中收入了他代表中国科学界参加外事活动的讲话，以及关于开展科普等活动的文章。他在1956年写的《农民需要科学翻身》、《妇女有权利要求科学家普及科学》、《广泛发展工会和科普协会的合作关系》、《放宽“家”的尺度，扩大“鸣”的园地》等文章，对于我国当前的科普工作仍有现实指导意义。

新中国成立，梁希先生就勇于挑起了领导全国林业建设的重担。他不顾年老体弱，奔波于长城内外、大江南北，足迹遍神州，擘划新中国绿化的蓝图。在《新中国的林业》一文中，他全面规划中国林业建设的四大任务：普遍护林，重点造林，森林经理，森林利用；他指出美丽的远景：“无山不绿，有水皆清，四时花香，万壑鸟鸣，替河山装成锦绣，把国土绘成丹青”。他十分关心维护生态平衡问题，早在建国初期就提出既要保证供应工业建设用材，又要减少农田灾害，他多次呼吁：“争取做到全国山青水秀，风调雨顺”，“绿化黄土高原，根治黄河水害”，“让绿荫护夏，红叶迎秋”。他还写了《向高中应届毕业生介绍林业和林学》、《青年们起来绿化祖国》等文章，争取青年加入绿化大军的行列。他主张依靠广大群众绿化祖国。

这本文集，向读者展示了梁希先生的学术思想和在林业方面所取得的成就。梁希先生热爱党、热爱祖国、热爱科学、热爱林业的精神，将鼓舞着我们为创建社会主义现代化的伟大事业而奋斗！

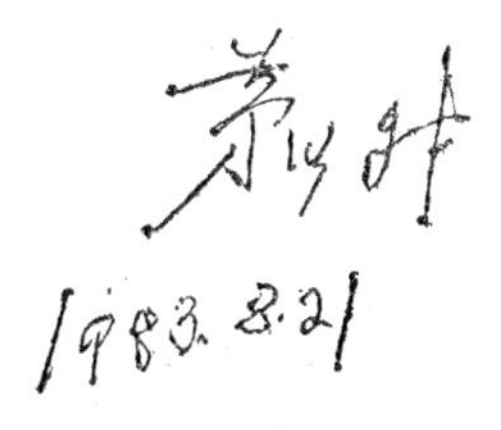

目　录

民生问题与森林

民生问题——就是国民生活问题——的要素，总理[1]曾经告诉我们了，是“衣”“食”“住”“行”这四种。衣食住行跟着时代变迁，时代有进化，衣食住行也有变动；所以我们要研究民生问题，先要把时代分别一下。今为便利起见，把时代划分为三：

第一个时代

第一个时代，是原始时代和游牧时代。原来草昧之世，全地球都是树木，人民就在树林里头生活。“住”的是地洞，所谓“穴地而居”；“衣”的是树叶；“食”的是生禽活兽，所谓“茹毛饮血”；“行”是更属不成问题。草草不工，大家过了一生。那时人类和猴子差不多，猴子在树林子里头过日子过得很快活，人类在树林子里头生活，当然没有什么困难。进化学家说：“猴子是人类的祖先”。我说：森林是人类的发祥之地。人类所以能够发达到现在的地步，都是森林的功劳。所以饮水思源，我们要把森林看得神圣似的才对。

第二个时代

第二个时代，指着人文进化的时代而言。那时生活渐渐复杂。

① 指孙中山先生。——编者

衣食住行自然是比先前讲究得多。“衣”要暖，要适体，还要华丽；“食”要饱，要适口，还要精致；“住”要避风雨，要舒服，还要美观；“行”要省力，要爽，还要快。到了这个时代，生活向上，欲望增进，物质的需要增加，一切东西，不单是讲“量”，还要论“质”。换句话说：非但要求其多，还要求其好。

同时事业方面，也“分业的”发达起来，“农业”与“林业”分工而作，把“衣”“食”“住”“行”这四种双方分担起来。农业家管着“衣”“食”，林业家管着“住”“行”。所以那个时代的民生问题，一半靠着农业，一半是靠着林业，权限划分得很清楚的。

第三个时代

我们就把十九世纪以后，当作第三个时代罢。原来农业遇着工业，是一步一步退后，林业遇到农业，又是一步一步的退后。今人工厂昔人地，昔日森林今日田，这种情形，在都会的附近和山冈的斜面，是素见不鲜的；所以森林到了近世，总是有减无增。可是一方面森林缩小范围，让出地来给农业经营，一方面森林却增加生产物，而且生产物又随时改良，可以代替农产物了。所以到了现在，森林不但管着“住”“行”，并且管着“衣”“食”的一部分。试把最近国民生活和森林的关系，略说一说：

一、森林与食

食的目的是营养，营养的要素，一蛋白质，二炭化水素①——淀粉、糖类，三脂肪，四水，五生活素②，六无机物。尤其是蛋白质、炭化水素、脂肪三项，需要最多。

① 即碳水化合物。——编者

② 即维生素。——编者

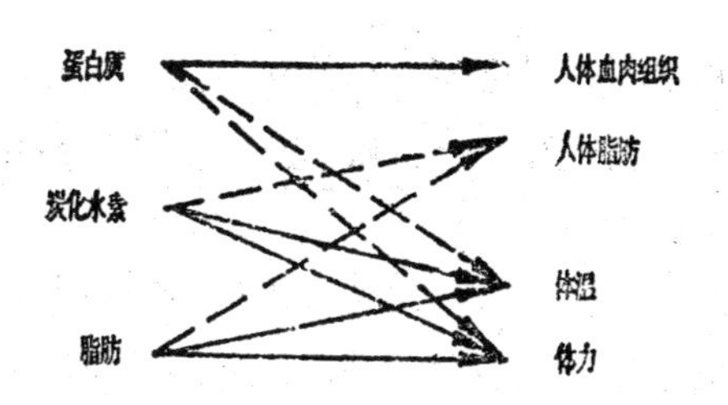

中等程度工作的人，每天需要蛋白质二两，总热量二千五百热级①。德国有位农艺化学家说："每人每天吃一个鸡蛋，便可生活，且可照常工作。"那末林产物种类繁多，自然可以养活人了。

最普通的是竹笋、松子、梧桐子、榛子、栗子、胡桃、香蕈、可可、椰子那种食品，尤其是椰子，热带的人完全当它是主要食物。其他如"沙谷"是一种富有淀粉的食料，鸟兽的肉那是更美的食品。

以上所说的食物，不是加工品，都算是很平常的。还有槭树里头取出来的糖，椰子做成的黄油，那是林业进步以后，才发明的。

说到"醋"这样食料，我们中国用酒粕或腐败的酒做的，欧美用麦酒、葡萄酒、苹果酒等做的。近来西洋已利用到林产物了，就是木材干馏的时候所得的液体里头，含有一种醋酸，把它在工厂精造一下，便是"醋"。

再说到酒，酒的主要成分是酒精、水和香料。酒的原料是米和麦，米麦都是主要食物，酒是嗜好品，把主要食物制造嗜好品，未免可惜。日本近来发明一种"人工混合酒"，虽然未曾公布，而东京农科大学的教授，拚命在那里研究。我今年春天在东京，也尝着过了，味道和日本的酒差不多，将来一定可以成功的。"人工

① 即卡路里。——编者

混合酒”的方法还没有发表，大概把酒精、水和香料那种东西适当配合，便成了一种混合酒。但是这种混合酒是仰给酒精，酒精又仰给于甘薯、马铃薯，甘薯、马铃薯是农产物，非林产物。我们暂且搁起来不提。

欧美近来研究木材造酒，经济上虽不见得十分美满，技术上已经大功告成。原来造酒的原理，无非是淀粉发酵，变为砂糖又发酵，变为酒精。

$$\underset{\text{淀粉}}{(C_6H_{10}O_5)_x} + xH_2O = \underset{\text{糖}}{xC_6H_{12}O_6}$$

$$\underset{\text{糖}}{C_6H_{12}O_6} = \underset{\text{酒精}}{2C_2H_5OH} + 2CO_2$$

而木材的纤维，化学上和淀粉没有什么大分别。木纤维（纸类）和硫酸蒸煮，马上化糖，这是我们在化学室中屡试屡验的。木纤维变了砂糖，就可用酵母发酵，制造酒精。所以 E.Simonseu啦，Tomlinson啦，Fwen啦，Classlu啦，这许多学者，都是利用木屑大规模的制造酒精。有的制成15%的酒精，有的制成75%的，有的竟制成94%的。而瑞典人则利用木原质① 工厂的废液；因其亚硫酸和木材蒸煮以后，废液里头含有发酵性的糖，所以可以利用它制酒精（造纸时往往用亚硫酸和木材蒸煮）。

依欧美的方法，木材可以制酒精，依日本的方法酒精加了别种东西，可以合成酒。那末将来酒的原料，恐怕要离不得木材了。

二、森林与衣

谈到“衣”的问题，似乎同森林不发生关系。除了太古之民把树叶当衣穿以外，谁还用着树木呢？但是我们若把衣的原料留

① 即纸浆。——编者

心一下，便知道森林的功用了。

衣的原料：(一)毛皮，(二)丝织品，(三)棉织品。

(一) 毛皮　毛皮不消说了，是林业家狩猎得来的东西，完全林产。

(二) 丝织品　森林关系于丝织品，也是浅而易见，不过通常不甚注意罢了。近来不是人造丝大流行吗？人造丝哪里来的？西洋来的！西洋人造丝是什么东西做的？木纤维做的！把木片和亚硫酸或曹达① 放在罐中一蒸，除去淀粉、木质素和不纯粹物，留下那真正的木纤维。这种纤维，一方面可以造纸；一方面用酸化铜的阿摩尼亚溶液溶解，调成薄浆，再用压力向毛细管中压出，一条一条的导入醋酸或其他酸类，便凝结成丝。人造丝的开端在一八四四年，是一位法国人，叫做 Hilaire de Chardonnet 的首先发明的。其后制造方法，分了各种各样，在工业界占了重要的位置。

人造丝的功用：①染色相宜，听说人造丝与天然丝同用，织成绸，对于一种药品可染成两种颜色，鲜丽异常。②光彩胜过天然丝。

人造丝的缺点，就是不大耐久。然而近来的衣服，只求时髦，不求经久，尤其是妇女们，一年变个花样，一季变个式子，甚至两三个月里头，要变一两回，若使用我们中国固有的缎子、宁绸、纺绸和湖绉，倒不免暴殄天物。

近来有一般人，主张抵制人造丝，挽回利权。这种见解，固然是出于爱国之忱，可是世界潮流，澎湃而来，我们除非取闭关主义，不然，在二十世纪的物质文明的圈子里，有几个人能够“粗绘大布裹生涯”？恐怕苏东坡再世，也未见得把腹里的诗书和人家身上的经纶斗闲气了。

① 即氢氧化钠。——编者

据世界新闻社的报道：近来各国人造丝继长增高，其产额比较欧战以前增加了许多。德国人又发明一种制造人造丝的新法，其产品品质的坚韧，比以前的增高三倍。

战前战后各国人造丝产额比较表（单位：千磅）

国名	1927年	1926年	1913年
美国	75,555	61,900	1,567
意大利	49,500	36,940	330
德国	36,000	25,960	7,700
英国	36,000	28,300	6,600
法国	26,400	17,500	3,300
比利时	13,200	13,000	2,860
荷兰	16,500	13,500	—
其他	32,600	25,900	1,870

我们既然知道人造丝战胜了天然丝，我们既然知道林产物压迫了农产物，我们要顺着潮流，积极地想方法，不要逆着潮流，消极地抵制。我们一方面应该自己制造，一方面应该注意原料，培植森林！

（三）棉织品　棉织品自然是不能用林产代替的。但是德国人用树根、树皮的纤维，纺成纱，织成袜，居然同毛袜子一样。

还有一件事，想诸位还记得的，欧洲战争的时候，德国港口被封，原料缺乏，曾经把纸来做衣服。这种纸做的衣服我亲眼见过，仿佛夏天穿的麻布洋服，据他们工厂里的广告所说：纸衣服一样可以防寒，一样可以御雨。那末林产物又可以代替棉织品了。

木材的薄片，可以织成西洋女帽，那在欧战以前已发明了。

鞋子固然不能用纸板来做，然德国人现在用纸板做成的假皮箱，着实坚固，着实美观。将来工业更进一步，未始不可用纸板做皮鞋。就是鞋油，在俄国也用桦木烧烟做成的。

总而言之，鞋、袜、衣、帽，都可以用林产物来做，而且林产物做成的鞋、袜、衣、帽都是极时髦、极好看，合乎二十世纪少年男女的心理，决不是神农“以叶为衣”的玄想。

三、森林与住行

森林与“住”的问题，更是关系密切。我们平常所住的房屋，无非是木、石、金属、油漆合成的。除了金属以外，可谓全部是林产物。

说到“行”的问题，陆行的车，水行的船，都是离不了木材。就是航空的飞机，也何尝少得了木材呢？美国威斯康星林产物试验场内，有一部分专门研究飞机材料。即此一端，可见林产物的功用了。

简括的说一句：衣食住行都是靠着森林。国无森林，民不聊生！这并非是我个人过甚其辞，却是五行注定的。诸位若不嫌陈腐，请谈谈古老套儿的话罢。中国古书中，万事万物归纳到五行里头。五行中惟“木”有生气。古人常说：“秋属金，主杀；春属木，主生。西方属金，主杀；东方属木，主生。”森林就字面上看来，已经有五重木，自然是管着民生了。我们若要教我们中国做东方的主人翁，我们若要把我们中国的春天挽回过来，我们万万不可使中国“五行缺木”！万万不可轻视森林！

（原载《林学》创刊号，一九二九年）

西湖可以无森林乎

“上有天堂，下有苏杭”。从古忆江南者，“最忆是杭州”，此稍识歌谣者之所知也。夫杭州何以能颠倒众生，何以能吸引古今来才子、佳人、诗翁、词家、羽客、缁流、英雄豪杰，使之如醉如梦若癫若狂，或来而不能去，或去而不释思乎？曰：有西湖也。西湖何以能独擅其胜，垂千数百年而不衰？曰：山清水秀而风景佳也。

夫有山水风景，而地方于是“美术化”。春水红船，境如天上；秋山黄叶，人入画中。此一幅天然摩诘图，悬之武林西郭门外，娱人目，怡人心，使人思，致人歌，何其美也。且有山水风景，而地方于是“天然化”。不待公输之断，马钧之雕，云影山光，触处皆是，高人来此洗眼，名士于此清心，何其真也。况有山水风景，而地方又可以“民众化”。清风明月不用一钱买，普天下富贵贫贱智愚贤不肖，与至则来，与尽则去，一日往返百回可，一生流连不舍亦无不可，造物决不听江湖豪侠儿，提兵十万八万，占断三秋桂子，十里荷花；亦不听天下豪富人，独享六桥烟柳，三竺风光，何其平等也。

是故山水名胜，不啻为世界重宝，人类仙乡。杭州之有西湖，正杭州之天幸，而可以自慰，可以自豪者也。

虽然，犹有说：山水固可以饶风致，而风致却未必尽于山水杭州之西湖，有山有水，美矣；而山无林荫，水无树影，可谓尽善矣乎？未也。客从莫干来，则嫌其热；从天目来，则嫌其俗；

从庐山来，则嫌其平；而从欧、美、日本来则嫌其干燥无味。盖除名庵古刹外，森林皆滥伐一空，名胜云何？

夫名胜犹美人也，西湖犹西子也，削西子之发，剃西子之眉，伤西子之皮，而饰以金玉钻石，被以纱罗锦绣，则人皆掩口而笑矣。西湖之未遭人唾弃，以其邻近亦无尽美尽善之山水名胜耳。十室之邑，其女子皆削发剃眉身无完肤，则见一五官端正者，人亦趋之若骛矣。何也？邑中人生而不知有美人也。西湖自唐以来称胜地，而最近二十年间，游客乃颇有微词，却又不知病源所在，摸索迷离，任意评断，曰：马路太阔也；曰：洋房太多也。夫洋房马路而可以杀风景，损名胜乎？则瑞士意大利之湖山风致，早已无地自容矣，非谬论而何？然则西湖之缺点何在？曰：在无森林！数十年前之玉山、葛岭，虽未必尽为红树青松所蔽，然人口不多，交通阻塞，茂林修竹，必不致如今日之摧残，可断言也。至于近二十年，乔木日减，别墅日增，危楼高阁，了无遮掩，此固罗马、拉丁式之建筑所未能尽其美，即易以秦宫、汉殿，亦索然无味矣。

且从前天目、莫干，非恒人足迹所能至，邑人无从比较，故见西湖而已足；今出境一游，领略异乡风致，则归而见其无发无眉体无完肤之邑中少艾，不觉如怨如恶，有不可言传之感矣。然犹未至于摈弃者，以美人之本来面目尚未失尽，而所饰金银珠玉，所被文绣罗绮，复远过于邻村田舍女耳；且以邻村田舍女之发肤，亦未必秀出一时，而姿色或不如邑中少艾之美耳。若示以绝代佳人，则彼必归而唾其邑中少艾之面矣。

是故西湖若不造林，徒斤斤于洋楼番馆，是失尽西施真面，而反为东施颦眉，其自豪于国中犹可耳，一旦引而致之英国培哈姆（Berham Beaches）、德国扑鼠塘（Potzdamm）之旁，吾知其必低首无言；复引而置之瑞士阿尔卑斯山（Alps）之下，吾知其更汗颜无地矣。

鸣呼！安得恒河沙数苍松翠柏林，种满龙井、虎跑，布满牛山、马岭，盖满上下三天竺、南北两高峰，使严冬经霜雪而不寒，盛夏金石流，火山焦而不热，可以大庇天下遨游人，而归于完全“美术化”、“天然化”、“民众化”也！？

（原载《中华农学会报》七十期，一九二九年）

两浙看山记

余于民国十八年六月，应程君韬甫之招而入浙江建设厅。当时惟一希冀，欲以一年之功，周游两浙，而识山林川泽之大概也。孰意自夏徂冬，跋涉半载，仅及杭、湖、宁、绍、台五属，中途厄于华顶峰，跛一足而归，不能履地者廿余日，不良于行者又数阅月。遂辞去，未得竟看山之志。而于看山期内，复因事返杭二次，未能尽登临之兴，事后追思，犹以为恨。然是年冬初，尚得于风声鹤唳之中，登天台，渡石梁，过是数月，群盗如毛，无复人再上华顶，则又余之幸也。

余杭临安两县发放荒山之成绩

浙江无林业可言，更何林业史可述？然而二十年来小沧桑，已大可耐人吟味。我浙有公司林业，有政府林业，有老百姓林业。公司林业，起于军阀时代。三五权豪，惑于森林利益之大，借名实业，发放官荒，暗中嗾使其爪牙出名承领，以求逞其一本万利之私欲。而一时富商豪贾，又复争先恐后，群思染指，于是森林公司之名压浙西，此一期也。政府林业，怀胎于军阀执政之际，而萌芽于国民革命军北伐成功以后。当时中央欲实行总理[①]实业计划，完成大规模国有森林，故浙江当局亦作应时点缀，添设林场，略增经费。不独于官荒主张造林，即于私荒亦大有不肯放任

① 指孙中山先生。——编者

之意，此一期也。老百姓林业，非通常所称民有林，乃民国二十年式之浙江林业也。当局迫于公家财政之困难，明乎森林利益之迟缓，又鉴于林场往日之纠纷，故主张林由民造，无须省营，曰此老百姓之事也，由老百姓为之可。于是旧有省立林场，有废为苗圃者，有存其名而亡其实者，而公家无复造林费用，此又一期也。政府林业，奄奄一息，不足道；老百姓林业，成效在后，不能言；且述公司林业。

林业公司，以余杭、临安两县为最多。其在余杭者，有：

杭北林木公司　经理人　庄嵩甫　事务所　长乐桥

大有垦牧公司　经理人　张　立　事务所　横湖桥

茂利农林场　经理人　张　立　事务所　古城庄

茂森公司　经理人　朱听泉　事务所　冷水桥

浙西植木场　经理人　宓大昌　事务所　万石里

其在临安者，有：

振森公司　经理人　刘佩芝　事务所　南　乡

茂森公司　经理人　朱听泉　事务所　东北乡

安北公司　经理人　李顺绍　事务所　北　乡

诚以余、临两县，离省甚近，交通便利，而山地土质又称肥沃，易于种植也。固有树种有槠、栎、榔榆、枫香、柳杉、刺杉、马尾松、槭、石南、樟、银杏、白杨、嵌宝枫、柿、鼠李、胡桃等，到处野生。竹类亦有二十余种，其最著者，曰苦竹，可作笔管、伞柄、帐竿、冥纸；曰石竹，可作伞柄、帐竿；曰毛竹，可采笋、制纸；曰篌竹，可编器具。如此气候，如此土地，无怪乎承领者之争先恐后也。

然自公家发放荒山，私人成立公司以来，实心经营者，只一杭北林木公司。杭北公司承领之山，陆续成林，青葱可爱，能引起村人爱林思想。其他则等诸自桧以下，不足道矣。初时，出于投机，以为农林事业大利所在，各股东皆踊跃输将，及其知森林收利迟缓，远不及工商事业之可以暴发，则废然而返，心如死灰。有认股而未缴者，有缴股而未足者，有缴足而后悔者。山听其荒，土听其赤，坐拥千亩万亩地皮，希冀有万一涨价之一日而已。而其黠者，则于所有地之周围，山之麓，水之湄，疏疏落落，种植茶桐，以为识别之点，而防他人之侵入鸿沟。此军阀发放荒山之成绩也。

就中，茂森公司，在临安尚与地方发生纠葛。临安茂森公司承领之地在驼山，驼山在县城东门外，其南有青山镇，通汽车，西南有古石路，通县城。山分二峰，东峰称东驼山，西峰称西驼山。西驼山高七百二十米左右，山之阴属马锡福，山阳仅一隅属沈姓，其他十之八九皆属公司，满山植松，或五年生或六年生不等（民国十八年调查），惟灌木杂草丛生，马尾松皆为所掩。东驼山阴面属田姓，阳面属公司，亦植松树。

茂森公司经营之始，资本雄厚，且有后援，故兼并山冈，收买民地，声势赫赫，盛极一时。然与地方感情殊恶，其经理朱听泉与青山镇凌通，因产权纠葛，涉讼连年。自朱听泉败诉以后，公司职员，不敢再留驼山，于是事务所无人顾问，房屋倾颓，墙垣坍损，而周围平地，复为乡人自由占领，种瓜种菜，视同己有。乡人对茂森公司痛恨者多，谓其盛世时代，时有侵占私地之举云。

东天目山概况

东天目山称浙江名山，嵯峨峻峭，洞峪岩岈，飞流悬湍，一落千丈，此梁萧统所谓“山万仞兮多高峰，流九派兮饶江渚”也。山地大半民有，少半寺有，公地阙如。惟东苕溪发源于此，上流缺乏森林，下流频见水灾，崎岖数峰，关系杭、湖两属身家性命不浅，政府岂可等闲视之？

东天目山山脉甚长，溪流共分四大派：其一，自安吉坪与大坪之间南流；其二，自龙门寺上峰南下；其三，以东茅蓬与昭明寺为起点；其四，以等慈寺上峰为水源。四派皆汇入苕溪，溪流曲折，水势萦回，砯崖转石，万壑鸣雷。且山势巉岩峻险，飞流所至，石激土崩，虽俗谚常云："石不到余杭，沙不到钱塘，"然太湖沙滩，年年涨起，非天目与苕溪，又孰为之因？

东天目山山顶高一千五百二十米，虽非不毛，却无树木，此普通高山应有之现象也。离顶数里，有分经台，台之上下前后左右，皆有林。分经台而下，至昭明寺，则鸿材奇卉，郁地参天，较西天目虽逊一筹，然在浙西已属罕见。由昭明寺而下，林相逐渐贫弱，至五里亭而尽矣。自五里亭起，至山麓里村，则树林早被人民伐尽，而成荒山。龙泉庵后面山冈向西一带，及白虎山向西一带，除疏疏竹林外，无非杂草灌木而已。

分经台上峰，本有天然林；惟以民国十八年三月（去调查时仅三阅月)，孝丰山火，越境延烧，殃及天目，所有分经台上峰与白虎山上部参天巨材，悉付一炬，越世古木皆成劫灰。孝丰损失若干，无从窥察：就临安境内言，七里焦木，连绵不断，即立鲁里而北望，烧迹犹历历可见，为害之烈，可想见矣。至询其起火原因，则由于孝丰山民之种萝卜，因萝卜而开山，因开山而放火，因放火而损及两县财产，以若所得，致若所失，老百姓愚不可及矣。

溪笼尖以南，若堂坞山、茶子岭、乌山坞、长排坞等，大好山地，只出薪柴。惟等慈寺、梅家头一带，则有竹林，可制笋干。

自龙泉庵后山朝东山地起，经龙门寺、伏叶冈、皇图村、柞岭、溪口，至狼头山，山民皆种竹，竹林内杂种松树，参差不齐，惟每年收获甚丰，尤以狼春山下之王家头为最。

下村、井里、鲁里一带，山皆平坦，松树甚多，然不整齐。由璋村经横路头至研头等处，有五六年生之松林三成至七成不等，余皆杂草。由研头、南庄至门户村，松树更少，大部分皆杂木。

天目山山民经营竹林情形

天目山麓，田地不多，居民皆业林。惟以交通不便，运输困难，故经营林业者皆爱竹林，而竹林之中，尤以制笋干用之单纯竹林为宜。盖竹之造林，较为简单，每隔一丈五尺，种竹一株，五年之后，即有收入。

现有竹林，大都是天然林，林内杂生松树、杉木，并非人工培植。笋皆制干，其产量因土之肥瘠、竹之疏密而异。有数亩竹山只产笋干一担者，有一亩而产笋干十二至十三担者。山地价值，不凭面积，而凭笋干产量，假如每亩产笋干十担（山之亩数，指纳粮者而言，其大小无一定标准），则山之获利倍于田，而山之价值亦倍于田。

笋干产量，又因年代而异。如第一年产十担，则第二年只产一、两担或三、四担，第三年又产十担。上等山地，每亩年产量平均约计五担。每担笋干自三十元至五十元不等（民国十八年价格），平均每担四十元，除去（每担）工价三十元，纯利平均每担十元，故每亩可获纯利五十元。上等山地每亩值价二百元左右。

笋干之产量，又因竹之种类而异。(一) 早竹：培养甚易，笋干品质最佳。每担价值五十元以上，采制工本需三十元，故每担可获纯利二十余元。(二) 石竹：培养甚易，笋干品质次于早竹，每担值四十元左右。(三) 后竹：培养亦易，惟笋干不佳，每担只值三十元，除采制工本外，获利甚微。

〔附〕其他竹类

（一）孟宗竹：器具用，竹材二百斤，售洋一元。（二）野孟宗竹：器具用，材质不及孟宗，只可供粗器具之用。（三）水竹：器具用，材质甚佳，竹细工用。（四）红壳竹：培养不易，仅供采笋之用。

西天目山之原生林

西天目山奇材异卉多不胜收。老殿、仙顶之植物，含有北温带景观，半山及山麓，则温带植物应有尽有，杉树干直径六尺者，不可以数计，其他古柏、苍松、丹枫、银杏，杈丫夭矫，老气横秋。以迹象求之，似乎北宋以来，未经摧毁，听其自生自长而至今者也。盖历代僧侣，爱护森林备至，从不出售木材，亦不戕残植物，即老树之枯死者，犹听其在山腐朽，不许售人，何况幼木？礼失而求诸野，虞衡失政而求之僧，海内外自然科学家，见此数百年未经斧凿之原生林，对寺僧应作如何感想？至于高车驷马负有农林责任之当局，入此深山古刹，对森林又发生如何感想？

树木种类，已知者不下五百种，非独可以代表浙江，且可以代表江南。其中森林植物，亦非少数。此次调查，得浙江大学农学院林熊祥君实地指点，故能择要观察。兹将当时所见树种，列举如次。至其学名，则悉从浙江大学农学院钟宪鬯先生所订。

青榨槭（Acer davidii）

短香（A. ficum）

三叶槭（A. sp.）

鸡爪槭（A. palmatum）

青皮槭（A. rufinerve）

鸡枫树 (A. trifidum)
油桐 (Aleurites fordii)
樟 (Cinnamomum camphora)
四照花 (Cornus kousa)
柳杉 (Cryptomeria japonica)
刺杉 (Cunninghamia lanceolata)
交让木 (Daphniphyllum macropodum)
黄檀 (Dalbergia hupeana)
柿 (Diospyros kaki)
老鸦柿 (D. sinensis)
香果树 (Emmenopterys henryi)
柃木 (Eurya japonica)
夜夜椿 (野鸦椿Euscaphis japonica)
福芎木 (Fortunearia sinensis)
苦枥木 (Fraxinus retusa)
银杏 (Ginkgo biloba)
山胡桃 (Hicoria cathayensis)
八角 (Illicium anisatum)
山胡椒 (Lindera glauca)
天台乌药 (Lindera subcandata)
羊舌椆 (Lithocarpus cleistocarpa)
木兰 (Magnolia denudata)
辛夷 (M. obovata)
楸 (野梧桐Mallotus japonicus)
蓝果树 (Nyssa sinensis)
淡竹 (Phyllostachys puberula)
短叶松 (Pinus chinensis)

马尾松（P. massoniana）
苦楝树（Picrasma quassioides）
黄连木（Pistasia chinensis）
化香树（Platycarya strobilacea）
金钱松（Pseudolarix amabilis）
白杨（Populus sp.）
青钱树（Pterocarya strobilacea）
白辛树（Pterostyrax hispidus）
板栗（Castanea mollissima）
白栎（Quercus fabri）
槠（青柴 Q. glauca）
麻栎（Q. acutissima）
婆罗（大种石南 Rhododendron fordii）
石南（R. molle）
马银花（R. ovatum）
檫木（Sasafras tzumu）
铁青树（Schoepfia jasminodora）
槐（Sophora japonica）
省沽油（Staphylea bumalda）
旌节花（Stachyurus davidii）
山茶叶灰木（Symplocos congesta）
羊舌树（S. stellaris）
菩提树（Tilia sp.）
榧（Torreya grandis）
荚蒾（Viburnum wrightii）
蝴蝶戏珠（V. tomentosum）
大叶越桔（Vaccinium sp.）

榉 (Zelkova serrata)

大叶樟

上列各种植物，依A，B，C次序排列。

西天目山高一千五百四十七米，山上别有世界，出乎人人。五里亭为上下二界之天然界线。由亭而上，正午不见日光，盛夏不知炎热，与山下气候绝然不同。即以植物言，上界下界，亦自有别：亭以上树种丰富，有交让木、香果树、蓝果树、大叶樟、四照花等，亭以下不多见也。要之，山之中部，多茂林古木，异草奇花，为浙西诸山所罕见。可惜范围不大，仅及于寺之周围数万亩地，至西峰以北，白虎山以南，平天山之西，青龙山之东，斧斤所至，无复百年老树，亦无特殊风景。前人诗云："天下名山僧占尽"，安得天下大和尚，更占尽不名之山，以保护一切树、一切林也。

西天目附近，惟钟山（一都后面）及莲花峰森林最茂，其余得保柴山（乡人称可以采柴之山曰柴山），已属大幸。至门口村、九思坞、岭头村一带，更由灌木退化而为杂草，天若有目，必不垂青，甚矣，老百姓之不爱林也。

荒哉于潜之山

杭属山林，天目为最，于潜为下，临安居中。故由西天目南行，觉相形见绌，有不堪回首之慨。至月亮桥则每况愈下，更不足道。陆家、沈村、叫口、绍鲁等处，西北山冈有林，东南山冈无林，间或有之，亦不过不规则之杂木而已。由绍鲁至百花潭，两旁稍有松林，乃就地培养而成，非人工栽植；然以抚育不得其方，疏密殊不一致。至由百花潭至于潜县城，则童山濯濯，杂草离离，并灌木亦不多见。县城周围四、五里，绝无乔林，其荒可知。而所以致荒之因，一由于消极的不造林，二由于积极的烧炭。

于潜县三、四年前，亦如今之临安，老百姓随山刊木，勇于烧炭，当时曾有炭窑二百余处。讵旦旦而伐，木无孑遗。木既不存，炭将焉出。于是逐年减少，今日只留四十余处。燃料日少一日，则薪价日涨一日，山乡柴价，每斤二十四文，乡人无力购买，竟取生枝宿根，带湿炊爨，真唐诗所谓“旋砍生枝带叶烧”也。

于潜县一百二十三万亩山地无着落？

据最近于潜县政府调查：全县面积山、塘、田、地合计一百五十余万亩，就中，田十二万亩，地与塘十万亩，余数一百二十八万亩，应属山陵。而查县政府粮簿，则纳粮之山地，仅四万九千九百零七亩。然则其余一百二十三万亩山地，果何所属？谓属私耶，民间从不纳粮，何得言私？谓属公耶，于潜可以查考之官山绝少，植树节几乎不得其地植树，非公可知。然则既不属公，又不属私，一百二十三万亩山地竟无着落矣。灵隐有飞来之峰，岂于潜之山，亦不翼而飞去乎？

一亩等于二百四十步，此普通计算法也。而杭属老百姓计算山地，却无需丈量，但凭呼声，呼声所及为一亩。是故天清气朗之秋，荒山赤地了无遮蔽之处，设有人登高一呼，不必其声若洪钟，而众山亦自响应矣。如是计算山地，则面积扩大，自无限制，况又有虚报等情乎？夫占领公地而造林，犹可言也，然山地十之八九荒废，岂独荒废，且租与他人开垦，施种杂粮（玉蜀黍最多）。租户不负责任，到处放火，到处挖凿，灌木既遭涂炭，地力亦复衰颓。在地主每亩纳粮不过二分，出租自为有利，且可不劳而获，然而地燥土干，来日大难！

藻溪山林复苏

浙皖大道之间，有藻溪，虽不过于潜县之一镇，而行李往来，辄于此处投宿，故市面繁盛，过于县城，即山地亦不如县城附近之荒。出县城而东，至贵方桥，山上渐有生气，尤以浙皖大道之南侧为茂盛。藻溪镇之东，离化龙愈近，森林益多。闻藻溪在五年前，山荒不下于今之于潜，人民入山砍木，视为常事，从未有人干涉。近来业主渐渐觉悟，不许樵苏，故天然松杉，潜滋暗长，大有成林之望。盖浙西湿度、温度皆称适当，但使樵夫放手不伐，则幼苗不扶而植，此其例也。

化龙杉林与松林作业

余杭市上，有所谓临安木材者，皆由化龙镇地方出产。化龙镇属临安县，与藻溪、于潜有浙皖大道可通，与余杭、临安有公共汽车路可通，而水路运材，则犹有苕溪。山民业林为生，不独供给柴炭，且正式养成建筑材料。林相楚楚可观，主林木为松为杉，杉十五年或二十年为伐期，松三十年以上为伐期，过是即嫌期长，非乡民经济力所能堪矣。

化龙镇杉木卖价：（1）圆材：圆材之大，以离根六尺处之周围为准，其价则因周围与长而定。周围一尺称二分五，此二分五只能作价码，不能计钱，计钱须再视长度。长度价码称贯，有一贯、五贯、十贯等之别。故周围一尺价码二分五云云，乃虚数也，必也识长之价码，然后可得实价，例如，周围一尺，长二贯，则材价实洋二分五，长十贯，则实洋二角五分，至几尺长为一贯，则随时更动，殊无一定。又七寸为周围之起码，其价码一分，二尺之价为二钱八分云。（2）板材：板材以方论价，即以一寸厚、一丈平方之材，为价值之单位也。惟市上杉板之长，通常适用八尺长，故一方板材云云，实指一寸厚、八尺长、一丈二尺五寸宽之板材而言。每方板材价值四元，除去山娘二元余（山娘谓山中资本）与工资一元余，获利甚微云。

化龙镇松材卖价：松不制板，皆售圆材。圆材长不及八尺者，无重价，只能截作柴料。其八尺长者，犹须随小头直径之大小而定价。若直径七分，则 7×7＝49 分；直径八寸，则 8×8＝64 分。惟此所谓分，系一种价码，并非实洋。若言实洋，则每两自一元至一元五角不等。民国十八年每两值洋一元。

伐木造林：竹材冬季采伐，杉材春季采伐。盖杉木之造林，利用萌芽，故于春初新芽将放未放之际砍伐，则新芽易于发育。

化龙木材年产额：民国十七年度化龙木材之产额，约值二万元（自十七年六月起至十八年五月止）。

运材使用河道之纠纷：临安为东苕溪之过路，其间自有不少支流；故山家运材，皆利用水道。惟水道无论大小，皆有堰堤，农家恃以调节水量，而木排所过之处，堰堤往往受损，于是农林两业之利害关系适相冲突，而纠纷起焉。前清末年，官厅禁止四月至八月运材，公令非常森严。然实际山家运材，全赖梅雨，若确守官厅告示，则坐失运材之好时机，于是山家纳贿于堰堤附近之农民，便宜偷运。从此纳钱运材，成为惯例，即四月以前八月以后亦不能免，临安一县每年山家为运材纳费，约计数千金。今山家欲打破旧习，拒不缴款，农家则欲以此为修理堰堤之用，不肯豁免，彼此争执甚烈。

耳食之言话孝丰

余初欲由天目山越东关岭而至孝丰，以匪多不敢行，复欲由于潜出西北而至孝丰，以道远不果行。乃起道余杭，经彭公站与横湖，越幽岭，抵孝丰。途中所见林况，凡三变：余杭至横湖，一变也，平冈长岭，佳气葱葱，低者为栎，高者多松；横湖至青山（属孝丰），又一变也，修脩新竹，满谷连冈，千竿万个，玉绿生凉。青山至孝丰，又一变也，远山近峰，疏疏落落，薪材有余，大材不足。孝丰境内，青山与白水湾之间，虽有天然林，然年龄皆幼稚而不足观。白水湾至师姑桥，有全荒者，有半荒者，至于县城附近，则荒山更多。

抵孝丰时，正值中伏之末，烈日如火，畏行山路，惟一度游北天目灵峰寺，流连于古树之下半日。此外无复工作。适孝丰有村里委员讲习会，乃乘机与各委员作一夕之谈，访问各地山林情形，略记如次：全县九区之中，城区以同奕村为最荒，迴溪则荒山有十分之三（以上中部）。广安区中，障吴村与尚施村及西山村山荒最甚。永福区中永安村与平玉村荒山最多（以上北区）。灵岩区荒山最少。南屿区之浮玉村与东滨村山陵多荒（以上东区）。通德区中皖界村与太平村荒山甚多。永和区磻云村与桐西村荒山亦不少，杭松、西溪与唐杭三联合村荒山约占全山之十分之四（以上西乡）。金石区中协五村荒山三分之一，六庄村十之一，九和村十之四，五协村十之三，三育村亦有荒山。广苕区广苕村荒山约二千亩，深溪村荒山尤多，苕景村与百安村荒山亦不少。

安吉山乡行路难

安吉为逋逃渊薮，遍山皆盗，出没无常。人民稍有身家者，皆弃乡离井，携眷远避，其不能避者，则为盗逼迫入伙，故民匪合而为一，声势颇凶。县长程中岳曾被匪劫入深山为质，遇僧救，得脱。市人谈山色变，何论乎林？由县城至梅溪，漠漠平原，绝少障蔽，而商贾往来，犹时遭打劫，盖梅溪附近，大道两旁，仅有数十丈长之灌木林，盗匪即隐伏其间，白昼劫人，山乡更不待言矣。

莫干山

莫干山在武康县城之西北，高二千五百尺，以泉水著名。山中盛夏不热，七月间最高温度89°F，最低69°F，平均77°F(民国十八年管理局测)。民国八年划为避暑区域，面积三千余亩，属武康者二千七百九十二亩，余属吴兴。山上设管理局，局长由武康县长兼任。避暑区域内山地，准外国人购买，地价数十元至五百元不等。

塔山为莫干之最高峰，一亭孤立，四围无树。稍低则布满竹林，而松杉绝少，灌木亦不多，即山下庾村、下村直至章家桥、铜官桥等处，亦竹多木少，故薪材异常缺乏。山上所用柴料，皆由他处运来，取值不廉，每元只得百斤。近来山家，有于竹林内培养杉木者，杉高渐与竹齐，而竹林林相，仍不稍破，杉则亭亭直立，枝叶扶疏，讬琅玕之荫而生。

重要树种，有马尾松、柳杉、刺杉、梧桐、榧、合欢、嵌宝枫、枫香、槭树等，皆野生。

竹类：（1）属人工培养者，(其一）为孟宗竹，五年一伐，伐期在冬天。材价每一百七十斤至二百斤售洋一元（山价），器具用。其未伐者，均于九月或十月间截去竹梢，以防雪害。(其二）淡竹，宜平地，材可作器具，笋可食。材价每元二把至三把，每把约五十斤。以上两种，产量较多，用途较广。(其三）石竹，竹材用途颇广，惟产量不多，每元只五十至六十斤，笋可制干。(其四）广竹，产量不多，价格较廉，每元二百五十斤至三百斤。（2）

属于野生者，(一) 苦竹，(二) 油竹，皆可作伞柄、篱笆等用，价格廉，产量少。

普陀七十五寺多俗僧?

释称四大名山，普陀居其一。孤岛苍茫，独成一国，自非缁流香客墨士游人，罕有入其境者，耕者佣于寺，工者雇于寺，商贩役于寺，一切财产皆寺有，一切清规皆寺定，不听寺僧约束，不得入岛谋生，固显然一佛国也，谁复渡海登山干佛法而樵苏？然而普陀竟绝少茂林。慧济寺之石南，法雨寺之石南、香樟、枫香，在岛中称庸中佼佼，然面积并不广大。其他七十三禅院，只周围留几株古木，无复丛林，斧斤之勤，即此可见。往过定海，朱家尖，闻居民痛詈普陀僧，至目为酒肉和尚，及见普陀之秃，益信俗僧名不虚传。

近来寺僧见此童山，似亦感及萧索，故岛上颇有人工栽植之马尾松。惟山地荒废既久，土层浅薄，而山峰空旷之处，又遭海风，故丈余之树，即易吹折，其未折者，又以不胜盐害，枝叶黄枯。破坏易，建设难，于普陀不少感慨也。

普陀天然林虽少，然散见于岛中之树，野生者如樟、榉、沙朴、柳、野鸦椿、化香树、楮 (青柴)、石南、楝、枫香、乌桕、构、黄檀等，栽培者如马尾松 (不当风之处)、罗汉松、桧柏、梧桐、合欢、女贞、公孙树等，生长皆好，其他麻栎、海棠、竹类，亦时有所见。此胡僧劫余欤。

奉化之林业

奉化无荒山，此次由江口而县城，由县城经里应村、公堂、西隅而至柏村，更由柏村越岭而至沈家岩，又由沈家岩，沿甬江上流经亭下、溪口而归江口，巡游一回，得见其西部山林概况，而沿途又访问山客，觉耳所闻，目所见。凡山皆有松、有竹、有杂木，不至于荒，惟民间经济拮据，伐期短促而已。

造林：奉化主林木为松、杉、樟、栗，而松树尤为主中之主。松子大都来自天台，每百斤约七元。苗床播种以后，第二年即移植。惟采伐迹地，不即植松，譬如冬季将松砍去，须将山地整理，翌年施种玉蜀黍。玉蜀黍收成以后，就地焚烧枯杆，至第三年始植松苗。杉树概用插条法，然奉化杉木产量不多。

伐木运材：松树伐期三十年左右，杂木则岁岁砍伐，无老树林。伐木运材，山家不乐自理，由商人入山，指定面积承办。陆路运材以担，水路以排，担负重一百六十斤至两百斤，排载重约五百斤。排似小舟，用竹十五根至二十余根编成，头小于尾而上弯，尾阔约六尺至七尺，排长约四丈至五丈，上载木材，沿流、溯流、深水、浅水皆可用，行泊甚便。运费，例如由柏坑至萧王庙五十里间，需费三元。

材价炭价：樟材造船、建筑用，栗材建筑、器具用，松材与杉材建筑、土木用，惟樟、栗与杉产量不多，不甚注重。松树大者制板，长八尺，厚八分，宽不等。阔者宽一丈，分作十块，在柏坑卖价二元七角至二元八角。块数愈多，则板材益狭，故价格益低。此用材也。薪材有大劈材与小劈材之分，小劈材山价每百斤售洋四角五分左右，大劈材每百斤八角左右，此由小松树劈成之薪也。至于杂木松枝，山中称之曰毛柴，仅供农家炊事之用，不复出山销售。炭价在宁波每两篓约售价五角，烧炭工钱、运费、篓子费皆包含在内。炭一篓约八斤重，篓子费一对约值洋七分。

工价：山中挑柴小工每日三角，伐木六角，造林五角，饭食皆自理。长工每月五元至六元，由业主供给饭食。

竹林作业：奉化竹林，隔年一伐，故乡人有“大年掘笋，小年砍竹”之语。竹林施肥以稻草，先将林地垦松，然后铺盖稻草，过冬，听其自腐。

灾害：奉化风灾水灾，以夏季为多。

山耕：奉化耕地有限，农民因米价昂贵，于可能范围内，亦开山种杂粮，然不如于潜、新昌之毫无节制。

桃蓬山之天然林

奉化山中如日岭、桃蓬山、石柱背山等处，羊肠小道，人迹罕经，虽森林未必原生，而天然林木，森翠蓊郁，似未受过度之斧斤。山岙幽僻之处，万卉一任自然，湿气尤极充分，故树种甚多。兹将所见者列举如次：

马尾松、枫香、槠（青柴）、麻栎、樟、乌桕、合欢（俗名芒荚）、公孙、小叶合欢、楝、柳杉、刺杉、檫木、石南、女贞、冬青、油桐、椿、樗、木荷、栲皮桐（俗名）、嵌宝枫、柿、榧、桑、奴柘、栗、六角刺（俗名）、盐肤木、化香、漆树、胡桃、沙朴、野鸦椿、桧柏、桐、梓、榉、柳、山茶、黄檀、榔榆等。

山阴道上觅荒山

绍兴山地，约占全县三分之一，而荒山不多，二十年左右之松林，满冈满谷，到处皆是；惜山民经济能力薄弱，不足以养成老龄林，故巨林异木，亦付阙如，三十年生之松林，似已为最大限度。惟水乡则间有养成大材者；盖水乡连阡越陌，无非田地，乡民取偿于五谷，不取偿于木材，非亟亟砍伐也。此点适与北方所见者相反，北方交通便利之处，山骨暴露，绝无树林，而绍兴则舟楫频繁之地，大材或反多于山僻穷乡。

炭灶岭：俗称搭岭，在绍曹汽车路皋埠站之南。由绍兴之五云乘车，第二站即皋埠市，皋埠下车更买棹赴攒宫埠，约需一小时，由攒宫埠陆行，经攒宫街至太尉殿，约三里有半。太尉殿之西南，有太宁寺，寺僧早为军队虏走，寺产为马姓占有，虽不知范围大小，亦有相当山地。由太宁寺曲折西南行而入山岙，其总地名曰炭灶岭。东北侧为寺后山（太宁寺后）山脉，西南侧为下石官山山脉，左右荒山，目测之，约二千亩。其西南侧属下石官山者，尚有一部分为县学产，有石碑在焉。由下石官山越岭两三重而南行，有牛腿山，山上有小面积之无林地。牛腿山之对面为鸡笼山，其上部亦近荒废。下石官山之东侧，为老乌石山，其上部树木稀少。合计牛腿、鸡笼、老乌石等山荒地，约有二千亩。

义峰山、偁山：此二山亦乡人所传为荒山者也。偁山在绍曹汽车路陶堰站之北，所谓全荒者未确。义峰山在陶堰站之南，由陶堰至方岙，舟行约需二小时。由方岙村上山，有石路。经过山之东南面，遍立马尾松，惟以山峰为界，越峰而北，则完全童秃，山石暴露，其未露者，沙土逐渐冲洗，泥层甚薄。然壳斗科植物，犹不绝迹。方岙附近山地地价，随风水为转移，风水宜于坟墓者，每亩（锣亩）值一百元、二百元不等，寻常山地，每亩十元。

义峰山高二百余米，登高四望，东北偁山，荒废者十分之三至十分之四，东南与上虞县交界之山地，亦殊萧疏。

绍兴与上虞界线：绍兴东部与上虞交界之山岭，曰抬五冈，又名抬龙冈；曰龙会山；曰蒿寺尖。三山迤逦而赴东北，至河而尽。河东山峰又起，仍为两县交界之处，曰蒿尖山、凤凰山，此两山之间，有高山一座，无名。凤凰山脉北行，至曹娥镇而断。初由义峰山遥望龙会山，以为立木，乃乘公共汽车赴绍曹路之泾口，买棹行一小时有半，抵伧塘（即长塘）。伧塘在龙会山之北，相距仅四里，始识龙会荒者惟山顶而已。

梅坞岭：龙会山与拾五冈（拾龙冈）之间，有路，为绍虞交通要道，称梅坞岭，岭上有亭，为两县分疆之点，其左右高山，即拾五与龙会，双峰对峙，势甚险要，盗贼出没无常，时有血案。过梅坞岭而北，始入上虞境，满山皆苍松翠竹。越岭而北，为绍兴界，有大路通至松门。松门亦界乎小山之间，山虽不高，而势成孤立，登高可以瞩远，由此望龙会山与蒿寺尖之东邻，有蒿尖山与凤凰山。蒿尖山林相不佳，凤凰山似乎荒废。

蒿尖山、凤凰山：蒿尖山在蒿庄之正东，蒿庄离伧塘十五里，舟行不过一小时可到。自蒿庄上山至建齐庵约三里（共二千六百四十步，每千步作一点一二里计算，山之斜面距离凡二点九六里），由建齐庵至山顶，约一里（共八百三十步），顶高三百三十五米（用气压计测平地至山顶距离，仅三百米）。蒿尖山自二百米之等高线起无林。凤凰山则十之七八荒废。然界乎蒿尖与凤凰之间之无名山，则又遍植马尾松。

立蒿尖山顶而望曹娥江之东岸，山陵荒秃者，似不在少数。其与蒿尖山东西遥遥相对者，有大顶尖山，山之西面全荒。大顶尖山之南，有群山，皆不知名，山脉向北而行，至任庄与朱任桥而断，此等连山，朝东朝北山地，非视线所及，朝西朝南山地全荒。

又登蒿尖山顶而望娥江东岸上虞县境之诸山，其在隐岭以北，有仙人山与龙山，隐岭以南，有兰芎山与不知名山。更从隆松岭起，又有无数山岭，迤逦南行，直至象山而止（象山南麓，有周岙、李岙等村），望之亦似荒废，惟所携望远镜倍数不大，未能确断耳。

香 炉 峰

香炉峰北麓有禹陵，禹陵宫殿倾颓，入门，只见夕阳衰草，而香炉峰石路整齐，寺院灿烂，为绍兴名胜。山之北麓，多乌桕丹枫，苍松翠柏，饶有风致。山顶以岩石得名，或直立如人，或蟠踞似虎，峻峭怪诞，无奇不有，树花透石隙而出，尤为幽雅。峰高三百八十米（气压计与实测同），由顶而下，至于二百四十米，则既无怪石，又无茂林，状极萧索。

宋 六 陵

宋六陵，即南宋高宗、孝宗、光宗、宁宗、理宗、度宗六代之陵寝也。与太尉殿相离仅半里。陵地平坦，而围以山，面积约三千余亩，都植马尾松，高者二十年，低者尚属幼苗。松林内灌木甚多，高不过胸，种类杂出，栗栎占其大部，阴性树阙如。陵墓规模简陋，不及杭州富家翁坟。墓周围有数十尺高之松桧，然年龄最老者不过百年，树之数目亦复不多。赵氏后裔居绍兴柯桥华舍村，每逢春秋二季，犹来此致祭。民国十七年建设厅注意此土，曾会同民政厅派员来查，欲收归省有，因赵氏力争得免。赵氏后裔似甚零落，无力经营陵墓，于六陵范围内约二十年生之松林，秋季必招人承伐，伐毕，将木材堆积地上，由赵氏所委之经理人估价，其十之五归赵氏，十之四归伐木人，十之一归经手人。所伐之木，不过供薪柴之用。至于林内灌木，则划分地段，租与山民樵采，每十亩年纳租金一元，一年一采可，一年两采亦可，悉听租主之便，赵氏不复干涉。绍兴山乡旧习，计算山地面积，有“锣亩”与“铳亩”等名。锣亩云者，锣声所及为一亩也。铳亩云者，铳声所及为一亩也。六陵地面，虽不致以锣亩铳亩计算，然其所称十亩，实数至少有三十亩，而询之附近居民，则赵氏每年收入，不过一千至二千元云。

曹娥江下游之水灾

娥江下游各地，每年秋季必发水。水从上游嵊县而来，至曹娥镇附近，则泛滥而没堤岸，故东岸江勘头有坝。然水面往往高过坝面，致外梁湖万余耕地，时遭淹没。至梁湖镇则赖有“无量坝”拦阻，得免洪水之患。此坝不特保障梁湖，且关系余姚县水利，其价值可想见矣。坝以东多田，每亩值百五十元，坝以西多地，每亩仅三十元（外梁湖在无量坝之西，梁湖镇在无量坝之东）。坝西外梁湖水灾，或三年一次，或一年三次。

曹娥江下游之荒山

西岸凤凰山为最荒，东岸以龙山、兰芎山、仙人山，为最荒。

凤凰山：高二百三十二米，山岙稍有不规则之竹林，山麓接曹娥镇，有一小部分森林，此外皆荒。

兰芎山：山由砂岩而成，土质尚佳，然滥伐之余，林木荡然。除西南面山下及村落附近山地外，灌木亦不多见。山峰起伏甚多，最高者三百六十九米。隐岭以南，梁湖镇以东，小坂岭以西，面积不下万亩，皆无立木。据柴坞人云，兰芎山实官山，因梁湖人私行樵采，故人以为山属梁湖云。

龙山、仙人山：山南山北皆荒，与兰芎山相似。

刘岙、照面山、抬头冈、周岙：照面山、抬头冈、周岙迤逦而南，其南有象山，其北有隆松岭。登隆松岭东望，照面山、抬头冈之西南山地，完全荒废，至接近象山之处，始有树林。

刘岙在沪杭甬火车路线石英之南，山岭全体荒废。

五夫附近之荒山

牟山湖在五夫镇之东，面积三万余亩，本蓄水池也，而历代官吏，从不注意，听其自然，致泥涨而湖干矣。秋季杂草离离，竟似平原，春季水涨处亦深不过膝。牟山湖周围之山，亦荒芜不治，尤以大杨山为最。

大杨山高三百四十六米，兰皋山高三百七十五米，青山弯高三百四十二米，三山鼎足而立，其中尚有不少起伏。百米以上完全荒，百米以下，虽有树木，亦极凌乱。登大杨山顶北望，觉余姚县属之娥眉山、狮子山、牛角山、象鼻山等，其上部皆属荒芜，换言之，牟山湖周围之山，颇多荒废。

娥江剡溪行舟之难

娥江与剡溪同一河道，上流称剡溪，下流则称娥江。自曹娥镇至嵊县，无公路（汽车路），旅客唯一交通，不外帆船。帆船纯属旧式，开船到埠无定期，旅客人数无限制，惟票价则自有定章。曹娥镇售票处自称轮船公司，其实小火轮只能牵引帆船至霸王山，霸王山离曹娥镇三十里而已。由霸王山而上，沙滩中梗，轮船不通，约行二十余里，至黄泥勘。黄泥勘之上游，即帆船亦行驶不便，有时竟用人工推挽，行五里而抵章镇（章家埠）。章镇居民约八百户，为娥江中流繁盛之区，每年秋季，为水所困，水面高则寻丈，低犹过膝，水之来势甚速，一日而涨数尺，其退也或二日或三日、四日不等，民国十八年水灾，则在八月十四日云。章镇而上有三界镇，为绍兴、上虞、嵊县三县之界点。由三界镇而上，沙滩更多，或突起如山，或横断如坝，或浩荡如沙漠，水道迂回曲折，舟必用人工前挽后推而后可行。其甚者，沙滩占河身十分之八，惟余一小沟流水，而沟又曲折，驾舟难至于驾车矣。舟行至杉树潭而止，由杉树潭至嵊县县城，有商办公共汽车路。

嵊县已有垦山之习

自三界镇之上流，遥望嵊县山峰，觉土色黄白而惨淡，以为荒也。及抵嵊大山，乃知其不然。嵊大山高七百九十米，翘然特出于群山之中，在剡溪舟中望之，则瞻之在前，忽也若失，有“朝发黄牛，暮见黄牛”之慨，其山上之苍苍者，乃玉蜀黍刈割以后之地，山阴山阳山高山下犁为田，既无立木，又值秋收，则远望宜乎似荒矣。此不独嵊大为然，即其他山冈，亦有此病。盖嵊县田地本缺少，而剡溪流域之低地，又年年为山洪所洗，于是耕者弃其地而上山。伐其木，平其坡，图其近，忘其远，以农易林，夷山为田。自有天地以来，从无官家为小民作永久计划，则饥来逼人，小民自决，其能顾及娥江下流乎？且小民亦并不识娥江也，何罪之有？

嵊县农产品，年产额七百余万元，就中，茶叶二百万元，茧二百万元，为农产之大宗。至于米，则一年所产，仅供本县三个月食粮。粮食不足，田地缺乏，故乡民皆登山开垦，上地种烟叶、玉蜀黍，下地种白术、茶叶。县城东南一带高山，皆如是，远望若荒，近观则各有农作物在。因此，山土粗松，逐渐下坠，岩石暴露，终于荒废。县政府屡思禁止垦山，而事关乡民生计，非一县之力所能解决。故徒叹奈何。

嵊县匪与黄县长

浙江县长有二黄，当世所称为大材小用者也，其一黄人望，长德清县，其一黄真民，长嵊县。二黄皆金华籍，皆革命前辈，皆有政治才，皆曾任浙江要职，而于民国十八年则皆跼蹐于百里。黄真民君之治嵊县也，以剿匪著名。嵊故多匪，不独累其乡，犹扰其邻。上海最苦嵊县匪，盖嵊俗强悍，捕其一，抵死不供其二，故巢穴无从发觉，不如他匪之易处也。而黄君治嵊未及一年，破贼巢五之二，市民德之，然卒以土地陈报不出力，记大过一次云。

嵊县绑票匪著名于世，在上海乘风劫人，动辄索一万五万金，而在嵊县却不如此之奢，数百元肉票，匪已视为奇货，故票案层见叠出，且有从远道劫来者。东乡匪势尤炽，该处为曹娥江重要支流，名黄泽港，沙滩大小无算，惜匪类出没无常，未能往觇山林状况耳。

新昌此后恐无山可垦

中国号称地大物博，而观察嵊县、新昌之后，则印象适得其反。山无论高下，岭无论平险，悉数垦为农地，无复茂林修竹，地位之局促，物产之艰难，土地利用之经济，即在大战时粮食告竭之欧洲，亦不至此。而从他方面观之，娥江、剡溪沿岸，年年为水冲洗，土地因以恶化，农产日形减少，如此倒行逆施，恐不出五十年，上流皆成石山，下流皆成沙地，非独无林业可言，即农业亦破产。

新昌垦山之习，更甚于嵊县，盖新昌山地，占全县面积百分之八十以上，人口约二十四万，耕地有限，生齿日增，政府既不策万全之计，农家又不能自动移民，非毁尽山林，势不能苟延残喘。新昌农作物年产额三百万元，就中，烟叶百四十万元，茧六十万元，茶四十万元，白术二十万元，花生十万元，而每年由外县输入则三百五十万元，即入超五十万元也。

县城周围山地，自麓至顶，无不垦种，所未垦者，已经洗净之石山而已。据乡人言，此习甚于近今四十年间，四十年以前，山地尚不至此，即溪中沙土，亦不如此之多，近年来每遇暴雨，溪水为黄，地土为薄云。

新昌耕地既如此缺乏，则地价不得不贵，平地每亩值百五十元至二百元，山地垦熟者，每亩值三十元以上。

开山之习，乡村不让城厢，出城南行，经九间廊、斑竹等处，见山冈不论高下平险，皆层层开垦，望之宛如直立之凤梨。

天　台　山

新昌城南有大道，经九间廊、斑竹、虎狼关、接待寺、樟树下、山口、白鹤殿、大路次、何方、船定、三字街、清溪镇等处而至天台县城。虎狼关为两县交界之地，又名关岭。大路在山口以北尚狭，山口以南甚阔，可通汽车（营业未开始）。虎狼关与白鹤殿之间，山上稍有森林，及接近白鹤殿北境之溪流（即山茅溪之上流，山茅溪又为始丰溪之上流），则山岭又成黄色。迤逦而南，约二十五里，其近山皆开垦成耕地，其远山十之八九荒废，且岩石累露甚多，周围泥土，大半为雨水冲洗。

华顶山：由天台县城至国清寺约八里，所过皆平原。由国清寺沿溪涧而上，至塔头，约十三里，两旁山地荒者十之六，即远眺吊船岩山脉，觉巍然独出，而与塔头相对峙之山，其半山以上皆无树木。由塔头至龙王堂十五里，山未尽秃。由龙王堂至华顶十五里，其初十里，尚见不规则之矮松，其后五里，自仰天河尖起，过天柱峰而至华顶附近，则童山濯濯，表土为雨浸蚀，其荒废已不自今始矣。与天柱峰南北相对者，即为华顶山之顶，名拜经台，高一千一百三十七米，左右前后，一树不留。要之华顶周围之诸峰，上部皆秃，此登高一望而可以了然也。

华顶寺则在华顶山上高八百四十米（气压计）之处，寺已火，然民国十八年冬调查时，犹有破屋存焉。寺之周围尚有数亩杉林，此外则滥伐无余。寺僧一贫如洗，而盗仍不惜抢劫，即调查到寺之前一日，尚有强人持刀入方丈室，劫掠被服、蔬菜而去云。

由华顶寺至方广约十五里，其初五里无树，尤以仰天河尖为甚。其后十里渐近方广，则树木渐多。方广分上中下三寺，即石梁所在，为天台胜景之最，树木蓊郁，瀑布飞流，飘飘乎有仙意矣。

大嫩山：大嫩山分四峰：其东峰一名五峰，在国清寺之后；其西峰北走至东岙山而止，西走至墈顶村与里英村而止，南走至塔后陈而止；其正中两峰最高，迤逦南行，与赤城山连接。中峰山势倾斜甚急，上部童秃；中部以下，在南面有不规则之天然松林，年龄自一年生至十余年生不等，在西面亦有松林，其年龄更较南面之松龄为大。民国十八年，张头曹村与小西乡互争伐木权，提起诉讼，小西乡人以为无主之山，人人得而樵采，而张头曹村之人则曰，北乡之山，应为北乡之人所有，于是双方涉讼不已，几酿械斗。询之附近居民，或称民有，或称官有，产权殊未明了，即县政府亦绝无根据，无从判决，嗣经建设厅于十八年十二月下令禁伐，而讼以息云。

九峰山：九峰山在县城之西北，北茅溪之东。其南端离城十里，其北端百丈岙山连接。山低且平，周围又多村落，故树木砍伐殆尽，附近居民目此山为官山。九峰山之西端有冷岙，山坡甚平，为城内袁、梅二姓所有，然山尽荒废，毫无出产矣。

赤城山：赤城山在北门外，离北门约六里，石皆赤色，孙绰所谓“赤城霞起而建标”也，惟“瀑布飞流以界道”则古昔或者有之，今也无。山上有石洞，名紫霞，占全山之胜，松林错落，风景美丽。其西边侵蚀地甚多，惟树木生长之处，土地较固，非雨水所能冲洗，此森林扞止土砂之一征也。

龙山：龙山在县城西南，山势孤立，树亦稀少。

临海之水灾

始丰溪发源于天台，永安溪发源于仙居，两溪至临海合流，汇入灵江而注海；故天、仙两县之滥伐，正灵江流域水灾因之，而临海适首当其冲，何能免山洪之祸？

前清咸丰三年，临海曾有一次大水，水涨一丈三尺。光绪十五年又一次，水涨一丈一尺。此两次为祸最大，然中间相隔甚长，尚有休养生息余地。至光绪十五年以后，洪水之患时有所闻，然犹数年一次而已。晚近竟一年两次、三次不等；民国八年凡三回，水皆涨至一丈；十七年两次，其一次水涨八尺，水退而沙留如故，街道房屋，积沙三、四尺，善后之费不小，每间房屋所需运沙之费，八元至十元不等；民国十八年水灾三次，其一次涨至三尺。

水灾来源，固由永安与始丰两溪，而始丰肇祸，尤较永安为大。至临海水灾之范围，则北乡较东乡为小。盖北乡地势较高，且水中又不杂盐水，故为害尚浅。至于东南两乡，则山水与潮水相混，淹没稻粟，水之退也虽不过六小时而尽，而盐则留在田地，为作物害。民国十八年秋，自临海至海门，一路禾谷杂粮，悉遭淹灭，非独无粮食，并种子而无所得。乡人无力购米，相率食稗

（俗称败子），稗又不易去皮，故带皮浸软，磨碎，聊以充饥，其苦可知。

米价，五年前一元两斗，民国十七年一元一斗六升，十八年一元仅七升、八升。柴价，毛柴百斤（两挑）六角，劈柴百斤八角。

（原载《中华农学会报》八十九期，一九三一年）

对于浙江旧泉唐道属创设林场之管见

此民国十八年在浙江建设厅时根据调查所得而作也。当时已自比蛙鸣，觉阁阁者徒聒人耳，况时过境迁，当局正主张林由民造，无须省营，则故纸堆中残缺不全之旧文，更何挂齿之值？虽然，希于中华农学会负文债久矣，中华农学会于希催稿屡矣，不出褴褛败絮以示人，人何以谅其贫？则今日倾筐倒箧，搜及旧时覆酱瓿之文，有由来矣。华林园之蛙，不必为官，亦不必为私，应其同声而一鸣尔。

林业不限于造林，造林不限于植树，植树不限于童山，而政府处置童山，更不限于公有地，明乎此，而杭、嘉、湖之林政举矣。嘉属原田亩亩，姑不具论，试论杭、湖：贯通杭、湖内部者，有东苕溪与西苕溪，溯流而上，至于天目，所见茂林修竹，固非绝无，而荒山与似荒非荒之山居大多数。何谓似荒非荒？曰，有灌木而无乔木，有薪材而无用材，有阔叶树而无针叶树，有杂卉而无纯林，有天然野生树而无人工培植林，而此野生杂卉、阔叶、薪材、灌木，又漫无规则，老不长进，与野草争一岁枯荣。地利因以弃，天时因以失，水灾旱魃因以起。政府长此放任，则间接影响于国土保安，直接影响于国民经济。然政府欲极端干涉，则地非公有，势不能悉数征收，山非全荒，又不在单纯种植，林政措施，殊非易事。况数十年来地权不清，疆界不明，欲于一朝一夕积极整理，则人民必起恐慌，而阻碍生产焉。且旧泉唐道属林场法定经临两项费用，不过四万余元，更不能作大规模之计划，是故森林行政之步骤宜缓，而林场之铺张宜小，兹就管见所及，陈述如次：

一、东天目山设林场，他处设分场

东天目古称神工鬼斧，琢削天成，非好奇者不肯深入其境。今则精英韫蓄，发泄无余，奇材异卉，摧折殆尽，除昭明寺附近，青龙山上部与白虎山朝东山地外，无复大规模之天然林。乡人持斧入山，旦旦而伐，其所得不过杂草薪材，而下游余杭、临安、德清、吴兴等县，乃水旱频仍，年年大受损失，是可放任，孰不可放任？抑又考之，东苕溪回环曲折，自古为农田之患，梁萧统《请停吴兴丁役》文云："伏闻当遣王奕等上东三郡人，开漕沟渠，导泄震泽，筑溪岸防，杀蓄天目，使吴兴一郡，永无水灾"。是六朝已屡患洪水矣。况复上游山林，听其滥伐，如今日之荒废哉？此东天目之所以宜设林场也。

天目发源于徽之黄山，其曰东天目者，所以别异于西天目也。龙飞凤舞萃于钱塘，瀑布流泉，通乎江渚，六朝以来，文人墨士，屡有吟咏，缁流羽客，不绝往来。风景幽闲，泉石奇古，盛暑之候，亦复清凉，袁宏道所谓"大江之南，修真栖息之地无踰此"，非虚语也。如于此处一面创设林场，一面更继之以其他行政事业，修道路，理沟渠，立苗圃，植树木，则山川增色，岩岫添姿，莫干山不足道也。今人有提倡开发西天目，以求追踪莫干者，窃谓西天目，有数百年来未经斧凿之处女林，吾人当竭力保护，为国家培元气，为地方养水源，为海内外生物学家、农林学家留标本，决不可使一卉一木为道路与建筑物所牺牲。至于东天目，则早就荒芜，何惜开发，既属名山，更宜点缀。此所以为林场之适宜地点也。

（一）事务所地点

东天目山山麓有龙泉庵，庵之西为里村，庵之南为上杨村，大宗荒山在此。此处似宜察勘地势，设立泉唐道属林场事务所。盖里村（或上杨村）附近有三大溪流：其一，自东茅峰与昭明寺南流，直接经里村、上杨村、下杨村、研头、荷花塘而入苕溪；其二，在里村之西，由等慈寺上峰经梅家头、陈家庄、上庄、南庄、胡口村、横溪、章家头而汇苕溪；其三，在里村之东，自龙门寺上峰经璋村、横路村宛转过荷花塘而入苕溪。三溪沿岸，各有古道，各道又互相贯通，将来事业进行，尚称便利。其林场房屋未经建筑以前，职员可借龙泉庵住宿。

（二）交　　通

里村距东天目昭明寺约十里，距西天目禅源寺约二十四里。化龙镇在其东南，相去约二十七里，藻溪镇在其西南，相离约四十四里。藻溪与化龙间之公路，至迟民国十九年一月可以通车。此交通之概况也。惟仅恃旧有道路，则交通迟滞，行事困难，非新辟支路不可。支路路线有二：①由里村直达化龙，此路至杭州较顺，惟中间须超越高岭，或横断重岭，距离虽近，工程恐大。②由里村经上杨村、研头、潘村、章家头、碧淙村、油口村、东族村而至兴康桥。兴康桥在藻溪与化龙之间，离里村二十九里，距离不为过长，且中间皆平地低冈，工程亦较他处为易。如能开筑八尺宽之支路，经费连桥梁计算，约需二万元（每里连桥梁假定经费七百元）。路成以后，非独林场事业进行便利，即居民亦有裨益。惟此事须由政府责成公路局办理，非小规模之林场所能举行。

（三）水　　利

东苕溪之上流，石砾横陈，河身填塞，山陵浸蚀，堤岸崩颓，其一部分已成野溪。专赖造林，仍不足以防水患，故防砂工事，不可不同时并举。惟兹事体大，谈何容易，在林场范围未扩充以前，不得不有赖于水利局。

（四）教　　育

政府设官营林，本为民众谋利益，而民众对于公有林（尤其是对于省有林），辄肆摧残。事发以后，消极者往往主张弥缝，积极者则又雷厉风行，主张严办，严办固非，弥缝亦未为是也。夫万事必求其本，万祸必穷其源。往者造林场肇事之本源固多，其荦荦大者有二：一曰，政府任用非人也，狐假虎威，犬仗人势，霸占私地，压迫穷民，县长以其为省政府所派也，则知其非而不言，乡人以势力之不相敌也，则又言而不得直，一忍再忍，至于无可复忍，于是暴发横溃，如洪水之不可复遏矣。二曰，乡人智识未开也，乡人脑中无森林，而目中见一场长，场长官也，官无论大小，敬而远之为是，此数百年来之积习也。夫林场与乡村，关系之密切如此，情形之隔膜又如彼，宜乎如凿枘之不相容矣。上述两因，第一因属政府用人范围，第二因则属林场行政范围。

林场行政，窃以为宜兼顾教育。或开贫民学校，或设半日学校，或巡回演讲，或开会讨论，使农民得浅近智识，受相当教育，其子弟因此而起爱林之思，其父老亦因此减去畏官积习，如是，则森林非独易于造，且易于保护矣。

（五）营　　林

据成例，酌量林场经费者，以官地人工植树多寡为准，考核林场成绩者，又以官地人工植树之多寡为断。此法似未适于浙西，浙西无大面积之童山，更无大面积之官荒，若以官营人工植树责成林场，则林场无所施其技；故旧有办法，不可不稍行变通。变通云何？曰，于公家直接经营之外，犹当督促民间经营，或民地官营而设“部分林”。总之，林场所辖区域以内，不论官荒私荒，能补救一分，即林场一分功绩。如是，则一反军阀时代门外汉之所为，林场职员亦能发生较浓之兴味。

1.公家直接经营

森林半属营业性质，半属公益性质，资本须厚，年限须久，规模须大，故原则上宜归国家经营，此总理①之施政方针，亦各国之林业实例也。东天目绝少公地，经营之初，必须收买，收买以五里亭附近为宜。盖五里亭一带，离离杂草，满眼荒芜，即灌木亦不多见，此种山地，业主收获甚微，可会同临安县政府详加查勘，平价收买，或用土地征收法征收之，由林场直接经营，积极造林。即其他似荒非荒之地，亦可平价收买若干，由林场抚育成林，示乡人以模范。盖荒山程度不同，造林方法不无区别，林场当因地施宜，使乡人知所取法也。

2.督促民间经营

征收可为而不可为，征收而可为者，地归公有，举措自如，故可为也；征收而不可为者，地价不得其平，则纠纷起，收买欲求其遍，则经费尽，故不可为也。况东天目山全荒之地甚少，人民依山为生，不无最小限度收入，若于山民生计未经解结以前，勉强征收土地，必惹起乡人反抗，而贻林场以后患。补救之法，惟有于官营以外，督促民营。先由林场会同县政府出示，指定地点，禁止滥伐。并由林场派员严行督促，切实指导，于野草荆棘，则许其砍伐，于松杉枫栎之幼苗，则责其育成。夫以浙西之气候，

① 指孙中山先生。——编者

天目之土性，但使五年不加摧残，则天然良木，不扶而植，可断言也。然犹恐天然树木之杂乱无序也，则用人力以整理之，恐天然良苗之不能普遍也，则借人工以补植之。如是，谆谆善诲，循循善诱，吾知十年以后，山乡不患无薪，二十年以后，村里不患无材。有难之者曰，政府岁费数万元，而无收成之望，可乎？曰："建设之首要在民生"，民生既裕，财源有出，建设厅用之，何必建设厅收之？

至不可理谕之乡民，与一贫到赤之地主，虽经林场督促，依然无意或无力经营者，则于一定年限之后，政府当代为处置，依法办理。

3.民地官营

乡间本有甲家山地乙家造林之例，及其收也，十分之二或十分之三属甲，十分之八或十分之七属乙（依粗收入计算）。此即日本"部分林"制度，在日本行之，颇著成效。林场亦可仿效，先与荒山之地主订约，公家出资，在民有山地上造林，收成之日，不论主伐间伐，十分之若干归地主，十分之若干归林场。此种办法，数年前安徽已试行之，谓之"代办林"，施行尚无阻碍；盖公家无收买山地之必要，可以减少开支，地主有坐获利益之可能，自肯帮同保护，真一举而两得也。至于山地面积，乡人往往以多报少，此林场所当切实测量，先行查明者也。如在粮根以外之山地，似宜酌量情形，收归省有，不作"部分林"或"代办林"论。

4.指导民间合作

合作固不限于造林，而在今日之东天目，则造林合作，尤为切要，盖乡村往往有多数地主，共一山丘，此种山丘，十之八九荒废，究其原因，固极复杂，然其主因则由于不能合作，互相推委，故地主愈多，地权愈杂，则山益荒。政府如能代为造林，固为上策，如其不能，当指导乡民，使其共同设立苗圃，共同雇用管理人，共同造林，共同保护，其经费之分担，以所有地之多寡为准。

（六）测　　量

洪杨以后，图籍散失，山陵听人民占领，面积由人民虚报，粮单上之亩数，与实际亩数大不相符，林场不可不实地测量。况山川形势、道路桥梁以及村落位置，关系林业甚巨，陆军测量局虽有五万分之一地图，然参考有余，实用不足，林场宜派员专司其事，由近及远，逐渐测绘，制成五千分之一地图，庶几乡野之形势、山冈之分布、河流之曲折，与夫沙地之范围、城市村镇之位置距离，可以一目了然，而一切林相图、公有私有山地分别图，以及将来山林计划图，亦得有根据。

（七）造　　林

1.人工林之栽植：此即植树或播种造林，可行之于完全荒废之山地。

2.天然林之抚育：造林不限于植树，上文已言之矣。东天目山完全荒废者少，似荒非荒者多；诚以浙西得天独厚，有充分之湿气，有和暖之温度，灌木荆棘，随伐随生，且其间不少有用树木，为杂草荆棘之附庸。如能停止剪伐，稍加抚育，则附庸浸假而为盟主，灌木浸假而成乔林，所费者小，所得者大。至于森林缺损之处，自应随时随地补植，俾将来可以成密闭之林相。

3.竹林之变更作业：苕溪水源关系重要之地，遍植竹林，是否适宜？此问题当另行讨论。要之，柚木、柳安、洋松等外材充塞市场之际，吾人决不可贪一时便利，满坑满谷种竹，可断言也。然现有竹林，欲于一时尽行砍去，改种他树，亦关系人民生计，难于实行。窃以为此种山地，如欲择要变更其作业法，宜先于竹林中杂种杉树，俟其长大，次第将竹伐去。始也借竹林保护杉树，继也以杉树代替竹林，此在莫干山已有实例可征，他处亦可推行。

4.苗圃：里村、上杨村一带，可收买民地一百至两百亩，充作苗圃，一以供给本场，一以供给乡村。

5.树种之选择：天目二峰，巍巍对峙，东伯西仲，古有定名。岂独山势相伯仲而已，即树种亦似出一系，可以互相通用。故在东天目造林，其种子可由西天目采集。西天目山森林植物种类丰富，其重要者如次：

上部：短叶松、柳杉、刺杉（广叶杉）、金钱松、大叶杨。

中部：短叶松、柳杉、刺杉、金钱松、大叶杨、榧、马尾松、银杏、槠（青柴）、化香树、交让木、槐、蓝果树、娑罗（大种石南）、苦枥木、黄檀、槭、枫香、羊舌椆、大叶樟、栗。

下部：柳杉、刺杉、金钱松、马尾松、榧、银杏、槠、化香树、大叶杨、山核桃、樟、榉、黄檀、槐、槭、枫香、栗、麻栎、黄连木、木兰、楝。

二、于潜县设林场，他处设分场

林业之兴也，计划固期以百年，而林业之废也，摧残亦非一朝。窃观浙江荒山之形成，大约分作三期：第一期曰烧炭期。烧炭本山家习见之事，日本尤称擅长，年年烧，年年林木不尽也。而吾浙不然，业主不劳而获，有采薪制炭之利，无育苗播种之功，针叶树日就消灭不顾也，乔林日见减少不顾也，斧斤所及，便成赤土，丘冈渐秃，又及山颠，林木一日不尽，樵苏一日不休。此其例，可征诸温州，而在浙西，则临安为其代表。第二期曰杂草期。气候非不和也，土质非不良也，而戕伐不已，树种云亡，始愁木少，继且柴荒，业主毫无收入，不得不放弃山地，听野草自生自长。此其例，可征诸于潜。第三期曰不毛期。秋阳以暴之，暴雨以洗之，山地了无遮蔽，砂砾自然崩颓，赵瓯北诗云：赤立太穷山露骨，此在嵊县与新昌，时或见之，浙西幸而免焉。是故嵊县、新昌为于潜前车之鉴，而于潜又为临安前车之鉴。据乡人传说，于潜五年前，尚有炭窑二百余处，今只剩四十余处。其志得意满之烧炭期，盖已过去，而入杂草期矣。惟其已入杂草期，故民有山地，无复收入，较易征收。借云不易，亦可试行部分林或代办林法，此于潜之所以宜设林场者一。林场一切听政，非借重县长，则事倍而功半。于潜为县政府所在地，协助有人，措施较易，此于潜之所以宜设林场者二。于潜至化龙之公路，至迟民国十九年春可以通车，不必特别筑路，而与省城交通甚便，此于潜之所以宜设林场者三。

要之，为苕溪水源计，则林场之总机关，宜设于东天目，为节省经费与减少纠纷计，则总机关宜设于于潜。

三、西湖设模范林场

民国十八年夏秋之交，广州中山大学教授德人芬剌尔氏(Fentzel)来杭，于湖上诸山作七日调查，留一计划图而去。芬氏倾心于湖山之美，而咋舌于土地之荒，主张就西湖设模范林场，一面建立林业基础，一面养成技术人员，然后逐渐扩充，推行他处。书存浙江建设厅。

（原载《中华农学会报》九十期，一九三一年）

《中华农学会报·森林专号》弁言*

森林本不刊之学也，自入中国，林学乃刊；自林学刊于中国，森林乃有专刊；自森林有专刊公于世，而中国之林学乃益见其不专。嗟乎！不祥哉森林专刊也。中国林史有缺，古林政弟弗深考。至于林学，则自欧化东渐始。欧洲各国，林与农各自为政，各自为学，分道扬镳，并行不悖；流及美国，制亦略同。统属于政府，未必统属于农部也，直隶于大学，未必直隶于农科也。即今之金陵大学，华文有农学院之名，而英文仍农林科之旧，可以察其概矣。我国森林机关，绝少专名，大都与农业机关合并。合并固未为非也，而流弊为附庸，附庸犹未为损也，而流弊为骈枝，骈枝仍未为害也，而流弊成孽子，孽子从古不易容，容则分家之润而遗嫡之累，又不敢灭，灭则惊天动地而扰六亲，此中国近数年来林业教育林业试验林业行政之所以陷于不生不死之状态也。事业不动，则学术不昌，学术不昌，则著述不易，而刊物不多；故曰林学削于中国，而后森林乃有几年一度之专刊也。先进诸国，每一林业机关，几乎皆有一定期刊物，定期刊物所不能尽，斯出专刊。是故海外林界之所谓专刊，乃对于林业上一事一物之特殊研究耳。今本刊总而言之森林，统而言之森林，对农学而称专，是诚专矣，而在林学范围之内，则何专之有？故曰森林专刊公于世，而中国之林学乃益见其不专也。非不祥而何；虽然，病木未槁，

* 《中华农学会报》一九三四年十一月出版《森林专号》，由作者编辑，他为专号写了这篇《弁言》。——编者

倘有苏期，心灰未死，容有燃时。同人等群策群力，今日犹得追随人后，分中华农学会一席地，勉成此刊，亦不幸中之幸尔。

（原载《中华农学会报》一二九、一三〇期，一九三四年）

读凌傅二氏文书后*

呜呼！森林无办法久矣。荒山听其颓废如此；而树海不能利用又如彼。毕业生失业如此；而技正技师有其业而无所施其技又如彼。书生之兵纸上无灵。始而秣陵道上专家委员多如鲫，洋洋乎计划林业之书汗牛而充栋；继而衰；继而竭。非独政府置林业而不问也。即林学界本身亦似乎自惭形秽。上之不能奔走权门，掉三寸不烂之舌以行其说；次之不能援引海外名流，远来以作市招；下之又不能动银行家以百年五十年以后之蝇头利。客何能？客无能。客休矣！苗圃可裁也，林场可并也。国立大学森林系可废也。识时务者为俊杰，君不见民穷财尽而国难乎？曾闻航空救国矣；未闻森林救国也。森林今日无办法。森林而求办法，其待国泰民安以后乎；无已，其待农村复兴以后乎。讵读凌道扬傅思杰二氏之文，而又知其不然！我以民穷而不暇营林，人正营林以济万民之穷；我以森林生产迟缓而不为，人正利用不生产之人以治山林。地得人而利，人得地而济。然则森林又何尝无办法乎？其无办法者，非真无法而不办也。乃不办斯无法耳。吾人近察广东，远瞻美国，色然喜，骇然惊，如空谷闻足音，如天涯遇知心，如行到山穷水尽而得一花明柳暗之村！

（原载《中华农学会报》一二九、一三〇期，一九三四年）

---

* 《中华农学会报·森林专号》刊载有凌道扬作《一九三三年美国林业之新设施》和傅思杰作《广东试行兵工造林第一年之纪述》二文。作者为《森林专号》编辑，他读此二文后颇有感触，写了本文。——编者

黄垆旧话

提起许羿，就要联想到北农（北京农业专门学校），我同许羿同事，从北农开始的。那年是民国五年，虽说去今已有十七八年之久，而他的相貌神气，仿佛前后没有多大变动，方方的下颏，胖胖的身体，黄的胡须，诚恳和蔼的态度，一见面便知道他是一个长者。人类确是感情动物，一刹那间的好感想，会越印越深，越久越浓的。尤其是十几年前的北京教育界，真过的浑浑噩噩。百万人口的北京，归纳起来，仿佛只有两个世界，一个在校外，一个在校里，你若是把另一个世界关出在校门以外，那校里的世界，便越看越大。这是许羿发明的。不错，一个微而又微的毛孔中，的确能看出大千世界来，这个世界，天特别青，云特别白，花特别红，草特别绿，久而久之，校门外天翻地覆，也没有你的事了。别的不用说，就象直军占领丰台，奉军攻打芦沟桥那样大事，在城门未关之前，你万万不会知道，并且你也不必知道，等到胜败有个分晓，晓日潼关四扇开，自然有人开城门放你出去的。当时许羿家里人口多，消息灵，有了警报，大概从他的电话里传来，电话挂上，不到五分钟，他也急急忙忙的来了。“你这里太平得多啊”，这是他一进门就要说的。其实，我的寓处，离他的寓处，只有百几十步路，还分什么太平不太平呢？而被他一说，我也顷刻胆壮，似乎觉得太平些。喝茶、抽烟、闲谈，消遣这沉闷的光阴，此种机会，差不多每年必有一次。隔了十多年——就是去年十二月，我北上吊丧，偶然走过他旧时的寓处，又走过我旧时的寓处，万种感触，一时涌上心来，嗟乎许髯！萧条门巷今犹在，惆怅无人说“太平”。

许髯生平的长处，不在有为，在有不为。北京教育界，到了民国十年以后，渐渐发生了变态，一般校长先生，贤明的固然很多，平庸的也着实不少，挨一天，算一天，多忍耐，少主张，这还是南北一例，不算特别的。北京最特别的校长，有三种，避打而走，算是下乘，害打而走，算是中乘，打而不走，才算上乘，至于骂，马耳东风，压根儿不感苦痛。许髯从民国十一年起，独来独往，老气横秋，没遮拦的舞了几年大刀。他的作风，比众不同，非必不得已不干，干要干个彻底，不能彻底就走，一丝一毫也不能迁就的。民国十一年，他初次做北农校长，履新不到一个月，开除了几个学生。那个时候，学生大似皇帝，皇帝还好开除么？大逆不道！然而他老先生竟反了。反么？罢课！这是天经地义，没有理由可以申说的。许髯没有办法，不彻底，毋宁走，递了一道呈文，不到校了。然而校长辞职是辞职，学生罢课是罢课，他们也要干个彻底，非达到收回成命的目的不止。开会，派代表，发传单，闹得教职员个个头痛，也开起会来了。教职员会议的结果也妙，要呈请教育部收拾学潮，然而有人说：“校长辞职书并没有批准，如何撇开校长？”于是双管齐下，两全其美，一面呈请教育部平定风潮，一面函请校长整顿学风。办法既定，另有几位熟悉世故的说：“这是正当办法，反正校长现在离开学校，真正吃重的，就在上教育部那个呈文。”谁知许髯竟一步不肯放松，他得了同事不尴不尬的一封公函，皱皱眉头，想了一回心思，鼓着勇气，坐了一辆洋车向骆驼庄去了。他到了学校以后，大家替他捏一把汗，这岂不是自入虎穴拉虎须？过了半天，倒也风平浪静，没什么事，只晓得他召集各班班长开导一番，没有结果，又进城去了。到他家里一问，他摇摇头，说道：“等后任校长来罢，我不干。”

结果教职员全体，跟他一走了事。我也在那时离了北京。往后，这位老气横秋的许髯，时时有人想着他，拉他做过几次校长，然而他是不恋栈的。说一声走，王也不能留行。有一回，北京朋友写信给我，说许髯辞职，我简直连他做校长的消息还没有得到。推想起来，一定是来得匆匆，去得匆匆，没有写信通知我的机会，我就给他一封信，其中有两句打趣的话："莫教梁燕笑人来，相逢未稳还相送。"

许髯在出处去就之间，固然是有所不为，而在讲堂上，却是无所不教。人家都知道他是一个农业经济学专家，不错，他到死还著了一部《食粮问题》的。可是他初到北农的时候，除了他自家的专长以外，还教过地质学、气象学、畜产学……。这种故事，他到了晚年，不肯告人，有时偶然谈到，他赶快摇手道："说不得，被人家笑啊！"其实说说有什么要紧。许髯所以多任教课，有两个原因：当时北农分农林两科，农科包罗万象，冷门功课，请不到教员，免不得大家要分任些。这是一个原因。还有一个原因，许髯是好学的人，他以为自家读过的书，有机会再用一番功，免得抛荒，也是好的，因此，他无论担任一种什么功课，一样集精汇神的用功，不肯苟且。学生呢，又人人欢喜听他的讲，不论什么课，从他的温州官话里讲了出来，百样都是津津有味。二十多年的名教授，许先生，在南方的朋友，恐怕不见得个个人知道么。他得力的地方，就在他的一种信仰心，这是他常常说的，叫作"开卷有益"。

二十多年名教授，许先生，无书不教，当然是无书不看。所以一本科学书到了他家，便同嫁了他一样，不发帖子去请，不轻易回娘家了。他欢喜书，他尤欢喜人家备而不读的书，他到了我寓处，总在我的书架边徘徊，我的功课，他很明白，他看看有些书不像我读的，他就拿去替我代读。有一天，他来了，我正在找一本《养蜂学》，不应酬他，他问我："忙什么"，我说："谁把我的《养蜂学》拿走了。难道这位先生久假不归，也同许叔玑① 一样么?"他在我背后嗤的笑了一声。我回过头来问："笑什么?"他说："正是许叔玑借去的，他昨天在家里替你找过了，找不到。"我说："先生，小小儿有点糊涂。"他瞧着墙上的对联，喷一口烟，慢慢地回答道："大事故不糊涂。"

我和许翯性质不同，他性缓，我性急，他气度宽宏，我局量偏狭，他除了书本，一无嗜好，我声色狗马都欢喜，他的书桌上，摊得"落花水面皆文章"，我的书桌上拂得"风扫乱云毫发尽"。然而谈话却是投机，我喜，他会笑，他怒，我会替他骂。惟有一件事情，我最讨厌，厌他抽香烟，他用香烟对付我，我绝对没有办法，有时三言两语不对头，我着急，在他面前乱嚷乱吵，他只是一声不响地对我喷烟，有时兴高采烈，约他听戏逛公园，他也只是抽香烟，不理会。

我远行的前数日，许翯赠我长短句，送我行。

（一）〔临江仙〕

吹浪鱼龙凌万顷，冷然两袖天风，五洲今在一鞭中，为歌苏子曲，老去反儿童。

（二）〔浪淘沙〕

鸡鹜任纷争，世局棋枰，闲云野鹤远游情，杨柳不堪摇落恨，旧雨新亭。心在玉壶冰，谁识生平，十年知己一青灯，昔日儿童皆老大，我愧无成。

（三）〔虞美人〕

人间富贵皆尘土，努力知何补，斜阳身世两茫茫，

① 即许翯，名璇，叔玑是他的号。——编者

往事不堪回首骆驼庄。清风明月今犹在，只是朱颜改，

问君何日再归来，相伴一樽话旧钓鱼台。①

许髯送我的韵文，本来不止这几首，而我说起来也惭愧，十年奔走空皮骨，赤条条去往无常，行李东托一家，西托一家，散乱不堪。朋友给我的信札，也是一包一包的放在天涯海角那些破箱子里，记也记不清，找也无从找。只有这三首可贵的词，幸亏我当时录了下来，夹在常用的书里作为纪念，所以今天还留得一个影子。

西京三群齐名：章演群（鸿钊），陶陶群（昌善），许口群（璇）。三人文才相似，学校相同，声气相应，年辈又相若。演群陶群，回国后，犹用旧时别号，而许髯不用，所以我但识两群，而遗其一。过了几年，张冠李戴，越弄越错，我以为其他一群乃盛霞飞。却巧演群寄来霞飞几首诗，其时我在笕桥农院，写信问演群："久慕三群之名，仅读两群之诗，今乃得霞飞佳作，三才备矣，幸何似之。但不知霞飞别号，群字上冠个什么字？"演群复书说："霞飞别号并无群字，还有一群，近在贵院。"我于是恍然大悟，马上赶到许髯房里，问他从前在日本西京有个别号叫"什么群"。他也说"什么群"。再问他，他说忘了。

有一个夏天，许髯坦了便便大腹，坐在藤椅子上大谈其天，我看出神了，问道："大肚皮里包含些什么东西？"他教我猜，我说："大肚皮世人皆见，皆大欢喜。"他说："有什么欢喜？不过满肚皮苜蓿。"我说："苜蓿何以都放在肚皮里，不留些在盘里？"他说："盘里苜蓿不消化，肚里苜蓿才消化。"过了一会，他返问我："梁叔五也食苜蓿，何以肚子大不起来？"我说："恐怕他比你消化得快，已经不在肚皮里了。"他说："不是消化得快，恐怕是吃得不快。"

---

① 作者用许原韵也作了三首词，见本文集第508页。——编者

许骧不修边幅，不作门面语，谈话有时简朴率直，听说他去年在北平一个饭馆，席上遇见罗宗洛，不相识，随随便便地问了一句："你叫什么名字？"罗君把自己的姓名说了出来。他说："噢，你就叫罗宗洛。"旁边有个某甲，听了他的语气，以为罗宗洛定是许骧的学生，所以问答如此简单，明日问道："昨天席上的罗某，是高足么？"许骧很庄重地回答："不敢当，他是有名的生物学家。"某甲讶然。

许骧作客，临去的时候，对主人总说："我先走一步"。我听了他这句话，觉得有一点语病。假使两个都是客，或许一个先走，一个后走，而一个是客，一个是主，先走两字似乎不妥。在杭州有一个晚上，他到青年会来看我，谈到十一点钟，青年会定章，十一点钟灭电灯，顷刻变成一间黑房。他等我点好蜡烛，拿了帽子，照例说一声："我先走一步。"我问他："你说先走，教我后走么？"他说："你怎么样？"我说："我不走。"他说："你明天早晨学校去不去？"我说："当然去。"他说："那么你还是要走，我不过先走一步罢了。"当时我批他太辩，后来一想，许骧处处先我一着，他出了东京大学，我才进东大，他到了北京三年，我才到北京，他到了浙大两年，我才就浙大。他无事无处不着先鞭，而今呢，更不用说了，这条路哪一个不走？别矣许骧！你不过先走一步罢了。

（原载《中华农学会报》一三八期，一九三五年）

樟脑(樟油)制造器具之商榷

挥发油之制造也，十之八九用蒸馏装置。蒸馏装置必有凝结器（冷却器），凝结器构造不一，或用蛇管（盘肠），或用李弼氏冷却器，或用其他设备，此种设备，皆不适于樟脑（油），何也，樟油之中有脑，容易附着管壁，障碍气流也，故中国日本之制脑，皆用特种凝结器。

樟脑（油）制造装置，其置重之处，不在锅与灶，而在凝结器，凝结得法，非独产量较多，即制品之性质亦较佳。中国日本旧式制脑方法，颇有相同之点，尤以中国之诸暨方式与日本之土佐方式为相近。日本土佐式冷却器，经东京帝大教授三浦伊八郎氏一再改良，颇见精工，余初欲购置一具，作试验室提脑之用，而情格势禁，不得不自行设置，乃指导夏顺兴铜匠另行制造（南京国府路四十号），荏苒年余，得一粗重之凝结箱。余不敢谓此箱可以普遍应用，而行之小试验室，则胜于诸暨与土佐方式矣。

一、诸暨樟脑(油)制造器具

浙江诸暨制造樟脑（油）器具（图1）分五部：（一）锅与灶，（二）蒸橐（甑），（三）汽管，（四）冰箱（既凝结箱），（五）水池（水町）。

锅与蒸橐：锅盛水，锅上置木架（蒸架，有无数小孔），架上安一蒸橐（甑），蒸橐之直径与高，以锅口直径之大小为标准，假

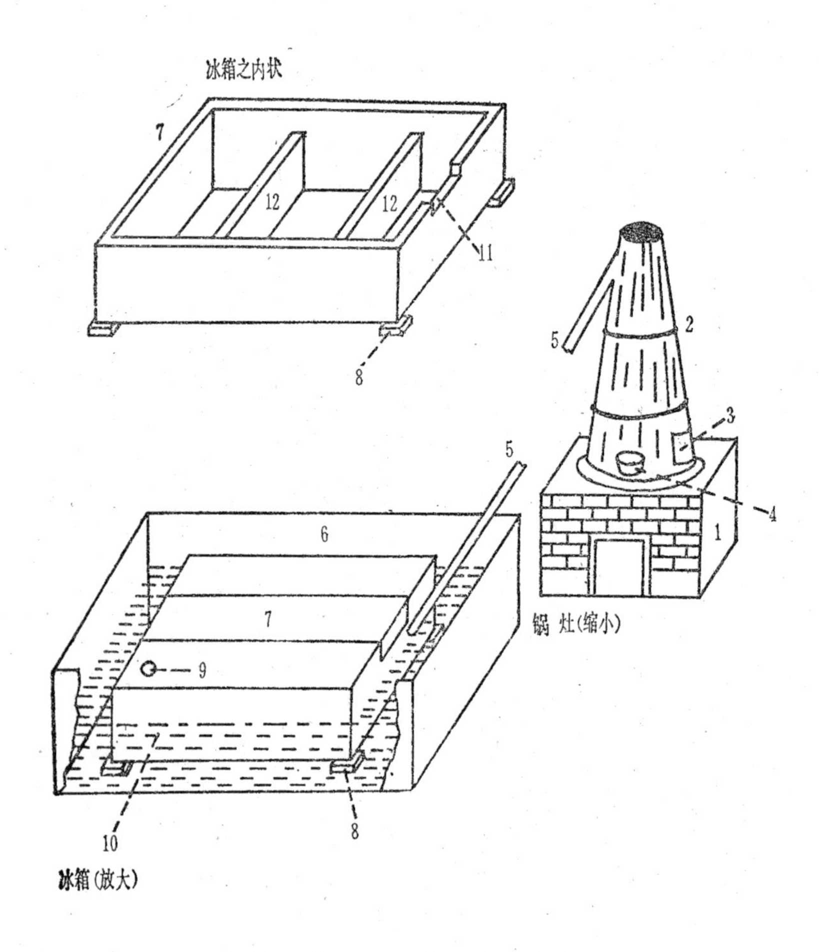

图1　浙江诸暨樟脑（油）制造器具

1.灶　2.蒸橐　3.出卸门　4.漏斗　5.汽管　6.水池　7.冰箱　8.填头　9.出汽孔　10.冷箱　11.盖板出入处　12.隔板

定锅之直径二尺九寸，则橐底之直径三尺，橐顶之直径七寸，橐高五尺五寸，橐顶有盖，橐壁离顶二寸之处穿一圆孔，以备安装汽管。橐底与锅相近之处，插一漏斗，以备补充冷水。漏斗旁开七寸左右可开可闭之活门，以为出粕之用。

汽管：汽管之长约一丈。旧时以竹为之，近时兼用白铁管或铅管。汽管上端与蒸橐顶部之圆孔衔接，下端与冰箱联结，蒸气由此诱导。

冰箱（即凝结箱）：冰箱长七尺，阔三尺五寸，高二尺。内部装隔板两枚，将冰箱横分三格。隔板之底缘与箱底齐，而隔板之上缘，则不与箱盖接触，留一小缝，使蒸汽得由第一格而通入第二第三格。

冰箱有盖无底，盖板三枚，向箱之纵方向插入，皆合榫，中间一枚抽出，则其余二枚亦可拆卸。盖上汽管之反对侧（第三格）开一小孔，名出汽孔。

水池：水池者，冰箱所置之处也，长一丈，宽约五尺余，在诸暨称水町。冰箱覆在水池之中，成一冷却器，水高约及箱高之半。冰箱之下，四角垫砖四块，使箱底腾空，冷水得流入箱内，其水平线庶与箱外齐高。

蒸馏：锅与蒸橐之接合处，盖与冰箱之合榫处，管与小孔之联接处，及橐上活门等，均须用粘土密封，以防漏汽。蒸橐之容量，约天平秤二百二十斤左右。蒸馏时间一昼夜。樟脑产量每橐三斤至四斤，多则八斤；油量约四斤至五斤。油脑皆浮在冰箱内之水面，第一格最多，第二格次之，第三格最少。

樟木之检验与劈法：樟木是否含脑，在诸暨自有习用之试验法，即用鹰嘴斧劈之，劈下之木片在太阳光中用两手扪擦，少顷，张掌细视，掌面如附着极细小之晶体，即为有脑之证。樟片（诸暨称“非”），宜向纤维之横方向劈，不宜向纵方向劈，否则油脑不易发泄（蒸发）云。

二、土佐樟脑(油)制造器具

土佐制造樟脑樟油器具（图2），非独甑之形状，与诸暨相同，即凝结器之构造，亦与诸暨相似。其上槽在诸暨称冰箱，其下槽在诸暨称水町（水池），其上槽之屉，在诸暨为冰箱之盖，

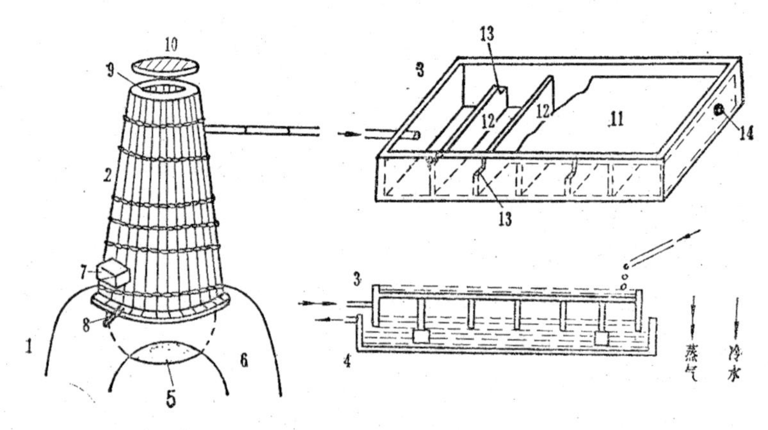

图2　土佐式樟脑制造装置

1.蒸馏灶　2.甑　3.冷却器上槽　4.冷却器下槽　5.蒸馏釜　6.灶
7.木片出口　8.水管（调整釜内水平线）　9.木片入口　10.甑盖
11.屉　12.隔板　13.蒸汽通路　14.出汽孔

名目虽异，功用则同。惟土佐上槽之屉中可以贮水，而诸暨冰箱之盖与箱壁平，不能积水，异点一。土佐上槽隔板到顶，于角上特开一孔，以诱导蒸汽，而诸暨冰箱隔板不到顶，上部留一细长之隙缝，以通蒸汽，异点二。土佐隔板上部所开之孔，左右交互，诸暨隔板之上部，完全成一隙缝，无左右之可分，异点三。土佐上槽之出汽孔在侧壁，而诸暨冰箱之出汽孔，则在盖上，异点四。

诸暨与土佐两凝结器，孰优孰劣，未经试验，不敢断言；惟

以意度之，诸暨冰箱上部有缝，气流不免直通，此点逊于土佐，恐产量亦不免较少也。

三、诸暨土佐樟脑凝结器之缺点与应行改善之处

诸暨土佐樟脑樟油凝结器，轻便简易，即在穷乡僻壤，亦可就地制造，无须取材都会，故用者称便，自能保持其历史上之价值。惟从科学方面言之，不能令人满意：（1）樟脑虽不易溶解于水，然于七百倍至一千倍之水中，亦能溶解。诸暨与土佐式凝结箱，其二分之一部至三分之二部浸没水中，水量太多，油脑自有损失。（2）依诸暨与土佐方式，冷水（冷却用水）与蒸汽直接接触，其凝结之油脑，大部分浮在冷水表面，冷水净，则制成之油脑固净，冷水浊，则制成之油脑亦污浊，有时且混合沙土与落叶碎片等物。此不独山乡为然，即在都会之试验室中，如无自来水设备，而用河水井水代替，其制品总不能恢心惬意。不但此也，用诸暨土佐式作试验工作，结果不甚精确。

三浦伊八郎氏之改良凝结器（图7、三，见后），脱胎于土佐，亦分上下两槽，下槽作水池之用，上槽顶部有屉，亦贮水，其下部则特设一底，使蒸汽与冷水隔离。上槽内部隔板到底。内部每格（分隔室）于离槽底相近之处，用铜网作一假底，铜网上铺棉布或麻布，以承樟脑。至樟油及蒸汽凝成之水，则由铜网滴下，落在槽底，从隔板下部一隅之小孔转辗流泻，至最后一格，则从槽底小孔流出。槽底小孔接一管，通过下槽，与分离器衔接，故油与蒸汽凝成之水，转辗由各格流至槽底小孔，经管而入分离器。下槽则全部盛水。三浦氏改良凝结器，蒸汽与冷水隔离，故油之产量较多，性质较佳。

四、著者设置之樟脑(油)凝结器

(一) 构　　造

全副蒸馏器（图3）：锅与灶皆利用试验室之普通蒸馏器，锅之容量甚小，仅十一公升。蒸气导入凝结箱后，樟脑在箱内升华，油与蒸汽凝成之水，由箱壁近底之处一小孔流出，经导管而入受器。受器利用普通分液漏斗。

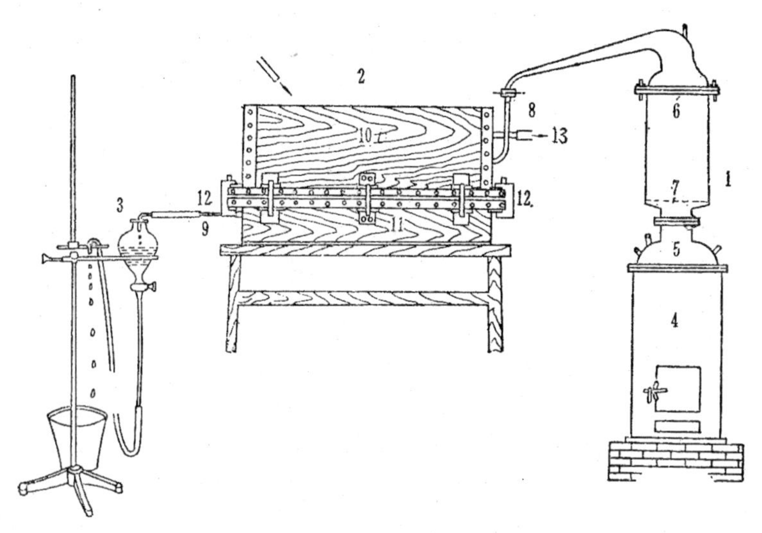

图3　樟脑（油）蒸馏装置

1.蒸馏器　2.凝结器　3.受器　4.灶　5.锅　6.甑　7.多孔板　8.蒸汽出口　9.油、水出口　10.上槽　11.下槽　12.螺钉　13.冷水出入口

凝结箱（图4）：亦脱胎于土佐式与诸暨式。分上下两槽，上槽之底缘，与下槽之上缘，皆突出，有铁板数枚被覆，以受螺钉。上下两槽接合处，衬橡皮方框于其间，故螺钉旋紧以后，不致漏汽。

凝结箱内部（图5）：上槽有屉，承水。屉下诸隔板，白铁制

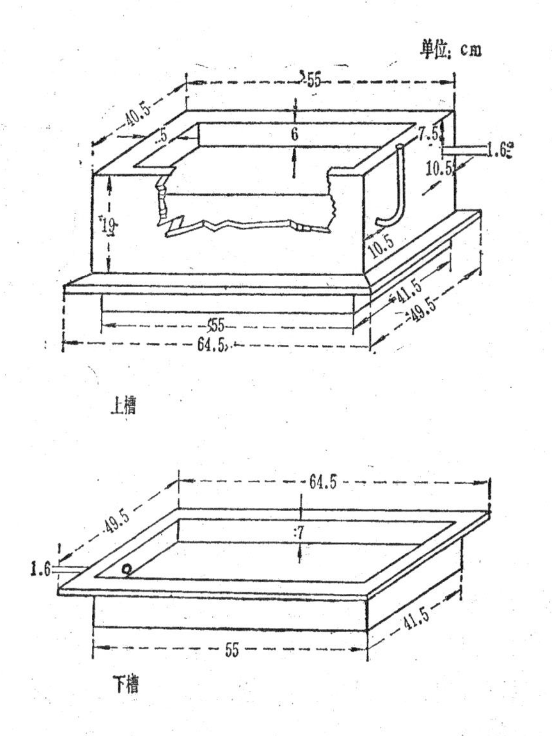

图 4　樟脑(油)凝结箱

而中空，皆成夹层，上槽之四周亦作夹层，夹层彼此相通，受屉中流下之水，主要冷却机能在此。夹层之数七，格（即三浦式之分隔室）数六。夹层中之冷水，与各格蒸汽隔离，冷水由屉侧小孔流下，经过各夹层，放出。蒸汽从其他一侧导入，经过各格，冷凝成液，由下槽小孔流出。上槽每格之下部，皆安装活动铜网，樟脑升华在此。屉上尚有五小孔，成一列，皆通夹层，五孔可开可闭，为调节水温之用。上槽上部缘边，犹有较大之孔二，以便蒸馏完了后容易倾倒冷水。下槽甚浅，侧壁近底之处有孔，连接水平导管，樟油与蒸汽凝成之水由此流出，侧壁小孔甚低，故下槽容水不过

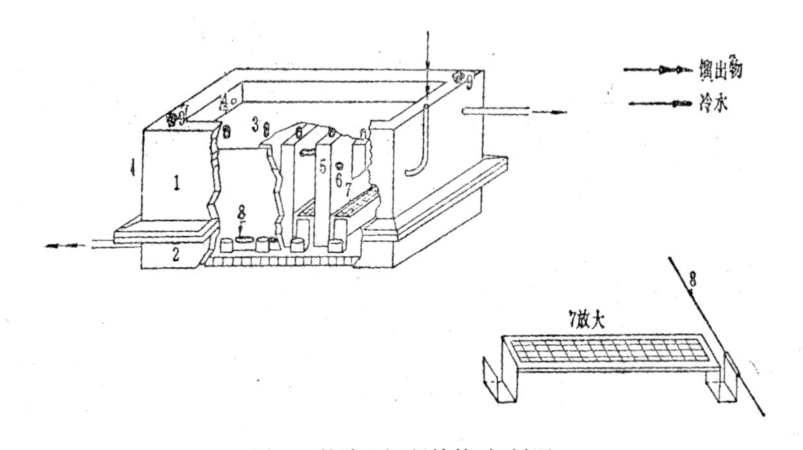

图5　樟脑(油)凝结箱(解剖图)

1.上槽　2.下槽　3.水槽　4.冷水入口　5.夹层“容冷水”　6.馏出物通路　7.铜网　8.铜针插入处　9.冷水倾泻口

500cc(著者初制之凝结箱,流水孔太高,故蒸馏时底层衬方木板一块,借以减少水量)。下槽水面,与上槽各夹层之底接触,故蒸汽不致从槽底急速流出,必次第经过各格,而后出箱,可以尽冷却之功。

上槽解剖图（图6）：冷水入口,在蒸汽入口之反对侧,从屉壁小孔流下灌满一夹层，再入其他夹层。各夹层之间,皆有水管贯通，水管从一夹层之顶，跨至第二夹层之顶，弯入夹层三分之二深，使冷水必由上而下，转入第三夹层。水管又左右互置，第一夹层水管在左，则第二夹层水管在右，而第三夹层水管又在左，使冷水得蜿蜒而来。冷水上下左右，普遍进行，故夹层之温度均匀。至最后之出水管，则在夹层之顶部。各夹层之顶部，另有汽管勾通各格,汽管亦左右互置,使蒸汽入箱以后,亦得一左一右,蜿蜒而进。其凝结之油与水,从铜网漏下,由下槽侧管流出而入受器。

四种凝结器之概观（图7）：从大体观之，诸暨式，土佐式，三浦式，与著者设置之凝结箱，可分作两大类：诸暨式与土佐式，

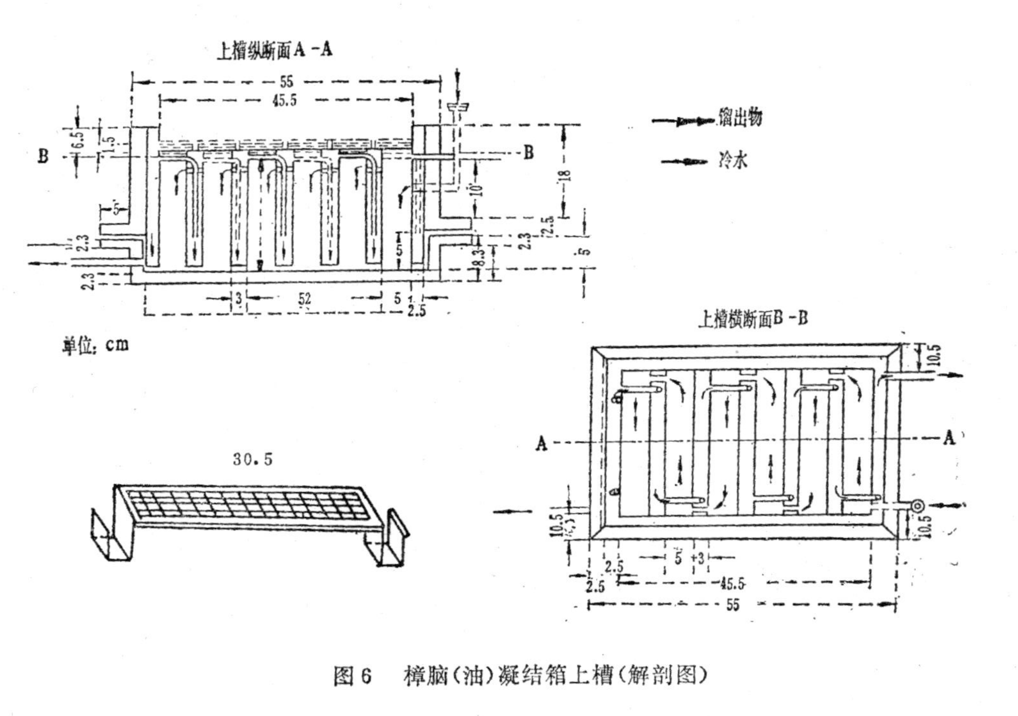

图6　樟脑（油）凝结箱上槽（解剖图）

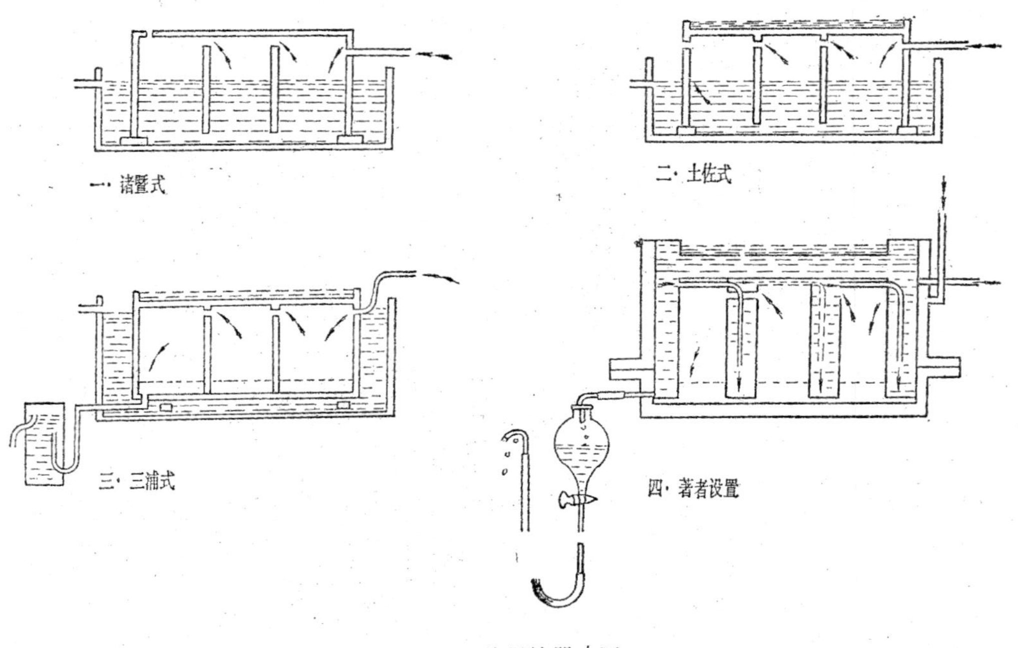

图 7　四种凝结器略图

蒸汽与冷水接触，为一类，如图7一与二；三浦式与著者设置之箱，蒸汽与冷水隔离，又为一类，如图7三与四。惟三浦氏箱，与著者之箱犹有别：三浦氏箱之上槽有底，著者之箱上槽无底，异一；三浦氏之主要冷源在下槽，著者之冷源全部在上槽，异二；三浦氏之箱须稍倾斜，不使油与水留积箱内，著者之箱平放，留500 cc水于凝结箱内，异三。

（二）凝结箱材料

上槽之屉与夹层，初用铜，铜有锈而价又昂，乃改用上等厚白铁，周围围以木框。突出处亦用木材而包白铁，并有铁板数枚被覆，以受螺钉。下槽本可用单纯木材，以期轻便，然木匠所制之木槽皆漏水，故内部不得不包白铁，连突出处亦包白铁。螺钉两长边各用三只，两短边各用二只。屉中漏水孔皆覆铜网，防泥沙冲入夹层。

（三）凝结箱之检查

下槽无须检查，上槽骑缝处容易漏水出汽，非检查不可。法将上槽跨在两凳之间，使夹层下部腾空，容易检视。由屉中注水，灌满夹层，以出水管有水流出为度，经过一两小时，夹层如接合不密，必有水滴泄出，宜修。次将橡皮方框贴在下槽之上缘，覆以上槽，用螺钉旋紧，并将全副蒸馏器装好（见下述），用水蒸馏一回，验其有无出汽或漏水。

（四）蒸馏器之使用

锅中注冷水，约容量之三分之二（十一公升），甑中置当日刨成之樟木片，1000—1500 g，将甑盖好，盖与凝结箱之汽管联结（接合处有螺旋）。凝结箱上槽之底，宜先安装铜网，铜网上宜先衬纱布。铜网装好以后，外面插入长铜针，使其固定在箱壁之上，不致脱落。上下槽之间，衬橡皮方框，用螺钉在突出处铁板上旋紧，勿使漏汽。蒸馏釜与凝结箱联结，凝结箱之出油管又与分液漏斗联结。联结以后，将屉壁及屉中所有孔窍开放，注冷水，以出水管有水流出为度。屉壁小孔用铜网覆上，屉中一列孔窍皆用木栓塞好。然后从箱侧汽管中注蒸馏水，以出油管有水流出为度。分液漏斗中注蒸馏水，旋转（开）玻璃塞，调整漏斗中水平面，勿使有过高过低之弊。

每甑樟木片蒸馏，约费二小时，一甑蒸了，全部装置不必拆卸，只须开盖，置换新樟木片，再蒸一次。此甑容量太小，至少须连续蒸馏三次，油脑始有采收之值。连续次数愈多，产量（对于一定樟材之油脑产量）益大。

蒸馏告竣以后，上槽采脑，下槽采油（有时亦有脑）。下槽之油，可倒入分液漏斗。油水分离以后，油中尚不免含水，最好加氯化钙（$CaCl_2$）振荡，吸收油中所包含之水，经过二小时，油从漏斗口倒出（勿从漏斗柄放出）。测定比重。此油尚含樟脑，须用蒸馏瓶分析(分析结果与本题无涉，从略)。

所得之脑，虽较商贩品为优，然非经过升华手续，则不获纯白之物（升华试验与本题无涉，略去）。

蒸馏完了以后，如需经过相当日期再行使用，则凝结箱中之冷水，务须全部倒出，否则白铁易烂。

（五）试验结果

本器制成以后，于樟脑从无系统的试验；盖樟木出钱塘江以北者，屡试无脑，出钱塘江以南者，又求木如求赵璧，苦不可得。民国二十三年三月诸暨农业学校校长许子怡君寄赠樟根若干段，直径最大者20cm，本器蒸馏得脑，只此一回。且材料有限，一用而罄，仍未得行系统的试验，为可惜耳。兹姑将残缺不全之试验结果，表示于次：

第 一 表

	Ⅰ	Ⅱ	Ⅲ	Ⅳ
材料采集后经过日数	24天	27天	30天	36天
试材量	4224g	7045g	8031g	2192g
蒸馏次数	4次	6次	6次	2次
樟脑收量 重量	4.8592g	2.1738g	11.836g	0.3642g
樟脑收量 百分率	0.115%	0.031%	0.147%	0.017%
樟油 容量	82cc	失败	167cc	28.5cc
樟油 密度	0.9417(15)	0.94813(17)	0.94662(17)	0.94058(18)
樟油 比重	0.94253$\left(\frac{15}{4}\right)$	0.94927$\left(\frac{17}{4}\right)$	0.94776$\left(\frac{17}{4}\right)$	0.94197$\left(\frac{18}{4}\right)$
樟油 百分率	1.828%	—	1.970%	0.512%
脑油合计百分率	1.943%	—	2.117%	1.240%

表中括号内示摄氏温度

五、著者设置之凝结箱与土佐式凝结箱之比较试验

土佐式凝结箱构造简易，本可雇工自造，而木工竟不能制盛水之木器，器必漏，已屡试而不成矣。本试验用日本制造之物，以与著者设置之凝结箱比较。樟木采自浙江临平，乃大树根株，不含脑。试验室中备同大之釜与甑二副，一副与土佐凝结箱衔接，其他一副与著者之凝结箱衔接。蒸馏同时并举，材料同量（约数相同）分配。每次蒸馏所用樟材刨片在1000g左右，蒸馏若干次，同时开箱，其次数二者相同，其材量亦二者相似。所得之樟油，一样用氯化钙干燥，且用同大之滤纸滤过，比较其滤前滤后之差额（损失量，用容量之百分率表示）。已滤之油，测定比重后，算出重量，比较其生产净量之百分率。得表如次：

第二表　二凝结箱比较试验

		Ⅰ	Ⅱ	Ⅲ	Ⅳ
樟片试量	著者	8057g	3079g	3414g	2154g
	土佐	7637g	3127g	3236g	2142g
樟油收量:					
未滤油容量	著者	291cc	93cc	117cc	43cc
	土佐	218cc	87cc	89cc	28cc
试材 100g之收量	著者	3,61cc	3,02cc	3,43cc	2,00cc
	土佐	2,85cc	2,78cc	2,75cc	1,31cc
已滤油容量	著者	288cc	91,0cc	112,5cc	39,0cc
	土佐	178cc	83,5cc	79,0cc	23,0cc
滤过后损失容量	著者	1.03%	2.15%	3.85%	9.30cc
	土佐	18.35%	4.02%	11.24%	17.86cc
已滤油性质:					
色泽	著者	淡黄透明	淡黄透明	黄色透明	淡黄透明
	土佐	浓浊	深黄微浊	黄色混浊	淡黄微浊
密度	著者	0.935565(5)	0.93438(5)	0.93326(7)	0.93422(8)
	土佐	0.93732(5)	0.93248(5)	0.93532(7)	0.93256(8)
比重	著者	0.935572 $\left(\frac{5}{4}\right)$	0.93439 $\left(\frac{5}{4}\right)$	0.93335 $\left(\frac{7}{4}\right)$	0.93434 $\left(\frac{8}{4}\right)$
	土佐	0.93727 $\left(\frac{5}{4}\right)$	0.93249 $\left(\frac{5}{4}\right)$	0.93541 $\left(\frac{7}{4}\right)$	0.93268 $\left(\frac{8}{4}\right)$
已滤油对材料收量百分率	著者	3.34%	2.76%	3.08%	1.69%
	土佐	2.18%	2.49%	2.28%	1.00%
著者与土佐收量之比		1.53∶1	1.11∶1	1.35∶1	1.69∶1

表中括号内示摄氏温度

六、结　论

（1）蒸馏时最初所得未滤之粗油，土佐式已显然较少。如第二表，100g樟材之收量（cc），土佐式最少1.31cc，多亦不过2.85cc，著者之箱，少则2.00cc，多则3.6cc。其原因或由土佐式凝结器中之水量太多，樟油一部分溶解也。（2）滤别后之损失，四次皆以土佐式为大，两箱相比，损失之差，竟有大至18.35%对1.03%者。此无他，试验室冷水不洁，泥沙掺入土佐式之箱内，且蒸馏过程中，又不免有尘芥木灰等，随冷水流入箱内，故制品不洁，一经滤别，则损失自大。（3）油之色泽透明程度，土佐式亦逊一筹。若试材含脑，则樟脑亦必不清洁，盖未有油不净而脑能独净也。（4）已滤油之净收量，土佐式亦较少，其原因正与（1）相同。

（原载《中华农学会报》一四〇、一四一期，一九三五年）

近世甲醇定量之新方法*

醇类尤其是甲醇（木精）与乙醇之定量分析，在近代学术上与实用上，皆属切要之事。例如甲醇，于木材干馏液检验时，于丙酮与甲醛检定时，其关系皆极重要，即法化学之检查有时亦涉及甲醇。

一、甲醇定量分析旧法

甲醇之定量分析，方法甚多，最著名者有二：（一）脱氢变甲醛法。（二）变成碘化甲基法。

脱氢变甲醛法：此Mannich与Geitmann氏手创之法也。简略言之，用高锰酸钾将甲醇氧化，变为甲醛，然后用福红亚硫酸比色，测其含量。此法不甚精确，逊于下述之法。

变成碘化甲基法：此法创自Zeisel与Stritar二氏，其后经各家改革，遂成今日化学界最著名之甲醇定量法。简略言之，将碘化氢HI作用于甲醇，使甲醇中之甲氧基CH_3O—变为甲基碘CH_3I，即将CH_3I气体通入硝酸银溶液，得碘化银AgI沉淀。若干碘化银，与若干甲氧基为当量，化学上自有一定比例，吾人但设法测得碘化银量，即可以推算甲氧基量，更可以推算甲醇量。其化学变化如次：

* 作者原题为《近世木精定量之新方法》。文中“木精”均改为甲醇。其他旧专业名词也改为现用名词。——编者

$$R \cdot OCH_3 + HI \longrightarrow CH_3I + R \cdot OH$$

$$CH_3I \xrightarrow{AgNO_3} AgI$$

凡甲醇定量方法，皆可用作甲氧基CH_3O—定量，故此法又称甲氧基定量法。

二、甲醇定量分析新法

（一）新定量法之动机及原理

Zeisel氏分析法，通行于世界各国，惟此法缺点甚多：（1）分析用药品价昂，比重1.70之HI，上海市价，每瓶25g，值三元左右，虽有时只售一元二角，然此种机会极少。每瓶至多供二次分析之用，故每次需费约一元五角。（2）分析费时甚多，操作烦琐。（3）单纯甲醇溶液之定量分析，固能冀其精确，而于自然界物质，则内容复杂，此法尚须考量。盖用HI激烈处理以后，除碘化甲基外，未必无其他挥发性碘化物生成，例如木材，一经HI作用，难保无糠醛发生，糠醛对Zeisel氏之甲氧基定量法，未必不发生障碍也。

Fischer与Schmidt二氏感觉此法之不便，屡思另觅途径，屡经试验，于1924年成功，二氏以亚硝酸盐代碘化氢，盖亚硝酸化合物能以极大生成速度、极大碱化速度与其他物质化合，故操作便也。此法从前用作分离亚硝酸与硝酸，亦称定量的好方法。

原理：甲醇CH_3OH之稀薄溶液中，加亚硝酸钠$NaNO_2$，又加酸，使液体成酸性，则顷刻生成亚硝酸甲基$CH_3 \cdot O \cdot NO$（式Ⅰ），亚硝酸甲基沸点甚低（－12℃），不溶于水，故能从反应液中逸出。其逸出之亚硝酸甲基气体，导入碘化钾之盐酸溶液（碘化钾液，加盐酸，成酸性），则顷刻碱化，变为甲醇CH_3OH与亚硝酸HNO_2

（式Ⅱ），HNO_2能与碘化钾作用，生一定量之游离碘（式Ⅲ）。碘量可用硫代硫酸钠$Na_2S_2O_3$规定液滴定（式Ⅳ）。

Ⅰ. $CH_3 \cdot OH + NaO \cdot NO = CH_3 \cdot O \cdot NO + NaOH$

Ⅱ. $CH_3 \cdot O \cdot NO + H_2O = HNO_2 + CH_3 \cdot OH$

Ⅲ. $2HNO_2 + 2HI = I_2 + 2NO + 2H_2O$

Ⅳ. $2Na_2S_2O_3 + I_2 = 2NaI + Na_2S_4O_6$

（二）Fischer氏法

Fischer氏分析器具（图1）：

Fischer与Schmidt二氏之甲醇定量分析器，由数部合组而成，各部皆化学室中常备之物。如图1，（1）为发生器，可用容量150—200cc滴漏斗。滴斗口安一橡皮塞子，塞子开三孔，一孔插一入气管a，由此通CO_2（CO_2发生器略而不绘），一孔插100—150cc分液漏斗（2），其余一孔插b出气管。出气管有球，中填玻璃

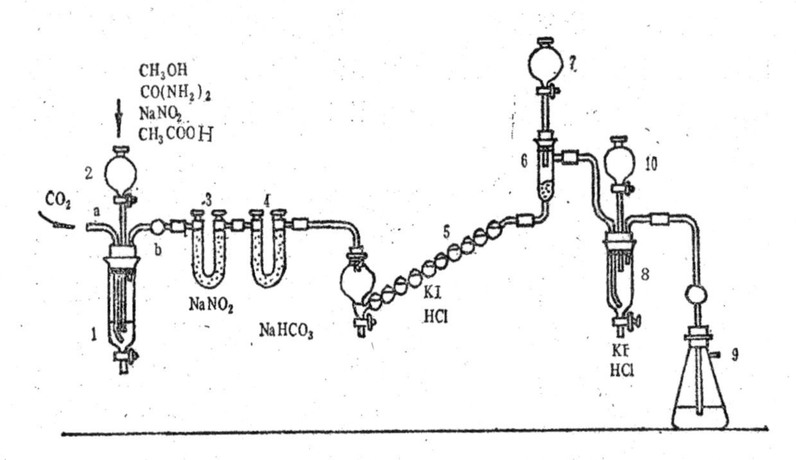

图1　Fischer与Schmidt二氏甲醇定量器

1.发生器　2.漏斗　3，4.洗涤管　5.吸收管　6.圆筒漏斗　7.漏斗　8.第二吸收器　9.吸瓶　10.分液漏斗

丝。橡皮塞用石蜡涂布，出气管则与两U字形管（3）及（4）联络。（3）管中放曾经熔灼之干燥亚硝酸钠，（4）管中填充碳酸氢钠。吸收与碱化器则用十球管，内容约60cc，如图中（5）。若化学室中缺少此管，可代以填充玻璃球之滴漏斗，构造一切如（1）器。十球管与填装少量玻璃丝之圆筒漏斗（6）联结，漏斗口有穿孔橡皮塞，插一漏斗（7），作注入液体之用。圆筒漏斗之侧管，与另一漏斗（8）联结，（8）漏斗中填充玻璃丝，此器所以吸收最后未尽之亚硝酸化合物，亦安橡皮塞，塞子开三孔，一孔与（6）器之侧管衔接，一孔插分液漏斗（10），一孔与吸瓶（9）联络。

Fischer氏分析步骤：

将器具依照图1装好。先通CO_2，排除空气。次从（2）漏斗注试液入（1）发生器中。此试液由4g尿素$CO(NH_2)_2$与10cc亚硝酸钠$NaNO_2$饱和溶液及一定量受检中性甲醇溶液混合而成。其所以混加尿素，因亚硝酸钠变成酸性时，即有游离亚硝酸发生，此亚硝酸气体随亚硝酸甲基气体逸出，亦能与碘化钾起化学作用，致得数不确，必也酌加尿素，使发生之亚硝酸，因尿素之作用而打破，变为氮，或变为一氧化碳化合物，则弊害可除。试液注入以后，用少量蒸馏水洗涤漏斗，洗液悉入（1）瓶。又从（7）漏斗注碘化钾盐酸溶液（4gKI，30cc水，10cc比重1.18盐酸）于十球管。保险器（8）中注碘化钾液（1gKI，20cc水，几滴盐酸）。约经半小时后，由（2）漏斗加20cc25%醋酸，一面仍盛通CO_2（每小时约1.5—2.0升）。此时（1）器中气体盛行发生，十球管（5）之无色液体变黄，继又变褐。甲醇之大部分，在加酸后约1小时，已起变化，但为尽量析出起见，尚须继续1—1.5小时，此2.5小时之间，须不绝通CO_2气。作用完竣以后，从发生器（1）放出液体，继续通CO_2约15分钟。然后将十球管（5）

与保险器（8）中之内容物放出，用煮过之蒸馏水洗涤十球管与保险器，洗液与放出之液同入一器。用硫代硫酸钠规定液滴定游离之碘。

空白试验（对照试验）：发生器中不免有N_2O_3发生，在此2.5小时之间，CO_2气体既无一息停顿，N_2O_3自未免流入碘化钾液，因此，得数不免过大。为补救此弊计，须另行空白试验。空白试验云者，发生器中不加甲醇溶液，此外则一切照常，通$CO_2$2.5小时以后，将吸收器（5）、（8）中之液体放出，用$Na_2S_2O_3$规定液滴定也。Fischer氏经过许多空白试验，得一校正数0.2—0.45，即每次空白试验，滴定时需用约1/10$Na_2S_2O_3$规定液0.2—0.45cc也。

是故每次正式滴定时之cc数，减去校正数0.2—0.45，庶无错误。惟正式试验与空白试验，其CO_2气流须同速，U字形管中碳酸氢钠粉末之松紧须同样，不然校而不正，不足为凭。

（三）Ender氏改良法

上文所述Fischer与Schmidt二氏所创之器具与分析方法，固可普遍应用，而Ender氏尚嫌其不甚便利。Ender氏谓Fischer与Schmidt二氏发明之分析器，其精确度尚为①二氧化碳气流之速度与②吸收器之形状及反应时间之长短两因子所左右，如非十分注意，所得之值仍不足恃。故Ender氏又将反应器与吸收器改良，借以增进效果。

Ender氏分析器具（图2）：

亚硝酸甲基气体生成颇速，不易为药液吸收，故气体须深深通入药液（3）之下层，俾得在高速度之下，为液体所吸收。又CO_2之气流中，不免携带一氧化氮气，故发生器（1）与吸收器（3）之间，尚须设一洗涤器（2），洗涤器中盛碳酸氢钠液，以吸收逸出之一氧化氮。其次即装设吸收器，器中盛碘化钾液。吸收器之后，更备第二吸收器（4），同样盛KI液，此器由滴斗与3—5球玻璃管组成，万一CO_2气流太速，则此器犹可在后控制，吸收未尽之CH_3·O·NO气体。最后联结洗涤器，器中盛加酸之高锰酸钾$KMnO_4$液，万一气流中尚含一氧化氮NO，亦可与此作用。器具一度装好，可任意施行多次分析，不必全体拆卸，惟第一吸收器以后之器件，分析完了后，须拆开，以便取出碘溶液。定量所须时间，由洗涤而注液而出液而滴定，每回约2—3小时。

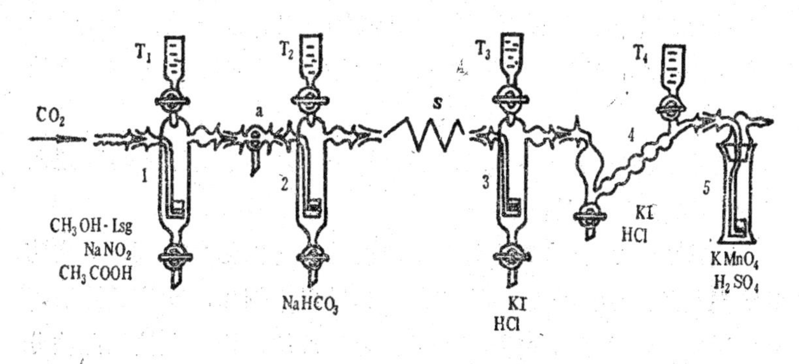

图2　Ender氏甲醇定量器

1.发生器　2.洗涤器　3.吸收器　4.第二吸收器　5.洗涤器　T.漏斗　S.或用可以旋转之毛玻璃管

Ender氏分析步骤：

洗涤器（2）盛碳酸氢钠之饱和溶液，第一吸收器（3）中，放3—4g碘化钾与10%盐酸，第二吸收器（4）中，放几粒碘化钾与稀盐酸，洗涤器（5）中，盛高锰酸钾溶液与几cc浓硫酸。全部装好以后，通CO_2气流宜速，经过15分钟，即关闭，然后由滴斗T_1注一定量甲醇溶液与10cc亚硝酸钠饱和溶液及25cc25%醋酸，入（1）发生器中。

此时发生器（1），洗涤器（2）与吸收器（3）等，皆充满CO_2，且各有甚高之液体柱，故T_1漏斗之试液，受一种阻力，不能自由放入（1）器。因此，发生器（1）与洗涤器（2）之联结处，备有三孔玻璃龙头a，将龙头开一孔，放出CO_2，则漏斗T_1中之试液自然落下。惟三孔玻璃龙头放出CO_2之先，其与洗涤器（2）相通之孔须预先关闭。迨T_1漏斗中之液体落下以后，再将三孔玻璃恢复旧状。

用Ender氏分析器，则精确度与CO_2气流之速度关系绝少。CO_2气流速度，以每小时用去$CO_2$3—10升为度，平均每分钟100cc。作用时间1小时，过是即可将供试液体放出。液体放出后，继续通$CO_2$15分钟，然后放出吸收瓶中之液体，用硫代硫酸钠规定液滴定。

其在工业的分析，不求其十分精确，则半小时中激烈的通入CO_2气流，反应已足。

此法即施之于非常稀薄而又混入其他有机化合物（低级脂肪属醇类以外之物）之甲醇溶液，亦称适用。例如，动物质溶液，植物质溶液，木材干馏液及他种工业用液体，皆可直接用此法分析，无重行蒸馏清炼之必要。试液之浓度，以甲醇含量0.5—0.01%为当，若甲醇量小于10mg，则不易得精确结果。

三、新定量法之实例

（1）纯甲醇溶液定量实例：

(a) Fischer氏试验（Fischer氏法）

试液调制：化学的纯品甲醇，加烧石灰，用逆流冷却器之设备，蒸煮数小时，然后依Bjerrum与Zechmeister二氏法，用镁棒处理，得99.8—99.9%甲醇。取出6.010g，用水稀释至1升。

该液10cc，相当于CH_3OH0.0599g。

试验：CO_2流通时间每次皆2.5小时，开始半小时须留神，追加酸及调整CO_2气流以后，无复注意之必要。滴定时，用1/10(约数）硫代硫酸钠规定液，所得结果如第一表。

第一表 Fischer纯甲醇溶液定量

试液量 cc	甲醇含量 g	规定液滴定数量 cc	规定液校正数 cc	规定液实用数 cc	甲醇求得量	
					g	%
10	0.05997	19.50	0.40	19.10	0.05987	99.84
10	0.05997	19.45	0.40	19.05	0.05970	99.60
10	0.05997	19.45	0.40	19.05	0.05970	99.60
10	0.05997	19.40	0.40	19.00	0.05957	99.56
2.5	0.0147	5.20	0.45	4.75	0.01489	101.40
2.5	0.0147	5.15	0.45	4.70	0.01473	100.20
2.5	0.0147	5.10	0.45	4.65	0.01457	99.13

(b) Ender氏试验（Ender氏法）

结果如第二表：

第二表 Ender纯甲醇溶液定量

甲醇使用量g	甲醇求得量%	最大误差
0.0975	99.97（三回平均）	+0.85；-0.80
0.0998	100.04（三回平均）	+0.62；-0.47
0.2434	100.43（二回平均）	+1.09；-0.23

（2）甲基草酸定量实例：

Fischer与Schmidt二氏，以其所创之分析器，施行甲基草酸定量。法将甲基草酸用石油醚反复结晶，取出8.4812g，放入1升量瓶，加过量氢氧化钾，使之碱化，变为甲醇。更用硫酸中和，稀释至1升。该液10g含0.04602gCH_3OH。此外分析方法，一如（a）项所述，得结果如第三表。

试验目的本在甲醇，故表中算出甲醇以后，不复改算甲基草酸。

第三表　Fischer甲基草酸为材料

试液量 cc	甲醇含量 g	规定液滴定数量 cc	规定液校正数 cc	规定液实用数 cc	甲醇求得量 g	甲醇求得量 %
10	0.04602	15.10	0.45	14.65	0.04503	99.79
10	0.04602	15.05	0.45	14.60	0.04577	99.45
10	0.04602	15.15	0.45	14.70	0.04608	100.10
10	0.04602	15.10	0.45	14.60	0.04593	99.79

（3）甲醇混合液之定量实例（第四表）：

试液Ⅰ：甲醇液（1000cc中含6.010g甲醇）10cc，加0.3g丙酮与0.1g甲醛（Fischer与Schmidt二氏试验实例）。

试液Ⅱ：试液Ⅰ中，再加石油精、苯、醚、酚、吡啶、甲乙酮、甘油等（Fischer与Schmidt）。

试液Ⅲ：甲醇液中掺入丙酮（Ender）。

试液Ⅳ：甲醇液中混入Furfural（Ender）。

试液Ⅴ：甲醇液中混入其他夹杂物甚多（Ender）。

（4）木材中之甲氧基定量实例：

甲醇定量法，可作甲氧基定量之用，前文已略述之。木材中之甲氧基，本与其他有机物化合，非经碱化，不能脱离。Zeisel氏法，以浓碘氢酸（比重1.7）为试药，故能直接使木材碱化，至Fischer-Schmidt二氏方法，则以亚硝酸钠为试药，亚硝酸钠对木材不起作用，必先用浓硫酸糖化木材，复继之以碱化，得甲醇，然后可以依Fischer氏法，或依Ender氏法，施行分析。

第四表　甲醇混合液定量

试液种类	甲醇使用量 g	规定液用量 cc	规定液校正量 cc	规定液实用量 cc	甲醇求得量		误差%	试验者
					g	%		
Ⅰ	0.05997	19.42	0.45	18.97	0.05947	99.17	-0.83	Fischer-Schmidt
Ⅰ	0.05997	19.55	0.45	19.10	0.05987	99.84	-0.16	Fischer-Schmidt
Ⅰ	0.05997	19.55	0.45	19.10	0.05987	99.84	-0.16	Fischer-Schmidt
Ⅰ	0.05997	19.50	0.45	19.05	0.05971	99.59	-0.41	Fischer-Schmidt
Ⅱ	0.05997	19.60	0.45	19.15	0.06002	100.00	0	Fischer-Schmidt
Ⅱ	0.05997	19.50	0.45	19.05	0.05971	99.59	-0.41	Fischer-Schmidt
Ⅱ	0.05997	19.45	0.45	19.00	0.05957	99.35	-0.65	Fischer-Schmidt
Ⅲ	0.1274	—	—	—	—	100.99	+0.99	Ender
Ⅳ	0.1274	—	—	—	—	99.69	-0.31	Ender
Ⅴ	0.1274	—	—	—	—	101.96	+1.96	Ender

木材之糖化与碱化：

法用已经醚浸出之气干木屑2g，放在容量500—1000cc蒸馏瓶中，注入60cc27%强硫酸。此时，既欲木层全体浸没硫酸，而又切忌振荡（振荡，则内容物将沾在瓶壁），故须特别备一玻璃棒。棒之一端，套短橡皮管，管之另一端，套一长3—4cm之短玻璃棒。用短玻璃棒之端，轻轻搅拌，使瓶中木屑与硫酸调匀，调匀以后，将橡皮管抵触瓶壁，则短玻璃棒自然脱出，此短棒可留在蒸馏瓶中，不必取出。瓶口塞子开两孔，一孔插滴漏斗，一孔插玻璃管，联结Hanak氏蛇管冷却器。以容量25cc锥形瓶（三角瓶）为受器。漏斗管与冷却管，用水几滴沾湿，漏斗用湿绵闭塞。

瓶中调匀之物，至少须在室温中放置2—3小时，最好放置一夜，以促木材之糖化，然后加热，施行碱化。

最初用小火焰慢慢将蒸馏瓶加热，瓶中混合物始而膨胀，继经20—30分钟，则微沸，如是继续30分钟，所得蒸馏液甚少，乃放冷。从滴漏斗注水100cc，蒸出90cc，放冷。又注水50cc，蒸出

40cc。蒸馏于此告竣。因碱化而得之甲醇，已在受器(三角瓶)中矣。于是漏斗管与冷却管用少量之水洗涤，洗液入三角瓶(受器)。

原液（蒸馏液）洁净有余，浓度亦足，无须重行蒸馏，可径作试液之用。惟树皮、木粕等木化度微弱之物，CH_3O—含量极少，必将蒸馏液重行蒸馏，增加其浓度。重行蒸馏之时，每次所应蒸出之液，须占原液量之二分之一以上，或占三分之二，庶甲醇可尽量蒸出。

几种分析结果：

Ender氏用Fischer-Schmidt氏装置，分析树皮与形成层之甲氧基含量，其结果如第五表。

第五表　树皮与形成层甲氧基定量（Ender）

松 树皮 %	松 树皮 %	松 形成层 %	松 形成层 %	水青冈 形成层 %	水青冈 形成层 %	云杉 形成层 %	云杉 形成层 %
0.64	0.66	1.48	1.39	2.19	1.86	1.83	1.98
0.64	0.67	1.57	1.45	2.09	2.02	1.91	2.00
		1.58	1.39	2.24	1.99	1.88	2.02
					1.95		
最大误差	0.01	0.10	0.06	0.15	0.16	0.08	0.04

Ender氏又用Ender氏改造器具，分析木材中之甲氧基，结果如第六表。

Storch-Wenzel氏用Ender氏装置（稍行改变），分析木材，结果如第七表。

又Storch-Wenzel氏用同样装置，分析香草醛。分析之前，亦用72%强硫酸，依照Ender氏办法，蒸馏，碱化，然后定量，其结果如第八表。

第六表　木材甲氧基定量(Ender)

松 1 %	松 2 %	松 3 %	松 4 %	松 5 %	松 6 %	松* %	有*符号者，未曾施行糖化，但煮25分钟。
3.65 3.66	3.55 3.66	3.76 3.62	3.82 3.74	3.45 3.81	3.83 3.75	2.99 3.23 3.00 3.53	
差0.01	0.11	0.14	0.08	0.14	0.08	0.54	

第七表　木材甲氧基定量(Storch)

		松边材	松边材	青水冈	水青冈	云杉	云杉	
试材用量 g		2.5738	1.2650	2.3067	2.4974	2.0716	2.3994	
甲氧基含量%	Fischer 氏法	4.29	4.16	5.53	5.76	4.97	4.84	
	Zeisel 氏法	4.43		5.84		4.89		Benedikt氏
	Zeisel 氏法	4.54		6.11		4.87		Schwalfe氏

第八表　香草醛甲氧基定量(Storch)

试材	试材出处	试材用量	甲氧基	
			算出数%	求得数%
香草醛	Kahlbaum D.A.B. 6	0.4782	20.40	20.16
香草醛	Kahlbaum D.A.B. 6	0.4794	20.40	20.51

（原载《林学》第六期，一九三六年）

造林在我们自己的国土上

总理①说："我们不能说中国是半殖民地，应该叫做次殖民地"。这就是说，殖民地或半殖民地戴了一个明显的主人，碰到水旱灾，做主人的还有应尽之义务，要来设法救济的，次殖民地可谈不到这种事情。这只要把印度、缅甸、朝鲜，和我国东三省的山地一比较，就明白了。首先，我们看印度、缅甸和香港，那几处地方，一样被英国人征服，然而英国人在缅甸设置了森林委员会，派遣了森林官吏，刊行了并且刊行着缅甸森林报告，对山林总算不消极。他在印度，更积极了，创设了森林局，建立了世界有名的森林研究所（所址在Dehra Dun），所中附设近代化的木浆工厂，此外，还常年聘请德国森林专家在印度政府替他们计划（一九二七年以前如此，以后不知如何）。而在香港呢？除了公路两旁、别墅周围，换句话，除了外国人和高等华人足迹常经的地方种些树木装点风景外，山上看不到好森林。这就是大英帝国主义对殖民地和次殖民地的区别。其次，看朝鲜，台湾和东三省，那几处地方，一样被日本人占为己有，然而日本人在台湾的森林建设，应有尽有，一切美国式的近代化林业设备，例如森林铁路、钢索运材等等，都被他们搬上新高山了。他在朝鲜灭了李朝以后，不到数年，就积极地整顿山林。而在东三省呢？除了利用安东采木公司，把长白山旦旦而伐，几乎剃成光头外，什么都不管。旅顺、大连、营口……过去是童山，现在还是童山。这就是日本帝

① 指孙中山先生。——编者

国主义处置殖民地和次殖民地的区别。

森林是伟大的，悠久的，保安的，同时又是见效不速的事业。帝国主义侵略军所到之处，不论暂时或长期，滥伐倒是有的。欧战时候，聪明的德国人，把占领区域里的森林尽量砍伐，使得本国的采伐面积可以酌量减少，这是一个例证。第二个例证，是日本人夺取我们长白山的森林，前面已经说过了。历史上断无一个国家，暂时或较长时期霸占了别国土地而造林的，你想，人家的水灾旱灾，管他什么事？人家的木荒柴荒，又管他什么事？他们拿出钱来，替那种你抢我夺不能久据或久据而移民不甚多的地方造林，那才冤枉。有人说：德国占领青岛，不是把崂山不惜工本地造好了森林吗？那我可以回答：这是出于德国人的一种嗜好，并非是德国人为地方而行的仁政，他们生来爱森林，爱打猎，看不惯荒山。所以把崂山点缀一番，当他们的森林公园罢了。

中国人治中国，情形可不同了。地也我们的，人也我们的，我们为我们的国土保安，我们为我们的水源涵养，我们为我们的山村建设，我们为我们的材料供给，为什么舍不得花本钱呢？难道数十年来水旱灾还不够凄惨？难道木荒还不够厉害？难道全国的名山大川还抵不得德国人眼中的胶州湾？同是一样的山，到了人家手里，就是宝贝。例如芬兰，它的国家收入，全靠森林，而在中国，什么人都看不起森林。前人不肯种树留给今人，今人又不肯种树留给后人，不顾将来，试问荒山荒到几时才了呢？青岛是德国人昙花一现的次殖民地，可以不必造林，而造林，德国吃了一次亏。中国是中国人的中国，天经地义要森林，而不造，中国能占便宜吗？诚然，森林见效太迟，获利太少，而中国太穷，荒山又太多，穷人头上起了瘌痢病，没有钱，没有药费，让它秃完就是了，还管它象样不象样？可是，森林不仅是观瞻问题，而是国家的经济问题，并且是国土保安问题，我们明知道自家种树不能自家收，然而收的还是中国人，算不得损失。希望农政当局，计划农业经费的时候，划出一笔经费来整顿山林，虽然自家眼里见不到成绩、自家手里收不到结果，当然是吃亏的，然而为的是民，为的是国，这应当的。

我们迎着大时代到来，我们要高瞻远瞩地施行百年大计，要宽宏大量地救济农山村，要急起直追地经营国有林，不能专顾目前，不能专顾自己，不能专求速利，不能专看银行家的动向。森林是公共事业，不能专归商人经营的，也不能专靠老百姓务农之余顺便干干的，更不能和垦殖园艺混为一谈的。要独立，要专管，丝毫苟且不得。总理不是在十四年前早已告训了我们吗？“林矿国营”，“中部北部建造森林”，“大规模造林”。我们纪念总理，运动造林，仅仅贴几张标语是不够的，做几篇文章也是不够的，声嘶力竭的演讲还是不够的。我们要实事求是，指定专款，行政设专署，试验设专场，合理化地、科学化地、有系统地、有步骤地用国家力量来经营森林，同时，推动和奖励民营林业。我们要把十四年来所有的造林计划实现，要检讨过去造林的工作，要推广未来的伟大的造林运动。

（原载《广播周报》一六三期，一九三九年）

用唯物论辩证法观察森林*

一、林学是以唯物论为根据的

唯物主义有三个基本特征，简略地说：（一）世界的本质是物质的，并不是绝对观念、宇宙精神、意识之体现。（二）物质、自然界、存在是意识的来源，属于第一性的，意识是物质的反映，属于第二性的。（三）自然界和自然界的规律是完全可以认识的，世界没有不可认识之物，只有尚未认识之物。

（一）世界的本质是物质的

森林是自然界的一部分，它本身就是一种物质，它照自然界的规律而生长着，发展着，衰朽着，并不需要宇宙精神。人们研究森林，无非是要了解自然界的本来面目，并不需要任何外来的附加物。

这就是“朴素的实在论”，又名“自发的唯物论”，是本能的、无意识地确信森林之存在是独立于我们意识之外的。

唯物论的见解，立足在每个人千百遍的经验上面，林学也是一样，是从森林中千百遍的经验体会出来。一地森林中事事物物，通过我们的感觉而得到认识，引导我们自然而然地趋向唯物主义，还有什么异议？

---

* 本文为作者一九四一年学习马克思主义的心得，用笔名“一丁”发表。文中的引文因未注明引自何种版本，故未能核对。——编者

（二）物质是意识的来源，意识是物质的反映

费尔巴哈说，思维由存在而生，存在不由思维而生。同样地，林学由森林而生，森林不由林学而生。人类未产生或人类足迹未到之前，大地上早已被参天蔽日的森林布满了。没有森林，林学根本不能成立。当然，林学发达以后，林业也可因此推动和改良，然森林到底是本源，本源不明，还有什么林学？

恩格斯说，自然界不受原理支配，只有原理合乎自然，才算正确。热带不种云杉和冷杉，寒带不种椰子和香蕉，这是林学的原理，也就是自然界规律的反映，决不是凭空臆造出来的。《中庸》里不说格物在致知，而说“致知在格物”，与唯物论所谓“物质是本源，思维是派生的东西”暗合。

（三）自然界和自然界的规律完全可以认识的

花何以香？叶何以绿？果实何以有各种味道？在科学未发达以前，大家说不出道理来，只好归之造化功，说到造化，就堕入了杳茫的神秘之渊。近代科学发达，才知道花的香是挥发油造成的；植物的色是花青素、叶绿素、叶黄素等色素形成的；果实中有葡萄糖则甜，有单宁则涩，有苦味质则苦。只要人们从实验来体会，那末，自然界的客观真理，慢慢地可以发见出来。其不能发见的东西，只是时期未到，科学的力量不够，决不是绝对的神秘。所以说，世界只有尚未认识之物，没有不可认识之物。不只如此，人们认识了客观真理，还可以用人工把各种色、香、味一一照它的条件制造出来，完全和真的一样。

二、林学该应用辩证法来研究

辩证法要求我们，不要满足于任何肯定的结论，必须在思维对象之中，去探求有没有和最初一瞥时所下结论相矛盾的方面，换句话，辩证的研究法，在乎对于现象作全面的观察。辩证法有下列的几个基本特征，学森林的人不可不注意。

（一）辩证法把自然界看作互相联系的

"辩证法不是把自然界看作彼此孤立的，彼此隔离的，彼此不相依赖的各个对象之偶然积聚，而看作互相联系的统一的整体。在这里，各个对象互相联系着，互相依赖着，互相约制着。"《联共党史》)。

譬如森林，不仅仅各个树木互相依赖，互相约制，就是它周围的条件，也处处和树木相关联的：温度、阳光、湿度、雨量、土壤、地质，个个都是关系树木生长的重要因子。并且森林附近的居民和动物，也影响到树木的发育。

同是一样的沙漠，在那一种环境发生灾害，在这一种环境又生长植物。例如那林（Narin）沙地，本来是有仙人掌和萨克索耳（Saxaul）生长的，萨克索耳是一种特殊树木，只有绿枝，没有树叶，它的水分不蒸发，适应于沙漠，而在帝俄时代，林政不修，让游牧人把萨克索耳砍来当柴烧，让哥萨克兵把仙人掌割来喂骆驼，一再摧残，造成一片沙漠，酿成莫大灾害。而在却耳卡尔（Chelkar），同是一样沙漠，近来筑起了水闸，造成了人工湖泊，经苏联政府一番经营，居然产生葡萄、草莓、玫瑰、黄瓜、甘蓝、洋葱、郁金香，和各种各样植物来了。由此可见，森林和周围一切条件即使是政治（也可以说，尤其是政治）也有密切的联系。我们如果要把它孤立起来，单独地研究栽培，不顾到一切环境，恐怕造林要失败的，即使一时造成，也要被毁坏的。

（二）辩证法把自然界看作不断运动不断变化的

“辩证法不是把自然界看作静止不动永恒不变的形态，而看作不断运动，不断变化，不断革新，不断发展的形态。在这里，时时有某种东西产生着，发展着，时时有某种东西败坏着，腐朽着。”(《联共党史》)。

中国诗里，有的说“年年岁岁花相似，岁岁年年人不同”。有的说，“行人不见树栽时，树见行人几回老”。仿佛花木和人不同，没有什么变化的样子，其实自然界一切事物随时在变动。今年之花不是去年之花，明年之花也不是今年之花，开一回，落一回，它们何尝不变？就说树木，表面上似乎固定，实际上也在随时变动。不要说过了百年或数百年，即使过了八年十年，它的树叶、树枝、树皮，落的落，改的改，死的死，都让位于新来的后辈了。我们一方面可以说，树见行人几回老，他方面也可以说，行人见树几回新。不只花木如此，就说到江水，我们只要对着江把眼睛闭几分钟，再张开来，已见不到刚才的江了。为什么呢？因为刚才的江水，已经流去好几丈远了。所以我们在山林中所见到的水、沙、岩石、花草、树木，时时在运动着，时时在变化着，决没有永久停止的。

我们在发展过程上观察事物，只见新的变为旧的，幼的变为老的，生的变为死的，都“转化到反对物去”。从辩证法看来，自然界最重要的不是开始衰落的东西，而是开始发展的东西。新生的枝叶和树木，目前似乎无足重轻，而前程却是浩大，所以可贵。森林是百年大计，学森林的人必须眼光远大，处处不要忘记大自然的发展过程，对于活生生有希望有前途的事物要注意，不要专顾眼前。

（三）发展就是对立物的斗争（对立统一律）

伊里奇说，把一个统一物分裂为两个对立的矛盾部分去观察，是辩证法的基本。为什么呢？因为我们所要认识的是一个统一体的发展过程和运动法则，而一个事物之所以能够运动和发展，是因为它自身包含着两个互相矛盾的对立部分。我们试看自然界，都有新的和旧的，过去和未来，发展着的和腐朽着的。这些新的和旧的、过去和未来、发展着的腐朽着的各个对立物的斗争，就构成发展过程的内容。

森林是自然界的一部分，自不能逃此规律。新的上枝不断在发展着，老的下枝不断在凋零着，树木的发展过程，就是新叶和老叶、上枝和下枝两个互相矛盾的对立物的斗争过程。我们如果懂得这个道理，不但能够认识自然，并且能改造自然。何谓改造自然？就是把凋零的老朽的旧枝叶赶快不留情面地一刀剪去，帮助欣欣向荣的新枝叶的生长。这里难道有主观的恩怨观念吗？没有的。林夫花匠执剪剪枝，决不与衰枝败叶有些微仇恨，不过顺着自然的趋势随着客观的需要，希望树木迅速发展，森林迅速长成罢了。

试问造林学上除了去旧更新以外，有没有别种较为温和的调停方法呢？没有的。辩证法认为，由低级到高级的发展过程，决不是经过各个矛盾现象之协调，而是经过各个矛盾现象之揭露，经过各个相矛盾的对立物之斗争。新旧之间只有改革，没有妥协。依照自然界规律，正在腐朽着的旧枝叶，早晚要消灭的，它不过一时苟延残喘，作最后之挣扎罢了，而在它最后挣扎期间，徒然剥削新枝叶所需要的养料，妨碍新枝叶所应有的生长，于整个树木毫无益处。所以林学家要认识树木本身的内在矛盾，把它揭露出来，应该留的留，应该剪的剪，此中没有调和妥协之可能。

树木的生长机构，可以比社会的生产关系，而树木的生长力，可以比社会的生产力。社会的生产关系和生产力，有时由同一而对立，变成互相矛盾，树木的生长机构与生长力也是如此。一种生长机构，在它能够帮助全树木生长力的范围内，它自身就是一种生长力，此时枝枝发展，叶叶向荣，上下一般地施行同化作用，制造养料，没有枝剥削枝、叶剥削叶的机构，在这种条件之下，生长机构和生长力是同一的。而树木生长力达到某种程度的发展阶段时，例如，到了新枝叶陆续发育、老枝叶相当凋零的时候，那末，从前能够助长树木生长力的老枝叶，倒反消耗养料，变为新枝叶生长的障碍物了，于是这种生长机构和生长力相矛盾，此所谓"转化到反对物去"。转化的结果，旧的终归消灭，新的生长机构代它而起。所以说，发展就是对立物的斗争。

（四）由量到质的变化（质量互变律）

对立统一律是研究事物运动和发展的根源，质量互变律是研究事物运动和发展的历程。事物的发展过程，不象一寸二寸照相放大到几尺一样是一种简单的扩大过程，而是由量的变迁引起质的变迁。

树木从最初发生芽条起，陆续直径加大，树干加高，表面上似乎只有一种扩大过程，其实不是这样简单，它也由量的变化转到质的变化。试问细小芽条长成到高大乔木的时候，假如它的本质毫无变化，和嫩芽完全一样的话，这种树木还立得直吗？

木材由细胞组成，细胞的本质，除了粘液以外，有两种重要成分：一种是类似棉花的纤维素，一种是类似粉末的黄色木素。这两种成分，自从芽条初生的时候起，时时刻刻在增加分量，分量增加的结果，不但起了物理作用，并且起了化学作用，互相胶结、互相化合而成一体，树体于是木化。木化以后的树体，不独材量增多，并且材质也坚牢巩固，和木化以前大不相同。这就是由量的变化促成质的变化。

等到木质的规定性与先期有了根本的差别，于是风也吹不倒它，人也推不倒它，树木又可以无顾虑自由自在地继续增大，扶摇直上，这就是质的变化到量的变化。以上是植物界的质量互变律。

（五）否定之否定

事物的发展过程中，由A的否定而生出B，更由B的否定而又生出A，这叫做否定之否定。

一粒树木种子落在土中，发芽成苗，把种子否定了，这是第一个否定，树苗长大成树，产生无数种子，归结到死灭，是第二个否定，就是否定之否定。此时似乎回复到最初出发点，其实，这种运动，不是循环形的回到出发点，而是螺旋形的进入较高一级，至少，在数量上得到更多的种子。

辩证法中还把资本运动的一般形态来作例子：

货币→商品→更多的货币

这例子应用到林业上，就是：

货币→树木→更多的货币

一定的货币拿来造林，转形为树木，把货币否定了，是第一个否定，而树木卖出，又否定了自已，转形为更多的货币，增殖了林业资本，是第二个否定。货币由于这种运动，增殖它自身，所以能够成为林业资本而成立。由此可见，林业资本的全生涯，是由这种无间断的否定之否定连锁而成的。

如果运动的形态换了一个方式：

商品→货币→他种商品

在这种运动形态中，商品转形为单纯的货币被支付出去，第一否定行使了，而第二否定不能行使，所以它不能由否定之否定而生出新的发展，货币从此消耗。例如，农夫把自己制的米卖出，变为货币，更把货币买布，此时货币被消耗了。拿林业来说，四川近来争先恐后成立的许多木业公司，就是一个好例。他们勾通当道，圈定林地，把现成的原生林不劳而获地占为己有，纠工砍伐，去做好生意，转形为货币，货币到手，森林被否定了。而由此所得的钱，拿去买外汇呢，还是做别的投机勾当，或是作别的消耗？我们不得而知。我们所能预料的，就是：这般资本家未必肯把赚来的钱，再造林，再生出树木来，这可以拿张作霖时代东三省许多伐木公司作为前车之鉴的。象这种木业公司，只能消灭森林，只能行使第一否定，而不能行使否定之否定，发展运动就此告终，林业就此停止，山地就此荒废，不合于辩证法的。

（原载重庆《群众》六卷五、六期，一九四一年）

川西（峨眉、峨边）木材之物理性*

一、绪　　言

四川森林，面积广袤，树种繁多，蕴藏丰富，诚非常时期木材之重要给源。惜前人绝少注意，故性质不明，构造不详，强弱不辨，利用上诸多窒碍，工程上不无顾虑，如当今航空工程家欲采用西南木材，亦以木性未明，不敢轻试，其一例也。作者等有鉴于斯，入川以来，合同工作，每年在峨眉、峨边，由光荣调查树种，采集材料，以备在森林化学室作各种试验之用。今物理性质告一段落，虽不敢自认无误，而所得结果，或可以供工程学家之参考也。

本工作之进行，承管理中英庚款董事会补助研究费，中国木业公司供给木材，前四川峨眉林业试验场技士许绍楠氏、梁仁风氏予以采运上之便利，中国科学社郑万钧氏、杨衔晋氏鉴定蜡叶标本，中央大学周承钥氏、俞启葆氏指正统计方法，仅志谢忱于此。

二、试验种类与方法

木材物理性种类甚多，凡木材性质之与化学变化无关者，如比重、重量、含水、收缩、膨胀、导电、传热、施工难易、油漆

---

* 本文为与周光荣合著。——编者

附着、胶合能力、液体渗透性等，均属于物理性质，而本试验专属含水量、比重、重量、收缩性四项，其他尚待继续进行。

（一）木材之含水量

木材在普通状况，多少含有水分。水分存在于木材之处有三：（1）在有生活机能细胞之原形质内；（2）在失却生活机能细胞之间隙中；（3）在细胞膜壁内。其存在于细胞间隙者约60%，细胞膜壁内者约35%，原形质内者仅5%。木材内水分多少，与木材之比重、重量、强度、硬度、收缩、膨胀、保存性、燃烧力、油漆附着、胶合能力、液体渗透、传电、导热等均有关系，所以在利用上不可忽视。

含水量之表示用百分率，其表示方法有二：(1) 以含水木材重量为基础算出之百分率，即含水木材总重量中含若干水分也，通称对生材或气干材之百分率。(2) 以全干材重量为基础算出之百分率，即全干木材百分中含水若干分也，此可称对全干材之百分率。(2) 法较 (1) 法为妥，盖含水木材中之含水量，随时随地变化，以此为基础算出之含水率，不如根据全干材算出较为稳定。

本试验测定用炉干法，试体从所采木材离端1/3—1/2处，自髓心向皮部截取20mm³木块10—30方，就中挑选无节痕、无腐朽、锯切整齐者为供试体，用精密天平（精确度至0.01g）称定生材重量（W_g）。称定后放于90—98℃干燥箱中烘热，24—30小时，然后增加温度至100—105℃，约经8—12小时，于干燥中途，精称数次，至重量不变，得全干材重量（W_o）。前后二次重量之差（W_g-W_o），即为该试材之含水量。用生材重量或全干材重量为基础，分别算出该试材之含水百分率，其简式如下：

（1）从生材重量算出之含水百分率 $= \frac{\text{生材重量}(W_g) - \text{全干材重量}(W_o)}{\text{生材重量}(W_g)} \times 100$

（2）从全干材重量算出之含水百分率 $= \frac{\text{生材重量}(W_g) - \text{全干材重量}(W_o)}{\text{全干材重量}(W_o)} \times 100$

（二）木材之比重

比重者，谓某物体一定容积之重量，与等容积水之重量之比。每块木材之容积受其所吸入水分之影响甚大，当木材全干时，其容积最小，而于细胞膜壁饱含水分时，容积最大，故任何木材当全干时，其密度最大（即单位容积内含有最多之木质也），其比重最小（由容积重量测定之比重）。

木材比重之测定方法有二：(1) 从木材实质重量算出，(2) 从木材容积重量算出。实质比重之测定：先将木材碎为极细粉末，去其水分，用比重瓶测定之。容积比重测定法：将木材浸于水，测定其容积而计算之。实质比重已经测定数十种，容待整理后发表，本报告仅为容积测定之比重，试验方法分述如下：

用检定含水量时已经测定生材重量（W_g）之生材为试材，用Koehler氏木材容积测定装置称定（图1）。先在天平左边盘上放一玻璃杯，内放清水，盘旁放一铁柱台，柱上横夹一棒，棒端固定一铁针，铁尖浸入水中三至四分，在天平右边盘中加砝码，使其平衡，将针尖插入试验木块，针尖与木块同时浸入水中，其浸入之深浅，与未插木块时同样。此时木块必须完全浸入水中，并且悬空水中，不得接触玻杯之底，或玻杯之边，而后立即在右边盘内添加砝码，再使天平平衡。其所增加之重量，即为该试材所挤出而与该试材同容积之水之量，依C.G.S.制，其数值即为该试材之生材容积（V_g），以此数除生材重量（W_g），得商，即为该试材之生材比重（D_g）。至测定全干材之容积，则为防止其吸

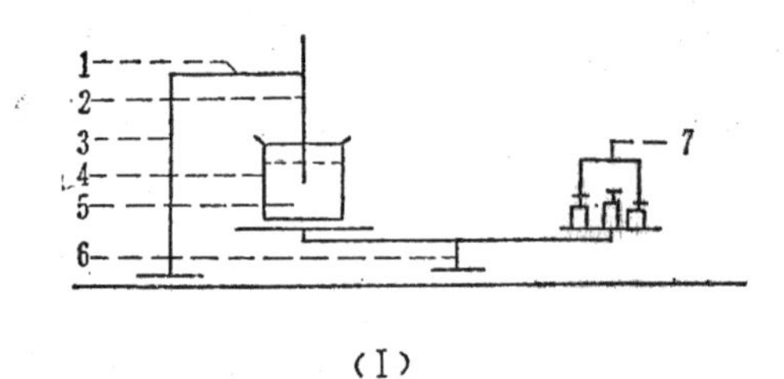

（Ⅰ）

（Ⅱ）

图1　木材容积测定装置

Ⅰ.试材尚未放入

1.横棒　2.铁针　3.铁柱台　4.玻璃杯　5.水　6.天平　7.砝码

Ⅱ.试材已经放入

1.试材　2.原来砝码　3.增加砝码

水起见，先将全干材烘热，浸入熔融之石蜡中，取出，俟其冷却，将表面过剩之石蜡刮去，再如前法，测定其全干木材之容积（V_o），以此数除全干材重量（W_o），即得全干材之比重（D_o）。

习惯上木材比重之记载与计算有四种：

（1）生材状态之比重（D_g），其算式如下：

$$生材状态之比重(D_g)=\frac{生材重量(W_g)}{生材容积(V_g)}$$

（2）全干材状态之比重（D_o），其算式如下：

$$全干材状态之比重(D_o)=\frac{全干材重量(W_o)}{全干材容积(V_o)}$$

（3）容积在生材状态，重量为全干时之比重（D_{go}），其算式如下：

$$\text{容积在生材、重量为全干时之比重}(D_{go}) = \frac{\text{全干材重量}(W_o)}{\text{生材容积}(V_g)}$$

（4）气干材状态之比重(D_a)，其算式如下：

$$\text{气干材状态之比重}(D_a) = \frac{\text{气干材重量}(W_a)}{\text{气干材容积}(V_a)}$$

第三种记载法因重量在全干时较为稳定，而容积在生材时尚未有收缩之变化，亦较为可靠也。欧美各国之木材研究室皆用第三法，作者所制之木材比重与木材收缩相关图（图6），即以此种比重为准。第四种气干状态比重，因试材尚未达气干程度，结果俟后发表。

（三）木材之重量

木材之重量，与强度、收缩，以及其他性质有关，与商业运输、工程设计亦有关系。在欧美为便利木商起见，除以比重表示木材重量外，有算出每立方英尺若干磅者。作者为适应吾国之需要计，除算出各树种每立方英尺若干磅外，并算出各树种每立方市尺重若干市斤之值。

每立方英尺之水重62.36磅，故以62.36分别乘各树种之生材比重(D_g)、全干材比重(D_o)或气干材比重(D_a)，即得各树种之生材、全干材或气干材每立方英尺之重量。与此同一理由，每立方市尺之水重72.05市斤，以72.05分别乘各树种之生材比重、全干材比重或气干材比重，得生材、全干材或气干材每立方市尺之重量。

因各树种未达气干程度，气干材比重尚不能测定，故气干重量只得暂缺。

（四）木材之收缩

木材内水分变化直接影响木材之重量、强度与容积，水分之减少在未达纤维饱和点以前，仅木材重量减轻而已，而于木材之强度与容积则毫无影响。迨水分低于纤维饱和点以后，则容积缩小，重量减轻，而强度因以加增。强度之加增，在利用上固有其重要性，而木材容积之变化，于利用上关系亦不小，因木材本非等质体，细胞有大有小，细胞膜壁有薄有厚，细胞之排列又有纵有横，各部组织既不同，则收缩自不能均匀，收缩不均匀，则木材容易变形，容易破裂。此种弊病，在利用上极感困难。

木材收缩性之检定，分径向收缩、弦向收缩、纵向收缩、容积收缩四项，试材即用检定含水量之材料，至于检定方法，则在生材未测容积之先，用测微计（精确度至0.01mm）测定各向之长度。径向分上下左右测定四边$R_1R_2R_3R_4$，取其平均R_g（图2）。弦向分上下前后测定四边$T_1T_2T_3T_4$，取其平均T_g（图3）。纵向分左右前后测定四边$L_1L_2L_3L_4$，取其平均L_g（图4）。至容积之测定，即用生材比重检定时测得之数值（V_g）。木材全干以后，未涂石蜡之前，先行测定全干材各方向之长度，每一方向亦测定四次，取其平均，得R_o，T_o，L_o，至全干材之容积即用全干材比重检定时测得之数值（V_o），各项收缩百分率之算式如下：

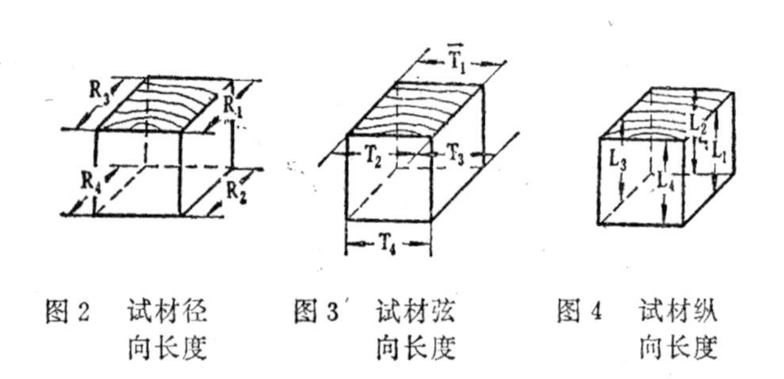

图2　试材径向长度　　图3　试材弦向长度　　图4　试材纵向长度

（1）$\text{径向收缩百分率}=\frac{\text{生材径向长}(R_g)-\text{全干材径向长}(R_o)}{\text{生材径向长}(R_g)}\times 100$

（2）$\text{弦向收缩百分率}=\frac{\text{生材弦向长}(T_g)-\text{全干材弦向长}(T_o)}{\text{生材弦向长}(T_g)}\times 100$

（3）$\text{纵向收缩百分率}=\frac{\text{生材纵向长}(L_g)-\text{全干材纵向长}(L_o)}{\text{生材纵向长}(L_g)}\times 100$

（4）$\text{容积收缩百分率}=\frac{\text{生材容积}(V_g)-\text{全干材容积}(V_o)}{\text{生材容积}(V_g)}\times 100$

径向收缩与弦向收缩之比，可以表示各树种收缩之性状，其计算法：

（5）径向收缩%：弦向收缩%＝1:x（即径向收缩%作为1）

（五）木材之开裂度

开裂度乃圆板或圆柱体因干燥而裂开之角度（图5）。此与弦径两方向不等齐之收缩有密切关系。凡木材各种各样之干裂方式，皆起因于收缩之不等齐，而圆材或圆柱体横断面之开裂度，尤可根据弦向收缩率与径向收缩率用一定公式算出。次式即美国所通用，借以计算开裂度之公式也：

$$\text{开裂度}=\frac{t-r}{1-r}\times 360$$

$t=\text{弦向收缩百分率}\div 100$

$r=\text{径向收缩百分率}\div 100$

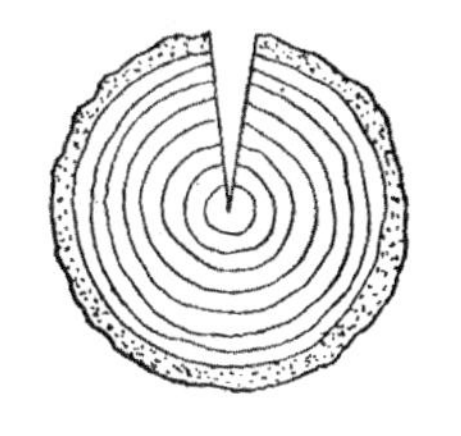

图5 开裂度

三、试验结果

（1）川西（峨眉、峨边）木材物理性之检定结果，如第一表。

第一表　川西（峨眉，峨

树种		生长率	含水量	
学名	俗名		对生材 %	对全干材 %
1	2	3	4	5
Conifers	针叶树			
Abies fabri Craib	冷杉	3.3	66.35	197.85
★ Cunninghamia lanceolata Hook.	杉木	2.4	48.70	101.09
★ Cupressus funebris Endl.	柏木	4.1	45.30	82.81
★ Ginkgo biloba Linn.	银杏	5.6	50.86	103.50
Picea brachytyla Pritz.	云杉	5.6	45.75	89.33
★ Pinus massoniana Lamb.	马尾松	2.5	47.72	91.28
★ Podocarpus neriifolia D. Don	百日青	12.9	35.12	54.13
Taxus chinensis Rehd.	红豆杉	23.1	25.80	34.87
Tsuga yunnanensis Mast.	铁杉	5.9	38.70	63.02
Hardwood	阔叶树			
Acanthopanax evodiafolius Fr.	丁木	15.8	33.17	49.62
Acer catalpifolium Rehd.	梓叶槭	2.0	29.17	41.19
★ Acer davidii Fr.	青蛤蟆	9.5	31.74	46.51
Acer flabellatum Rehd.	七裂槭	8.5	28.57	39.99
Acer franchetii Pax.	山枫香树	3.6	37.01	58.28

边）木材之物理性（一）

比重			重量				收缩				开裂度
生材重量/生材容积	全干材重量/全干材容积	全干材重量/生材容积	lb/ft³		市斤/市尺³		容积	径向	弦向	径向：弦向 径向=1	
			生材	全干材	生材	全干材	%	%	%		
6	7	8	9	10	11	12	13	14	15	16	17
0.92	0.33	0.31	57.37	20.58	68.13	24.44	6.71	7.19	5.60	2.56	13
0.65	0.36	0.32	40.53	22.45	48.13	26.66	10.03	3.14	7.52	2.05	16
0.92	0.55	0.50	57.37	34.30	68.13	40.73	8.97	4.40	5.33	1.21	3
0.91	0.48	0.45	56.75	29.93	67.39	35.54	5.86	2.39	3.62	1.51	4
0.83	0.50	0.45	51.76	31.18	61.46	37.03	9.62	3.34	5.90	1.77	10
1.02	0.62	0.53	63.61	38.66	75.53	45.91	13.71	5.21	9.27	1.78	16
0.85	0.60	0.55	53.01	37.42	62.94	44.43	7.69	2.70	5.25	1.94	10
0.93	0.76	0.69	57.99	47.39	68.87	56.28	9.49	2.81	5.25	1.87	9
0.77	0.53	0.47	48.02	33.05	57.02	39.25	10.23	4.13	5.63	1.36	6
0.74	0.56	0.50	46.15	34.91	54.80	41.47	10.60	4.08	7.20	1.76	12
0.69	0.54	0.49	43.03	33.67	51.09	39.99	9.57	3.46	7.28	2.10	14
0.74	0.56	0.50	46.15	34.92	54.80	41.47	10.01	4.45	5.31	1.31	5
0.80	0.63	0.57	49.89	39.29	59.24	46.65	9.27	3.88	7.72	1.99	14
0.73	0.51	0.47	45.52	31.80	54.06	37.77	9.12	3.39	5.56	1.64	8

第一表　川西（峨眉，峨

树种		生长率	含水量	
学名	俗名		对生材 %	对全干材 %
1	2	3	4	5
Acer laxiflorum Pax.	川康槭	11.3	32.62	48.58
Acer sinense Pax.	丫角树	7.5	31.11	45.16
Acer sp.	槭之一种	4.5	26.09	35.32
★ Actinodaphne reticulata Meisn.	黄肉楠	5.4	31.72	46.48
★ Ailanthus vilmoriniana Dode.	刺樗	1.5	51.95	108.47
★ Alangium chinensis Rehd.	八角枫	3.0	36.44	57.10
★ Albizzia kalkora Prain.	山槐	4.6	43.98	78.46
★ Alnus cremastogyne Burk.	桤木	3.6	38.26	62.04
Aralia chinensis Linn.	楤木	5.4	30.77	44.45
★ Aukuba chinensis Benth.	桃叶珊瑚	5.0	37.20	59.43
Betula insignis Fr.	香桦	10.5	27.67	38.26
Betula luminifera Winkl.	光皮桦	3.5	43.06	75.64
Bretschneidera sinensis Hemsl.	伯乐树	6.7	44.67	80.73
Bretschneidera sp.	伯乐树一种	10.3	36.70	57.97
★ Broussonetia papyrifera L' Her.	构树	4.8	41.59	71.21
★ Camptotheca acuminata Decne.	喜树	3.3	46.55	87.19

边）木材之物理性（二）

比重			重量				收缩				开裂度
生材重量/生材容积	全干材重量/全干材容积	全干材重量/生材容积	lb/ft³		市斤/市尺³		容积 %	径向 %	弦向 %	径向：弦向 径向=1	
			生材	全干材	生材	全干材					
6	7	8	9	10	11	12	13	14	15	16	17
0.84	0.64	0.57	52.38	39.91	62.20	47.39	11.17	4.04	6.94	1.72	11
0.86	0.67	0.59	53.63	41.78	63.68	49.61	10.33	3.97	6.69	1.69	10
0.79	0.65	0.58	49.26	40.53	58.50	48.13	10.03	3.55	6.72	1.89	12
0.90	0.69	0.61	56.12	43.03	66.65	51.09	11.30	3.96	6.96	1.76	11
0.75	0.40	0.36	46.77	24.94	55.54	29.62	9.42	2.89	6.41	2.22	13
0.87	0.65	0.55	54.25	40.53	64.42	48.13	14.73	4.95	8.42	1.70	13
0.88	0.55	0.49	54.88	34.30	65.16	40.73	9.70	4.27	5.47	1.28	5
0.70	0.48	0.43	43.65	29.93	51.84	35.54	10.79	3.55	7.00	1.97	13
0.58	0.45	0.40	36.17	28.06	42.95	33.32	10.43	4.33	5.96	1.38	6
1.20	0.88	0.75	74.83	54.88	88.86	65.16	13.04	6.10	10.13	1.66	15
0.87	0.73	0.63	54.25	45.52	64.42	54.06	13.54	6.16	8.01	1.31	7
0.83	0.53	0.47	51.76	33.05	61.46	39.25	10.38	4.82	6.03	1.25	5
0.76	0.49	0.42	47.39	30.56	56.28	36.28	14.12	4.59	8.79	1.92	16
0.69	0.50	0.44	43.03	31.18	51.09	37.03	12.10	4.68	7.81	1.67	12
0.65	0.43	0.38	40.53	26.81	48.13	31.84	10.88	4.40	6.05	1.38	6
0.90	0.56	0.48	56.12	34.92	66.65	41.47	13.82	4.25	8.73	2.05	16

第一表 川西（峨眉，峨

树种		生长率	含水量	
学名	俗名		对生材 %	对全干材 %
1	2	3	4	5
★ Carpinus fangiana Hu	川黔千金榆	8.3	38.44	62.45
★ Carpinus tschonoskii Maxim.	昌化枥	10.4	32.79	48.80
★ Carrierea calycina Fr.	嘉利树	5.9	36.99	58.71
Castanea mollissima Bl.	板栗	2.8	39.89	66.39
★ Castanopsis fargesii Fr.	丝栗树	2.5	37.68	60.47
Castanopsis platyacantha R. & W.	峨眉栲	4.0	48.79	96.33
★ Catalpa ovata May.	梓树	2.9	43.23	76.20
★ Cedrela sinensis Juss.	香椿	4.7	39.36	64.89
Cinnamomum camphora Nees & Ebern	樟树	2.7	30.29	43.45
★ Citrus grandis Osbeck.	柚子	3.0	35.22	54.35
★ Cornus capitata Wall.	云母树	5.0	32.36	47.84
★ Cornus chinensis Wanger.	绿杞	5.0	36.25	56.87
Cornus controversa Hemsl.	灯台树	6.6	44.72	81.24
★ Cudrania tricuspidata Bur.	柘树	8.5	36.31	57.02
Daphniphyllum macropodum Miq.	交让木	7.9	45.18	82.47
Davidia involucrata Baill.	珙桐	10.1	43.01	75.46

边）木材之物理性（三）

比重			重量				收缩				开裂度
生材重量/生材容积	全干材重量/全干材容积	全干材重量/生材容积	lb/ft³ 生材	lb/ft³ 全干材	市斤/市尺³ 生材	市斤/市尺³ 全干材	容积 %	径向 %	弦向 %	径向：弦向 径向＝1	
6	7	8	9	10	11	12	13	14	15	16	17
0.75	0.52	0.47	46.77	32.43	55.54	38.51	10.67	3.88	5.79	1.49	7
0.88	0.69	0.59	54.88	43.03	65.16	51.09	13.32	5.33	7.08	1.33	7
0.85	0.60	0.54	53.01	37.42	62.94	44.43	11.43	3.66	7.23	1.98	13
0.96	0.68	0.58	59.87	43.03	71.09	51.09	15.22	5.59	8.55	1.54	11
0.94	0.69	0.58	58.62	43.03	69.61	51.09	15.49	3.44	11.93	3.47	32
0.78	0.44	0.40	48.64	27.44	57.76	32.58	9.14	3.04	6.72	2.12	14
0.89	0.56	0.51	55.50	34.92	65.90	41.47	9.88	2.71	4.82	1.78	8
0.80	0.58	0.49	49.89	56.17	59.24	42.95	16.09	6.38	9.45	1.48	12
0.72	0.56	0.50	44.90	34.92	53.32	41.47	10.35	3.66	6.76	1.85	12
0.97	0.72	0.63	60.49	44.90	71.83	53.32	12.99	3.66	7.98	2.18	20
0.94	0.76	0.64	58.62	47.39	69.61	56.28	15.95	6.02	8.32	1.38	9
1.00	0.77	0.64	62.36	48.02	74.05	57.02	17.23	5.82	9.99	1.72	16
0.82	0.51	0.45	51.14	31.80	60.72	37.77	11.31	4.71	6.33	1.34	6
1.05	0.78	0.67	65.48	48.64	77.75	57.76	14.47	5.70	8.18	1.43	10
0.97	0.65	0.53	60.49	40.53	71.83	48.13	18.15	5.25	13.78	2.62	32
0.87	0.56	0.50	54.25	34.92	64.42	41.47	12.22	3.86	7.98	2.07	15

第一表　川西（峨眉，峨

树种		生长率	含水量	
学名	俗名		对生材 %	对全干材 %
1	2	3	4	5
★ Decaisnea fargesii Fr.	猫儿屎	4.1	34.80	53.32
★ Diospyros kaki var. sylvestris Mak.	油柿	4.7	38.03	61.38
Diospyros lotus Linn.	君迁子	6.9	34.55	52.82
Elaeagnus glabra Thunb.	三月黄子	9.8	31.99	47.04
Elaeocarpus lanceafolius Roxb.	狭叶杜英	2.2	40.20	67.57
Elaeocarpus sp.	杜英一种	2.6	32.59	48.40
★ Emmenopterys henryi Oliv.	香果树	2.8	33.57	50.54
★ Engelhardtia chrysolepsis Hance	黄杞	4.3	33.70	50.83
Enkianthus deflexus Schneid.	吊钟花	12.6	34.46	52.58
★ Eriobotrya japonica Lindl.	枇杷	3.4	34.82	53.46
★ Euptelea pleiosperma H.f.& T.	大果领春木	3.6	35.54	55.13
Eurya acuminata DC.	尖叶柃木	14.3	35.66	55.42
Eurya japonica Thunb.	柃木	22.5	27.35	37.67
Eurya japonica var. nitida Dyer.	细叶柃木	4.8	38.31	62.12
Euscaphis japonica Dipp.	野鸦椿	9.4	37.33	59.59
Evodia sp.	吴茱萸一种	9.8	26.99	37.00

边）木材之物理性（四）

比重			重量				收缩				开裂度
生材重量/生材容积	全干材重量/全干材容积	全干材重量/生材容积	lb/ft³ 生材	lb/ft³ 全干材	市斤/市尺³ 生材	市斤/市尺³ 全干材	容积 %	径向 %	弦向 %	径向：弦向 径向=1	
6	7	8	9	10	11	12	13	14	15	16	17
1.11	0.93	0.73	69.22	57.99	82.20	68.87	21.57	7.72	12.46	1.61	19
1.07	0.80	0.67	66.73	49.89	79.23	59.24	16.96	5.10	12.03	2.36	26
0.91	0.67	0.60	56.75	41.78	67.39	49.61	11.87	4.13	6.92	1.68	11
0.95	0.76	0.65	59.24	47.39	70.35	56.28	13.30	5.14	7.45	1.45	9
0.69	0.46	0.42	43.03	28.69	51.09	34.06	10.09	2.81	7.53	2.68	17
0.74	0.56	0.50	46.15	34.92	54.80	41.47	11.09	3.83	7.75	2.02	15
0.67	0.51	0.45	41.78	31.80	49.61	37.77	10.86	4.78	8.86	1.85	15
0.71	0.51	0.47	44.28	31.80	52.58	37.77	9.17	3.33	5.86	1.76	10
0.78	0.60	0.51	48.64	37.42	57.76	44.43	14.32	5.45	10.61	1.95	19
1.03	0.84	0.67	64.23	52.38	76.27	62.20	20.53	7.27	14.06	1.93	26
0.81	0.60	0.52	50.51	37.42	59.98	44.43	13.42	5.37	8.82	1.64	13
1.07	0.81	0.69	66.73	50.51	79.23	59.98	14.87	6.21	12.39	2.00	24
0.91	0.74	0.66	56.75	46.15	67.39	54.80	11.00	3.87	6.83	1.76	11
0.94	0.69	0.58	58.62	43.03	69.61	51.09	15.10	4.45	9.86	2.22	20
0.87	0.63	0.55	54.25	39.29	64.42	46.65	13.51	4.59	9.37	2.04	18
0.50	0.40	0.37	31.18	24.94	37.03	29.62	8.54	3.28	5.03	1.53	6

第一表 川西（峨眉，峨

树种		生长	含水量	
学名	俗名	率	对生材 %	对全干材 %
1	2	3	4	5
Fagus lucida R. & W.	光叶青冈	10.0	29.89	42.64
★ Ficus clavata Wall.	棒状无花果	3.4	43.27	76.29
Ficus heteromorpha Hemsl.	多形无花果	5.7	44.00	78.64
★ Ficus sp.	无花果一种	2.3	67.13	204.24
★ Fraxinus chinensis Roxb.	白蜡树	5.8	33.72	50.88
★ Gleditsea sinensis Lam.	皂角	4.3	31.58	46.20
★ Gymnocladus chinensis Baill.	肥皂角	5.5	42.37	73.52
★ Hovenia dulcis Thunb.	枳椇	2.1	34.50	57.93
Hydrangea strigosa Rehd.	—	4.1	60.81	155.15
Idesia polycarpa Maxim.	山桐子	13.7	33.86	50.12
★ Idesia polycarpa var. vestita Diels.	水冬	5.9	39.49	65.40
★ Ilex corallina Fr.	珊瑚冬青	6.3	33.74	50.42
Ilex franchetiana Loes.	法氏冬青	12.2	33.74	50.91
★ Ilex latifolia var. fangii Rehd.	波罗树	8.9	33.10	49.49
Ilex micrococca Oliv.	珠瑞木	6.2	40.56	68.24
Ilex viridis Thunb.	绿叶冬青	5.7	37.93	61.10

边）木材之物理性（五）

比重			重量				收缩				开裂度
生材重量 生材容积	全干材重量 全干材容积	全干材重量 生材容积	lb/ft³		市斤/市尺³		容积	径向	弦向	径向：弦向 径向=1	
			生材	全干材	生材	全干材	%	%	%		
6	7	8	9	10	11	12	13	14	15	16	17
0.85	0.69	0.59	53.01	43.03	62.94	51.09	13.71	4.85	8.66	1.79	14
1.04	0.70	0.60	64.85	49.89	77.01	51.84	17.10	4.72	10.96	2.32	24
1.20	0.85	0.67	63.61	53.01	75.53	62.94	21.74	7.09	10.16	1.43	12
1.09	0.43	0.36	67.97	26.81	80.71	31.84	16.64	6.83	10.01	1.47	12
0.90	0.69	0.60	56.12	43.03	66.65	51.09	12.49	3.74	7.03	1.88	12
1.08	0.85	0.74	67.35	53.01	79.97	62.94	12.56	4.35	8.00	1.84	14
1.01	0.65	0.58	62.98	40.53	74.79	48.13	10.86	4.70	5.95	1.27	5
0.87	0.62	0.55	54.25	38.66	64.42	45.91	10.82	4.00	6.50	1.63	9
1.04	0.50	0.41	64.85	31.18	77.01	37.03	17.24	6.67	11.34	1.70	18
0.61	0.45	0.41	38.04	28.06	45.17	33.32	9.56	2.74	7.20	2.63	17
0.50	0.34	0.30	31.18	21.20	37.03	25.18	9.75	2.77	6.75	2.44	15
1.04	0.82	0.69	64.85	51.14	77.01	60.72	16.22	7.54	9.89	1.31	9
0.98	0.78	0.65	61.11	48.64	72.57	57.76	16.91	6.51	12.48	1.92	23
0.91	0.72	0.61	56.75	44.90	67.39	53.32	15.11	6.50	8.32	1.28	7
0.77	0.53	0.46	48.02	33.05	57.02	39.25	13.65	4.00	9.36	2.34	20
0.97	0.78	0.61	60.49	48.64	71.83	57.76	22.27	8.06	12.85	1.59	19

第一表 川西(峨眉,峨

树种		生长率	含水量	
学名	俗名		对生材%	对全干材%
1	2	3	4	5
Ilex wilsonii Loes.	威氏冬青	9.2	36.38	57.18
Ilex yunnanensis Fr.	万年青	14.3	26.81	36.64
★ Illicium henryi Diels.	亨氏茴香	11.4	44.97	81.71
★ Itea chinensis Hook. & Arn.	老鼠刺	5.7	32.06	47.21
★ Itoa orientalis Hemsl.	伊桐	2.4	33.99	51.87
Juglans cathayensis Dode.	野胡桃	4.9	37.62	60.30
★ Juglans regia Linn.	胡桃	5.8	31.57	46.23
Kalopanax septemlobus Koidz.	刺楸	9.0	41.75	71.68
★ Ligustrum sinense var. nitidum R.& W.	山腊	7.6	33.74	50.92
Ligustrum sinense var. opienense Yang	峨边女贞	9.6	30.79	44.49
★ Lindera communis Hemsl.	香叶树	12.0	22.57	29.16
★ Lindera prattii Gamble	—	9.5	37.41	59.78
Lindera supracostata Lecomte.	—	4.6	32.35	47.83
Lindera sp.	山胡椒一种	7.3	31.98	47.03

边）木材之物理性（六）

比	重		重		量		收		缩		开裂
生材重量/生材容积	全干材重量/全干材容积	全干材重量/生材容积	lb/ft³		市斤/市尺³		容积	径向	弦向	径向：弦向	
			生材	全干材	生材	全干材	%	%	%	径向=1	度
6	7	8	9	10	11	12	13	14	15	16	17
0.92	0.69	0.58	57.37	43.03	68.13	51.09	16.24	4.95	11.45	2.31	25
0.84	0.69	0.61	52.38	43.06	62.20	51.09	11.49	4.82	7.03	1.46	9
0.90	0.57	0.50	56.12	35.55	66.65	42.21	12.69	3.90	10.43	2.67	25
0.95	0.76	0.65	59.24	47.39	70.35	56.28	15.58	6.49	9.50	1.46	12
0.67	0.49	0.45	41.78	30.56	49.61	36.28	8.29	2.83	5.29	1.87	9
0.77	0.47	0.42	48.02	29.31	57.02	34.80	11.64	4.54	7.25	1.60	11
0.66	0.50	0.45	41.16	31.18	48.87	37.03	9.55	4.64	6.34	1.37	6
0.71	0.47	0.42	44.28	29.31	52.58	34.80	11.11	3.78	7.61	2.01	14
0.97	0.75	0.64	60.49	46.77	71.83	55.54	13.75	4.62	9.21	1.99	17
0.96	0.79	0.67	59.87	49.26	71.09	58.50	16.10	4.59	11.23	2.45	25
0.76	0.67	0.59	47.29	41.78	56.28	49.61	11.14	3.90	7.23	1.85	12
1.02	0.73	0.64	63.61	45.52	75.53	54.06	12.00	4.28	6.65	1.55	9
1.00	0.78	0.67	62.36	48.64	74.05	57.76	13.63	4.11	9.89	2.41	22
0.77	0.59	0.53	48.02	36.79	57.02	43.69	10.56	4.18	5.26	1.26	4

第一表　川西（峨眉，峨

树种		生长率	含水量	
学名	俗名		对生材 %	对全干材 %
1	2	3	4	5
★ Liquidambar formosana Hance	枫香	1.7	25.76	34.71
Lithocarpus cleistocarpa Rehd.	苦槠	4.3	34.81	53.40
Lithocarpus viridis R. & W.	雅州石栎	6.7	32.05	47.18
Litsea cubeba Pers.	山鸡椒	5.4	31.14	45.21
★ Litsea elongata Hook.	长叶木姜子	15.4	28.91	40.68
Litsea populifolium Gamble.	圆木香子	3.5	30.30	43.47
★ Litsea sericea Hook.f.	绢丝楠	2.7	30.27	43.62
Litsea wilsonii Gamble.	威氏木姜子	4.0	29.67	42.19
Machilus bracteata Lecomte.	黑皮楠	3.2	31.64	46.29
Magnolia sargentiana R. & W.	凹叶木兰	8.5	32.97	49.19
Mallotus tenuifolius Pax.	野桐	6.6	32.79	48.86
★ Meliosma cuneifolia Fr.	泡花树	7.3	35.44	54.89
Meliosma kirkii Hemsl.& Wils.	山青木	6.4	41.54	71.06
★ Meliosma parviflora Lecomte.	冷油树	4.2	38.28	62.06
★ Meratia praecox R. & W.	腊梅	2.8	35.89	55.98
Michelia sp.	白兰花一种	9.1	30.30	43.48

边）木材之物理性（七）

比重			重量				收缩				开裂度
生材重量/生材容积	全干材重量/全干材容积	全干材重量/生材容积	lb/ft³ 生材	lb/ft³ 全干材	市斤/市尺³ 生材	市斤/市尺³ 全干材	容积 %	径向 %	弦向 %	径向：弦向 径向=1	
6	7	8	9	10	11	12	13	14	15	16	17
0.68	0.56	0.51	42.40	34.92	50.35	41.47	10.25	4.97	5.94	1.20	3
0.92	0.69	0.60	57.37	43.03	68.13	51.09	13.37	5.11	8.41	1.65	13
0.84	0.65	0.57	52.38	40.53	62.20	48.13	11.31	4.10	7.65	1.87	14
0.78	0.60	0.54	48.64	37.42	57.76	44.43	10.90	3.14	7.41	2.36	16
0.74	0.58	0.53	46.15	36.17	54.80	42.95	9.54	3.51	5.67	1.61	8
0.80	0.64	0.56	49.89	39.91	59.24	47.39	12.61	4.52	8.65	1.91	16
5.73	0.57	0.51	45.52	25.55	54.06	42.21	10.93	3.67	7.85	2.14	16
0.80	0.63	0.57	49.89	39.29	59.24	46.65	9.52	3.12	6.20	1.99	12
0.72	0.56	0.49	44.90	24.92	53.32	41.47	12.49	4.24	8.37	1.97	16
0.74	0.56	0.50	46.15	34.92	54.80	41.17	11.83	4.19	7.16	1.71	11
0.68	0.50	0.45	42.40	31.18	50.35	37.03	9.57	2.81	6.53	2.32	14
0.80	0.60	0.52	49.89	37.42	59.24	44.43	13.28	5.04	8.67	1.72	14
0.61	0.42	0.36	38.04	26.19	45.17	31.10	15.80	6.02	10.85	1.80	19
0.90	0.64	0.[illegible]	56.12	39.91	66.65	47.39	12.70	3.80	8.33	2.19	17
0.98	0.73	0.63	61.11	45.52	72.57	54.06	13.52	4.46	9.33	2.09	18
0.81	0.64	0.56	50.51	39.91	59.98	47.39	12.15	4.49	8.67	1.93	16

第一表 川西（峨眉，峨

树种 学名	俗名	生长率	含水量 对生材 %	含水量 对全干材 %
1	2	3	4	5
★ Morus australis Poir.	野桑	3.3	33.38	50.10
★ Mucuna sempervirens Hemsl.	—	3.5	33.98	51.47
★ Myrica rubra S. & Z.	杨梅	6.7	36.88	58.44
★ Myrsine semiserrata Wall.	刺叶铁仔	10.5	30.75	44.45
Neolitsea aurata Gamble	木姜子	8.4	29.17	41.18
★ Nothopanax davidii Harms	台氏假参	7.0	45.30	82.81
Nothopanax rosthernii Harms	洛氏假参	5.9	48.94	95.94
★ Paulownia fargesii Fr.	川桐	7.0	38.55	63.00
★ Perrottetia recemosa Oliv.	—	8.0	29.67	42.18
★ Phellodendron sachalinense Sarg.	川黄檗	2.9	30.94	44.79
★ Phoebe nanmu Gamble	楠木	4.6	33.75	50.93
Phoebe sheareri Gamble	紫楠	8.5	32.36	47.84
★ Picrasma quassioides Benn.	苦木	4.7	29.27	41.39
Pithecellobium lucidum Benth.	光叶金龟树	4.4	57.21	132.60
★ Pittosporum glabratum Lindl.	光叶海桐	6.7	30.18	43.22
★ Platycarya strobilacea S. & Z.	化香	4.0	37.20	59.33

边）木材之物理性（八）

比重			重量				收缩				开裂度
生材重量/生材容积	全干材重量/全干材容积	全干材重量/生材容积	lb/ft³		市斤/市尺³		容积	径向	弦向	径向：弦向 径向=1	
			生材	全干材	生材	全干材	%	%	%		
6	7	8	9	10	11	12	13	14	15	16	17
0.85	0.66	0.57	53.01	41.16	62.94	48.87	14.19	3.90	9.22	2.36	20
0.89	0.71	0.60	55.50	44.28	65.90	52.58	15.90	5.54	9.55	1.72	16
0.97	0.69	0.62	60.49	43.03	71.83	51.09	11.17	4.14	6.89	1.66	11
1.11	0.89	0.77	69.22	55.50	82.20	65.90	13.72	5.22	7.08	1.36	7
0.92	0.76	0.65	57.37	47.39	68.13	56.28	13.72	4.70	8.97	1.91	16
0.94	0.65	0.52	58.62	40.53	69.61	48.13	20.70	6.58	13.25	1.98	26
1.00	0.61	0.52	62.36	38.04	74.05	45.17	16.14	6.29	8.22	1.31	7
0.43	0.29	0.27	26.81	18.08	31.84	21.47	7.37	2.21	5.70	2.09	11
0.86	0.69	0.61	53.63	43.03	63.68	51.09	11.74	4.25	6.00	1.41	6
0.71	0.56	0.49	44.28	34.98	52.58	41.47	12.55	4.24	7.33	1.73	12
0.74	0.56	0.49	46.15	34.92	54.80	41.47	12.12	4.11	7.28	1.77	12
0.67	0.49	0.45	41.78	30.56	49.61	36.28	8.50	2.91	5.38	1.98	9
0.71	0.56	0.50	44.28	34.92	52.58	41.47	10.61	3.26	7.30	2.24	15
0.87	0.41	0.37	54.25	25.57	64.42	30.36	8.67	2.77	5.74	2.07	11
1.11	0.92	0.78	69.22	57.37	82.20	68.13	16.07	5.71	10.02	1.75	16
0.75	0.55	0.47	46.77	34.30	55.54	40.73	13.61	4.67	7.84	1.68	12

第一表 川西（峨眉，峨

树种		生长率	含水量	
学名	俗名		对生材 %	对全干材 %
1	2	3	4	5
★ Populus adenopoda Maxim.	响叶杨	5.0	40.63	68.45
Prunus brachypoda var. pseudossiori Koehne	短柄稠梨	8.1	32.37	47.86
Prunus persica Stokes	桃树	15.1	37.52	60.04
Prunus perulata Koehne	芽鳞樱花	8.5	31.11	45.16
Prunus salicina Lindl.	李树	4.1	42.31	73.35
Prunus spinulosa S. & Z.	刺稠梨	4.7	32.77	48.74
Prunus sp.	樱之一种	3.1	31.70	46.42
Prunus sp.	樱之一种	9.6	32.81	48.82
Prunus sp.	樱之一种	5.8	33.04	49.35
Prunus sp.	樱之一种	7.5	35.07	54.01
Pterocarya insignis R. & W.	山麻柳	6.5	33.68	50.08
★ Pterocarya stenoptera DC.	枫杨	5.0	23.22	30.24
Pterostyrax hispidus S. & Z.	白辛树	4.8	56.40	129.34
★ Quercus acutissima Carr.	麻栎	3.2	32.61	48.42
Quercus glauca var. gracilis R. & W.	岩石栎	5.7	30.29	43.48

边）木材之物理性（九）

比重			重量				收缩				开裂度
生材重量/生材容积	全干材重量/全干材容积	全干材重量/生材容积	lb/ft³ 生材	lb/ft³ 全干材	市斤/市尺³ 生材	市斤/市尺³ 全干材	容积 %	径向 %	弦向 %	径向：弦向 径向=1	
6	7	8	9	10	11	12	13	14	15	16	17
0.69	0.44	0.41	43.03	27.44	51.09	32.58	7.68	2.65	5.31	2.00	10
0.70	0.55	0.48	43.65	34.30	51.84	40.73	14.24	4.80	9.68	2.02	18
1.01	0.77	0.63	62.98	48.02	74.79	57.02	19.56	5.28	11.07	2.10	22
0.84	0.65	0.57	52.38	40.53	62.20	48.13	11.98	4.50	8.37	1.86	15
0.98	0.70	0.57	61.11	43.65	72.57	51.84	19.00	5.61	12.16	2.19	25
0.86	0.68	0.58	53.63	42.40	63.68	50.35	14.67	5.02	10.70	2.13	22
0.85	0.69	0.58	53.01	43.03	62.94	51.09	16.01	5.26	10.77	2.05	21
0.71	0.55	0.48	44.28	34.30	52.58	40.73	12.46	4.57	8.36	1.83	14
0.85	0.70	0.57	53.01	43.65	62.94	51.84	19.35	8.11	11.83	1.46	14
0.82	0.61	0.54	51.14	38.04	60.72	45.17	12.77	4.09	8.94	2.19	18
0.52	0.38	0.35	32.43	23.70	38.51	28.14	7.99	2.77	5.86	2.12	12
0.61	0.51	0.47	38.04	31.80	45.17	37.77	7.52	3.49	5.59	1.60	8
0.86	0.42	0.38	53.62	26.19	63.68	31.10	11.17	3.35	7.95	2.37	17
1.08	0.98	0.73	67.35	61.11	79.97	72.67	24.78	6.68	14.74	2.21	31
1.07	0.87	0.75	66.73	54.25	79.23	64.42	14.23	3.83	9.71	2.54	22

第一表 川西（峨眉，峨

树种 学名	树种 俗名	生长率	含水量 对生材 %	含水量 对全干材 %
1	2	3	4	5
Quercus oxyodon var. fargesii R. & W.	九刚树	8.0	37.30	59.50
★ Quercus variabilis Bl.	栓皮栎	3.1	34.41	52.55
Rehderodendron xylocarpum Hu	木瓜红	9.4	33.29	49.92
★ Rhamnus esquirolii Levl.	—	9.4	30.75	44.39
★ Rhamnus leptophylla Schneid.	郊李子	9.5	26.30	35.68
★ Rhododendron calophytum Fr.	—	11.4	37.43	59.85
Rhododendron decorum Fr.	千叶杜鹃	17.4	41.70	71.54
Rhododendron planetum Fr.	—	11.6	36.74	58.08
★ Rhododendron stamineum Fr.	长蕊杜鹃	6.2	33.92	51.34
Rhododendron sp.	杜鹃一种	8.5	29.96	42.77
Rhus semialata Murr.	盐肤木	4.9	32.70	48.61
Rhus succedenea Linn.	野漆	5.6	30.34	43.55
★ Sapium sebiferum Osbeck.	乌桕	2.9	32.77	48.54
★ Saurauia napaulensis DC.	—	2.1	50.62	102.56
★ Schefflera delavayi Harms.	万贯钱	4.5	40.00	66.67

边）木材之物理性（十）

比重			重量				收缩				开裂度
生材重量/生材容积	全干材重量/全干材容积	全干材重量/生材容积	lb/ft³ 生材	lb/ft³ 全干材	市斤/市尺³ 生材	市斤/市尺³ 全干材	容积 %	径向 %	弦向 %	径向：弦向 径向=1	
6	7	8	9	10	11	12	13	14	15	16	17
1.09	0.84	0.68	67.97	52.38	80.71	62.20	18.46	5.36	12.98	2.42	29
1.01	0.78	0.66	62.98	48.64	74.79	57.76	14.84	4.50	9.58	2.13	19
0.71	0.53	0.47	44.28	33.05	52.58	39.25	10.72	3.57	7.49	2.01	15
0.85	0.67	0.59	53.01	41.78	62.94	49.61	11.26	4.50	6.42	1.43	7
0.89	0.74	0.66	55.50	46.15	65.90	54.80	10.56	4.13	5.76	1.39	6
0.83	0.62	0.52	51.76	38.66	61.46	45.91	16.56	7.30	9.68	1.33	9
0.90	0.61	0.53	56.12	38.04	66.65	45.17	13.91	4.76	8.46	1.78	14
0.82	0.58	0.52	51.14	36.17	60.72	42.95	11.51	4.33	7.83	1.81	13
0.87	0.65	0.57	54.25	40.53	64.42	48.13	12.51	4.39	10.28	2.34	22
0.92	0.74	0.64	57.37	46.15	68.13	54.80	13.68	5.92	8.18	1.38	9
0.61	0.46	0.41	38.04	28.69	45.17	34.06	10.37	4.48	5.42	1.21	3
0.72	0.59	0.50	44.90	36.79	53.32	43.69	14.13	5.02	8.54	1.70	13
0.71	0.52	0.48	44.28	32.43	52.58	38.51	9.23	3.08	6.29	2.04	12
0.63	0.34	0.31	39.29	21.20	46.65	25.18	8.95	2.84	6.14	2.16	12
0.68	0.46	0.41	42.40	28.69	50.35	34.06	11.75	4.57	7.13	1.56	9

第一表 川西（峨眉，峨

树种		生长率	含水量	
学名	俗名		对生材 %	对全干材 %
1	2	3	4	5
Schima crenata Korth.	木荷	9.7	43.75	79.23
Schoepfia jasminodora S. & Z.	铁青树	4.8	25.86	34.88
Sorbus coronata Yu & Tsai	—	8.1	36.80	58.46
★ Sorbus folgneri Rehd.	反白树	8.0	28.54	39.95
Sorbus macrocarpa Koehne	大果水榆	6.4	32.17	47.48
Sorbus prattii Koehne	柏氏水榆	7.9	33.44	50.32
Sorbus sargentiana Koehne	晚绣球	13.9	29.17	41.19
Sorbus sp.	水榆一种	8.9	32.50	48.15
★ Spondias axillaris Roxb.	酸枣	1.6	25.38	34.03
Stranvaesia davidiana Decne.	小丁木	15.0	29.43	41.71
★ Styra x suberifolius Hook. & Arn.	红皮	8.3	38.24	61.92
★ Sycopsis sinensis Oliv.	水丝梨	16.3	30.80	44.51
Symplocos anomala Brand	薄叶灰木	12.2	41.64	71.91
★ Symplocos caudata Wall.	山矾	14.2	34.65	53.03
Symplocos laurina Wall.	黄牛奶树	2.1	51.59	106.59
★ Symplocos paniculata Wall.	白檀	6.6	32.62	48.41

边）木材之物理性（十一）

比重			重量				收缩				开裂度
生材重量/生材容积	全干材重量/全干材容积	全干材重量/生材容积	lb/ft³ 生材	lb/ft³ 全干材	市斤/市尺³ 生材	市斤/市尺³ 全干材	容积 %	径向 %	弦向 %	径向：弦向 径向=1	
6	7	8	9	10	11	12	13	14	15	16	17
0.78	0.48	0.44	48.64	29.93	57.76	35.54	9.63	4.24	8.20	1.94	15
0.81	0.66	0.60	50.51	41.16	59.98	48.87	9.96	3.66	5.96	1.63	9
0.89	0.67	0.57	55.50	41.78	65.90	49.61	15.38	5.77	9.22	1.60	13
1.06	0.93	0.76	66.10	57.99	78.49	68.87	18.89	7.50	10.62	1.42	12
0.80	0.62	0.55	49.89	38.66	59.24	45.91	11.95	4.70	8.08	1.72	13
0.85	0.65	0.57	53.01	40.53	62.94	48.13	13.34	3.92	9.56	2.44	21
0.83	0.67	0.58	51.76	41.78	61.46	49.61	12.40	5.26	8.91	1.69	14
0.89	0.70	0.60	55.50	43.65	65.90	51.84	14.96	5.66	9.04	1.60	13
0.45	0.35	0.34	28.06	21.83	33.32	25.92	5.28	2.12	3.16	1.49	4
1.11	1.00	0.78	69.22	62.36	82.20	74.05	21.73	9.78	11.42	1.17	6
0.82	0.56	0.51	51.14	34.92	60.72	41.47	10.42	2.95	7.37	2.50	16
1.12	0.98	0.77	69.84	61.11	82.94	72.57	21.09	9.00	9.36	1.07	2
0.85	0.59	0.50	53.01	36.79	62.94	43.69	16.46	4.87	12.58	2.58	29
0.89	0.67	0.58	55.50	41.78	65.90	49.61	13.89	5.21	8.52	1.64	13
0.80	0.47	0.39	49.89	29.31	59.24	34.80	18.23	2.99	14.55	4.87	43
0.98	0.72	0.60	61.11	44.90	72.57	53.32	16.90	5.01	12.00	2.40	26

第一表 川西（峨眉，峨

树种		生长率	含水量	
学名	俗名		对生材 %	对全干材 %
1	2	3	4	5
★ Ternstroemia japonica Thunb.	厚皮香	18.3	31.04	45.03
Tetracentron sinense Oliv.	水青树	10.7	40.82	68.99
★ Thea grijsii Koch.	葛氏山茶	8.2	37.21	59.33
Trema orientalis Bl.	山黄麻	4.4	32.04	47.16
★ Vernonia arborea DC.	咸虾花木	3.0	32.85	48.91
★ Viburnum brachybotryum Clarke.	—	6.9	33.39	50.14
★ Viburnum cinnamomifolium Rehd.	—	8.5	30.60	44.09
★ Viburnum oliganthum Batal.	—	3.5	31.32	45.62
★ Viburnum ternatum Rehd.	—	4.6	42.74	74.66
Vaccinium mandarinorum Rehd.	—	16.0	28.94	40.74
★ Vitex canescens Kurz.	灰白牡荆	3.4	31.31	45.63
Xolisma ovalifolia Rehd.	南烛	13.1	28.66	40.17
Xylosma racemosa Miq.	柞木	8.5	37.29	59.46

（注）★ 峨眉树种

边）木材之物理性（十二）

比重			重量				收缩				开裂度
生材重量/生材容积	全干材重量/全干材容积	全干材重量/生材容积	lb/ft³ 生材	lb/ft³ 全干材	市斤/市尺³ 生材	市斤/市尺³ 全干材	容积 %	径向 %	弦向 %	径向：弦向 径向=1	
6	7	8	9	10	11	12	13	14	15	16	17
0.90	0.71	0.62	56.12	44.28	66.65	52.58	12.62	5.54	6.26	1.13	3
0.72	0.48	0.43	44.90	29.93	53.32	35.54	10.59	4.36	6.30	1.44	7
1.01	0.81	0.63	62.98	50.51	74.79	59.98	21.55	7.00	14.98	2.14	31
0.72	0.54	0.49	44.90	33.67	53.32	39.99	10.64	4.23	6.65	1.57	9
0.91	0.69	0.61	56.75	43.03	67.39	51.09	11.82	3.95	8.04	2.04	15
1.00	0.77	0.67	62.36	48.02	74.05	57.02	13.77	6.18	7.38	1.19	5
1.05	0.85	0.73	65.48	53.01	77.85	62.94	14.21	5.77	7.41	1.28	6
1.04	0.85	0.72	64.85	53.01	77.01	62.94	15.92	5.97	9.58	1.60	14
0.85	0.58	0.49	53.01	36.17	62.94	42.95	16.46	4.58	11.51	2.51	26
1.04	0.90	0.74	64.85	56.12	77.01	66.65	17.86	7.74	12.02	1.55	17
0.69	0.52	0.48	43.03	32.43	51.09	38.51	8.82	3.19	4.83	1.51	6
0.90	0.76	0.64	56.19	47.39	66.65	56.28	15.79	6.27	9.95	1.59	14
1.00	0.76	0.63	62.36	47.39	74.05	56.28	17.29	3.90	10.43	2.67	24

（2）试验结果表格（第一表）说明

生长率（3）：平均半径上之年轮数，即每单位长度(cm)间之年轮数。

含水量（4）(5)：（4）以生材为基础算出之含水百分率。(5)以全干材为基础算出之含水百分率。

比重（6）（7）（8）：(6）生材重量、生材容积之比重。(7）全干材重量、全干材容积之比重。(8）全干材重量、生材容积之比重。

重量（9）（10）（11）（12）：(9）生材每立方英尺重若干磅之数。(10）全干材每立方英尺重若干磅之数。(11）生材每立方市尺重若干市斤之数。(12）全干材每立方市尺重若干市斤之数。

收缩（13）（14）(15)(16)：(13)容积收缩百分率。(14)径向收缩百分率。(15)弦向收缩百分率。(16）径向收缩率与弦向收缩率之比。

开裂度（17）：根据弦向收缩率与径向收缩率算出之开裂度。

四、结　　论

根据试验结果，可得结论如下：

（1）各试材之含水率（以全干材为基础），均在30%以上（仅香叶树 Lindera communis Hemsl.一种含水率29.16%）。凡木材含水30%以上者，即为超过纤维饱和点，称为生材，故全体供试材都在生材状态。

（2）木材比重(全干材重量、生材容积之比重)，183种全体平均值为0.55±0.09。最轻者为川桐 Paulownia fargesii Fr.（0.27)，最重者为光叶海桐 Pittosporum glabratum

Lindl. 与小丁木 Stranvaesia davidiana Decne. 两种（都是0.78）。

试材内针叶树 9 种，平均比重为 0.47±0.07，其中红豆杉 Taxus chinensis Rehd. 比重0.69，为针叶树种稀有之重材；阔叶树种 174 种，平均比重为0.55±0.07。

（3）收缩之大小，不特在不同树种间有差异，即同一试体之不同方向者，亦多差异。一般言之，纵向收缩极其微少，横向收缩中之弦向收缩比径向收缩约大二倍。作者试验结果，容积收缩最小值 5.28%，为酸枣 Spondias axillaris Roxb.；最大值24.78%，为麻栎Quercus acutissima Carr.；平均值为12.94%±2.36。径向收缩最小值 2.12%，为酸枣；最大值 9.78%，为小丁木；平均值为4.63%±0.91。弦向收缩最小值3.16%，为酸枣；最大值14.98%，为葛氏山茶Thea grijsii Koch.；平均值为 8.31%±1.52。纵向收缩有若干树种干燥后，非但不收缩，反有膨胀之现象，是由于试体太小，因横向收缩引起变形而致膨胀，抑或由于细胞膜壁组织之关系，不敢遽下断语。径向收缩率与弦向收缩率之比，可以表示各树种收缩之性状，试材 183 种中，最小收缩比 1:1.07，为水丝梨Sycopsis sinensis Oliv.；最大收缩比1:4.87，为黄牛奶树Symplocos laurina Wall.；平均收缩比为1:1.83±0.30。

（4）观察试验结果，木材比重与收缩共同变化，彼此间有直线之关系，用统计方法求得木材比重（全干材重量、生材容积之比重）与容积收缩、弦向收缩、径向收缩之相关系数 r 等于0.483，0.401，0.452。由Fisher氏机率表求显著程度，因变量数有 2，故次数自由度183－2等于 181，从最近自由度 200 查检求得低值为0.138，高值为0.181。由此可知，即使比重与收缩两项全不相关，而出于偶然关系，亦可有 0.138 之相关现象，现在 r 之值为

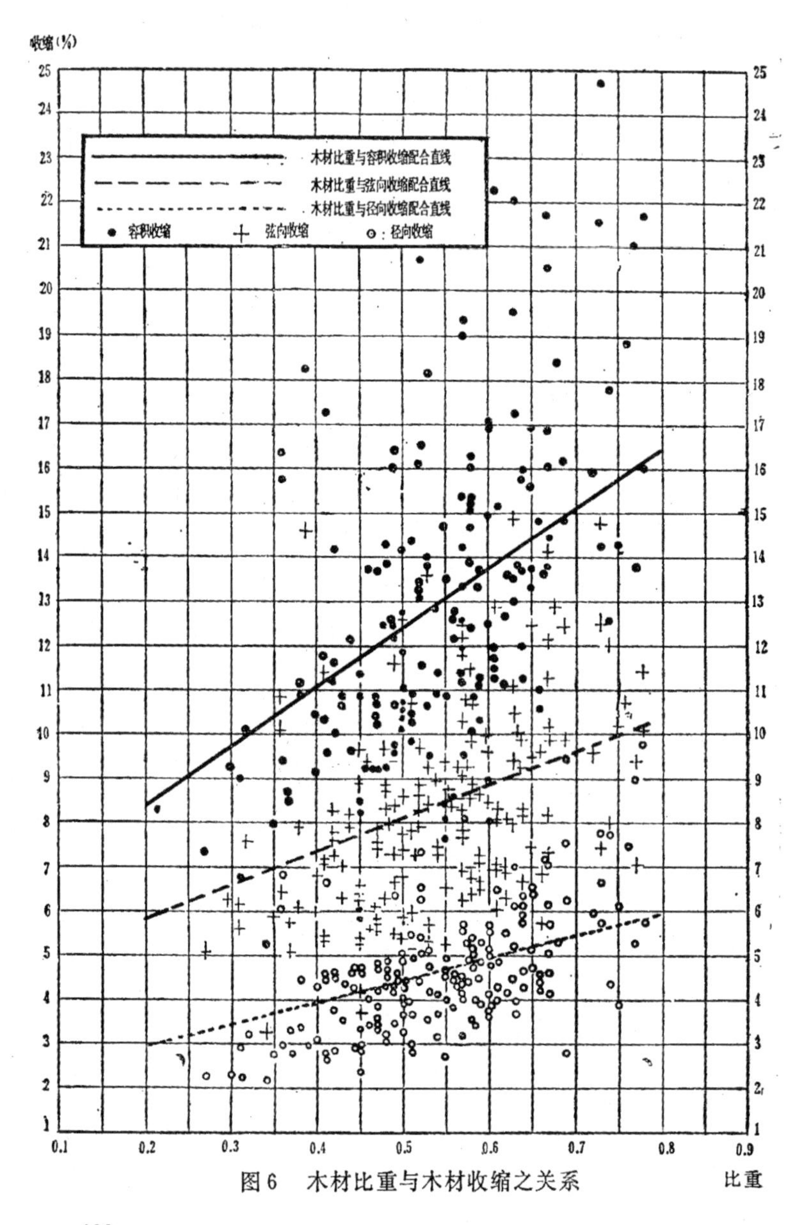

图6　木材比重与木材收缩之关系

0.483，0.401，0.452，均大于0.181，因此知木材比重与木材容积、弦向、径向各项收缩间确有关系，并且关系确为显著（图6）。

（5）开裂度依式计算，183种试材中最小开裂度2，为水丝梨；最大开裂度43，为黄牛奶树；平均开裂度13.9±4.63。

（6）木材试验，无论为物理性或机械性之检定，皆有不能避免之差异。此种差异，半由于偶然差异之存在，半由于木材本身之差异。任何一种木材之任何一项性质，在相异之树种固然不同，在同一树种间亦多差异，即同一树体之不同部分，性质亦有差异。今以抽样试验，一以概百，相当差误，更属难免。此种不可避免之事实，为弥补缺陷而求精确起见，只有多采样木，多做试验，取其平均。中央大学森林化学室限于经济、人力、时间、运材等项困难，各种树种采集不多，所得供试体较少，故虽黾勉将事，惟谨惟慎，漏误之处，依然难免。为求证所得结果之准确性，特将美国研究结果，用统计法取其平均、标准差、机误、变异系数，并将作者所得结果，亦用统计法取其平均、标准差、机误、变异系数，相互对照（第二表）。其所以采用美国检定之结果，作为对照资料之理由：①因美国之试验木材性质，在世界上规模最大，历史最久，成绩最著。②因中美两国森林地理环境相仿，植生种类亦相近似。③因过去中国所用之舶来木料，美国木材较多。

此种对照似可表示作者所用之试体虽少，而结果尚不致差之太远，或可供实际应用者之参考也。

（7）依据L.J.Markwardt与G.E.Heck所规定“记述木材之标准”，一切木材比重可分为十级，其分级之标准如下：

等级	名称	比重界限
1	极轻	0.20以下
2	非常轻	0.20—0.25
3	甚轻	0.25—0.30
4	轻	0.30—0.36
5	稍轻	0.36—0.42
6	稍重	0.42—0.50
7	重	0.50—0.60
8	甚重	0.60—0.72
9	非常重	0.72—0.86
10	极重	0.86以上

第二表　川西木材与美国木材物理性之比较

项		目	试验树种数	平均数	标准差	机误	变异系数
			1	2	3	4	5
比重	全体平均	四川木材	183	0.55	0.123	±0.09	23.309
		美国木材	169	0.50	0.138	±0.09	27.540
	针叶树材	四川木材	9	0.47	0.109	±0.07	23.190
		美国木材	53	0.40	0.072	±0.04	18.050
	阔叶树材	四川木材	174	0.55	0.105	±0.07	19.145
		美国木材	116	0.55	0.136	±0.09	24.654
收缩	容积收缩%	四川木材	183	12.94	3.484	±2.36	26.924
		美国木材	162	13.01	3.290	±2.22	25.288
	弦向收缩%	四川木材	183	8.31	2.250	±1.52	27.076
		美国木材	157	7.93	1.899	±1.28	23.956
	径向收缩%	四川木材	183	4.63	1.347	±0.91	29.099
		美国木材	159	4.52	1.390	±0.94	30.752
	收缩比 径向：弦向	四川木材	183	1.83	0.459	±0.30	25.071
		美国木材	157	1.85	0.397	±0.27	21.438
开裂度		四川木材	183	13.9	6.861	±4.63	49.357
		美国木材	97	12.4	4.538	±3.06	36.591

注：美国木材之比重与收缩取材于 L.J.Markwardt and T.R.C. Wilson: Strength and Related Properties of Woods Grown in the United States.

美国木材之开裂度取材于 Arthur Koehler: The Shrinking and Swelling of Wood.

兹将川西木材比重，依照上述规定，依次排列如下：

甚轻（比重0.25—0.299）

川桐

轻（比重0.30—0.359）

水冬、冷杉、Saurauia napaulensis DC。杉木、酸枣、山麻柳

稍轻（比重0.36—0.419）

刺樗、山青木、无花果一种、山茱萸一种、光叶金龟树、白辛树、构树、黄牛奶树、峨眉栲、楤木、响叶杨、山桐子、盐肤木、万贯钱、Hydrangea strigosa Rehd.

稍重（比重0.42—0.499）

杜英一种、刺楸、野胡桃、伯乐树、桤木、水青树、木荷、伯乐树一种、银杏、伊桐、紫楠、胡桃、野桐、云杉、香果树、灯台树、珠瑞木、枫杨、黄杞、山枫香树、川黔千金榆、木瓜红、铁杉、光皮桦、化香、灰白牡荆、乌柏、短柄稠梨、樱之一种、喜树、梓叶槭、山黄麻、山槐、川黄檗、黑皮楠、楠木、香椿、Viburnum ternatum Rehd.

重（比重0.50—0.599）

柏木、苦木、樟树、青蛤蟆、丁木、狭叶杜英、凹叶木兰、珙桐、亨氏茴香、野漆、薄叶灰木、枫香、红皮、梓树、绢丝楠、吊钟花、Rododendron planetum Fr.、泡花树、大果领春木、洛氏假参、Rhododendron calophytum Franch.、台氏假参、长叶木姜子、山胡椒一种、干叶杜鹃、马尾松、交让木、山鸡椒、嘉利树、樱之一种、百日青、大果水榆、枳椇、野鸦椿、八角枫、七裂槭、威氏木姜子、圆木香子、白兰花一种、冷油树、川康槭、雅州石栎、芽鳞樱花、柏氏水榆、长蕊杜鹃、野桑、Sorbus coronata Yu et Tsai、樱之一种、李树、槭之一种、肥皂角、晚绣

球、山矾、刺稠梨、樱之一种、威氏冬青、细叶柃木、丝栗树、板栗、香叶树、Rhamnus esquirolli Levl.、丫角树、光叶青冈、昌化枥

甚重（比重0.60—0.719）

铁青树、君迁子、白蜡树、苦槠、水榆之一种、棒状无花果、Mucuna sampervirens Hemsl.、白檀、万年青、Perrothetia recemosa Oliv.、黄肉楠、Vernonia arborea DC.、波罗树、绿叶冬青、杨梅、厚皮香、柚子、香桦、腊梅、柞木、桃树、葛氏山茶、Lindera prettii Gamble.、杜鹃一种、山腊、南烛、云母树、绿杞、木姜子、三月黄子、老鼠刺、法氏冬青、郊李子、柃木、栓皮栎、Viburnum brachybotryum Clarke.、Lindera supracostata Lecomte.、柘树、峨边女贞、油柿、枇杷、多形无花果、九冈树、红豆杉、光叶柃木、珊瑚冬青

非常重（比重0.72—0.859）

Viburnum oliguntthum Batal.,Viburnum cinnamomifolium Rehd.、猫儿屎、麻栎、皂角、Vaccinium mandarinorum Rehd.、岩石栎、桃叶珊瑚、反白树、刺叶铁仔、水丝梨、光叶海桐、小丁木

（8）同样依据L.J.Markwardt & G.E.Heck木材收缩分级之标准，将四川已试验之各材种依次排列如下：

收缩分级之标准

等级	名称	收缩界限（容积收缩）
1	极小	5.3以下
2	非常小	5.3—6.6
3	甚小	6.6—8.0
4	小	8.0—9.5
5	稍小	9.5—11.1
6	稍大	11.1—13.2
7	大	13.2—15.9
8	甚大	15.9—19.1

| 9 | 非常大 | 19.1—22.8 |
| 10 | 极大 | 22.8以上 |

极小（收缩5.29以下）

酸枣

非常小（收缩5.30—6.59）

银杏

甚小（收缩6.60—7.99）

冷杉、川桐、枫杨、响叶杨、百日青、山麻柳

小（收缩8.00—9.49）

伊桐、吴茱萸一种、紫楠、光叶金龟树、灰白牡荆、Saurauia napaulensis DC.、柏木、山枫香树、峨眉栲、黄杞、乌桕、水冬、七裂槭、刺樗、红豆杉

稍小（收缩9.50—11.09）

威氏木姜子、长叶木姜子、胡桃、山桐子、野桐、梓叶槭、云杉、木荷、山槐、梓树、铁青树、青蛤蟆、槭之一种、杉木、狭叶杜英、铁杉、枫香、丫角树、樟树、盐肤木、光皮桦、红皮、楤木、山胡椒一种、郊李子、水青树、丁木、苦木、山黄麻、川黔千金榆、木瓜红、桤木、枳椇、肥皂角、香果树、构树、山鸡椒、绢丝楠、柃木、杜英一种

稍大（收缩11.10—13.19）

刺楸、香叶树、杨梅、川康槭、白辛树、绿杞、Rhamnus esquirolii Levl.、黄肉楠、灯台树、雅州石栎、嘉利树、万年青、Rhododendron plenatum Fr.、野胡桃、Perrottetia recemosa Oliv.、万贯钱、咸虾花木、凹叶木兰、君迁子、大果水榆、芽鳞樱花、Lindera prettii Gamble.、伯乐树一种、楠木、白兰花一种、珙桐、晚绣球、樱之一种、白蜡树、黑皮楠、长蕊杜鹃、川黄檗、皂角、圆木香子、厚皮香、亨氏茴香、冷油树、樱之一

种、柚子、桃叶珊瑚

大（收缩13.20—15.89）

泡花树、三月黄子、昌化枥、柏氏水榆、大果领春木、苦槠、野鸦椿、腊梅、香桦、化香、Lindera supracostata Lecomte.、珠瑞木、杜鹃一种、光叶青冈、马尾松、刺叶铁仔、木姜子、山腊、Viburnum brachybotryum Clarke.、喜树、山矾、干叶杜鹃、伯乐树、野漆、野桑、Viburnum cinnamomioium Rehd.、岩石栎、Prunus brachypoda var. pseudossiori Koehne.、吊钟花、柘树、刺稠梨、八角枫、栓皮栎、柃木、水榆一种、细齿柃木、波罗树、板栗、Sorbus coronata Yu et Tsai、丝栗树、老鼠刺、南烛、山青木

甚大（收缩15.90—19.09）

Mucuna samperrirens Hemsl.、Viburnum oliganthum Batal.、云母树、樱之一种、光叶海桐、香椿、峨边女贞、洛氏假参、珊瑚冬青、威氏冬青、Viburnum ternatum Rehd.、薄叶灰木、Rhododendron calophytum Franch.、无花果一种、白檀、法氏冬青、油柿、棒状无花果、Hydrangea strigosa Rehd.、柞木、Vaccinium mandarinorum Rehd.、交让木、黄牛奶树、岩石栎、反白树、李树

非常大（收缩19.10—22.79）

樱之一种、桃树、枇杷、台氏假参、水丝梨、葛氏山茶、猫儿屎、小丁木、多形无花果、绿叶冬青

极大（收缩22.80以上）

麻栎

（原载《中华农学会报》一七一期，一九四一年）

竹材之物理性质及力学性质初步试验报告*

一、绪　　论

竹类分布于全世界者，计共三十余属，二百余种，亚洲为其主产地，占有一百五十余种；由印度、马来诸岛及中国，迄于北方日本之千岛皆产之。产于中国者，计有六属，四川所产之种甚夥。竹材之利用，随各种材性而异趣。其一般性质为干材通直，中空而轻，富有割裂性；且富有韧性、弹力、抗压力等；收缩率小，鲜有因干湿而伸缩者。此等特性，极便于种种利用。兹按利用之性质而分类，以窥其效用之一般。

1.利用其割裂性者：提灯之络、席、篷、梳、栉、扇骨、笼、筑、竹箱、帘、伞骨等。

2.利用其弹力者：弓、钓竿等。

3.利用其抗弯力者：屋椽、梯、晒竿、担架、滑竿等。

4.利用其纵向抗压力者：建筑物支柱、床柱、机脚、手杖等。

5.利用其抗张力者：纤藤、竹绳等。

6.利用其中空者：箫、笛、水管等。

以上所举，为其效用之较著者。至于台湾，及其它东亚热带诸岛，凡柱、担、床、壁、椅、几、桶、勺以及其它日常用品，几无一非竹。故竹材之用途，实不亚于木材。而竹材特殊性质之

* 本文为与周光荣合著。——编者

利用，如纤藤、竹绳、水管等，非木材所可胜任。然竹材之用途虽广，而利用之种类，悉传自古昔；各种竹材之特性，亦凭诸经验，殊无科学之研究。抗战以来，各种材料缺乏，各方欲采用竹材，作数种特殊用途，如作新式桥梁之吊索，新式建筑物之支柱，自来水管，代替水泥之钢筋，盐井用取卤之桶索，以及数种兵工器材；此外尚有人建议，用竹制飞机用之层板。然竹材之物理性方面；如含水量、比重、收缩等，及力学性质方面：如静力弯曲、抗压强、抗剪强、抗张强、劈裂性等，皆有试验之必要矣。不然，材料而无数字之根据，则经济上、安全上毫无凭借，工程界不敢谬然从事。于是，一方面材料不能发挥其新效能，他方面各种企业与建筑，又将因原来材料缺乏而无适当代用品而趋于停顿，殊为可惜。本所林产利用组有鉴于此，特与中央大学合作，先就川产主要竹材——楠竹（Phyllostachys edulis)、水竹（Bambusa nana）与慈竹(Sinocalamus offinis)作数种重要之物理性质与力学性质之初步试验，计自民国三十年十月起，作楠竹与慈竹之含水量、比重与收缩三种试验，自三十一年一月起，作楠竹纵向抗压强，水竹与慈竹抗张强之测定。楠竹干材直径约三、四寸，较他种竹材为粗，故试验其抗压强，以期应用于兵工建筑等工程，代替支柱及自来水管之用。而慈竹与水竹则为普通编制竹绳、纤藤之用，故特检定其抗张强，视其可否适用于吊桥工程，盐井取卤工程，作钢索之代用品。至少，试验结果明了以后，可以供普通一般用途之参考也。兹值初步试验告一段落之时，先为发表，以就政于有道焉。

二、竹材之物理性

（一）试验项目

1.含水量之测定：

水分存于竹材之处有三：(1)在有生活机能细胞之原形质内；(2)在细胞腔中；(3)在细胞壁内。竹材内所含水分之重量，占竹材全干重量之百分率为竹材之含水量。含水量之大小，与竹材之比重、重量、强度、硬度、收缩、膨胀、导热、导电、保存性、燃烧力、油漆附着、胶合能力、液体渗透等性质，均有甚大之关系，故在利用上不容忽视。

含水量表示方法有二：(1)以含水竹材重量为基础算出其百分率，即含水竹材总重量中，含有若干重量之水分，以百分数表示之，此法通称对生材或气干材之百分率。(2)以全干材重量为基础，算出其百分率，即全干材一百份中含水若干份也。此法称对全干材之百分率。竹材中之含水量，随时随地皆有变化，故以生材或气干材重量为基础算出之含水量，不如以全干材重量为基础算出者之稳定。本试验所测定之含水量，即系对全干材之百分率。

含水量测定之方法，为就竹材各节中，切取长2cm之试体。称其生材重量 W_g，置于电炉中，使其温度保持100—105℃，烘干之，至重量不变时，称其炉干重 W_o，由二者重量之差，计算其含水量。

$$\frac{\text{生材重量 } W_g - \text{全干材重量 } W_o}{\text{全干材重量 } W_o} \times 100 = \begin{matrix}\text{从全干材重量算}\\ \text{出之含水百分率}\end{matrix}$$

2.比重之测定：

某物体一定体积之重量与等体积水之重量之比，谓之该物体之比重。每块竹材之体积受其所吸入水分之影响甚大。当竹材全干时，其密度最大（即单位体积内含有最多之竹质也)，其比重最小（由生材体积与全干材重量测定之比重)。

竹材比重之测定方式有二：(1)从竹材实质重量算出；(2)从竹材体积算出。实质比重之测定，先将竹材碎为极细粉末，去其水分，用比重瓶测定之。惟本试验未作此种测定。体积比重测定法，为将竹材浸于水，测定其体积而计算之。

习惯上竹材比重之记载与计算有四种：

（1）生材状态之比重（D_g），

$$D_g = \frac{生材重量（W_g）}{生材体积（V_g）}$$

（2）全干材状态之比重（D_o）

$$D_o = \frac{全干材重量（W_o）}{全干材体积（V_o）}$$

（3）体积在生材状态，重量为全干材时之比重（D_{go}），

$$D_{go} = \frac{全干材重量（W_o）}{生材体积（V_g）}$$

（4）气干材状态时之比重（D_a），

$$D_a = \frac{气干材重量（W_a）}{气干材体积（V_o）}$$

以上四种比重中，以第三种比重，即体积在生材状态、重量为全干时之比重（D_{go}）最为重要。盖全干材之重量与生材之体积，均为不易变更之常数量。由此所求得之比重，亦较他种者为稳定也。此种比重称基本比重，即本试验所测定者。

测定之法，从竹材各节中，切取一小试体，用浸水测积法，测定其生材体积后，置于电炉中，烘至重量不变为止，称其全干材重。以生材体积 cc 除全干材重量 g，得基本比重。

3.收缩之测定：

竹材本身，非为等质体。构成竹材之细胞有大小，胞壁有厚薄，细胞之排列，又不能均匀分布。各部组织既不同，则收缩自不能均匀。收缩不均，则竹材易于变形，易于破裂，如反翘、干

裂等。此种弊病，在利用上极感困难。故竹材容积上之变化，于利用上有甚大之关系也。

竹材收缩性之检定，可分下列六项：

（1）径向收缩………………………………………… R%

（2）弦向收缩………………………………………… T%

（3）纵向收缩………………………………………… L%

（4）体积收缩………………………………………… V_s%

（5）外圆周收缩……………………………………… C_o%

（6）内圆周收缩……………………………………… C_i%

测定之方法：径向、弦向及纵向三种收缩之测定，先用测微计沿生材试材之径向、弦向及纵向各测其长度（图1）。放试材入电炉烘至全干后，再测定其径向、弦向及纵向之长度。由前后长度之差，各计算其收缩率。体积收缩率，乃先以浸水测积法测定试材之生材体积。炉干后，在试材外表涂以石蜡，再以浸水测积，测定试材之炉干材体积。由二者体积之差，测定体积收缩率。圆周收缩率，用测微计测定其生材与全干材之径之差而计算之。

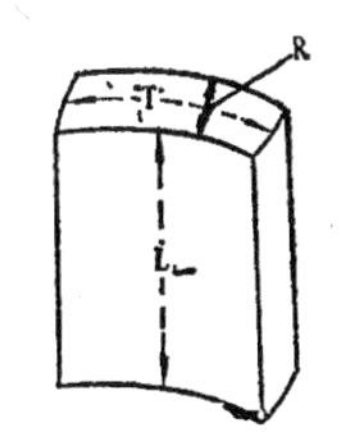

图1　试材之三向长度

R.径向长度　T.弦向长度　L.纵向长度

计算公式如下：

（1）径向收缩R%

$$R\% = \frac{\text{生材径向长度}(R_g) - \text{全干材径向长度}(R_o)}{\text{生材径向长度}(R_g)} \times 100$$

（2）弦向收缩T%

$$T\% = \frac{\text{生材弦向长度}(T_g) - \text{全干材弦向长度}(T_o)}{\text{生材弦向长度}(T_g)} \times 100$$

（3）纵向收缩L%

$$L\% = \frac{\text{生材纵向长度}(L_g) - \text{全干材纵向长度}(L_o)}{\text{生材纵向长度}L_g} \times 100$$

（4）体积收缩$V_s\%$

$$V_s\% = \frac{\text{生材体积}(V_g) - \text{全干材体积}(V_o)}{\text{生材体积}(V_g)} \times 100$$

（5）外圆周收缩$C_o\%$

$$C_o\% = \frac{\text{生材外圆周直径}(D_g) - \text{全干材外圆周直径}(D_o)}{\text{生材外圆周直径}(D_g)} \times 100$$

（6）内圆周收缩$C_i\%$

$$C_i\% = \frac{\text{生材内圆周直径}(d_g) - \text{全干材内圆周直径}(d_o)}{\text{生材内圆周直径}(d_g)} \times 100$$

（二）试验结果

1.慈竹之含水量＝60±10%，即70%—50%

2.慈竹之基本比重（生材体积、全干材重量）＝0.75±0.05

3.慈竹之收缩率：

$R\% = 4.0 \pm 0.5\%$（R为径向收缩）

$T\% = 5.0 \pm 0.5\%$（T为弦向收缩）

$V_s\% = 1.0 \pm 0.5\%$（V_s为体积收缩）

$C_i\% = 5.0 \pm 0.5\%$（C_i为内圆周收缩）

$C_o\% = 5.0 \pm 0.5\%$（C_o为外圆周收缩）

4.楠竹之含水量＝70±10%

5.楠竹之比重＝0.65±0.05

6.楠竹之收缩率：

$R\% = 4.0 \pm 0.5\%$

$$T\% = 7.5 \pm 0.5\%$$
$$L\% = 0.15\%$$
$$V_s\% = 10\%$$

三、竹材之力学性质

力学性质即机械性质，或称强性。竹材之力学性质，一如木材，包括抗张强度、抗压强度、抗弯强度、抗剪强度、抗扭强度、刚度、硬度与劈裂性等项。

影响竹材强度之因子，可分竹节、瑕疵与瑕疵外之因子三项述之。

1.竹节：竹材之节，为构成干材之一分子，不能以瑕疵目之。然节之构造，较节间干材显为不同，其力学性质自亦有异。以本试验所得结果而论，带节竹材之纵向抗压强即较不带节者为大。故不可不加以注意。

2.瑕疵：竹材之瑕疵较木材为少。例如节疤，在木材素见不鲜，而在竹材则罕见。又竹材纹理通直，鲜有斜纹理之弊。故仅须注意干裂、腐败、伤与虫孔等瑕疵而已足。就一般言之，选择无疵竹材以供试验，实远较选择无疵木材为易。

3.瑕疵外之因子：瑕疵以外，影响竹材力学性质之因子之最重要者为比重与含水量两项。大概强度之大小与比重成正比，而与含水量成反比。至比重差若干倍时，各种强度应相差若干倍；或在纤维饱和点以下，含水量每增减1%，各种强度百分率，减增若干，凡此种种，在木材则有文献可考，而在竹材，则尚待试验。本试验对此点虽毫无凭借，而从试验本身，亦可略观其间之关系也。

竹材力学性质须待测定之项目，有如上述，惟因时间关系，仅择其于竹材利用上亟须明了者试验两种，即：

（1）竹材之纵向抗压强；

（2）竹材之纵向抗张强。

欧美各国材料试验室，尚未有从事竹材试验者，故试材之大小，荷重之多少，加力之速度，皆漫无根据；且试验机亦不尽适用于测定竹材，故一切方式，一切设计，均自此次初步试验为始，疏忽简陋之处自多。幸竹材各细胞分子之排列、大小，较木材远为均匀，是以所得结果，差异尚小，或不致有大谬误也。

（一）试验方法：

应用中央大学材料试验室所备之20吨Amsler材料试验机，自行制定试验方式及试验标准，分别检定竹材之抗压强度及抗张（拉）强度。

1.竹材抗压强度之测定：

楠竹纵向抗压强之测定：

压力之方向与竹材纹理平行者，为纵向压缩。竹材对于此种压缩之最大抵抗力为纵向抗压强。如建筑物之支柱，其一例也。支柱之长度与横断面积相差过巨时，往往在破绽尚未发生以前，先发生弯曲，故试验时以短柱试材试验所需之值为：（1）最大抗压强度，以荷重所分布之横断面积除最大荷重之商表示之，由此知逐渐加压下短柱之能力。（2）弹性限界之纤维应力。

试材长度之决定：从楠竹根部向上截取短柱试材，计分4英寸、6英寸、8英寸、10英寸、12英寸等之不同长度试验其试材因长度不同而起之变异；并观察试材带节与不带节之强度分别。结果，知试材之长度在4英寸与6英寸与8英寸之范围内，对于其抗压强度无甚大影响。因此，为欲求其长度与断面积之比相去不远起见，遂决定以4英寸为本试验试材长度之标准。于检定试材强度前，先测其重量与断面积。断面积之测定：竹材断面形状变异甚大，测定难期精确。本试验为精确计，于竹材断面上涂蓝色印墨，印于平滑光洁之白纸上，再用测积计测定其面积，以免有计算上之差误。本试验所用之试材，其含水量大半在40—65%之间，即在纤维饱和点以上，可作竹材生材抗压强之测定。其强度之大小仅正比于比重，而与含水量之多寡无关。小部试材之含水量在30%以下，即在纤维饱和点以下，为竹材气干材抗压强之测定。其强度之差异，除比重外，尚有含水量之影响。测验举行时，荷重以每分钟0.24英寸之速度下降。同时以测压计测定其压缩量，用以计算弹性限界之纤维应力。

2.竹材抗张强度之测定：

（1）水竹抗张强之测定：

抱持竹之两端，纵向引伸，则竹材发生张（拉）力。竹材之纵向张力在各种强度中为最大。此项纵向抗张强度之大小，视纤维强度之大小而定，而为各种竹材分子之性质、大小，与排列所影响。惟此项强度甚难试验，因竹材应剪力远小于纵向应张力，试材在被拉断之前，其受力之端先被剪断也。本试验为克服上述之困难，且为适合实际应用起见，以市场上出售用为编物之篾条（四川土名）为试材。此种试材宽0.7cm，厚0.1cm，长50cm（图2），试验时将试材两端卷紧，以铁钳钳紧于试验机之把手上（图3），以每分钟6.25mm之速度加力拉之，检定其最大抗张强。计此种试材可容受170—230kg之荷重。试材拉断后，于每一试材上均切取长一英尺之一定长度试材，衡其重量。由其重量、比重与长度，计算其横断面积。用断面积除最大荷重，以求得最大抗张强。

（2）慈竹竹绳抗张强之测定：

本试验所用之试材，即市场上出售之竹绳，为由慈竹之上竹边所编成者，其直径约0.8cm。本试验所采用方式及试材长度

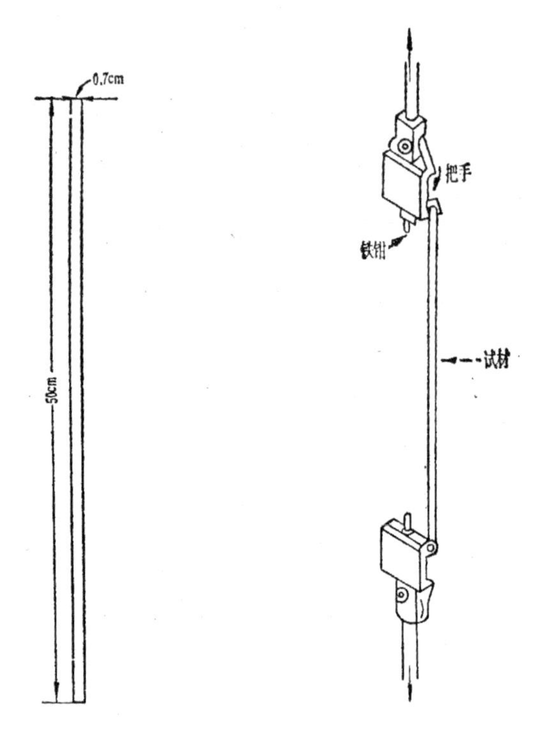

图 2　水竹竹篾试材大小　　　　图 3　水竹竹篾试材装置

与水竹抗张强之测定同。此种试材可容受 200—280kg 之荷重。其计算方式亦系于每试材截取一英尺长之试材，衡其重量，由其重量、比重与长度，计算其受力之断面积。再由此受力面积与最大荷重，计算其最大抗张强。其试材之形状如图 4。

（3）慈竹抗张强之测定：

本试验所采试材，为市场上出售作拉船用之纤藤。此纤藤由 5—10根慈竹“竹边”编扭而成，其直径约 1.5cm。试验方式为切取 4 m 长之试材，绕于试验机之吊床上。吊床中间放一铁柱，使试材两端各结成一圈套，套于铁柱上。试材端头用绳捆紧，更夹以木制之夹板，以铁钳钳牢之。试材中间部分套入于一固定不动之木制弧形圆板之绳槽中。吊床之两端，亦各装以带绳槽之弧形圆木板，使试材套于其中。试材装妥后，开动机器，使吊床以每分钟6.25mm之速率向上提升，而测定其最大荷重。此种试材可容受1040—1270 kg之荷重。其计算方式，亦由一定长度之试材之重量与比重，测其受力面积，用以计算单位面积上所受之最大抗张力。试验之方法如图5。

图4　慈竹竹绳

（二）试验结果：试验结果见表一与表二。

（三）结论：由以上两表观察，得以下之结论：

1.楠竹生材抗压强之大，木材几不能与之比拟。按楠竹纵向抗压时之弹性限界纤维应力为4850 lb/in²，最大抗压强度为7840 lb/in²，以此数值与美国各种木材之纵向抗压强相比较，仅Iron wood(Krugiodendron ferreum)与之相近。盖Ironwood生材之弹性限界纤维应力为5660 lb/in²，虽较楠竹为稍大，而其生材之最大抗压强度则为7570 lb/in²，逊于楠竹矣。

2.楠竹生材纵向抗压强与中央林业实验所及中央大学森林化学室所作木材之纵向抗压强相比较，则楠竹生材约大于杉木气干材一倍，大于冷杉气干材40%（杉木、冷杉之力学性质试验尚未发表）。

3.楠竹之纵向抗压强，当比重相同时，其生材带节者约大于不带节者12%，大于气干材不带节者6%。

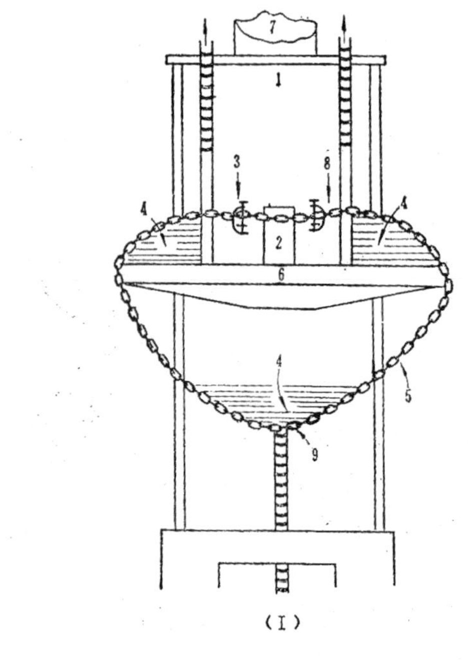

（Ⅰ）

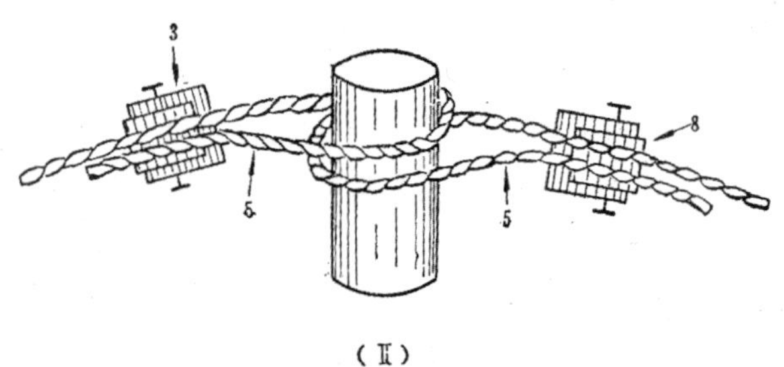

（Ⅱ）

图 5　慈竹抗张强度之试验方式

Ⅰ.试验装置

1.横头　2.铁柱　3.铁钳　4.弧形木板　5.纤藤　6.吊床　7.唧子

8.木夹板　9.绳槽

Ⅱ.Ⅰ图之一部

4.慈竹纤藤之抗张强（22500 lb/in²）约为慈竹竹绳（12830 lb/in²）之二倍。竹绳抗张强之所以较小者，或因其于制作时经较细之撕裂，与强力之搓扭，而丧失其各竹材分子间亲和力之所致也。

5.普通市场上出售之纤藤约可受1040—1270kg或2280—2790 lb之最大荷重。慈竹竹绳可容受200—280kg，或440—620 lb之最大荷重。

6.水竹之抗张强较慈竹者为小。水竹篾条可容受170—230kg或370—500 lb最大荷重。

7.试材含水量每增（减）1%时，慈竹抗张强约减（增）3%；水竹抗张强约减（增）4%。

表一　楠竹纵向抗压强

试材与其位置之符号	含水量 %	比　重	每立方英尺之重量 (lb)	纵向抗压强lb/in²	
				弹性限界之纤维应力	最大抗压强度
2-2-38	21.8	0.604	69.3	—	8500*
2-2-36	63.5	0.632	67.4	5040	8790*
2-2-23	63.9	0.643	72.4	5450	8000*
2-2-16	55.6	0.644	83.0	5240	8140*
2-2-9	62.3	0.60	82.0	3640	7590*
2-2-29	62.6	0.650	73.8	—	8200*
2-2-21	64.7	0.652	76.9	—	8060*
2-2-35	48.1	0.655	74.8	—	8300*
2-2-26	50.0	0.671	71.6	5850	8120*
2-2-13	64.4	0.680	101.5	—	9780*
平　均	55.7	0.648	77.3	5044	8348*
2-2-1	25.4	0.554	72.5	—	6960Δ
2-2-10	28.6	0.619	61.6	3840	7410Δ
2-2-11	25.6	0.627	75.7	4660	7770Δ
2-2-30	27.2	0.653	58.5	—	7940Δ
2-2-25	23.2	0.656	59.1	4440	7870Δ
2-2-32	18.0	0.665	68.1	5000	7770Δ
平　均	24.7	0.629	65.9	4470	7621Δ
2-2-3	74.1	0.616	71.6	4580	6850*
2-2-20	43.0	0.628	58.1	4550	7540*

(续)

试材与其位置之符号	含水量 %	比重	每立方英尺之重量(lb)	纵向抗压强lb/in²	
				弹性限界之纤维应力	最大抗压强度
2-2-4	61.7	0.633	50.2	5760	7630*
2-2-22	65.4	0.657	62.4	4220	7310*
2-2-18	56.9	0.658	71.2	4490	7570*
2-2-12	51.0	0.667	62.4	5520	7550*
2-2-27	58.3	0.672	66.2	—	7940*
2-2-17	55.4	0.679	67.4	—	7840*
2-2-5	49.5	0.680	71.8	5840	7960*
2-2-7	49.5	0.692	71.8	3660	7370*
8-2-33	39.0	0.704	56.0	5700	8050*
平均	54.9	0.662	64.5	4920	7510
总平均	49.1	0.631	69.5	4850	7840

附注：1. *生材试材带节，△气干试材不带节，•生材试材不带节。

2. 每立方英尺之重量系依生材算出。

表二 竹材纵向抗张(拉)强

学名	中名	试验号目	含水量%	比重	抗张(拉)强度 lb/in²
Bambusa nana	*水竹	1	12	0.75	10970
		2	13	0.75	12070
		3	13	0.75	9740
		4	12	0.75	10960
		5	14	0.75	8750
		6	14	0.75	11100
		7	14	0.75	10520
		8	13	0.75	10990
		平均	13.125	0.75	10630
Sinocalamus offinis	△慈竹	1	40—50	0.75	13500
		2	40—50	0.75	10250
		3	40—50	0.75	12730
		4	40—50	0.75	14500

(续)

学　　名	中　名	试验号目	含水量%	比　重	抗张拉强度 lb/in²
Sinocalamus offinis	•慈　竹	5	40—50	0.75	14350
		6	40—50	0.75	12730
		7	40—50	0.75	12500
		8	40—50	0.75	11300
		9	40—50	0.75	13500
		平　均	40—50	0.75	12830
		1	12.9	0.75	22400
		2	12.7	0.75	19350
		3	12.0	0.75	21600
		4	12.3	0.75	24900
		5	14.0	0.75	20150
		6	11.0	0.75	24000
		7	13.2	0.75	25800
		8	13.5	0.75	20600
		9	13.7	0.75	22800
		平　均	12.411	0.75	22500

附注：1.比重系以生材体积除全干材重量算出。

2.*试材为水竹篾条，△试材为慈竹制竹绳，•试材为慈竹制纤藤。

摘　　要

楠竹、慈竹与水竹为四川重要竹材，前者直径约3—4英寸。较后两者为粗，有时充建筑之用，故试验其抗压强。后两者可以搓成粗绳，作拉纤及绳桥之用，故试验其抗拉强。至于物理性质如含水量、比重与收缩，则就楠竹与慈竹试验。

物理性质之试验结果：（1）关于慈竹者：含水量＝60±10%，即最小50%，最大70%，平均60%；基本比重（生材体积，全干材重量）＝0.75±0.05；收缩分下列数项：R＝4.0±0.5%，T＝5.0±0.5%，V_s＝10±0.5%，C_i＝5.0±0.5%，C_o＝5.0±0.5%。

（2）关于楠竹者：含水量＝70±10%；基本比重＝0.65±0.05；收缩，$R = 4.0 \pm 0.5\%$，$T = 7.5 \pm 0.5\%$，$L = 0.15\%$，$V_s = 10\%$。

力学性质之试验结果：

（1）楠竹之生材，其纵向抗压强之大，木材几不能与之比拟。据试验，楠竹纵向抗压时之弹性限界纤维应力为4850 lb/in²，其最大抗压强度为7840 lb/in²；以此数值与美国各种木材之纵向抗压强相比较，仅Iron wood与之相似（Iron wood弹性限界的纤维应力为5660 lb/in²，其最大抗压强度为7570 lb/in²）。

（2）楠竹生材纵向抗压强与著者所作试验之木材纵向抗压强相较，则楠竹生材大于杉木气干材一倍，大于冷杉气干材40%。

（3）楠竹之纵向抗压强，当比重相同时，其带节之生材大于不带节者约12%，大于不带节之气干材者6%。

（4）慈竹所制之纤藤之抗张强较慈竹竹绳者约大二倍（前者平均22500 lb/in²，后者平均12830 lb/in²）。

（5）市场出售之纤藤，约可受2280—2790 lb之最大荷重，慈竹竹绳可受440—620 lb。

（6）水竹之抗张强较慈竹者为小。水竹篾条可受370—500 lb之最大荷重。

（7）试材含水量每增加（减少）1%时，慈竹抗张强约减少（或增加）3%，水竹抗张强约减少（或增加）4%。

（原载《林学》三卷一期，一九四四年）

《林钟》复刊词*

不怕林钟碌碌无名，只怕林钟寂寂无声；

宁可林钟百击而不灵，不可林钟经年而不鸣。

这几句话假使是对的，那末，林钟今日的复刊，也自有它的重大意义。

林钟不是新造的，可是也不十分古，抗战以后，本校迁渝，松林坡上就创立了《林钟》。当时是一种壁报，张贴在森林系门口，声并不宏，音并不亮，调也并不高，同人等切磋琢磨，以此为交换知识的工具而已，同时，也作为鼓吹林业的号角。而发行不到数期，不知不觉地停止了。在这种不景气的年头，阴阳怪气的环境里，万象萧条，百业萎靡，什么事都不上轨道，什么东西都寿命不长，许多工厂关了门，许多煤矿歇了业，桐林破坏了，蔗田废弃了，钢铁过剩没人要，霉布没人管，整个国家一团糟，还说什么林业?说什么林钟?

森林，是向来没有人过问的。这，怪不得社会，怪不得政府，怪它自己不争气。它不能一本万利，效不速，利不大，不适应囤积者的需要，不满足投机家的欲望，更不能迎合大人先生的心理。优胜劣败，天演公理，试问：林钟有什么办法、什么力量把它扶起来，教它和黄金、美钞、古巴皮鞋、巴西橡皮去争雄呢?

诚然，木材是人类生活上必不可少的东西，可是，中国人却

* 《林钟》系前国立中央大学农学院森林系办的刊物，抗日战争期间在重庆创刊。原为壁报，不久即停刊。一九四六年复刊，改为铅印本。——编者

感觉不到那么紧要。分明战后木材来源断绝，一声复员，到处屋荒，而美利坚合众国一万所木造房屋救济中国的福音忽从天外飞来，天无绝人之路，急切的大量需要的建筑材尚且如此。此外，枕木、电杆、船舶、家具、农具、纸浆、土木材料，甚至死人用的棺材，在战前已或多或少地仰仗海外，胜利后忝列五强，外交顺利，更属咄嗟立办。外国有的是木料，而且比中国好，而且运输快，何乐而不借助呢？让山地荒废了吧，让树林伐光了吧，今天不是植树节，今天不是造林运动，大惊小怪地打林钟，干吗？况且林钟声不宏，音不亮，调不高，比到植树典礼讲坛上那些党国要人们的演说的那股劲儿怎么样？车如流水马如龙，党国要人们，年年三月十二日，站在五光十色的标语中间、花枝招展的彩牌底下，用漂亮的词句和严肃的态度，不厌不倦地训话，训了十多年，天苍苍，水茫茫，万山依旧荒，而且荒得更甚了。林钟有什么更好的办法？

然而我们——林人，提起精神来，鼓起勇气来，挺起胸膛来，举起手，拿起锤子来，打钟！打林钟！林钟是我们的晨钟，林钟是我们的警钟，要打得准，打得猛，打得紧。唤起社会，觉醒政府，警告脑满肠肥、醉生梦死的人们：要自觉、自立、自主，不专靠外国的金钱、物质和各种各样援助。中国地广人众，外国帮助不了的，即使帮助得了，我们连生人的房屋和死人的棺材都用外国货，是滑稽，是耻辱，是没出息，是奴隶性。要晓得，依赖也有一定的程度啊。

何况林不茂，则水不利，风不调，雨不顺。假使让山林再荒下去，不单是水灾旱魃，进一步，恐怕全中国要变成沙漠了。甘肃油矿附近地方过着什么生活，成了什么情形？这是一个可怕的例子。别的国家，譬如苏联吧，正在高唱人类征服自然，把旧时的沙漠努力改成绿地。而中国却制造了，并且还在制造着杀人的沙漠。试问：现在我们没有木材，固然等着外国人送极摩登、极美丽、极精巧的木造洋房来住，将来中国万一变成沙漠，难道大家可以仿效秦始皇时代的五百童男五百童女渡海放洋到外国去住家吗？

起来，不愿做奴隶的人们！口有舌，何不说？手有笔，何不写？几千万种苦闷不要压在肚里。痛痛快快拿到林钟面前来！它是我们最忠实的朋友。林政怎样腐败，如何整顿；林业怎样凋零，如何振兴；林学怎样颓废，如何发扬；林政、林业、林学对国家前途有什么影响？赶快告诉它，它会替我们呐喊的。

林人们！家禽莫如鸡，鸡司晨；野鸟莫如鸠，鸠催耕。它们多么至诚，多么天真，能唤醒世人，能鼓舞农民。难道我们不能和它们共鸣？打钟！打钟！我们的责任在山林。

一击不效再击，再击不效三击，三击不效，十百千万击。少年打钟打到壮，壮年打钟打到老，老年打钟打到死，死了，还靠徒弟徒子徒孙打下去。林人们！要打得准，打得猛，打得紧！一直打到黄河流碧水，赤地变青山，才对得起自己，对得起林钟！

一九四六年元旦于松林坡

（原载《林钟》复刊号，一九四六年）

科学和政治

科学离不开政治

科学离不开政治，政治好比土壤，科学好比植物，植物得土壤之力才生长，科学得政治之力才发扬。因为，科学需要设备，需要图书，需要各种资料，费用浩大，必须在一个眼光远大的政府之下，才扶植得起来。当然，科学种类不同，有的也并不是完全依赖政府，然而我们总没有理由否认它的关系。

中国科学工作者为什么不喜欢谈政治？

政治既然笼罩着科学，科学工作者为什么不喜欢谈政治？这大概有下列几个原因：

第一，在中国有机会研究科学的人，大都是小资产阶级知识分子。知识分子是承袭从前所谓士大夫的衣钵的，士大夫之卑鄙龌龊者姑且不谈，高尚的士大夫，传统上带些名士气，带些隐士风'学庄子，学老子，学仙，学道，学佛，羡慕太古，憧憬原始社会。这种思想，发展到东晋，竟成了普遍流行的风气，不单是在野的书生，就是在朝的官吏，也鄙视政治，一味清谈，不如此，似乎算不得“江左名流”。之后，历代相传，凡不满现实而有骨格的士大夫，都想遗世独立，想做隐士，想到桃花源去。现代的知识阶级，既然是由士大夫一脉相传而来，那末，洁身自好之士，在乱世当然嫌政府肮脏。章太炎先生从前把政府比厕所，说是不可相迩，但是他说，厕所里的人粪尿，肥田倒是有功用的。今天有些知识分子，顾不得太炎先生下半截的话，而做到他上半截的话，大家不屑（没有兴趣）谈政治。

第二，科学不是容易了解的东西，中国之有科学，说得远点，从明末就开始的，直到现在为止，不知有多少人埋头窗下，苦干了一生，然而有成绩者不多，卓然成家者更少。一方面，科学和政治又分开两条路线，既要研究科学，又要问政治，人生精力有限，谈何容易？

在外国，有许多著名科学家，非但不问国事，连家事，甚而至于连普通的人事都模糊不清，他们智慧发展到了极点，傻也傻到了极点。德国有一个嘲笑学者的混名，叫做“德意志教授”，翻成中国俗话，就是书呆子，可是，这个混名不是送给寻常人的，要有高深学问的人才当得起。日本也有这种傻子，某数学家一面读书，一面烧水，预备煮鸡蛋的，偶尔不经心，把表投入开水，直到揭开锅盖要吃时才发觉。还有一位植物生理学家，叫池田成一郎，傍晚从大学回家，忽然在路边和电杆一碰，他赶快说：“对不起”，其时他的助教在后面，赶快走上前去，问他有没有受伤，他说：“原来是你，还好还好，碰到别人身上可太不象样”。中国科学工作者中这一类恐怕也不少，他们精神集中在科学，不暇（没有工夫）谈政治。

第三，高谈国事，批判当朝人物，是士大夫所忌的，尤其是在乱世，危险万分，必须谨慎。谨慎到怎样程度才算得到家呢？举一个例：宋哲宗时有个吕公著，接见甲乙两客，甲指责某官，说他家的家规不好，吕不答，甲惭愧告退。乙客说，刚才甲客讲人坏话，真可恶，吕又不答，乙惭愧告退。后来，吕的子弟问，甲乙两客孰是孰非，吕仍不答。这是一个怕惹是非的人的最好例子。本来，读书人应该明是非，辨善恶的，到了后来，“是非”成为“闯祸”的代名词。古代如此，近代也如此。前清末年，直到袁世凯统治时代，北京茶馆、酒店曾经张贴“莫谈国事”的纸条。之后，花样越出越多，越翻越新，越来越妙，你要谈政治吗？给你一点颜色看看！凶险的事，我们且不谈了，谈谈最文明、最客气、最温和的办法吧：教员解聘，学生除名，工人解雇，公务人员停职，“帽子”满天飞，多于“飞盘”，落在谁头上，就是谁倒霉。科学工作者尝到味道了，明哲保身，不敢（没有胆量）谈政治。

科学工作者逃避政治，政治却紧跟着科学工作者

大家不屑，或不暇，或不敢问政治，政治不是与科学会绝缘吗？不，科学工作者想逃避政治，政治却时时刻刻紧跟着科学工作者不放。它渗透到科学界的每一个角落，每一个人，甚至每一人的每一根毫毛，正象土壤水渗透到植物的每一个细胞一样。植物是很聪明的，它需要土壤水，就把根向有土的地方伸张和发展，而且能够把根须钻入岩缝里，分泌酸液，将岩石慢慢分解，改变成土，吸收养料，以维持生命。人类的智慧、才能和魄力当然比植物伟大得多，科学工作者为什么不过问政治，讨论政治，必要时改造政治，改造到它适合于科学的需要呢？

怎样的政治才适合于科学？

要教政治适合于科学，必须反对封建。封建制度之下，科学绝对不能发达。如所周知，科学是到了封建制度没落、资本主义勃兴时代才发展起来的。当时，欧洲某些国家的资产阶级打倒了

封建主，夺取政权，施行产业革命，由手工业改进到机器，由农业国改进到工业国，他们需要生产，需要赢利，需要技术，需要科学，科学于是一日千里，有长足的进步。这，决不是保守的、落伍的、腐朽的封建主所能做到的。当然，吾们不能否认：较为开明的封建主，也有热心提倡科学的。例如，俄国彼得大帝，大刀阔斧，打开了"欧洲之窗"，输入科学，革新交通、海陆军和轻重工业，成绩颇为可观。然而，这不过是一时的现象，改一代，换一帝，又停止或倒退了。不是么？到一九一七年沙皇失国时为止，俄国在欧洲还不是一个科学落伍的国家吗？所以说，封建不适于科学。

还有，同一时代，举行同一事业，在资本主义国家成为进步性的、有利的，而出于封建主之手，则变成退步的、有害的。例如，明朝永乐年间，三保太监郑和下西洋，率领了两万七千八百多军士，分乘了六十二艘宝船，足迹所至，有泰国，越南，马来群岛，爪哇，加里曼丹，苏门答腊，斯里兰卡，印度，阿拉伯，红海，非洲，从一四〇五到一四三三年，前后航海七次，招谕了三十多国，此种举动，比起曾国藩、张之洞辈提倡西学、购买洋枪洋炮来，真是大巫对小巫，高明了千百倍，然而同欧洲人一比，惭愧多了。当时，葡萄牙人也正开始了海上活动，继续航行数十年，开辟了欧亚交通的大航路，和永乐一比，事业相同，时代又相同，然而性质相异，故结局相异。欧洲人航海，是适应了资本发展的需要，含有进步意义，对国家有利的；而郑和的航海，主要是为满足永乐皇帝"万里朝贡"的虚荣心，他所得的珠子、宝贝、奇禽、异兽、香料、药品，仅供一人一家的享受，却消耗了无限量的民脂民膏，于国家有损无益。所以永乐死后，朝臣（刘大夏）等群起反对，海上活动停止。由此可见，封建和科学是背道而驰的。

封建政治为什么不适合于科学？

科学是封建制度进步到资本主义时代的产物。是的，科学是跟着资本主义而来的。可是，吾们还要进一步问：为什么资本主义能发展科学，而封建不能？为什么资本主义国家能发展产业，而封建国家不能？因为，资本主义国家比封建国家民主！吾们与其说科学随资本主义而产生，倒不如说科学随民主而产生较为妥当。不然的话，二十世纪以后，资本主义没落，改变到社会主义，如果说，科学完全因资本主义产生而产生，那末，科学岂不是要因资本主义衰落而衰落吗？不是的，事情恰恰相反，中英科学合作馆李约瑟氏曾说过："资本主义改变到社会主义，科学只有进，没有退。"他把铁一般的事实作证。他说："苏联研究经费占国家总预算百分之一，美国的占千分之一，英国的占万分之一。"并且，据一般人说，英国经过一百几十年发展了的产业，苏联只消二十多年已赶上了。所以吾们还可以说：资本主义改变到社会主义，科学非但会进步，而且进步得更快。

这里头，可以看出历史发展的因果律来。封建国家不民主；资本主义国家比较民主，然而还限于少数人的；社会主义国家则真是绝大多数人的民主。这是因。结果呢？封建国家科学不发达；资本主义国家科学发达；而社会主义国家则科学更发达，而且发达得更快。这是果。

结论是要民主！

由此可见，民主是科学的土壤，民主是科学的肥料，民主是科学的温床。人民自决自主，自己管理政治，势必，人人有权利受教育，人人有机会求知识，人人有功夫学科学，而科学亦为人人谋福利，为人人改善生活。试问，科学焉得不发达？所以，吾们需要幸福，需要科学，便不得不需要民主。至于落伍的封建制度呢？对不起，吾们实在不需要这个坏东西！

（原载《科学工作者》创刊号，一九四八年）

台湾林业视察后之管见*

一、引　　言

台湾，一岛也。台湾狭长岛屿除36%平原外，皆树海也。吾人涉足台湾山林，犹以一叶扁舟入大海，茫洋万里，莫测端倪，目力之所及，能有几何？况自问才能薄弱，视察时间又甚短，管窥之见，何足向当局建议？然诗不云乎："伐木丁丁，鸟鸣嘤嘤"，"嘤其鸣矣！求其友声"，吾人跋涉千里，在群山万壑间，闻丁丁之声，而作嘤嘤之鸣，亦欲出愚者之一得，与林界同人共探讨耳。耳之于声，本有同听；口之于音，何妨共鸣。明知台省林界两年来条陈意见之书汗牛而充栋，吾人草此管见，初无心得，亦不过老生常谈而已。然河海不捐细流，涓滴之水，与汪洋万顷之波同流而成浪、成潮、成音，其为大海之所不拒乎？

二、台湾森林资源问题

台湾本为原生林区，自1680年以来，人口增加，工业发达，除海拔2000米以上尚有原始森林外，其余殆经滥伐；而现在原生林与次生林面积广袤，立木蓄积、生长数量以及消费多寡，在在与本省森林资源有关，似有检讨之必要。

台湾为我国极东之狭长岛屿。全省面积有3,596,320公顷，

* 本文为与朱惠方合著。——编者

几与海南岛面积相埒；唯高山群立，地势急峻，远非海南岛之平缓可比。海南岛海拔700米以下地带，占该岛全面积95%，而本岛中央山脉高耸重叠，支脉东西错杂；海拔700米以下地带，仅占全面积56%。依海拔高度，其土地面积比例，如次表所示：

海　　拔（米）	面　　积（公顷）	占全面积比率（%）
700以下	2,015,355	56
700—1,200	614,820	17
1,200—1,800	428,502	12
1,800—2,400	321,522	9
2,400—3,000	171,409	5
3,000以上	44,712	1
合　　计	3,596,320	100

以上海拔在700米以下者，为热带阔叶树林；700—1,800米，为暖带阔叶树林及针叶树林；2,000—3,000米，为温带阔叶树林及针叶树林；至3,000米以上，始为寒带针叶树林。在一极小地区，具有热、暖、温、寒四带，其各带急剧转变，成一垂直森林带型，一地树种如此繁杂，实为全国所仅有；就中热、暖地带尤为吾国特种林产资源供给地。

台湾地势，东西悬殊，东部悬崖绝壁，西部倾斜虽缓，然仍到处险峻。就一般观察，倾斜概在25度以上，其基岩富于风化性之粘板岩，地盘脆弱；且当太平洋台风之要冲，一旦豪雨降临，则表土流失，山洪暴发。故台湾林地，尤以25度以上之斜面，为绝对林业地带。为维护治水事业，与支持农业生产计，实不容滥伐与开垦。查本省农耕地，有860,646公顷，占全面积24%，比之海南岛之农地仅占14%，几达2倍。依地质地势而论，台湾农业已达农业限界地带，欲再图耕地扩张，势所不能；是以台湾土地面积76%将为森林保续地带，殆无疑义。

台湾本岛森林面积为1,782,889公顷，原野面积为496,067公顷，合计林野面积为2,278,956公顷，占总面积64%，实为全国各地之冠。其林野立木蓄积，针叶树材为78,825,522立方米，占全蓄积31%；阔叶树材为128,305,623立方米，占全蓄积61%，合计总蓄积为207,131,146立方米。惟以往统计数字，各方发表，似不一致，固有待异日精密调查；然为目前推算便利之计，姑以上列数字为推算基础。若按此统计，研讨合理的年伐量，则本省总蓄积20,700万立方米，以其33%为经济的利用蓄积，当为6,840万立方米。假定其生长率为1%，轮伐期为100年，则立木每年采伐量，可达68万立方米。而此立木年伐量，其造材比例，设为35%（针、阔叶树材平均），则每年出材量当为22万立方米。苟器材充实，交通整备，则每年利用材积，可能提高至20%，即37万立方米。根据蓄积生长而厘定年伐量，即年伐量不得超过年长量，若是生生不息，台湾森林资源，永无匮乏之虞。

台湾木材需要量，据1942年统计，用材产量为587,339立方米，薪炭产量为480,396,592公斤，而实际消费用材为669,398立方米，薪炭为493,258,932公斤，其不足之数，每年尚须仰求海外输入。此中情形，实因战争时需要激增，且本省木材工业，向称发达，一般建筑又多用木材，故木材消费高于其他各省，平均每人消费为0.31立方米，其中用材占30%，薪炭材占70%。目前台湾，因工业尚未完全恢复，木材之需要量虽不及昔日之高，而将来人口增加，工业复兴，则木材之需求必大，势将引起滥伐。台湾人口增加率为1.5%，而木材消费量则因木材新用途之发现，其增高率当不限于1.5%而已（木材消费与人口增高率，据日人统计结果，悉为1.5%）。查现在700—1,200米热、暖阔叶树带，昔为原生林，今因滥伐而变为次生林相，杂木丛薄，所在皆是，且地力渐趋颓废，其中虽有部分造林，仍属极少数量，此种地带，正宜热带有用树种之繁殖，以及松、杉等针叶树种之引入，故积极推广造林，实为预防未来木荒之要图。

三、林业经营问题

本岛林野面积，据1942年之林业统计报告，国有者2,045,283公顷，公有者17,413公顷，私有者216,260公顷，合计2,278,956公顷，内森林1,782,889公顷，原野496,067公顷。似此巨大面积之林野，不能听其天然长养，应有一最合理之经营系统，则林木生长可以增进，经济价值可以提高，恒续作业可以保持，俾该事业得以发展，经济足以繁荣。此项事业，巨大繁庑，难于穷究。兹仅就视察所及，参酌过去实况，汇成下列各点，借供探讨。

（一）铁定的款，执行施业案

本省国有林，依过去日人施业案之编成调查，共分40事业区，3,671林班，27,647小班，合计面积1,495,975公顷，蓄积182,860,187立方米。第一次30事业区系1930—1935年调查编订者，第二次10事业区系1936—1942年调查编订者，厥后即遵照方案依次进行，并定每年检订8事业区，51年轮回。但经此次战争末期，森林备受破坏，定期检订，亦告中止；盗伐、滥伐、滥垦、放火烧山不断发生，损失之重，不可以数计。接收后，虽计划检订调查12事业区，均制有概况调查说明书、森林调查簿、造林基案基本图、林相图等，然未能准时完成。此后仍须继续调查，进行空中测量，重新检订，以完成全施业案。施业案完成以后，即可按年遵照经营，并确定预算，铁定的款，健全组织，严格执行，如是即可按步就班，有条不紊。此殆已完成之施业案，在台湾可称特点，实为他省之所无，应切实维持，严格执行。

（二）选择树种，查定生长，研究繁殖方法

经营林业，择种为先。择种应以繁殖易、生长速、生长量高、材质优美、用途普及、土壤气候适应性大者为上选。然材质极优，用有专长，即生长缓慢、择地严格者，亦应入选。又造林目的，不在木材用途性质，而别有目的如防风、防沙、防潮、防水、风致等者，当以其目的而权其利害以取舍之。如防风、防沙、防潮而取木麻黄、露兜（林投）；风致而取木棉（斑芝）；防水而取楝、供仔（乌桕）、樟（耐水力稍逊）、枫杨（在两广、闽、浙，常生溪边水泽间，有溪口树之名，生长迅速，干大，根广，在台湾似可试种）。在本省之经济林经营，择种应分两方面：一方面原产种，在热带区：海拔北部91米以下，中部757.5米以下，南部1,060.6米以下之地，用材以茄苳（秋枫、重阳木Bischofia javanica）为主，薪炭材以相思树为主。暖带区：海拔北部1,515.15米以下，中部1,969.7米以下，南部2,272.7米以下之地，用材以肖楠木、乌心石、台湾榉、台湾胡桃、楠木、樟、槠、椎为主，薪炭材以松为主。温带区：海拔高北部2,878.78米以下，中部3,030.3米以下，南部3,333.33米以上，用材以台湾扁柏、红桧、铁杉、亚杉、香杉为主。寒带区：海拔北部2,878.78米以上，中部3,030.3米以上，南部3,333.33米以上，用材以台湾冷杉（Abies kawakamii）、山柏（Juniperus squamata）为主。另一方面外来种：热带区用材，以木麻黄、桃花心木（Swietenia mahagani）、大叶桃花心木（S. macrophylla）、柚木（Tectona grandis）、红木（Pterocarpus suntalinus）、印度紫檀（Pterocarpus indicus）、铁刀木（Cassia siamea）、银桦（Grevillea robusta）、茶檀（Dalbergia sisso）、广叶檀（D. latifolia）、红楝子（Cedrela toona）、南洋杉（Araucaria bidwillii)、贝壳杉（Agathis alba）为主。香料，以香水树（Canang odoratum）、檀香（Santalum album）为主。暖带区用材，有柳杉、广叶杉、长叶松（Pinus longifolia）等。其余各带，似未见有外来种引种者，此后尚须选择试种。

树种既举，生长亦应测定。地级而外，各方位、产地的生长量应加测定，以资参考或比较。取其高生长、胸高直径生长、材积生长之总生长量高者选拔之，为该地之造林树种。

此外，对于各树种之繁殖方法，母树选择、采种期、处理法、种子贮藏、播种时期及深度、土壤种类、温度、湿度、光度等因子，以及种子发芽、苗木生长、苗木移植、定植距离、植树方法、抚育方法、更新方法，均须彻底研究试验，则种易发芽，苗易成长，定植易活，植后易长，而可多材积。如是则营林目的易达，经济价值自高，此后亟应密切注意，毋稍宽纵。

（三）勘察林业目的，选定作业及造林方针

查过去本省林业经营之目的，以主权言，其面积国有林九倍于私有林，公有林仅及私有林十四分之一强。以造林事业言，1901—1942年之42年间所造森林面积，国有林方面：经济林56,365.2公顷，治水林3,850.27公顷，海岸林1,486.01公顷，保安林3,506.81公顷，海岸防沙林6,657.23公顷，防风林701.12公顷，大学演习林3,715.91公顷，林业试验林20.83公顷。民有林方面：一般造林239,637.45公顷，保安林14,216.4公顷，合计公私有造林面积330,157.17公顷。就以1942年官民造林面积及树种言，针叶树3,722.86公顷，阔叶树21,560.58公顷，合计25,283.44公顷。是可见本省林业之经营，无论国有民有，均以经济林居其首要。而保安林、治水林、海岸防沙林，仅居其次要。此后应注意之点，经济林而外，治水林、保安林、海岸防沙林，

均宜并重，不可偏废。缘本省山岭陡峻，河流湍急，沙石每易崩颓，溪床恒多填塞，倘山失防坍之林，溪无揽水之坝，则国土安宁，将何以保？故经营本省林业，保安林、治水林、防沙林应与经济林并重。在日治时之已规定地方及未定地方，应重加勘查，加强筹划，从速经营造林。至于作业方针，凡经营一地林业，应事先检定，究取何种作业？在河流两岸峻急之地，似应划入保安林。缓斜之区，宜多取带伐、择伐或天然更新之伞伐作业，少取皆伐作业，尤以东部之宜兰浊水溪、秀姑峦溪、花莲溪、大浊水溪、木爪溪等两岸林业，更应认定目的，加意经营。而在经济林方面：用材林及薪炭林事先均应详加配合，作业亦应早定方针。居民稠密之下部低地带，宜取中林作业，下木为薪炭材，上木为用材。如是则林相常能保持，材木各得其用。中部地带，针阔叶树混交林区，使诱成带状作业、择伐作业或块状作业。其立木在多针叶树类之处，则用天然侧方下种法，或由实生苗变换树种，变阔叶树为针叶树林，如广叶杉或柳杉等林，或成针叶树之带状混交或块状混交林。上部高地带，殆为台湾扁柏、红桧、铁杉、亚杉、香杉、华山松(短毛松)等针叶树之混交林，可就中择最有利一种，用天然更新或人工造林，造成纯林，例如铁杉、华山松可用侧方下种或伞伐之天然更新，台湾扁柏、红桧、亚杉、香杉等，须用人工造林。然此等针叶树之生长量检定，尚未完备，应从头查定，较其利之多寡后，再定取舍。

（四）森林抚育与整理

查日本统治时代，各山林管理所（共十所）之官营造林面积经费及抚育整理面积经费，据1942年之林业统计，总经费2,286,933.42元，内除人工林部分新植面积4,095.26公顷，经费347,574.40元；准备面积146.29公顷，翌年实行及种子准备费

8,018.46元；苗木养成费72,861.98元外，所余为补植面积2,945.84公顷，经费37,398.77元；苗木养成费14,800.00元；整理面积23,655.96公顷，经费593,232.48元；切蔓面积1,414.21公顷，经费7,847.17元；间伐面积937.71公顷，经费9,556.00元；打枝面积274.99公顷，经费2,420.43元；倒木扶起面积1,499.98公顷，经费9,887.57元；其余杂费179,171.35元。天然更新部分：整理面积645.02公顷，经费6,299.74元；切蔓面积119.74公顷，经费1,107.75元，合计1,854,478.58元，均为抚育及整理面积及经费。此项经费占总数四分之三强，可见造林事业，以抚育及整理为重。故造林事业费中，亦以抚育及整理费为最大。日治时，似对抚育及整理方面，已经注重。然实际观察，如阿里山、溪头各地，仍嫌间伐过低，整理不足，有因郁闭过密延误其生长时期，造成细长树干而不合经济之劣等材，其损失之重，不言可知。此后应增加预算，及时抚育与整理，量度地级，定其间伐度之强弱，俾全部立木，养成肥满之良材，增高经济之价值。对于国家林业之经营，方能合理化，而不失其经营之目的。

（五）造林伐木保持平衡

造林面积，应按每人木材之消费而定。1942年之台湾林业统计，木材需给部分，生产方面：用材587,339立方米，薪材411,634,995公斤，木炭68,761,597公斤。消费量方面：用材669,398立方米，薪材421,867,867公斤，木炭71,391,065公斤。不足量方面：用材811,059立方米，薪材10,232,872公斤，木炭2,629,468公斤。就本省650万人口之木材年消费量言，用材及薪炭材，据日人调查，每人年平均消费量0.31立方米，合计应为2,015,000立方米，如以立木蓄积一倍计，则为4,030,000立方米，以阔叶树与针叶树之比为7：3，则阔叶树林占2,821,000立方米，针叶树林占1,209,000立方米。据国有林及私有林所调查之针、阔叶树面积及材积，国有林针叶树面积2,976,560公顷，蓄积69,883,620立方米，阔叶树面积1,275,257公顷，蓄积127,161,311立方米，私有林针叶树面积13,979公顷，蓄积758,361立方米，阔叶树面积141,164公顷，蓄积7,925,396立方米，将公私有林平均，则每一公顷针叶树可产145立方米，阔叶树可产78立方米，其一年所需之针阔叶树立木面积，针叶树林需8,338公顷，阔叶树林需36,167公顷，合为44,500公顷，即每年须造44,500公顷之针、阔叶树林，方能维持供需平衡或植伐平衡。若将生长迅速而用途大之针叶树代替阔叶树造林，其材积之收获，当倍于阔叶树。观乎此，欲造林伐木平衡，则每年须造针、阔叶树林面积如上之比例为44,500公顷。若各种针叶树伐期平均定40年，各种阔叶树伐期平均定30年，则针叶树林面积须有333,520公顷，阔叶树林面积须有1,085,010公顷。针、阔叶树林合计为1,418,530公顷。据《台湾农林》第一辑1946年报告：山林管理所（十所）所辖之40事业区面积为1,495,975公顷，除自给用材林1,418,530公顷外，尚余77,445公顷，其余民有林、保安林等均未计入，此系理论的希望。然查目前实际情形，十山林管理所所有之蓄积，据《台湾农林》第一辑报告：尚存182,860,187立方米，如年需2,015,000立方米计，足供90.75年之用。现在林产管理局预定年出材量111,305立方米，而实际消费量，联总顾问George W.Nunn在《林产通讯》视察专号中引林产管理局估计年需要量200万石，合556,529立方米。则此数仅及理论数四分之一强。此后消费量必然增高，而采伐量因运输器材老熟、林木采伐量限制，与乎国土保安上之关系，纵不能如预定数量采运，但造林树种之配合面积应超过采伐面积，每年至少在15,000公顷以上，始可保持现状植伐之平衡。

（六）伐木事业之经营

本省伐木事业，省营者均归林产管理局办理。现所辖之阿里山、太平山、八仙山、竹东、峦大山及太鲁阁六林场中，阿里山林场，除楠梓仙溪线之蓄积尚可供十余年之采伐而尚未建设林道外，将届山穷水尽之时。考其原因，该场原领之林班，瞬将伐尽。其余林班，均非其所有，须另行请领或已为商人先行领取，所以阿里山沿铁路线两旁所堆积之木材，闻均非该场所有，此实该林场一难题。因该林场既无领取林班之特权，亦无一定直辖之林班，有感运转不灵之苦。此后应由主管机关拨与一定林班及林地，任其自行经营。伐木之后，继即造林，每年须造一定年伐量之幼林，如以年伐量10万立方米计，则年须造林 1,000 公顷（针叶树造林经40年后每公顷约可收材积 100 立方米计），至 40 年时，须领有40,000公顷之林地，方能周转。所以阿里山林场在无林班可供采伐，而楠梓仙溪线亦不能建设森林铁路前，应即拨款先行造林，以保林地，万勿任其荒废！又太平山林场采伐迹地，遗留者甚多，亟应依照施业案及时造林，否则将陷入阿里山之现象。八仙山采伐事业区方兴未艾，惟须顾及伐木之后，即应依照施业方针及时造林。又太鲁阁林场，正在开始，尚须添配器材，改换单索为双索索道，添筑轻便铁道。运材道路在各林场中，以此林场为最短，倘再将集材机改换，加强集材力量，则该场采伐事业即可勃然而兴。又木瓜山林场原由花莲县府所属之木材公司接办，现由林产管理局奉命接收，该场蓄积丰富，据调查者口述：可供50余年之采伐。场中器材如32毫米径之钢索尚多贮存，至可宝贵。由花莲至鲤鱼湖土场之森林铁道路轨均已铺齐，不日可以通车，倘能顺利进行，则该场事业至为有望。至于竹东林场，地面分散，蓄积不多，不足重视。峦大山林场采伐事业规模尚小，运材不多，如欲经营，尚须添配器材，再事扩充。

四、保林问题

保林护林问题，应先注意治山治水，因为台湾是高山性岛屿，峻岳重叠耸峙，纵贯南北脊梁山脉之主峰玉山，高达3,950米，而3,000米以上连亘之高峰有48座。溪流中最长之大浊水溪亦不过170公里，最短如沙婆硇溪仅17公里，故流域所经，多系峻险峡谷，河床勾配甚大，溪河湍急，倾泻一至平原，往往乱流而成扇状三角洲。加之本岛山地地质大部分为易于风化之粘板岩与千枚岩之累层所构成。而山岳地带又为世界首屈一指之多雨地区，一年平均之降雨量多在3,000毫米以上；又多集中于7—8月之雨季，一日间之豪雨曾有1,034毫米之纪录。由于以上列举之现象，故山地之土壤，最易受降雨而生强烈之侵蚀，再经热带阳光之灼射，更引起此作用之激化，一旦暴风豪雨袭击于无林地带，土沙即受冲刷，山地亦遭崩溃，洪水夹泥带沙，力量加强，倾泻直下，河岸桥梁冲坏，泛滥平原，田舍成圩，流迹所经，悉皆变为沙砾荒野，河床逐渐高涨，已逾田野村舍。根据已往统计，1911—1932年20年间，由此灾害所蒙之损失达60,880,552元，人命丧亡达426人，足证历年被害之巨与人命经济损失之惨。回顾日治时代，民国14—24年，曾以11年之时间，用240万元之经费，将120万公顷之林野编成施业案，亦即对台湾治山治水与林产保续计划之完成。但因战时森林之过度滥伐摧残，复造工作既未实施，光复以后，对于治山治水问题之严重又未注意，加之盗伐成风，以致酿成年来洪水泛滥连续发生，而愈益加剧。若长此以往，匪独仅占全岛面积30%之农工生产事业均失去保障，即交通、水利、电力，以及有关人类生活之条件均受空前威胁。证诸历史，台湾将来可能变成沙漠，决非危言耸听。对台湾治山治水问题之谋合理解决，实为当务之急。首应将目前林业计划之实施趋使合理，并特别着重保安林之区划重建，林木采伐之限制，及崩坏地保土防坍工事之展开。一面发动民众，共同组织保林护林机构，以收事半功倍之效。同时，对于山地之开垦应加限制，经营务求合理，如高山地带之垦殖，尤须采水平带状耕种，或无价配给苗木，指导栽植柿、栗、胡桃等木本粮食，以增加山地同胞生产，寓救济事业于奖励造林之中。其次为防风防沙：本省因有台风与季候风终年相继袭击，根据过去统计，本省东西海岸与澎湖群岛须设置防风林者约达200公里，1900—1933年，共造成防风林约11,400公顷，受惠面积达20,000公顷。原系飞沙荒芜之地，经栽植防风林以后，土沙安定，风势减杀，作物始能生长，其效果不但人民可以安居乐业，呼吸器病、眼病均可减免。同时，土地环境借以改良，森林可以择伐更新利用，直接解决滨海薪炭不足之恐慌与收益之增进。但此等防风林因战时征为军用，多半已被摧毁，历睹台南一带沿海地区，灾象已现，故本省在安定中求生产，其目的不仅限于原有防风林之复造，尚须有计划地扩大栽植，以期绿化海岸，使沿海荒土沙丘，悉成良园美田，滨海人民生活得以保障。其他对于森林病虫害之调查研究，过去成就较鲜，今后似应加强此项工作，以免灾害发生，措手不及防除。至于森林火灾，已往在沿火车铁道两旁之林地发生较多，故今后对于此带地区，防火线之设置、造林树种之选定、作业法之采择、防火设备之充实等尚有待当地林业机关加以检讨改进。

五、樟树造林问题

樟脑为台湾特产之一。经过去40年经营之历史，举凡林木之管理、山地之制脑、原料之运输，以及成品之制造与副产品之提炼等均已有相当基础，且拥有樟脑生产能力年达5,000吨、年可蒸制原油约 4,000 吨之世界最大樟脑工厂之机械设备。战前本省脑场有 300 余处，以台中为中心，分布遍及全省，脑灶有4,000个，年产樟脑约 3,000 吨，占世界产额30%，依此为业者则逾万人，故台湾樟脑工业之兴废，不独国民经济之所维系，亦为争取外汇发展国际贸易之所寄托。查过去为保续此项财富，维护樟脑原料之樟林，特指拨专款，由政府制定法规，经积极奖励扶掖增殖之结果，1901—1935年，樟树之公私造林，已达43,000余公顷，并使采伐与增殖之面积务求平衡。但在战时樟林既受摧残，工厂亦陷于停顿，光复以后，虽积极谋恢复生产，亦仅知伐木制脑，迄未有培养原料、增殖樟林之计划。即最近公布樟脑局组织规程之中，亦未将樟树增殖列入业务范围之内。一般拥有樟林或专业制脑之人民，因政府规定原木与樟脑收购价格不足以抵偿生产成本，已不惜将樟林砍伐以供薪炭。若长此以往，势必将此驰名世界之樟脑企业终归毁灭。顾为维护台湾樟脑工业，保续樟脑原料供应不匮计，非实施计划造林不可。按樟树在台湾海拔高 1,500 米以下到处适应生长，每立方米樟材，可制脑20公斤。樟树之含脑率，以50年生为最经济之采伐期，50年生樟树之生长量，直径约45厘米，高18米，干材积达 1 立方米，每公顷之立木为 134 株，则每公顷约可产 134 立方米。照台湾现有樟脑工厂设备之生产能力，年可制脑 5,000 吨（即 500 万公斤）计，则年需樟材25万立方米，即年需采伐50年生樟林约 2,000 公顷。此与日治时代原定每年樟树造林面积数字亦相符合。设樟树轮伐期定50年，以法正营林，每年规定造林 2,000 公顷，全林合计 10 万公顷，以供轮伐更新，则原料可取用不竭。至应如何实施此项营林标准，似应由樟脑局会同农林处及各林业有关机关详订施业方案，指拨专款，宽筹营林经费。除由政府规定各林场每年应行造林面积外，犹宜积极奖励民营，一面减轻生产成本，提高樟脑收购价格与研究改进樟脑品质及与各县政府取得密切联系，以求达到保林护林之目的，一切均须兼筹并顾，以期事半功倍。凡此皆为发展本省樟脑事业今后应有之动向。

六、特种林木之培养问题

特种林木之培养，具有两种意义：一为供应国防用材及其所含特殊成分之利用，一为经济材木，具有商品价值之林木，以期在适当植生区域，能博得最良品质与夫最高价格之林产也。世界森林主产物之木材，若云杉、冷杉、落叶松等，皆以寒带地域为最大供应之泉源，而热带地域，林产种类繁多，其经营目的，不仅在主产物之木材已也。

查台湾位置为北纬21—25度，除垂直的暖、温、寒三带，实据有热带及亚热带地域，依其立地关系，非特本省固有特种林木得以繁殖，且可引入外来有价值之树种，若柚木、桃花心木、紫檀、黑檀、铁刀木等类，适于大规模移植造林，既可改造热、暖带之次生林相，又可提高森林经济价值。且是等林木我国适宜栽培区域，除海南岛可以试种外，亦仅赖本省而已。兹就观察所及，外来树种可以引种者，以及固有特种林木可以推广繁殖者，摅列于次：

1. 柚木：本省开始试种已30余年矣，为输入树种造林最成功之一种。其生长情况，与原产地无大径庭，查本省大屯草仔岭柚木生长情况，21年生者，胸高直径为28厘米，高达20米，每公顷年平均生长量8立方米，80年伐期，每公顷可得300株，其10年生之间伐材，即可充作燃料。本省实行造林区域，首推高雄，次为台南与台中，然衡其生长之最适应区域，当以北回归线以南700米以下为最近似乡土之地带。

柚木为世界上最优级之木材，且为唯一之船舰用材，关系国防至大。其材质坚硬耐久，利用范围极广，国产木材无出其右者。

台湾柚木造林上最大障碍为暴风危害。当6—9月台风期间，其风力每小时达15—70公里，若造林面积失之过大，则易罹风灾，否则失之过小，于抚育、伐运诸多不便，且不经济。因是柚木造林面积，每一事业单位，至少须具有数百乃至1,000公顷，同时在此大面积林区之内，必须保留原生林，或设置防风林，始可免暴风袭击之害。

2.桃花心木：有普通与大叶之别，为世界上唯一珍贵美材，材质坚实，木理细致，举凡船舰、车辆、屋宇等内部装饰，以及美术品、乐器等，无一不推重云。

桃花心木虽与柚木同为热带树种，然以其抗风力强，且能耐低气温，故较柚木为适应，据本省30余年之实验，台湾中南部可以之为主林木，实施大面积造林。

桃花心木最经济之伐期，当在50年生乃至100年生，可产大材。然30—40年生者，与20年生者，亦足供制大小板材之用。即15年生之间伐材，尚堪作器具用材。一般10年生树木，干围1.5尺，高度20尺。自20乃至25年生，即可施行大量间伐，几达全林三分之二。其林业经济收益，远非本省他种树种可及。

3.紫檀：世界良质硬材之一，材质坚致，色彩殷红，为特种红色材中之最美艳者，其用途虽与桃花心木无异，而其半数，殆充作器具用材与美术作品。

紫檀为美术的贵重材料，世人无不欣然乐用，故其用材数量，以材积计，虽不若柚木之大，而以其材价之高，收益反多，此与黑檀、花榈木等，同为世界高价木材，不仅供给本省需用，且可运销海外各地，未始非林业经济上之一大补助也。

据日人实测，12年生，干长48尺，干围2尺，生长成绩迅速优良，依气温关系，其在台湾适于生育之范畴远较前二者为广，几及全岛平野也。

紫檀种类有四，然能产生大材，当以印度紫檀最有希望。为增进吾国热带林产之收益，诚宜大规模推广造林。

4.铁刀木：为硬材中最重之材，生长迅速，适于台湾全部平野气候。其发育状况，与原产地无大差异。其材质坚硬充实，具有美纹褐铁色心材，可供制造器具之用。一般16年生者，干围3.6尺，干长30尺，及至20—30年生，心材色彩更浓，可充板材之用，最后50—60年生，成为巨木，已达理想的伐期，为台湾造林上有希望之树种。

5.毛柿（Diospyros utilis）：即台湾黑檀，为台湾固有黑檀属之林木，散生于恒春半岛原生林区，材色全部苍黑，发美丽光泽，可充装饰用材。据过去日人测定，10年生林木干围1尺左右，15年生干围1.5尺，40—50年生以后已可达伐期。唯造林之际，应采用单纯林，株间配置得宜，可使树干通直生长，若与他种树木构成混交林，则20—30年生以后，务宜注意强度疏伐，以遂其健全发育。

6.阿仙药（Acacia catechu）：为印度及东非原产。其树木全部含有多量之单宁，为单宁材料中首屈一指之树种。一般单宁材料多采取树皮，而此树之优点，在利用全部树材，且其单宁含量之高，除红树树皮外，无与匹敌。

一般满5年生者，单宁含量虽少，而比其他相思树皮仍然丰富。5—9年生，干围8—9寸，含量倍增。10—14年更逐渐增高，迨至20年生，已成乔大老树，干围达2尺以上，含量为40—50%。

本树之造林目的，在利用树材全部，故其抚育应与一般用材林相似，注意密植，以遂其完全发育，且每隔一定年度，得施行间伐，而利用其为单宁材料。

7.鸡纳树（Cinchona）：原为南洋特产，为热带药用植物中最重要之一种，其品种有三：（1）Cinchona ledgeriana，规那① 含量达5%，（2）Cinchona succirubra，规那含量约1—2%，（3）Cinchona hybrida，系前二者之杂种，规那含量近6%，每公顷树皮收量约800—1,000公斤。假设患疟者为1亿人，每人需要规那为1.5克，则东亚规那需要额当为850吨，由此可知其重要性矣。

台湾栽培鸡纳树始于民国元年，因易感风霜之害，且对土地要求亦大，以往造林几遭失败。今后宜推广造林面积，选择最适当之生育环境，为其重要之点。

8.橡胶树：为东亚热带一大产业，我国适应栽培之区，以海南岛与台湾最有希望。一般所谓橡胶树（Hevea brasiliensis）即系大戟科乔木之一种，其树液收量最多，且年中继续生产，不但树液中橡胶含量最大，而且树脂蛋白质、碳水化合物、矿物质等含量最少，为本省他种含橡胶植物所弗及。普通生乳液中橡胶含量为35—45%，而海南岛、台湾之橡胶树橡胶含量恒在30%以下，盖橡胶树乡土，年平均气温为摄氏27度，年雨量为2,000毫米，而高雄、嘉义年平均气温仅摄氏23—24度，且冬期因干燥落叶，故收量不及原产地。然20年生者，树液一日可收42毫升，年约5,000

① 规那即奎宁，为治疟疾特效药。——编者

毫升，每公顷200株，最少可得300公斤之产量。为求橡胶自给自足计，台湾与海南岛当为推广繁殖之适当区域。

综上所述，为增进台湾特产资源，以达自给自足之目的，则南部1,000米以下地带应培植各种有用热带树木。且此种林木，有为特种木材，有为药用植物，有为工艺资材；种类繁多，不但供给本岛，并可推销海外各地，诚具有热带林业经济之价值。况台湾地势，热暖二带地域占85%，温寒二带地域仅15%。现在热暖地带，多为次生林相，间呈荒废迹地，尤以低山脉为甚，倘培养特种林木，则不良林相可为之一变也。抑犹有进者，台湾森林利用状态，阔叶树方面虽大，而每公顷产材量则不及针叶树，是以欲图材积生长与价格增长同时并进，尚待诸特种林木之培养也。

七、木材节约问题

台湾木材不能自给，60—70%用材仰给海外。此固由于热带之气候限制，在海拔2,000米以下山地，既不产针叶树，则用材少，散材多，材量自感缺乏。然而利用上之浪费，似亦占一因子。吾人如能集约使用，尽量节省，或可弥补一部分缺陷，试申述之：

（一）纸浆（或纸）原料之合理供应

纸浆（或纸）原料虽有参用鸭母爪（Schefflera octophylla）与白匏子（野梧桐Mallotus japonicus）等阔叶树，以及竹与蔗渣，然主要原料，则属针叶树。惟台湾针叶树限于2,000米以上之山地，其林地面积只占全省林地面积之19%（邱钦堂：《台湾木材利用与将来造林方策》，《林产通讯》一卷二期），或曰只占15%（青木繁：《山林谈话》），生产不多，用途又非常广泛，纸厂自有材难之叹。

吾人见厂家用盈抱或数抱大铁杉割成小材，以制机械木浆，又劈成小片以制化学纸浆，非独有大材小用之慨，且觉人力、机力消耗过甚。造纸原料本不限于铁杉，亦无需乎大树，据厂家说：20—30年生之马尾松（台湾赤松）与杉木（广叶杉），皆不失为造纸之好材料，然则为木材节用计，不妨特别养成幼龄木供给造纸厂，而以大材作其他用途。

欲养成造纸用之幼龄木，似宜划定地区，栽培特定树种，施行轮伐，使厂家不致因原料缺乏而影响生产，林业家又可缩短轮伐期，以图资金之流通，更以大材供他种切要用途。

试以罗东造纸厂为例，该厂每天需用木材1,240石，年以365日计，每年需材 452,600 石，今假定以 25 年生马尾松或杉木为原料，则划定下列公顷数之林地面积，按时造林，纸源即如川之流，不患中断。

1. 马尾松(台湾赤松)：每 1 公顷林地平均有 25 年生马尾松立木1,280株，得干材积 839.7 石（《台湾主要树木调查书》512页，新竹二级地)，故有林地面积 550 公顷，则生产木材 461,835 石，可供纸厂一年之用，而轮伐期为25年，故有25倍于上述数量之造林面积，换言之，造林总面积达到13,750公顷，则马尾松生生不息，可供一厂之用。

2. 杉木(广叶杉)：每 1 公顷林地平均有25年生杉树立木1,475株，得干材积 3,481 石（同上书 404 页，台南二级地)，故有25年生杉林面积 130 公顷，则生产木材 462,530 石，可供纸厂一年之用，因此 25 年轮伐期，需要造林总面积 3,250 公顷。

上述数字，在实施时虽不无差额，然理论与实际当不致背道而驰。

（二）枕木之防腐工作

防腐本不限于枕木，凡电杆、码头、桥柱，均须用药品处理，惟以效力论，则表现于铁路枕木者最为显著，故置论偏重枕木。

台湾枕木在针叶树中主用红桧与台湾扁柏，在阔叶树中主用樫 (Castanopsis)、柯 (Lithocarpus)、椎 (Shiia)与楠(Machilus)，此外松、罗汉松、花柏、竹柏、栗、相思树等，虽亦参用，然其数量似乎不多。吾人今日所应讨论之问题有二：其一，枕木是否必须用红桧、扁柏、樫、椎、柯等上等材？其二，枕木是否可以不经防腐而使用？关于后者在现代各国已不成问题，凡暴露于户外之用材，皆须防腐；关于前者，则取决于防腐工作之施行与否，并取决于防腐方法之完善与否。

其一，关于防腐之重要性，外国已有试验成绩，足资参考。美国芝加哥铁路公司曾以20种树种之枕木9,000根作实地试验，结果不防腐材平均寿命不过 5 年，而用氯化锌处理者可延长至15—20年，用重煤焦油处理者竟耐用至27年之久。又据美国统计，过去30年由于防腐枕木之应用日广，铁路枕木每年更换之数目逐次减低。1901年每英里曾换枕木 265 根，1929年仅换 176 根，1933年仅换73根（参考萧青水：《铁路枕木防腐之重要性》,《台湾林业试验所通讯》六期)，即减省木材四分之一弱。此外，桥梁用材，在美国有许多用重煤焦油处理之架桥桥脚，经过 30 — 50 年，依然健全，而未经处理者则在此期间非更换数次不可。美国防腐电杆，亦耐用30年以上，非通常不防腐材所能比拟 (Treated Lumber, U.S. Department of Commerce)。至于纸厂与纱厂之天花板，则防腐效力尤为显明。

台湾铁路枕木之寿命不过二年有半，较之扬子江流域所用者更为短促 (5—7年)，而罗东日治时代之防腐工厂，竟出售于新兴公司，新兴公司又以防腐成本高于省政府所定之价乃改营地板制造业，殊属憾事。

罗东厂防腐设备本极简易，乃开口槽式，其方法不过用热重煤焦油与冷重煤焦油交互浸渍一次而已，油之浸入材部甚浅。为增加效能，节约木材计，似应另建规模较大之工厂，施行真空加压防腐法，先将枕木放入密闭铁筒，抽出空气，次将热重煤焦油放入筒内，最后又加压，压迫煤焦油入木材细胞，此世界各国通行之方法也，如是处理一番，成本虽较不防腐材为多，然以木材寿命延长，反而经济。至于罗东旧有之开口槽式，效力虽小，对于次要材料仍适用。

其二，关于枕木是否必须用上等材之问题，在防腐工厂未设以前，枕木固当用耐久之木材，既有防腐设备以后，则使用天性不耐久之木材，其效力反较显明，此可参考次表：

树种	不防腐材使用年限	防腐材使用年限	年限增加倍数	纪录来源
Teada 松	2年	15年	7.5倍	美国
Teada 松与红栎	5年	20年	4倍	德国
水青冈	4年	20年	5倍	美国
槭	4年	18年	4.5倍	美国
铁杉	5年	15年	3倍	美国
栎	16.3年	24年	1.47倍	德国

红桧、扁柏、椎、柯、樫等皆属上等材，用作铁路枕木未免可惜。如能采取防腐方法，则可用铁杉、松、相思树或其他次等材料代替，此亦节用之道也。

（三）阔叶树材之尽量利用

台湾森林垂直带寒、温、暖、热具备，树种繁多，而各林场采伐木之种类，却非常简单，几乎全部皆红桧、台湾扁柏与铁杉，间或发见樫、柯、椎与松、杉等材，然为数甚少。夫台湾木材蓄积量有三分之二至五分之四为阔叶树，而一般利用则全属针叶树，硬材之不受重视自可想见，所以省府禁止木材出口，而于新兴公司之用外省针叶树材交换本省阔叶树材出口，则又在所不禁。

从木材利用之观点而论，桥梁、房屋、仓库、码头等结构，树形求其直，干求其长，径求其大，强度求其高，则选择时，固宜取针叶树，至于他种用途则阔叶树有其特长，不可湮没，况台湾阔叶树蓄积多于针叶树，若阔叶树弃于地而不用，则针叶树更感不足矣。

阔叶树材木理美观，材质坚硬，非针叶树所能望其项背，樟与楠之交错木理，槭之鸟眼木理，栎类之银木理，胡桃之瘤木理，桃花心木之泡状木理，白鸡油（白蜡树属）之绉木理，各种热带硬材之波形木理与提琴背木理，以及人工造成之奇形木理，以制家具、屋内装饰、铁路客车与各种装璜，岂不色彩夺目，美丽动人？何况阔叶树材，除美观以外，其硬度与强度亦有特殊可取之处，岂可弃而不用？

惟欲利用阔叶树材，则于制材工厂以外，尚须配合下列设备，以减少材之浪费。

1.人工干燥室：依本省习惯，木材伐倒后，在山地放置二年左右，而后运出。此在红桧与台湾扁柏固可借此达到气干目的而不致腐朽，但在铁杉已有不少发生莲根腐。至于阔叶树，则山地放置太久，极易腐败，必须将生材较速运出以制材。惟其运出时，尚属生材，或属含水量较大之材，故制材必须设法干燥。而阔叶树材之干燥甚非易事。由于干燥之难于均匀，收缩之难于等齐，往往发生反翘干裂、内力等弊病，而不能致用。欲防止此等弊病，必须施行人工干燥，控制温度、湿度与气流三要素，使木材不受损失，且可以达到随心所欲之预定干燥度。

查本省制材厂，惟嘉义尚留有日人所设之人工干燥室，其方式有二：一为推进干燥室，日人建立后，未曾使用，今已改作堆房与木工室；二为隔离干燥室，日治时代曾经使用，共有4间，每间成一独立之干燥室，每室空间容积约79立方米，有轨条、蒸气管、喷气管、气门等设备，惜5年前受地震之害，不甚使用，即与此相配合之试验用小型干燥室，今亦作废。嘉义以外，各制材厂中未见有人工干燥设备。窃谓人工干燥，可以减少木材之损失，旧有设备宜从速修缮，其缺乏此种设备者，亦应从头建设，以期木材之利用合理，不致有多量之损失。

2.层板制造：阔叶树材纹理变化层出不穷，而木材之利用率却远逊针叶树，必须集约利用，在各国往往先制薄板，由薄板合成层板①。层板可以增加强度，减少膨缩，节用贵重木材，故阔叶树材之利用，宜与层板工厂同时并进，而层板之制造，犹须与胶之制造并行，欲求合乎理想，更须试制人造树脂。盖有层板，则木材性质可以改良，有人造树脂，则薄板之结合巩固，而许多长短不同之薄板，可以天衣无缝，联成一片而无需乎用钉结合，于飞机之制造更感便利也。

3.塑料制造：层板本身，即属塑料许多种类中之一种，由此可以制造合木、压榨木、各种超级木材与变质木，以代替石材或钢铁。

以上所举各种，林产管理局似宜与林业试验所通力合作，同时并进。盖林产管理局统辖林场甚多，自有用武之地，而林业试验所于上项设备，或已成立小型工厂，或粗具规模，如能增加经费，扩充设备，积极研究，以其所得，供各林场之实地应用，则经过相当时期，自能收效。日治时代，台拓、植松、樱井等会社，往往恃其财力雄厚，于生产事业外，兼事试验，而接收以后，内

---

① 层板即胶合板。——编者

地企业家又见台湾林业试验所之小型工厂而垂涎，欲借此设法大量生产，其趋向不同，其谬误则一。吾人以为生产与试验殊途，宜分工，宜合作，不宜混杂不清，搅成一团，况日治时代所有公私事业，已统治于一省政府之下，已由省政府就其性之所近，而整理，而划分，此后正宜分头并进，各尽其长，以求有裨于国耳。

八、废材利用问题

吾人日常使用木材，饮水思源，不忘森林，以为森林之造福于人类固如是其大也，孰知一树之惠及于人者，其数量反不及被人所废弃者之多。自山地伐倒之时起，至造材止，根株与枝条及其他废材之弃于地者占全树之23%，仅77%蒙人垂青而运出，而此77%一入制材厂，则去皮损失8%，刨片损失8%，锯去边条又损失9%，因木屑而损失者更达10%，共计损失占运出之带皮木材之35%，而占山地伐倒木之45%强，是故一树木造成板材、其总损失量达58%。近来欧美各国对废材之利用方法非常注意，中国以贫穷著名，更不可使货弃于地而不用，况伐倒木之外，凡生长于山地而无利用价值之草木，其所含成分可供工业品制造者甚多，若不采制，则亦等于废物矣。兹就山地废材中举出制炭与采集树脂及精油二项，而就制材厂废材中举出木屑、锯片及锯去之边条二项，与林界同人探讨：

（一）制　　炭

台省一般用煤与薪柴为燃料，仅于煎药、制茶时使用木炭，故木炭产销从前为量甚少，迨后工业日渐发达，日人精炼钢铁，所需良炭尤多仰给台湾，乃从事奖励生产，并举行制炭试验。在台北乌来山地，曾将土窑试行改良，用以示范，以期普遍推进民间，因之制炭事业日形孟晋。据民国31年之日本人林业统计，木炭之年产量已达68,761,597公斤，然因运输路线日益推进，木炭汽车以及各种工业之需炭量亦日增，计年尚不敷260余万公斤。详察全岛制炭方法概用窑烧，且属窑内熄火，故所产木炭，全系黑炭，至白炭则在台省尚属少见。所用炭材概为阔叶树，尤以含羞草科相思树（Acacia confusa）、壳斗科红校欓（Lithocarpus formosana）、校力（Castanopsis formosana）、千屈菜科九芎（Lagerstroemia subcostata）、木麻黄科木麻黄（Casuarina equisetifolia）、无患子科龙眼（Euphoria longana）等最为常见，间亦有采用针叶树材，若红桧、台湾扁柏之枝条残株，与木兰科红八角（Illicium arborescens）等。据云炭材树种，除山猪肉（土名，清风藤科植物，其学名为Meliosma rhoifolia）、山黄麻（Trema orientalis）及鸭母爪（系粤名，五加科植物，学名为Schefflera octophylla）所制之炭，品质恶劣，常不采用外，余则悉可充用。一般产炭率，相思、九芎等木炭1斤约需炭材4斤，其他杂木多则需炭材6斤。

山地每一树木伐倒时，所取者仅干材而已，枝条、根株皆弃于地而不用，从他方面说，技工之家族，以及高山同胞，亦未必尽有相当职业，如能雇用人工，搜集根株、枝条烧炭，未始非废物利用之道。

据美国林务局统计，伐木时遗弃于林地者如次：

林地损失种类	损失百分率（%）
根株	3.0
树梢、大小枝条	12.5
瑕疵材与伐倒后之破碎树干	5.5
其他	2.0
总损失	23.0

即利用率与弃材率之比为77：23＝100：42.86，若照林产管理局本年度预定木材年产量约40万石，则遗弃于山地者有100：42.86＝400,000：171,440石。即有废材约17万石，以十分之一计算，尚有17,000石，其价值已不少，何况国有林以外，尚有公有民有林之废材乎？此皆烧炭之好材料也。

（二）树脂及精油

台省森林之垂直分布包罗寒、温、暖、热各带树种，故可供采取树脂、提制精油之材料蕴藏定多。日治时，鉴于境内森林之丰饶，从而采伐利用尚仅限于针叶树林，且属工艺方面，而于遗留山林之枯株、散木、杂树等等，迄少应用，虽于二次世界大战后期时，目击形势之紧迫，运输之困难，曾事科学动员，对于军工业年需40,000吨之松脂（据昭和15年统计数字），向恃国外输入97%者，欲取给于台地，曾就台中八仙山尾上、台南斗六与北港溪沿山从事试采，并配备松根干馏器多副，分置新竹、台中、嘉义诸境，拟事提制松根油，用以替代汽油，终以投降而中辍。实则采制树脂与精油之原料不仅限于松与樟，以台省植物种类之繁多，尚待发现或利用之野生植物殊不少。若台湾土肉桂（Cinnamomum osmophloeum）、山鸡椒（Litsea cubeba）及红八角（Illicium arborescens），多散见于高山腹地，其枝叶、树皮与果实，均含油分，且为贵重香料。若菊科之艾脑香（Blumea compositse）多生于恒春之林野，若藤黄科之福木（Garcinia multiflora）则散见于全台境地，均可采制树脂以供染料或药料。又若漆树科之黄连木（Pistacia chinensis）与台东漆（Semecarpus vernicifera），台岛南部常多野生，其树脂可充漆料及饮料香剂（黄连木树脂）。此外，云叶科昆栏树（Trochodendron aralioides）常与红桧、扁柏混生，冬青科黐木（Ilex formosana)，山地尤多散见，此等树种，日人多采取树皮制为黐胶，以为捕蝇、捕虫之胶料，间或销往欧美，皆可以利用也。他若枫树之盛产向阳山地，香水茅(Cymbopogon nardus)之间为林地下草，前者产苏合香（Styrax)，后者产柠檬草油，均为熏香料或香妆料，总之，此等植物均系森林之副产，虽因品种、立地之殊异，产量或未尽同，然均已为欧美先进各国所利用，其具有利用之价值可知，如能善事利用，则匪特伐木迹地之累累残株成为有用之原料，即老熟之阔叶树材亦得节约合理之利用，所谓人力配合天工，务使地尽其利，物尽其用，惟在我林业同仁之善事运用耳。

（三）制材场中废材之利用

木材之废材与其他工业、农业品废材不同，工业、农业品废材非属于本体的废材，而木材之废材则属于本体的废材。例如，铜矿工业采矿人以矿石供给炼矿者，炼矿者提出小量之铜（约1.5%），而废弃大量非铜杂物（约98.5%）。又如农夫种植谷类作物，仅收获40%谷粒，而60%之茎叶不能视作食粮。此等矿夫、农人，对于铜以外渣土与谷粒以外之秆梗废材，往往搁置一边，盖该废材之物质与原来之制材原料全异，不能与主产物相提并论也。至于伐木者，将林木砍倒后送入制材厂，其废材不论为刨片、为锯去之边条或为锯屑，其名称虽不同，其本质却无变化，与原来木材原料为一物，不过形状大小相异而已。所以制材者对于木材废材若弃而不用，则主产物本身问题尚未完全解决，不得谓善于利用也。

关于木材废材之利用范围甚广，为便于讨论起见，将制材厂中之木材废材分四类：即树皮、刨片、锯屑与锯去之边条。树皮大多数供制单宁原料，本省已成立企业化工业。至于刨片、木屑、锯去之边条，则尚未有企业经营。查欧美各国，有利用刨片、木屑等作干馏工业、燃料工业、纤维素工业者，有利用锯去之边条制火柴梗、铅笔梗、木桶、门窗格条、柜框条、风扇、网球拍、茶盘、刀架、刀柄、玩具及其他简单家具者，此等工业均有悠久之历史，且已认为有工业价值。

根据林产管理局调查报告（蓝高梓:《台湾之林业资源》,《林产通讯》一卷四期），台省木材年产量不到 1,200 万立方尺（约等于 100 万石），依美国林务局之立木造材损失量百分率计算，制材时木屑损失量约 10%，刨片损失量约 8%，锯去边条损失量约 9%，故若 100 万石木材统归制材厂制材，则年应得木屑 10 万石、刨片 8 万石、锯板边材 9 万石。

（四）刨片、木屑之利用

1. 干馏工业：木材干馏始于 1798 年法人 Phillip Felon 之木材炭化试验，随后因工业发达，研究成功，设立木材干馏厂，以木材供作制造醋酸、甲醇及木焦油等之原料。至 19 世纪初年，醋酸需用量大增，法国一年专供栎材、桦木材 10,500 万立方尺，作为干馏之用。德国每年供 14,000 万立方尺木材作为干馏，并得甲醇 1,500—2,000 吨、醋酸石灰 8,000—10,000 吨、木焦油 10,000吨、木炭 44,000 吨。

木材干馏，乃将木材加热燃烧，使其变为气体，冷凝成液，该液内含醋酸、甲醇、木焦油等物质。刨片、木屑等之干馏，其原理与木材干馏同，惟干馏釜装置稍异，盖刨片、木屑等废材含水量特多，反射热激烈发生，影响炭化不均，木炭为粉末状态，搬运不易，处理困难。欧美各国有Seamen或Stafford 氏之连续式干馏釜，日本有克拉尔氏之薄层干馏炉，皆采用作为锯屑之干馏。此种装置，锯屑于干馏之前得以干燥去水，于干馏之时，温度可以调节，既经干馏之木炭，可随其倾斜度而泻出。如此连续干馏，则台省制材厂中之刨片与锯屑干馏工业，以18万石计算，每年产醋酸10,800石（以醋酸量占原料6%计算）、甲醇2,160石（以甲醇量占原料1.2%计算）、木焦油5,400石。

2.燃料工业：锯木等废材供作燃料，发生热能，已为木材产量丰富之国家所特别注意。盖大量制材生产必伴有大量锯屑产生，如欲堆置此材，供作他用，工作颇感不便，且锯屑之品质不纯，含水量又特多，选别利用，耗费经费殊大，今各国皆利用之作为发生热能之源，荷兰有荷兰炉，英国有英皇家理工研究所林产研究室之锯屑反射炉，加拿大有加拿大锯屑反射炉等，其式样虽不相同，但其原理则一，均为发生最大热能之工具，用锯屑供给热能。于燃烧之先，必须预先减少锯屑中之含水量，因燃烧时，木屑含水第一步须要许多热能，借以蒸发水分，第二步又须要许多热能以蒸发水蒸汽，热能因此消耗而损失，计每磅湿材（50%的含水量）仅能产生4,000—5,000英国热量单位（B.Th.U.）。若采用上述之燃烧炉，原料得以预干，通风设备良好，木灰随时排除，则每磅干材可产生8,000英国热量单位，虽不能与每磅煤产生13,000英国热量单位相比美，但已增加热能一倍。台省各制材厂用刨片、锯屑等废材为燃料发生热能，推动机器，实不可不效法采用。按各制材厂之刨片、锯屑共有18万石，约等于5,616万磅（以木材之平均比重等于0.5计算），若以百分之百发生热能计算，则有4,492亿英国热量单位。

3.纤维素工业：近十余年来，棉纤维素原料之缺乏，对于各种纤维素工业品有莫大之影响，纤维工业家苦心试验，协力探索原料，结果以亚硫酸法制造之漂白木粕，可以代替棉纤维素，至少可以掺入棉纤维素中合用，制造各种纤维素工业品，如人造丝、赛璐珞、照相软片、绝缘体等。

赛璐珞之制法，系将纯纤维溶化于强苛性钠（17.5%）中，然后导以二硫化碳之气体或溶液，制成纤维素粘化物，此物与空气接触凝固，得硬质纤维素，统称赛璐珞。硬质纤维素与原料之纯纤维素之分子排列全异，故原料纤维素之长短、抗压力、抗拉力等物理性，实与赛璐珞之品质无关。赛璐珞原料可用大材，亦可用小材，更可用锯屑，但求其纤维化学性质合乎标准而已。一般木粕，如北美之铁杉、欧洲之云杉、日本之冷杉制成之木粕，含纤维素在90%以上、半纤维素8%、灰分0.1%、树脂在0.5%以下，膨化度稍大，约7%，粘度约4%。若以之与棉纤维粕相比较，除纤维含量稍少于棉纤维，半纤维素含量多过于棉纤维外，其性质可谓相同。如制材厂之锯屑废材作为制造赛璐珞之原料，则就各制材厂制造简单亚硫酸法之漂白木粕，或出口换取外资，或供给本省纺织工厂代替棉纤维，一面增加全台收入，一面补助本省棉荒，受益实匪浅鲜。

（五）锯去边条之利用

制材厂中之锯板边材，损失量约占原材量9%，依台省全年产木量100万石计算，年得锯板边材9万石，其数量已如上述，数目固不为大，但如加工适当，处理得法，实为有用之经济木料。世界各国之制材厂，皆利用此材制造各种工业品，其收入大者供作基金，小则为员工福利。太平山制材厂，则用扁柏边材制造铅笔杆、木桶等品，办理员工福利事业，此举诚可效法，其他制材工厂，似应即日施行。

九、木材采运器材之补充问题

工欲善其事，必先利其器。吾人在竹东、阿里山、八仙山、太平山、大元山、峦大山、太鲁阁、木瓜山等处观察集材、运材、贮木、制材等事业,或全部设备近代化,或一部用机械代替人工,深佩前人创造力之伟大，与其惨淡经营之苦心。

林产管理局直辖诸林场，每年总生产值台币 40 亿元以上，为一省之重要财源，此有赖于工作人员之努力，更有赖于机械能量之伟大。吾人在各林场所见：（1）就集材论，有大型集材机18架，小型集材机 15 架，工作效力甚大。（2）就陆地运材论，铁路线总长 132.3 公里,山地线 253.4 公里,伏地倾斜铁路 227.9公里,更辅之以车道 32 公里；机车有齿轮机车 19 辆,普通机车12辆，瓦斯机车 43 辆，木炭车若干辆。客货车则有客车 33 辆，货车 701 辆，木制台车 1,579 辆,更辅之以摩托卡 2 辆与卡车 9 辆。（3）就架空运材论，索道总长 24,566 米（详见下表）①，因时制宜，因地布置，可谓种类繁多。

然而设备愈多，维持益艰，逐年消耗，补充甚少。日治时代购置之机车，连年驶行，疲于奔命，有时因中途发生障碍而损失劳力与时间,有时因机器制动不灵而伤及人命与货物。至于钢索,则关系人命与生产力更大，太平山在前年冬季，惟第二索道不用缆车载人,今第二、第三索道亦如是矣；八仙山虽尚用缆车载人,然钢索已超过年龄，不免危险。即以运材论，亦因钢索陈旧，不得不减轻负担，本来一次可运 8—9 吨者，今仅运 5—6 吨矣。夫索道本为铁路或公路之连络线，索道运输量减少，则铁路与公路亦不能发挥其功能，影响于生产事业不小。至就太鲁阁与木瓜山等处而论，则索道为单线，而员工上山下山，犹以此为唯一交通工具，脚跨台车，手握铁链，前后无蔽，左右凌空，战战兢兢，来往于朝不保暮之索道，其勇可佩，其勤可敬，然而人命则似乎

---

① 文中数字与表中数字稍有不符，原件如此。——编者

台湾现有集材及运材设备表

类别	单位	阿里山	太平山	八仙山	竹东	峦大山	太鲁阁	合计
铁道线	公里	14.2	36.7	13.1	—	—	—	64.0
山地线	公里	102.35	28.2	83.8	26.8	6.1	6.1	253.35
伏地倾斜铁路	米	—	200	1,975	—	—	104	2,279
车道	公里	—	—	—	36	—	—	36
索道	米	—	6,020	4,466	7,750	1,600	4,730	24,566
齿轮机车	辆	19	—	—	—	—	—	19
普通机车	辆	1	7	4	—	—	—	12
瓦斯机车	辆	4	15	21	—	—	—	40
木炭车	辆	—	—	—	—	—	—	—
摩托卡	辆	1	—	1	—	—	—	2
卡车	辆	1	—	—	7	1	—	9
客车	辆	17	7	9	—	—	—	33
货车	辆	304	206	282	—	—	—	792
木制台车	辆	40	977	480	40	—	42	1,579
集材机（大型）	架	8	11	6	—	—	—	25
集材机（小型）	架	—	—	—	9	3	3	15

等于儿戏矣！可乎？又据观察所得，集材索在工作期间亦时时中断，小则损失时间与劳力，大则害及人命。而由善后救济总署分拨者，其钢索本不作集材之用，其直径大小不合，故一经使用，不久即断，此各林场所引以为痛，有赖于政府之急速设法补充也。

台湾各林场应行补充之器材（新开林场之设备不在内）。

（一）钢　　索

各种钢索约 490 吨

内开：

运材用 180 吨，径 14—122 毫米，6 股 7 线捻钢索

集材用 270 吨，径 10—32 毫米，6 股 19 线捻钢索

其他　　40 吨

（二）机车用品

各种外轮	240 个，外径 30 英寸
各种发条	3 吨
罐用钢管	2000 根，外径 $1\frac{3}{4}$英寸
罐用钢板	5 吨，$\frac{1}{2}$—$\frac{7}{8}$英寸
车轴	30 根，3—5 英寸
空气制动器部件	若干

（三）货车用件

各种车轮	360个，15—18英寸
各种车轴	300根，$2\frac{1}{2}$—4英寸
各种发条	5吨

（四）汽油机车

30—40匹马力汽油机车	25台
60匹马力汽油机车	7台
各种点火栓	300个
Five ring	20枚

（五）集材机及其他机械用品

各种棒钢材	
各种型钢材	
各种钢材制品	
各种管钢材制品	
计	100吨

吾人从各地视察状况，探访情形，搜集资料，知各林场欲恢复正常生产，改善采运工作，则铁索、机车用品、货车用件、汽

油机车与集材机及其他机械用品所应补充之量甚多（详见上表），所需款项必多，在目前之经济状态下，似非轻而易举。然生产又为台省之重要事业，欲图发展，必须不惜工本，于书尾提出此问题，以供当局斟酌。

（原载前台湾省林产管理局《林业通讯》二卷七期，一九四八年）

目前的林业工作方针和任务

一九四九年十二月十八日在林业座谈会上的报告

我们乘农业部农业生产会议之便，对各区各省有关林业的代表，曾举行了个别访问，分组谈话，书面报告，和预备性的座谈会，得到了地方林业的一个轮廓，了解了林业主管人的一般意见。今天的报告，是综合了各方面的报导，参酌了我们的意见，提出一个大纲来和各位专家与各位林业工作者讨论，由此规定一九五〇年的工作计划。

林垦部，是一个从无而有的新的机构，所以事业应该是从小而大，从简而繁，稳步前进，不可能一下子铺张得很大。我相信，我们林业界同人会谅解这个意思的。

一、情况分析

（一）中国森林破坏的原因、破坏的情况以及破坏后所得的恶果

只有林业是最适合于社会性，我所种者未必由我收，而我所收者未必是我所种。它，或者是前人种植，或者是大自然遗留下来的产物。

说到遗产，中央与各级人民政府已经接收了或正在接收着国

民党无法搬走的各种各样东西，其中关于林业可以接收的算是最贫乏了。统治中国二十多年的国民党反动政府不消说，就追溯到日伪、北洋军阀和爱新觉罗王朝以上，一切帝国主义者、封建阶级、官僚资产阶级等，都是贪污无能，目光如豆，对森林只有毁坏，没有建设。因此，留给林业界的，除了少数交通阻塞的原生林外，就是千千万万亩赤裸裸的荒山。单说华北五省，合计山荒、沙荒、碱荒、堤荒总共有二十八亿六千二百万亩。林业基础薄弱，一切要从头建设起来，我们的工作是艰难的。

千千万万亩荒山，把肥沃的土壤，经过长时期的变化，统统流送在江里、河里和海里。辽西柳河的含沙量，据东北代表报告，最高达50%以上。黄河含沙量，据从前国联专家调查，在水位高时达50%左右。所以土壤学家说：中国沿海五百英里长，出海二百英里宽这一个广大区域的黄浊的海水，都包含着从中国陆地流出来的沃土。

千千万万亩荒山造成了飞沙。眼前最现实的例子，是正定、新乐等七个县五十一万亩面积的沙地。它不但自身变化了全部或一部分不毛，还能够把飞沙乘风运到邻近地方，毁坏农田。最近，冀西沙荒造林局正在和它作顽强的斗争，并且取得了相当的效果。然而，别的地方还大量地大面积地留存着甚至制造着人工的沙漠。

千千万万亩荒山更造成了水旱灾。单以河北省为例，据代表报告：东陵在二十年前尚有直径三尺的槲树、橡树，葱翠成林，不见天日，附近地方每年要下七十二场浇淋雨，风调雨顺，不闹灾荒，自从森林破坏以后，便经常闹水旱灾。离东陵一百三十里的玉田县，从前种麦，现在积水八年不退，淹没了麦田十六万亩。蓟运河在东陵森林未被破坏以前，雨水从上游流到下游，须经四天，现在只需二十四小时。老百姓都迫切希望恢复“风水山”。以上这许多灾害，都等待我们来加以克服，我们的责任是重大的。

（二）森林对工业和农业的重要性

十二月九日《人民日报》转载《密勒氏评论报》的报道：美国奥勒冈州波特兰港对中国的木材输出，在一九二九年，价值三亿九千九百七十八万英磅，而一九四九年，由于上海封锁，减少到十九万英磅。把它计算一下，只剩了百分之零点四八。对帝国主义来说，由此发生了半数的木材工人失业，减少了将近四亿英磅的收入，是一个大损失，而我们却因此节省了将近四亿英磅或十一亿一千九百多万美元（一英磅等于二点八美元）的外汇。当然，由于连年战争，木材购买力减少，今年不可能同一九二九年一样地销费多量的木材，然而必不可少的交通和工业用品，如枕木、桥梁、码头、船舶、矿山、房屋、家具、电杆、造纸、农具等，还是要用木材的。这种用途，在目前的情况下，必须靠本国供给。将来建设发达、工业兴盛，则木材需要更多。这，只要看苏联和战前的德国就明白了。

至于森林对农业的关系，就更重要了。有森林才有水利，有水利才有农田。这是大家知道的。中国连年闹水灾，闹旱灾，就是吃了荒山的亏。河北新乐县黄家庄，十年来被风沙埋没有五十五口井，把一千六百亩水浇地变成沙荒。昌黎、临榆、秦皇岛、北戴河一带七万七千亩滩荒，必须造防风林以后，才可种农作物。永定河本月涨水二次，冲决了陈家务东和东德胜村两条堤防，淹没了八千亩麦田，水围了十二个村庄。平原省最近的大水灾，发生灾民一百三十万人，全省缺粮五个月，合计一亿八千七百五十万斤，断炊者达十分之一。黄灾区房屋，受害最重者倒塌了百分之九十，最轻者百分之二十五，平均在百分之五十至七十之间，梁山灾民外逃者十二万人，出卖牲口达百分之九十以上。至于全国水灾造成的结果，即更可怕：被淹耕地一亿亩，减产粮食一百二十亿斤，轻重受害灾民四千万人。这种灾害，大半起因于荒山。我们可以说：森林是一大半为农田服务，与人民生活分不开的。

二、林业工作的方针任务

根据全国森林已被严重破坏并且还在继续被破坏的客观情况，同时又根据中国目前人力、财力和物力的主观力量，我们实事求是，不能把未来的远景当作今天的出发点，只能在原有的薄弱的基础上，先把它整理和巩固起来，然后谋取发展和壮大。这就规定了我们当前林业工作的总方针是：以普遍护林为主，同时有计划、有步骤、有重点地走群众路线进行造林工作。

在这一方针下，决定我们在一九五〇年的任务如次：

（一）护　林

我们看到各省天然林和人工林严重地被毁坏，觉得护林比造林更重要，因此，首先决定我们的护林任务如次：

1.根据地方实际情况分别订定护林暂行条例

各区各省代表都希望中央颁布森林法规。是的，我们也知道它对于森林保护的重要性，不过，法规不是仓卒之间所能草率订定，而护林工作却是刻不容缓。所以我们希望在法规未定以前，各地方斟酌实际情况，先订定暂行的护林条例。这种例子，在老解放区不是没有。例如冀中行署在一九四八年颁布了《恢复与发展农业生产七项办法》，它的第四项就是“保护与奖励植树造林”。此外，东北人民政府曾颁布过不少有关护林的单行法令。河北有不少县份，曾颁发了护林布告，订立了护林公约，如新乐、无极等六个县一百三十个村中，有六十五个村订立了护林公约。这种临时的办法，我们以为适合于地方实际情况。

2.发动群众、教育群众、组织群众开展护林运动

在国民党反动政府时代，林业机关与群众对立，这种工作是不可能进行的。而在老解放区，因为能够把护林工作和群众利益结合起来，所以能够组织群众，使群众自动自发地参加。而在组织群众时，首先应注意群众中的积极分子，使他们在群众中起核心作用，然后打通区村干部思想，解除群众的顾虑，把工作圆满地展开。这种方法，在河北涞水县和山西平顺县的封山育林曾经应用得很好，而在冀西，则应用到沙荒造林，也卓著成绩。此后我们应广泛地使用这个好方法。

3.根据实际情况必要时得武装护林

为护林而用武装，诚然是下策，然在不得已时，下策犹胜于无策。例如南京东善桥林场在解放以后，自五月二十六日至七月三十日的两个多月间，连续遭附近居民盗伐林木，因政府主管人员屡次得林场报告，仍然漠不关心，所以到了七月底，每天竟有近千名居民恣意砍伐。损失树木二十多万株，破坏林地面积一千四百余亩，直等到警备部队派去武装队伍以后，破坏将告停息。这是一种不得已的护林方法。

4.严格执行“护林者奖毁林者罚”的规则

前面说，冀中行署一九四八年颁发《保护与奖励植树造林办法》，这是说奖的一方面。至于罚，宛平县今年曾经处罚了三十六件烧山和盗树案件，严格执行了禁山护林政策，因此提高了群众对造林的兴趣，这是一例。东北有许多县，组织群众护林队，每队有人负责，成绩好的被登报表扬，成绩不好，则受到处分，例如松江省东宁县长王蔚伯护林有功被省府明令表扬，穆棱县长韩屏护林不力则受处罚，象这样赏罚分明，才可使护林工作做得更好。

5.禁止滥伐滥垦

不单是农民因需要木材而任意伐木，商人因牟利而入山乱砍，应归入滥伐之列，即使是林业机关，如果不照一定计划和一定规矩而伐木，也算是滥伐，也在禁伐之列。我们并不反对伐木，而反对无计划地盲目地采伐。盲目采伐，则森林不能保续，势必造成荒山。

至于乱垦或烧山，则毁坏森林更大，我们必须对农民设法劝阻。

6.注意森林火灾，严禁放火烧山

除前面所说烧山耕种外，据东北报告，林火的原因还有三种：一种是因伐木工人不慎而失火，二种是由于森林铁路上的火车，三种是国民党特务放火。最后一种是政治问题，这里暂且不说。第一种伐木工人失火问题，我们以为伐木后如果能够清理林地，把残枝败叶收拾或烧毁，则于促进苗木上长与减少病虫害以外，还可以防火。而治本之法，则在于教育，有许多林火的发生，起因于林业工人或附近居民的知识不足，必须从教育上设法防止。至于火车失火，近来森铁都用除烬器（烟罩）盖在烟突之上，可以减少林火，东北似应使用。

（二）造　林

1.保安林，如防风林、防沙林、防洪林

冀西七县的沙荒造林，已引起了农民的兴趣，我们自然要用全副精神继续下去。而河南的沙荒，也不容忽视。据代表报告，郑州以东黄汛区情形严重，洛河汛滥，冲刷不少土壤，造成沙荒。黄河沿岸考城一带，沙子堆积如山，再不植树造林，则附近耕地将成问题。我们希望河南省提出的预算可以通过，可以继冀西进行沙荒造林。至于防风林，则如河北省所提出的：北戴河、昌黎、临榆、秦皇岛一带七万七千亩滩荒，必须建造防风林带，才可变为耕地，我们也认为正确。此外，在水源地，尽可能施行播种造林，作为防洪林之初步工作，也是必要的。

2.封山育林

陕甘宁边区代表在上次座谈会中提出了养山造林（即封山育林），作为今天的讨论问题。我们以为中国有许多山地，土不全赤，树不绝种，只要彻底把山封起来，不许砍伐，就能养成很好的森林。这种例子甚多：山西交城县四区神尾沟吕梁山系，在二千至二千五百米的高山上，本来满山生长云杉和落叶松，一九二八年大火，烧死了百分之九十五以上的树木，幸而山高，没有人上山打柴和放牧，所以经过二十年，从上方天然下种，到现在又成长着落叶松和桦木的郁闭森林，这是一例。山西中条山系翼城三区珍珠帘，在一九三六年以前，晋裕火柴公司把山上所有桦木、椴木、杨木伐光了，幸而山高，又幸而离山二十里以内无人烟，所以过了十年小树又生长成林，这又是一例。杭州浙江大学所在的一座山，树木葱翠，与附近的荒山成了一个明显的对照，然而，据学校当局说，他们从来没有造过林，不过不伐就是了，树木都是自生自长的，这又是一例。最近，河北涞水县、山西平顺县正在试行封山育林，我们以为这办法是最廉价而最简便的。

3.经济林——靠近都市，注重薪炭林和果木林

德国人从前在青岛造林，首先提出了一个问题，就是：先把煤炭充分供给市民。是的，都市附近森林之所以容易被盗伐，大半是由于伐作劈柴出卖。所以，陕甘宁边区代表孙麟符先生在上次座谈会上特别强调指出：薪炭问题不解决，不能护林。我们在南京举行林业座谈会时，大家也众口一辞，主张都市附近多造薪炭林。尤其是，解放以后，海口被封锁，汽油来源断绝，木炭汽车盛行，更影响到农民的滥伐，更感到薪炭林的重要。这一点湖

南代表王恢先生又举出了最现实的例子。所以，我们听到湖北代表徐觉非先生报告说："大别山有很好的麻栎林，可供薪炭之用，大洪山也有很好的薪炭林。"使得我们非常兴奋。

果林亦有很大的收入，不但将来长成的木材可作上等材料，即果实一项，生产也值得重视。据河北代表报告：东陵附近沿长城一带，栗与核桃成林，迁安与迁西出六百万斤栗子与相当量核桃（核桃一斤可换米五斤）。冀东十一县，产核桃、栗、苹果、梨等果子三千万斤。这都是农林很好的收入。果实产量较大的，如东陵新立村农民李述怀有白梨十五株与酸枣十五株，出果子六千斤，可换米三千斤。所以在都市附近或交通较便的地方，多种果木，于农家总是有益的。

4.辅助农民广植特用林木，例如油桐、核桃、乌桕、樟树、橡胶树等

单说油桐一项，已经是一种换取外汇值得重视的林产品。近来因为连年战争，加以海口封锁，人们对桐油的输出，不免悲观，然而据华东代表蔡无忌先生报告：一九一二至一九三六年二十五年间每年平均输出桐油五十万公担，而抗战胜利以后的输出量，一九四六年三十五万二千六百三十八公担，一九四七年八十万零五千三百七十三公担，一九四八年七十六万零九百二十六公担。

由此可见，前年与去年的桐油输出量，并不比战前少。至于一九四九年，虽然没有统计，而据蔡无忌先生说，由于美国的需要，更由于商人的善于偷运，本年度桐油的输出量可能不少于往年。此外华东的乌桕、华北的核桃、福建和台湾的樟树、海南岛的橡胶树等，一切特用林木，都应该辅助农民，广泛种植，以增加农家的生产。

5.发动群众组织群众推行造林任务，鼓励乡村合作造林

群众自动自发地造成的森林，一定会自动自发地保护，所以

造林最好发动群众。

关于乡村合作造林，冀中又有成绩。一九四八年秋季造林，在四个县成立了九十五个造林合作组，一九四九年春季造林，在新乐、无极、晋县三个县十五个村中，成立了六十七个合作组。这方法可以推行于其他地方。

6.采种育苗，供给造林

谁都知道，要造林，必先有计划地准备种子和苗木，免得临事张惶。希望一九五〇年各地区林业机构对这一点特别重视。

（三）利　用

1.伐木务须依照一定计划

伐木必须注意某地点之应伐与不应伐，而不专顾某地点之便于伐与不便于伐，就是说，按照预定的施业方案进行，才是正理。

2.伐木后必须配合造林

贮林于山，等于贮金于银行，银行有款只取不存，势必用尽。我们希望山中林木取之不尽用之不竭，故一面伐木，一面必须及时造林。如果要天然更新，则采伐迹地必须留母树，而母树必须树形端正和树体健全。如果是皆伐，则伐木后更须人工造林，以期森林生生而不息。

3.经济地合理地使用木材，并尽量地利用森林副产品，以期林业工业化

要经济地合理地利用木材，必须注意下列几点：

（1）伐木　在东北，今年已有规定：①采伐迹地留存的根株，最高不得超过离地面三十厘米。②直径六厘米的枝条必须拉出山外。③伐倒后必须合理地造成贵重的长材，尽量利用木材全部，包括树梢。我们希望这种规条可以彻底实行。

（2）使用材料　东北是木材产地，木料不甚被重视，直径四寸至五寸之核桃树，也被砍下来零星使用，未免可惜。象这类贵重的硬木，应该等它长大以后才用。

造纸，在东北都用鱼鳞松（云杉）与白松（冷杉）的盈抱大材。我从前在台湾见罗东纸厂用四尺至五尺直径的大铁杉，劈碎了造纸，已感到大材小用，何况云杉是何等贵重，飞机、乐器、建筑和其他用途都需云杉。造纸的材料，在可能范围内还是用其他树代替为是。诚然，云杉是造纸的最好原料，但最近欧美各国，已由于原料之供不应求，正在改用其他木料，甚至用纸厂所不欢迎的松木来造纸。东北虽说是树海，然云杉太贵重了，我们似乎应该节用。

（3）防腐　枕木、码头、桥梁、电杆，使用时或暴露在户外，或浸润在水中，容易遭虫类和菌类之害，必须在使用以前防腐，可以延长寿命三倍到三倍以上。

总之，在全中国森林被严重地破坏的时候，在欧美各国林业界都呼吁木材日渐缺少的时候，在世界木材工业发达后木材用途有增而无减的时候，尤其是在中国建设高潮即将到来，木材需要即将增加的时候，毫无疑问，我们应该用极经济极合理的方法使用木材。

至于副产品，有在森林内俯拾便得的，如湖北代表所说的大别山茯苓和其他药材。有在森林内培养而成的，如冬菇与白木耳等。有用化学方法加工制造的，例如松节油，通常松脂中含油百分之二十五以上，可以设法提炼。此外森林中香油原料还甚多；例如烧炭或木材干馏，烟中包含甲醇与醋酸及丙酮等宝贵物品，可以设法提取；例如单宁（鞣酸），是制革必不可少的材料，哈尔滨曾有单宁厂，用红松和柞树皮作原料，每天制单宁六千斤。以上种种，可以小规模地用手工制造，也可以用较大的规模设厂。

（四）调　　查

这里不是说大规模的全面的森林调查，而是说：分区分期进行调查工作，以便配合造林或伐木事宜。

不论造林或伐木，都须靠调查所得的记录作基础。例如伐木，估计的采伐量，与实际所得的材积，必不能没有差别，而差别的大小，就是调查正确与否的反映。苏联真正采伐量与调查所得数字相差不过百分之五。而东北，据说相差有时高到百分之五十之多。这就表示采伐前调查的不够精细。又如造林，首先必须调查宜林地面积、土壤、地形、气候、固有树种，及其他一切情况。又如轮回封山，在事前亦必须经过详细调查，而后可以下手。

在人力、物力和财力的可能范围内，各地区林业机构，如果能够把附近的山荒、沙荒、碱荒或堤荒以及其他各种情况，尽量调查，尽量记载，则林业上所得利益更非浅鲜。

三、组织机构与领导关系

前面已经说过，我们林业的基础是薄弱的。在目前，我们还不可能在全国范围内订出庞大的计划，只能在薄弱的基础上，成立因地制宜的组织。就是说：按照各地的实际情况，环绕着我们的方针和任务去组织必要的林业机构。

而所有已成立、未成立及将成立的林业机构的领导关系，在今天新行政制度下，应该是双重的关系。不论其为区、为省、为县，都应该受当地政府和上级林业机构的领导。这不仅可以得到当地政府的照顾，而且可以和实际情况密切地结合起来，使我们的工作可以作得更深入一些。这在形式上虽说是双重领导，而在精神上其实仍是一元的。下面是具体的说明：

（1）林业工作有基础、林业规模较大者，在当地政府内设立独立林业机构。例如东北人民政府，可考虑设立林业部。东北北部几省设立林业厅，县设立林务局。规模较小、工作尚无基础者，则林业机构设在农业机构之内，其机构之大小，视工作需要而定。

（2）林场较多或林场规模较大的地方，得于农业机构之下斟酌实际情况与需要，设立林业管理局。

（3）凡设在地方农业机关（包括农业厅、实业厅、建设厅等）内之林业机构，除受当地政府领导外，上级林业机构得通过地方农业机关（包括农业厅、实业厅、建设厅等）领导之。

（4）凡设在地方政府内的独立林业机构，为当地政府组成部分，受当地政府与上级林业机构双重领导。

四、干　　部

“干部决定一切”，这句话，特别在今天的林业界，更具有现实的意义。我们目前已深深地感到缺乏干部，这回到京的湖北、江西、河北、河南、东北、陕甘宁边区及其他各地区代表都曾提出这个严重的问题。将来林业更进一步，跟着新经济建设高潮的到来，必将有一个突飞猛进的时期，必将比现在还需要更多的林业人才。所以，为解决目前和未来的干部问题。原则上我们同意地方所提出的设立林业干部短期训练班，同时，现有的林业技术人员，还拟举行总登记。

（1）现有林业技术干部举行总登记，统一分配。

（2）各地方依实际需要及现有条件，经本部许可，得设立临时林业干部训练班（在职干部轮训，或招收学员或练习生训练之）。

五、经　　费

目前全国生产事业，一般说来，还在恢复的过程中。由于胜利形势带来的困难正在有增无减，所以一九五〇年是我们处在恢复生产和发展生产的前夜，也正是青黄不接最感困难的时候，中央不可能有更多的经费用在林业方面，因此各地区作的预算不能要求过高。

（原载《全国林业业务会议专刊》，一九五〇年）

《中国林业》发刊词

大自然对得起中国，中国人曾对不起大自然。

为什么说中国人对不起大自然？站在林业工作者的立场，试想：中国历史上，从上古“舜使益掌火，益烈山泽而焚之”开始，到一九五〇年三月蒋介石派美制飞机队到海南岛投汽油弹焚毁森林为止，上下数千年，烧山者不单是开山耕种的农民，不单是上山打猎的猎户，也不单是入山采柴的樵夫，还竟有历来的统治阶级，特别是国民党反动政府，非但不加保护，反而变本加厉，恣意摧残，公开地大规模地派人向山上放火，毁灭天然林。此外，盗伐、滥伐更是司空见惯。因此，在今天，大好江山，面貌全改，全中国变成了一片山荒、沙荒、堤荒，只留下百分之五的林地。这对得起大自然吗？

可是，大自然并不辜负中国。尽管历来的统治阶级轻视森林，毁坏森林，中国的林业还是“野火烧不尽，春风吹又生”。而崇山峻岭深谷幽岩之间，郁郁苍苍，还保留着部分的美满的林相，生长着许多宝贵的树种。

首先，看水平的森林植物带：南从海南岛，北至黑龙江，同温线摄氏廿一度以上的地方，有榕树、槟榔、椰子、龙眼、荔枝等代表着热带林；摄氏廿一度以下十三度以上的地方，有杉、竹、槠、栲、樟、楠等代表着暖带林；在十三度以下六度以上，有榆、栎、柳、白杨等代表着温带林；而在六度以下，则有海松、黄花松、鱼鳞松、桦木、槭树等代表着寒带林（陈嵘：《造林学通论》)。

其次，看垂直的森林植物带：尽管国民党反动派在短短五年内破坏了台湾的森林，造成了日月潭水量缺少的奇闻，而台湾新高山的垂直森林带依然存在：五百米以下是热带林，五百米至一千八百米之间是暖带林，一千八百米至三千米之间是温带林，三千米以上是寒带林（台湾林业试验所文献）。可以说：

斧斤不尽山林劫，天地无私草木春。

所谓天地，用近代的术语来说，就是大自然。因为大自然不负中国，所以中国今天还有森林，所以中国今天还有林业，所以中国今天的中央人民政府才能成立一个专业机构来计划全国规模的林业建设；并还创办了这份《中国林业》的刊物。

固然，中国林业，由于历来不受人们的重视，社会上对于森林重要性的认识也不够；又由于积习难除，一切盗伐、滥伐、山火等破坏森林的行为，到现在还没有停止；更由于人才缺乏，财政拮据，所以，林业在今天一切等于从头做起，基础是薄弱的，工作是艰巨的。

但是，中国林业，象把一个无衣无食无业无纪律无教育的野孩子，收容到教养院一样，目前虽然肮脏、讨厌，却是朝气蓬勃，前途有无限的光明。森林经理，就在于把这野孩子作一番彻底的检查：查体格，查身家，查品性，查知识，以备量才施教，作出一个通盘的计划来。林政，就在于教育这野孩子：要他懂规则，守纪律，不乱发展，不自暴弃，扶他走上正轨。护林，象保护这个野孩子：用食品来滋养他，用衣服来保暖他，替他除害、去暴，使他慢慢强壮起来，不再受外界贱视、欺凌和摧残。造林，就在于医治这个野孩子：替他清血液，医疥疮，治癞痢，恢复他的毛发，健全他的皮肤和身体，使他不秃无疤，面对着大庭广众而无愧色。森林利用，则在于教导这野孩子加入生产，发挥力量，显扬材能，为社会致用，但也不允许从他身上作过分的剥削。

这就是林业工作者的任务。为了要完成这个任务，我们打算通过《中国林业》这个刊物，首先，联络各大区、各省、各专署、各县、各区村干部，交流经验，交换知识，吸收各乡村宝贵的实际成绩，加以研究，分析和综合，再拿回到乡村去。把技术经验提高到理论的水平，使与实际结合，与群众结合。同时，团结全中国林业教育家、林业研究家、林业行政人员，一致合拍地向着了解大自然、利用大自然和改造大自然的这一共同目标努力前进。

这就需要全国林业工作者从各方面的通力合作，来逐渐充实起《中国林业》的内容。我相信，全国林业工作者，一定有决心有信心，为实现本刊封面的远景而努力；彻底消灭荒山，绿化新中国！

一九五〇年五月六日于北京

（原载《中国林业》一卷一期，一九五〇年）

这一次的春季造林

这一次造林，是中国大陆解放以后的第一次，是帝国主义和封建魔王以及大买办互相结合的恶势力消灭以后的第一次，中国人民，在独立自主的土地上，为自己的利益，用自己的劳力来造林，其意义比任何一次重大。

（一）用造林来迎接新中国的春天：一山之计在于林，一年之计在于春。春，替我们带来了活泼的生命，使万象由旧而新，由死而生，由黄而青，表示着无限的前程。它不象冬天一样的冷酷、消沉、肃杀、凋零。它送给大自然界的，是谷雨和清明，是嘉露和甘霖，是生物的欣欣向荣。如果说，冬天代表灭亡了的旧中国，那么，春天的万事万物，就象征着新中国的人民。

新中国本身就是人民的春天。在冰天雪地里，人们曾感觉到干燥无味和冷酷无情，天天盼望，天天准备迎接新春。现在已经盼到了，迎到了，春天真在人们的眼前，人们热烈地欢迎，是不成问题的，问题是在：用何种方式欢迎？站在林业工作者的立场，我们以为最好用事实表现，提起精神来，拿出力量来，抓紧机会，针对时令，迅速地，积极地，在被封建主义和帝国主义一再破坏了的荒山荒地上，建立起美丽的森林，为河山改变旧面貌，为大自然创造新环境。这是一项光荣的任务。

前面说，新生的和年青的东西，会代替老死的和枯黄的。是的，这是大自然发展的规律。不过，人们不能等待自然，人们必须争取自然，促进自然，从而改造自然。韶光一刻值千金，春季造林宜乎早，造林工作者从实地所得的经验，值得我们重视的。

这不是意味着造林仅限于春季。春季以外，造林的机会还多，并且成绩有时比春季好。例如冀西，春季造林的成活率百分之八十，雨季百分之九十，又如察哈尔，春季成活率百分之七十，雨季百分之八十，秋季百分之九十左右。至于南方，春季以外，造林机会更多。

然而春季造林，在全国还是占着重要的地位。而且，春天是一年的开始，一鼓作气，精神全在最初。尤其是今年，千载一时地幸逢中华人民共和国成立后的第一个春天，我们应该在千千万万棵苗木中，造成一个表示植物生长史，不，表示社会发展史的最圆满最完全最值得纪念的大年轮。

（二）用造林来减少灾荒：一九四九年是最近数十年来灾荒最多最大的一年，事实告诉我们，警戒我们，教我们立即同大自然斗争——造林。不然，我们会被沙和水吞没。

依照大自然的趋势，山土本来不断地会向下方移动的，而由于草木之被覆，土石得到一重保障，地形的改变因而无限期地延长。荒山可不同了，既无地被，更无保护，沃土逐年流失，于是满山是沙，满地是沙，天空飞的是沙，水中流的又是沙。由于水中饱含流沙，所以江、河、海都成黄色。黄河和辽西柳河的含沙量，最高达百分之五十左右。因为河中半水半沙，所以河水半流半滞，河道半通半塞，时时改变流向，造成水灾。就黄河而论，历史记载得很清楚，大约每十年有四次决口。有人说，每年平均损失，按战前物价计算，约二千五百万元硬币。而一九四九年的大水灾，全国被淹耕地一亿亩，减产粮食一百二十亿斤，产生灾民四千万人。这是一个严重的警告：中国造林不容再缓了。古人说："俟河之清，人寿几何？"这是说，河水永远不会清的。然而要免除或减少水灾，河是必须要澄清的，而且照理论讲，河是可以全部或局部澄清的，这只要看河源与流域的山林如何。这次林业业务会议，在孙麟符代表的发言中所提出的林业家任务内，有“把黄河变成绿河”一句话，这与我几年前在重庆时所想的不谋而合。那时，我在《林钟》刊物上说过：“黄河流碧水，赤地变青山”。但愿新中国大量地迅速地造林，来证实我们的理想吧。

由于地面上沙土的堆积，所以从察哈尔起经绥远、宁夏、甘肃，直到新疆，都是沙碛弥漫，地瘠民穷，其中，新疆的沙漠，浩瀚更甚。农地、林地和牧草地只占全区总面积的百分之四点一到四点五，其余百分之九十五以上之土地，被沙掩盖而不易利用（司马益代表发言）。新疆沙地的面积，几乎等于四个四川，或等于十二个江苏。以上所说，虽然不全是由人工造成，然历史性的森林摧残，也是祸根之一。假如西北和北方的沙土永远固定而不动，那末，沙害也不过限定这一带罢了。无奈时时日晒，风吹，飞沙不断远扬，造成了可怕的“沙漠南移”，沙灾于是广泛地蔓延。孙麟符代表说：西北有四多，风多，沙多，荒地多，灾害多，而风沙之多，则更终年不断。这是风沙的前线景象。黄枢代表说：河北新乐县风沙为害甚大，一九四九年四月四日刮了一天大风，全县十九万多亩麦田和豌豆地都遭到灾害。这又是飞沙的大后方景象。沙漠由北南移的结果，中国人口亦随历史的变迁，有逐渐向南发展的趋势，数千年前繁华的京都，今天已非常荒凉，数千年前沙害的大后方，今天竟变成前线，这是何等可怕！幸而，中国历史完全扭转了，不然，山林继续破坏，沙漠继续南移，中国人民将往何处去？

总而言之，我们必须从春天起，从这一个春天起，积极造林，说做就做，以减少中国的灾荒。

（三）用造林来准备工业资源：国家越进步，越近代化，越工业化，越向建设方面迈进，则需要木材越多。尽管工业发达的国家，有钢和塑料以及其他各种人造品可以代替木材，而木材的用途还是有增无减。这是最近二十年的趋势。

我们只要看一九三七年英、苏、美三国的木材贸易关系，就可以得到一个大概。英国是一个木材缺乏的国家，它的林地面积包括爱尔兰在内，只占总面积之百分之四，而工业又发达，所以需要木材甚切，必须由外国输入。苏联在英国的附近，论木材资源，它占着世界五大木材生产国之第一位，为加拿大、美国、芬兰和瑞典四国所不及。论采运与木材工业，则苏联又是最高度的机械化，胜过加拿大与美国，每年可以生产大量的制材。然而一九三七年英国从海外输入之针叶树制材的总量中，苏联材占百分之二十一点五，反比芬兰材输入量的百分之二十四点一为少。这是什么原因呢？据英国林学家说：苏联革命后几个五年计划，促进了新兴工业，扩张了木材用途，尽管用高度机械化的方式来采运和加工，还不能在满足本国需要之外，有过多的木材输出国外。同样，美国也因为本国工业需要木材甚多，所以一九三七年输入英国的木材量，只占英国的总输入量之百分之二点五。

由此可见，木材之消费量，与建设事业之发达成正比例。中国大陆解放不久，内地军事刚刚结束，而木材的需要，已迫切地列在日程单上，此后更可想而知。单说铁路枕木：去年东北木材产量三百五十万立方米之中，有百分之九十作枕木之用，就中，百分之七十供给关内，百分之二十留在东北。我国现有铁路包括台湾和海南岛在内，总长二万六千八百五十七公里，假定每隔二英尺布置一根枕木，则全国铁路枕木共有四千多万根。假定枕木寿命五年，每年换五分之一，则照现成的铁路计算，每年需要八百多万根。次说木浆：据轻工业部首届全国纸张会议筹备会报告，估计五年之内，中国每人每年消耗纸量增加到一点五公斤（现在只零点四公斤），则年需纸张六十万吨，因此需纸浆六十五万吨。此六十五万吨纸浆中，有二十万吨是机械木浆，需木材六十万立方米，有二十万吨是化学木浆，需木材一百万至一百二十万立方米，每年共需木材一百六十万至一百八十万立方米。所以，新中国的纸浆产量，固然是一个问题，而纸浆所需的木材，问题更大。此外，矿木、电杆、火柴杆等，到处都感到供不应求。

所以，从一九五〇年起，木材用量，必跟着工业的发展而增加。为补充木材的消耗量起见，也必须即时造林，不容迟疑。

迎新，救灾荒，供给工业用材，不过举出数端而已。此外，森林对于新中国之重要性，还书不胜书。在这个大时代里强调造林，我想没有人怀疑。所可疑者，中国宜林地有三十九亿二千万亩，而本年度之造林计划，恐至多不过造成一百六十万亩（封山育林在外），照这样的进度，不知何年何月才能绿化全中国？是的，我们也正有此感，不过，我们并不气短，我们的希望在后来，从全国范围内说，今年还是在薄弱的林业基础上从头做起的第一年。毛主席说过："万里长征走完了第一步"。我们现在一只脚刚刚要提起，还没有走。然而这一步一定要走的，一定要留神走的。为什么？因为是第一步！因为是万里征途上的第一步。

（原载《中国林业》一卷一期，一九五〇年）

《中国科学工作者协会南京分会会员录》题词

在黑暗的年月里，科协好比一枝烛，一盏灯，或一根擦着了的火柴。它，曾经替人指示过方向，引导过路径，发生了启蒙作用；而鸡一啼，天一亮，光明代替了黑暗，太阳代替了灯烛，要适应这个崭新的局面，科协应该取什么方针？

这，在南京今天八十八个单位中的一千多个科协会友，特别是在一百多个解放前的旧会友的心头，恐怕不是一件简单轻松的事情。

南京科协，也同杭州、上海、武汉、芜湖等科协分会一样，解放一年来，加强了组织，发挥了青年男女的伟大力量，团结了科学工作者，学习了马列主义，参加了各种文化和生产建设，朝气勃勃，保持纯洁的心情，推行实事求是的作风。尤其值得提出的，它完成了北京总会所号召的“科协协助科代”的光荣任务。

我们可以说，这一点星星火光，不单是在黑夜里发生过照明的功用，而且在天明以后，还照耀着暗室中每一个角落，帮助泥工、木工、金属工、玻璃工，开辟了许多玲珑美丽的窗洞。

现在，室内室外一体通明，一气沆瀣，一片融和，条条大路通文化宫，个个窗户吞吐自然，人人生活不离科学，回忆过去的光荣，展望未来的光明，我们已不再局限在一个小圈子里，而是面对着广大劳动群众，有一分热，发一分光，可以做出更多的事业，发出更大的力量。

很荣幸，我们中国科学工作者协会的诞辰——七一，恰好是中国共产党的生日，年年这一天，我们应该饮水思源，挂起灯，擦起火柴，点起辉煌的蜡烛，大家欢天喜地庆祝，在《东方红》的歌声中欢呼：

全中国自然科学工作者联合起来！

一九五〇年七月二十一日在北京谨题

在一九五〇年华北春季造林总结会议上的报告

这次会议，我们把华北五省和山东、河南两省的春季造林工作，作了一次初步的检阅，这对于我们今后造林工作的开展是很有益处的。现在让我把我们要总结的几个主要问题来说一说。

一、今年春季造林完成任务的情况

由于部分地区气候寒冷，造林发动较晚，更由于造林区域较广，一时未能普遍检查，所以，在目前，我们还不能作出春季造林成绩的全面统计。只能根据不完整的报告材料，作出如下的总结：华北五省与山东、河南两省共已完成植树一亿五千一百一十三万零二百二十四株，相当于一九五〇年全年三季造林任务二亿七千七百五十一万七千株总数的百分之五十四，其中平原、察哈尔、山西等省，本季即超出去年全年三季造林的总成绩。华北五省播种造林，据已得的报告，完成了五万零四百五十五亩，相当于全年任务的百分之九（华北原计划五十四万三千五百亩，山东、河南本来无播种计划）。我们可以说，这次七省的春季造林，是获得了相当成绩的。而获得这些成绩的原因，主要由于：

（一）各级政府的正确领导与负责干部的重视

自本部召开了二月间的全国林业业务会议，接着由中央人民政府政务院发布了《关于全国林业工作的指示》，确定了森林是全国范围内的建设事业。在困难的财政中，还拨出巨款来进行林业建设，并规划了一九五〇年全国林业的工作计划。

各大行政区与各省均按照中央的决定，积极加强林业工作的领导，建立与充实林业机构，如河北省新设了五个造林局；平原省扩充了原来的两局，并新设三个局；察哈尔新设三个林牧局；山西省在省林业局的统一领导下，在八大林区各设分局一处，并于森林要冲分设办事处，这些专业机构目前虽尚不健全，但它们确是开展工作的重要条件之一。

在护林方面，各省都作了很多工作，例如察哈尔省张苏主席对赐儿山等处破坏林木事件，曾进行严格的检查，采取了停止破坏的有效措施。山西省去冬曾有滥伐森林现象，省府三令五申地通令护林，更通过报纸广泛宣传中央关于护林政策，在各级干部中展开学习，并组织临时工作委员会，深入各林区检查，掌握情况，及时处理破坏林木事件，登记木材，统一供销，经过这样一系列的措施，已把破坏森林的行为基本上停止了下来，因而提高了群众造林的积极性。

在造林方面，各省均在省的生产会议上，及时布置了一九五〇年林业工作，逐级贯彻下去。而山西与河北两省很多县份，则更通过县的人民代表会，决定了造林计划。在很多造林重点区，专业机构结合当地政府，召开专门会议，使行政和技术密切结合。如冀西沙荒造林局结合石家庄、定县两专署，及有关各重点县，均召开盛大的春季造林会议，并聘请当地的造林英模参加，在会上研究技术，交流经验，表扬奖励，激起挑战竞赛。在造林时，很多负责干部亲身参加。如察省张苏主席亲任张家口市造林委员会主任，推动全市机关、部队、团体等一百零二个单位参加春季造林，完成九千二百八十亩（共计一百零二万株）。河北通县专署王专员、河南开封市刘市长等均亲自领头栽树，带动了当地的群众造林热潮。

（二）干部的具体领导与英模的带头作用

在造林的重点区，很多县都抽出专人，结合专业机构的技术人员，组织临时工作组，深入重点区、村，组织群众造林，掌握技术。例如河北、平原、山东等省的大片沙荒、山荒地区，都组织群众性的合作造林，以劳力、树秧、现款及土地等入股，公订入股分红办法，开始有计划的造防护林。

在各级政府的号召与培养下，各地出现了不少的植树英模。如平原省林县植树模范石玉殿，山西壶关县植树模范王洛肥等，都自动拿出自已培养的苗木，帮助群众栽树，激发了全村人民对造林的热情。河北行唐县故郡蹉跹等村的妇女植树模范赵明琴、傅小胖、靳小萍等，积极发动妇女，因此，妇女参加合作植树者，占参加造林总人数的三分之一以上。

（三）群众积极的行动

在政府大力贯彻护林政策与奖励造林之下，经干部的深入宣传与动员和英模的带头作用，各地群众都广泛地积极地行动起来了。山东的胶东区史无前例地动员了六千二百多人热烈参加造林。冀西行唐等八个沙荒造林重点县，在当地政府与造林局大力领导下，沙荒与沿河村庄共发动了十万零二千余人，完成防护林六万三千二百余亩，共植树五百四十六万余株，这里充分说明了在风、沙、洪水为害地区的群众对造林防灾与提高生产具有自觉的基础。

所有这些，都是这次春季造林获得成绩的主要原因，但，我们没有理由满足于这些成绩，今后只有充分利用与发展这些条件，使工作再提高一步。

二、今后造林的方向问题

（一）大面积造林

目前我们植树造林有两种主要形式：一种是通过组织群众，或发动军队等方式，在山荒、沙荒及沿河地区进行有计划的大面积造林；另一种是群众个别的小片造林与零星植树。

这两种形式，现在都被各地区在不同的程度上采用，且都得到了一定的成绩，但，根据客观形势的要求，今后究应以哪一种形式为主，哪一种形式为次？这是摆在我们林业工作同志们面前的一个重要现实的课题，也就是今后造林的方向问题。

我国荒山荒地共达四十三亿多市亩，如按一九五〇年的造林规模，需要两千五百多年才能把全国绿化，而我们的目的正是为了消灭大面积的荒山与荒地，有计划地建立防护林带，以保障水利、农业的安全和工业建设的需要，显然，这一迫切伟大而艰巨的任务，远非群众个体的、散漫的小片造林与零星植树所能担负，只有以有计划，有步骤，有重点的进行大面积的造林，大胆放手采取第一种的造林形式，才是我们今后造林的主要方向！这一方向，必须首先从领导同志的思想上明确起来，才会对今后的工作有利。

过去我们在作造林计划或统计成绩时，往往只重数字，而把目的与方向模糊起来。例如今春全国林业业务会议提出的植树造林任务是一十一万八千公顷，这个数字，便是简单地就每亩平均植树四百株计算出来，而没有指出造林的方向，结果，大部分是群众零星植树或小片造林，真正大面积的造林和有计划的森林带只是极少数。如河北永定河沙荒造林局今春造林，只有百分之十左右是大片的，估计其他地区也会有程度不同的类似情况。

自然，今天我们所提出的以大面积造林为主要方向的问题，并不等于说取消了小片造林与零星植树，相反，我们要尽量发动群众利用隙地多植树，这对群众是有利的，它能解决群众用材及燃料的困难，能增加群众的财富，但我们并不因为这些而模糊了主要造林的方向。

在林业工作尚无基础的地区，刚开始发动群众造林，必然是群众零星植树多于大片造林，当工作稍有基础后，我们就应该引导群众逐步地去发展大片造林，这是必要的。

（二）组织群众合作造林

方向弄明确了，便应该研究，用什么方式去达成这一目的？我们以为组织群众合作造林就是一个好方式。然而还要研究：我们能不能把个体的、散漫的小片造林及零星植树的群众组织起来引向合作造林的方向？回答是肯定的。许多地方经验证明：合作造林，不仅是行得通，而且已经卓有成效。农民在一开始时虽然有些顾虑的，有些不愿意或不习惯，只要我们下一番苦功去耐心地说服和教育，还是可以组织起来的。冀西沙荒造林就是一个前例。但在合作造林中还存在着很多的问题，急需进行有系统的研究，加以合理解决。例如在入股分红方面，行唐县故郡村是三个工或五十斤树秧作一股，𨏽𨏾村以二十斤树秧加上一个人做三天工算作一股，北高里村以三十斤树秧或三个工作一股。新乐县黄家庄则以一百斤树秧算三股，一人作三天工算三股，一车一马加上一人运树秧一天，作为三股。栽在私人地上，如系坏地则地户占三成，合作社公股占七成；如系好地，则地户占六成，社占四成。公私合作，公家树秧，私人劳力，栽在公荒上，则按“公三私七”分红。

以上四种入股办法，需要合理的加以仔细研究，如韃靼村按他们规定的入股方法，一个劳力必须带二十斤树秧才准入股，因此没有树秧的群众，到处向亲友去借，若亲友也没有，则转向亲友的亲友去借，逼得他非找到不可，因而形成强迫命令。黄家庄以土地作股似乎太高，劳力、树秧占股太少，在造林后地户既得了防风沙的好处，而分红又分得多，这也似乎不合理。

因此，对于造林合作社的组织，我们应该规定一些原则：（一）要使参加合作造林的群众完全出于自愿，暂时还不愿参加的不必勉强，也不要强迫一定要拿树秧才能入股。应使群众对于入股或不入股及用什么入股的问题完全有自由，不得强迫。但这里需要说明的是：自愿不等于自流，应该耐心教育引导农民们自愿地走向合作方向。（二）要公平合理。作股时，须将人力、畜力、树秧等各按当时的市价合理作股，否则等到树长大了以后，利益当前，纠纷便会不断发生，因此必须慎重于始，合作社才能巩固。

在造林以前，必须先把入股分红的办法，明确起来，订合同，发股票，在合同里应说明造林的主要目的在于防风沙，而不是以采取木材为主，在不妨碍主要的目的下，所得收益按股分红。合同订立了，利益关系明确了，事业才能蓬勃的发展，大面积的荒山造林才能办到。

（三）军队造林是一支不容忽视的力量

光靠合作造林，还不能达成全面灭荒的目的，因为水灾的发源地，大都是人口稀少的大荒山地区，急需造林防洪，但由于户口不多，不能发动群众完成任务。在这种场合，我们以为只有发动军队结合他们的农业生产来进行造林是最为适合的。今春湖北省从私营苗圃收购了二千万株苗木，交给军队去栽植，很好的完成了全部任务。又如南京陵园今年发动军队造林，一春便完成了国民党时代数年所不能完成的计划。这说明我们的解放军不仅在战场上表现着是一支战无不胜的武装，同时在各种生产战线上也一样表现着是一支威力强大的战士。今后在缺乏劳力的造林地区，我们应尽量争取军队造林，发挥这一伟大力量。

（四）有计划有重点地发展私营苗圃

要消灭大面积的荒山荒地，必须有大量苗木的供应，光靠几个公营苗圃育苗是不行的。特别是在关内，老区的土地均已分配，新区则又是人烟稠密，如果抽出大片土地作公营苗圃，会影响到群众生活。而且目前公家也没有足够的力量来大量建立公营苗圃。因此只有鼓励和发展私营苗圃，由公家给以技术上指导，供给种子，并使其实际收益不低于庄稼，保证销路，必要时公家可以收买苗木，投资于公私合作造林，这样，苗木的来源不怕缺少。至于公营苗圃，我们今后可以拿它当作是一个发动群众育苗，指导技术的中心。

三、林业工作的群众路线与干部作风问题

（一）正确的政策与群众路线

林业是离不开群众的，从栽植、成长以至采伐，始终与群众的血汗相关联，如果不依靠群众而要搞好林业建设，那是不可想象的事。只有广大群众行动起来，才能完成消灭大面积荒山、荒地的艰巨任务。因此，我们林业工作者，在工作一开始就必须首先

很好的学习如何贯彻正确的群众路线。

只有正确的政策，才能给予发动群众以坚实的基础。而正确的政策，又一定是建筑在结合群众当前与长远的利益的基础上。例如合作造林，出树秧的不能比出人工或土地的吃亏，否则便是不公平，合作社便不可能发展，发展了也不能巩固；又如在沙荒地带计划造林，必先堵住风口，保护耕地；选树种，要着眼于长得快、收益大的树种；等到防护林带已初步完成后，便要进一步利用林带内之荒地栽果树，或种苜蓿草等，以提高农民收益。总之，要事事留心，经常考虑，想尽一切方法为群众的当前与长远的利益而服务，只有这样，群众才会相信我们，而我们也才能在群众中树立起威信，工作才容易推动。

其次，要依靠群众，必先了解群众的思想情况与当前的困难问题，一面对群众进行教育，一面要帮助他们解决困难。在执行造林护林与育苗等各项任务时，都应实事求是，多和群众商量。单纯的任务观点与生硬的命令主义，对事业的发展都是有害的。今春山西个别地区发动造林没有跟群众商量，硬给村里布置过重的任务，结果树秧没法解决，以致发生偷拔外村新栽的树秧拿到自己村里来重栽等不良现象，这给予我们一个很大的经验教训。

以上所说是正确的群众观点。

另外还有一种群众观点，就是当群众的长远利益或整体利益与群众的眼前利益或个别利益发生矛盾时，有些干部不善于把后者服从前者，以致为了群众的眼前利益与个别利益而破坏了群众的长远利益与整体利益。例如少数群众为了个人眼前利益，而伐木生产，或开垦烧荒，而我们的个别领导干部，认为这是“群众利益”，不仅不加制止，反而给以鼓励，结果，虽然少数人得到了眼前利益，可是森林被破坏了，人民的财产损失了，农业的灾害加重了，使群众的长远利益与整体利益，遭到了严重的损害。

这就叫作片面的群众观点，是错误的。我们要反对这种“群众”观点，要纠正这种“群众”观点。

（二）宣传教育

有了正确的政策，还得要干部和群众很好的了解与掌握，必须广泛进行宣传教育，使政策成为群众的实际行动。对农民进行宣传最好是用算细账、挖穷根或参观实例等去说服他们。随时随地都要对干部对群众进行宣传。我们每个林业工作者都必须是一个很好的宣传者、组织者与技术指导者。

在造林之前要举行宣传周，利用各种会议，说明造林的重要性，说明造林和农民切身利益的关系，说明造林的技术和方法，然后把群众组织起来，行动起来。

（三）组织领导

有了很好的会议布置，还要一面把群众的力量组织起来，一面唤起领导上的重视，工作才能顺利完成。这就是说，要使得领导上都认为各季造林应列为农村生产阶段之一，而在有条件地区，更应把它当作生产的中心工作，积极地组织力量，掌握重点，发动群众，并且由领导干部亲自动手带动全体，这才是有效的办法。

要知道，林业专业机构不可孤立，必须尊重与依靠地方政府，谋取密切的联系，深入地具体地了解情况，主动地仔细地把情况向行政上反映，提出具体意见，拟定具体工作办法，很好地辅助行政领导上进行林业工作。遇当地行政上对林业工作重视不够时，我们不要埋怨别人，应先自己反省：有没有主动地使行政上认识林业工作的重要性？有没有足够地反映当地群众对林业建设的迫切要求？这是我们每一个林业干部所应有的态度。

（四）培养英模

各地经验证明，哪里出现了英模，哪里的林业工作就得到开展。但英模不是自己产生出来的，而是从我们的深入工作中培养出来的，从运动中生长起来的。我们不仅要有计划地培养英模，还要不断地使其提高。我们没有理由只单纯满足于现有的英模数量和质量，必须把培养英模工作列为林业工作者的经常任务之一。

本部拟在今冬召开一个华北林业英模大会，各地应随时注意发现与培养，提高英模在农村的地位和作用。

（五）重视妇女儿童力量

在冀西沙荒区，故郡、北高里、黄家庄等村的合作造林运动中，参加的妇女和儿童各约占总人数的三分之一，在山西和顺县，女劳模曹凤英等发动了妇女儿童，在兰峪村播种核桃二千八百零三株，在河北房山周口村，冯玉清和卢翠英二人，与壮年男子竞赛，号召全村妇女栽了二万多棵树。这类事实书不胜书。这说明妇女儿童在造林方面是有很大力量的，因妇女和儿童的参加，使大部分青壮年的力量转用于其他更繁重的工作，这样才是合理的使用劳动力。

今后我们要注意培养英模，更要注意培养妇女儿童的模范，使成为群众造林运动的带动者。

（六）加强技术指导　努力钻研业务

各省都提到很多地方的林业技术指导赶不上实际要求，在这些地方虽然栽树不少，但活的不多，或者活了，但又长的不好，劳民伤财，失去信心。这困难，我们目前正努力设法克服，一面正在大量的训练干部，并向教育部建议扩大今年各大学、专科学校的森林系招生计划，然而远水救不了近火。因此，另一面我们也要求各地区在职干部努力钻研业务，并广泛介绍技术，以求很快的提高技术水平。

华北若干地区，林业工作已有初步基础，今后的工作不应仍象开始时那样粗枝大叶，而应有重点的深入研究问题，例如对合作造林问题应怎样去组织它？怎样使它健全?出股怎样求得公平?分红怎样才算合理？又如宣传教育，组织领导，防护林设计，封山育林等问题，都应该从积累的经验中作出较有系统的研究。因此我们要求在工作较有基础的地区，一定要深入了解情况，仔细研究，创造与培养出典型来，推动和提高全面的工作。

四、工作计划问题

今年是在全国范围内开始作造林计划的第一年，多数的造林计划是凭主观的想象估计出来的，因此许多地区在执行计划时就发现了或者“计划过高”、或者“不切实际”。这就不免发生“强迫命令”、“劳民伤财”等毛病，事情既未办好，还给群众及地方政府留下不良的影响。为纠正这些偏向，今后作计划时必须注意：（一）事先要掌握情况，必须对宜林地、种苗、劳动力等作好调查研究，哪怕这种调查是由于人力来不及而失之粗放，总比毫无根据的估计要好一些。（二）在制定计划时，要把有计划有重点的大面积造林和群众的零星植树分开，两种数字绝不许混在一起。（三）计划由林业机关作好之后，必须自上而下地提到各级生产会议上去讨论修改。从省到村，都要展开讨论，决定具体执行办法，使林业计划变为各级政府的和群众自己的计划。这样，使大家都感到对它有责任，执行也就便利了。（四）计划既通过各级政府及群众讨论决定之后，还要经常检查执行的情况，以便在执行过程中一发现到不合理的情形时便可迅速修改。

五、护　　林

据报告：今春华北各省对护林工作在基本上已较前略有进步，但还有一些地区仍不断发生破坏森林的事件，其中较大的破坏已达五十七次，某些地区的护林公约流于形式主义，还没有在群众中生根。我们针对着这些情况提出下列几项措施：（一）必须使护林成为固定的经常的工作，各省要根据政务院五月十六日的指示，一面解决各级专业干部的配备问题，以便经常有人深入了解情况，作好林业工作。另一面要在各级政府建立这样一个制度，即在布置检查任何一项中心工作时，都要附带的检查一下护林的情形，及时反映情况，以防患未然。（二）严明奖惩制度，抓紧处理破坏林木事件，对毁林者罚，护林有功者奖，对重要的毁林事件应将处理办法及经验教训在报纸上公布，或发通报，并将这些材料在有关地区的干部及群众中展开讨论。这是有效的宣传教育与贯彻政策的办法。此外并应尽量利用一切宣传工具，广泛开展爱林与护林的教育。（三）护林公约的精神与内容要包括奖励、处罚和教育，这才是全面的护林公约。如只有处罚而无奖励、教育，或只有奖励、教育而无处罚，则都是片面性的。这种全面性的公约只要经过县政府备案，政府就应保证由群众有效的去执行。至于有关拘禁或判罪等的处理，则应通过公安、司法机关执行。（四）要坚决执行林业机关统一采伐国有林，统一供应工矿交通用材的原则，并帮助林区群众改进副业生产，解决生活困难，指导私有林合理经营。

其他如发动樵夫、牧童，利用护青组织，教育儿童勿损害树木等，都是好办法，如群众在习惯上自愿雇人护林的，我们也不必去反对。

六、技术干部的培养问题

各省都向林垦部要技术干部，但今年全国各大学森林系毕业的学生总共也不过百人左右，单是山东一省就要三百名。问题还是自己想办法最好。林垦部正在筹办训练班，各省也可以考虑由编余人员中选出一些合条件的人，开办林业训练班，这并不需要增加生活供给的开支，就是要补助一些学习费用，也可从业务费内开支。如果平均每省训练一百人，全国就有二、三千人，到明年春天就能用，这是解决当前急需的办法，大家回去以后不妨向省府提议研究。

七、大力开展雨季造林

根据此次大会上的汇报，不少地区多年的经验，已经证明雨季造林在华北是成功的，在干燥的地方，雨季造林的成活率远超过春季。又有不少地方本来没有雨季造林习惯，但由于行政上的大力推动与专业干部的深入掌握，结果成绩竟大大超过了春季，这就说明了我们应当肯定雨季是华北主要的造林季节之一，也应当列为农村中夏季生产的主要任务之一，实行有重点的大力推行。在有条件的沙荒、山荒及沿河地区，即使群众没有习惯，我们也要从今年开始，尽力作典型示范，逐步开展。近年来各省推广雨季及秋季造林的经验，已充分证明只有以实际事例，深入宣传教育，打破传统旧习与保守思想，使群众养成一年三季造林的习惯，才能更快的恢复与发展华北的森林。此次要求各省争取在雨季完成全年造林计划百分之二十以上，着重于重点地区大力发动，提高计划性，并切实注意掌握技术，以提高成活率。

（原载《中国林业》一卷二期，一九五〇年）

我们要用森林做武器来和西北的沙斗争

——一九五〇年九月二十二日在西北农业技术会议上的讲话

解放以前，中国早就失去了“以农立国”的资格。要够称以农立国，至少衣食两项必须自给，然而腐败的国民党反动派政府，棉花大部分靠美帝，食粮也部分地靠外洋，象一九三一年的大水灾，如果没有二百六十八万吨洋米、洋麦、洋面的输入，下年度就过不了难关。正因如此，反动派就索兴把全身紧靠在帝国主义身上，而不打算把中国的农业搞好。

现在情形根本改变了。由于农业产品之力求自给自足，且力求有余，就必须依靠农民，必须发展农业，必须注意到对农业有密切关系的各种条件。

关系农业发展的重要条件，除农业本身外，第一，要注重水利；第二，要注重森林。两个条件缺一不可，而森林更是长期性的艰苦事业。常言道：“有森林才有水利，有水利才有农田。”水利与农田的关系，是任何人不曾怀疑过的，而森林的重要性，则直到人民政府成立以后，直到中国本位的农业发动，就是说，直到不靠洋米、洋麦、洋面接济的农业发动以后，大家才渐渐明白过来。然而，这仅仅是一个开端，到现在不明了的人还多。

为什么森林能帮助水利，保障农田呢？理由很简单，因为它能保持水土，阻挡风沙。

农田的最大敌人，我以为莫过于沙。沙，因风作祟，淹没农田。没有大风，沙漠不能南浸，没有大水，山土不致冲刷。所以，旧时代的农家讲迷信，要看“风水”，而新时代的农业靠科学，也得注意风水。不过，从前的风水，从五行金木水火土说起，而现在的风水，则必须从森林说起。这就是“有森林才有水利，有水利才有农田”这一句话的注解。

森林是能够克服农田的敌人的，并且能够彻底解决它、消灭它的。这个敌人——沙，和地主、恶霸、吃人的官僚买办、吸血的帝国主义一样厉害，一样可怕。中国人民，在中国共产党领导之下，排除了封建主义、官僚资本主义和帝国主义在中国的恶势力以后，还必须用最大的力量，在极长的时期，与大自然斗争，与沙斗争。沙灾分两种：

第一，从不毛的沙漠吹来的沙。中国风沙的来源在西北，而西北各省如宁夏、甘肃、陕西的风沙来源也在西北。

宁夏：阿拉善额鲁特旗沙漠东部的沙，穿过贺兰山与狼山之缺口，侵犯磴口县，黄河沿岸六十里之间，有的民房被沙埋盖，电杆仅露出一两尺。又越过贺兰山脉，侵犯平罗县，迤南更侵袭中卫县。由于森林破坏，毫无掩蔽，所以风沙得寸进尺，一步一步地深入内地。

甘肃：越过贺兰山脉的风沙，向南还越过长城，侵犯景泰、民勤、武威、永登等县，每年都有几千亩良田被风沙埋没。安西县城外，仅有零星的树木，挡不住风沙，都被埋没，仅有三、四尺梢头露出沙堆之外。所积集的沙，竟和城墙一般高。

陕西：陕北邻接伊克昭盟，整片大流沙，从绥远与宁夏交界的磴口县起，横过伊克昭盟，直抵陕北榆林，成为“八百里金沙滩”。还不够，进而侵袭内地，在府谷、神木、榆林、横山、靖边一带，每年被沙埋没的良田以二万亩计。榆林市受害最重，城的四面全被沙丘包围，全市六十万亩土地，现在可以耕种的只有两万四千亩，仅占全面积的百分之四。这是新疆的缩影，新疆全省可以利用的土地只有百分之五。

绥远：绥远本省就是伊克昭盟与乌兰察布盟所在地，有一望无际的大沙漠。

为了农业，为了水利，我们对于这个敌人——沙，绝对不能抱无抵抗主义，而必须坚决地勇敢地不厌不倦地和它斗争，且必须和它作持久战。战争的武器，没有别的，就是森林。

有人说，沙荒地不能造林。是的，我们也承认是困难的，不过，我们以为：只要肯下决心，沙荒还是可以消灭的。远看河北：冀西有六十多万亩沙荒，虽然不是由沙漠吹来，而是由于沙河和磁河改道后淤积的沙，然而已经变成沙荒以来，与沙漠的沙就没有什么大区别。在冀西，老百姓起初都说没法栽树。幸亏有许多县份是老解放区，早已着手造林，显然获得了成绩，老百姓因此发生了兴趣，大家积极起来了。去年一年消灭了三万亩沙荒，今年单是春季造林，冀西四个县就动员了十万人，消灭了沙荒地六万亩。老百姓满怀信心地说："再过五年，可以完全消灭冀西沙荒。"他们正在准备布置果树园。这是一个例子。

近看陕北：陕北靖边县是沙区，土壤是酸性土，从前没有树木。到了一九二〇年，有个县长，大家称他为丁大老爷的，开始提倡栽树，活了好多，打破了老百姓"此地不能种树"的保守观念，一直到现在，老百姓还在纪念他。后来，一九四三年，陕北展开了大生产运动，提倡有计划地植树造林，由于领导上的重视和群众的努力，到了一九四六年，以张家畔为中心，长八十里宽五十里的平滩与沙滩，已造成了绿油油的一片森林，共约五十万亩。这又是沙荒可以造林的一个例子。

第二，从山上冲刷下来的沙。水，是有利于农田的，所以称水利，而在中国，则水害与水利参半。为什么？因为水中多沙。水为什么多沙？因为山土被雨水冲刷。山土为什么被冲刷？因为没有森林。

森林生长在山上，看来是很平凡的，而暗中的功用却甚大。一场雨水下来，枝、干、树皮能吸收百分之三，海绵性的落叶层和腐殖质能吸收百分之十五，林土能吸收百分之十，蒸发百分之二，总共保持百分之三十，换句话，森林能保持雨水百分之三十，不使它流出林外，而流下来的百分之七十，流过落叶、苔藓和树枝，经过一番过滤作用，所以流水清，流势缓，河川不致泛滥，洪水自然减少。

中国四大河流——江、淮、河、汉，历年把灾害带到农田来，尤以黄河为可怕。黄河从周寿王五年到现在二千四百余年间，有确切的统计材料，平均每十年就有四次缺口，几乎两年一患，还有六次重要的改道，而蒋介石花园口决堤和堵口还不计算在内。每次事件，都给人民带来了生命财产的巨大损失，仅就财产损失一项而论，根据战前若干年的统计，平均每年要达二千四百万银元。这是根据中央水利部的纪录。

治黄的办法，到现在还不出堤防，一方面把它加高，一方面把它培厚。可是，黄河流量变迁甚大，含沙量又多，据河南陕县水文站的记录：黄河每年流下来的泥沙，单算陕县以上的总量，如果把它方方正正地堆积起来，面积达二百六十多万亩，厚达一英尺，计算起来，等于四亿七千九百万立方米泥土。在黄河上流，每年要损失这许多沃土，在黄河下游，则每年要混入这许多泥浆，怪不得黄河水位高时，含沙量达到百分之五十。这样，泥土势必淤积，河床势必增高，下游许多地方便形成“悬河”，就是说，河面高于地面，造成了“水行地上”的现象。

堤防加高培厚，是不经济的，同时，也是不安全的。这样做，每年要消耗一笔巨款，破费许多人工，而为了修堤取土，又要牺牲良田。一九五〇年，黄河工程费一亿四千万斤小米，就有绝大部分用在堤防上，但据中央水利部观察，与安全标准相去还远。所以，近来水利专家为根本解决河患计，着重在修筑水库，更着重在保持水土和植林。

水土保持和植林，仅仅在黄河下游下功夫，功效少，要在黄河上游着手，则功效大。如果黄河上游渭、泾、洛、汾、无定河五大支流，还是日夜不断地把泥土送出来，非但黄河堤防失去效力，据中央水利部报告，即水库亦不能在潼关以上修筑，因为不能控制洪水。

为了洪水，黄河下游千千万万双眼睛都向着西北，尤其是向着陕西和甘肃两省看。大家知道，这里是黄河的水源，这里是黄灾的来源。这里尚不是沙漠，有山，有黄土高原，具备着很好的造林条件，滥垦不得！这里有原生的、次生的、已破坏的、未破坏的森林，可以有计划地有步骤地主动地合理地利用，滥伐不得！

几千年来积下的债务太重了。我们立在宝鸡的渭河大桥上一看，岸上岸下成了一幅有系统的连环画：两岸的山上有一望无际的毫无树木防护的梯田；岸畔有宽阔的泥滩；河中则有几十丈宽、几里长的沙堆，挡住着浊得像泥浆一样的流水，把渭河分成两道。它清楚地告诉我们：山土是这样流失的，河床是这样淤塞的，水灾是这样酿成的。我们上了这一课，大家面面相看，默默无言。这里虽然不致同泾水一样，含泥量达到百分之六十五，这里，虽然不致同泾水一样，使得泾惠渠由于泥多而不敢放水灌田，更不敢筑库蓄水，然而淤积的情形已令人咋舌。不单是宝鸡，就是渭河的水源——渭源县，河水依然混浊，整个一条渭水自西至东绵延千里就是这样。

这，不得不归咎于山田。照理，山土如果不垦而由森林来被覆着，表土是极不容易被冲刷的。据前人研究：七英寸厚的表土由雨水冲刷净尽所需的时期，在林地，需要五十七万五千年；在草地，需要八万二千一百五十年；在耕地，需要四十六年；在裸地，只需十八年。那末，我们在渭河，尤其是在渭河上流急倾斜山地上所见到的山田，他们耕了三年就放弃，再去找一片新地开垦，这不能叫做耕地，只能叫做运土，他们年年拼命把山土运到河里，自己所得的代价极微，而河流则酿成极大的灾害。

渭河如此，泾水如此，洛、汾、无定河都如此，黄河哪得不泛滥，哪得不成大灾害？要正本清源，只有护林和造林！据地质学家马溶之先生说：黄河要到青海的贵德县以上，才见清水，由于贵德上游是蒙藏人杂居，蒙藏人不滥伐树木，所以山沟的两畔，都有葱翠的森林，下部杨和桦，中部落叶松和阔叶树成混交林，上部纯粹云杉，三千或三千二百米以上则属草山。在那里，天然林未遭破坏，所以林相好，黄河清。同样，我们在渭河南岸也见到若干山沟流出清水，小陇山的割漆沟就是一例。割漆沟森林虽然早已经过了严重的摧残，然大树去，小树留，针叶树少，阔叶树还多，部分地掩护着悬崖绝壁、峻岭崇山，所以，在雨后，中部的山沟虽然水流不免混浊，而在晴天，则上下全部山沟都是清水，山上滚滚瀑布，冷冷甘泉，流到山外还是透明而见底。假使其他山沟也把森林培养好，溪流同样可以澄清，从而外边的河道必不致象现在一样的混浊、淤积、泛滥，而发生大水灾。

总之，为了克服沙漠袭来的沙，为了制止黄河流出的沙，我们必须站在真正革命的立场上来看问题，抱着人类征服自然的精神，本着劳动创造一切的信念，全心全意为人民服务，有计划有步骤地在西北建造防沙林带和黄河水源林。

现在的中国，不是一九四九年以前的中国了，中华人民共和国中央人民政府的成立，鼓舞了我们的勇气，加强了我们的意志，而伟大的苏联人民所大规模经营的总长五千三百二十公里、总面积十一万七千九百公顷的八条国营防护林带，又增加了我们的信心，给我们无限的鼓励。

林人们，努力吧，在共产党领导的新中国，西北的沙荒是可以逐渐消灭的，水灾是可以防治的，农田水利是有办法保障的，大自然是可以改造的。今年西北林业局已在陕西榆林县设立防沙林场，将来我们还要在榆林左右沿长城扩张，添置机构，并且我们还要在宁夏东边、甘肃北边，添设防沙机构，大家分工合作来筑起一道绿的长城，制止沙漠的南迁。林垦部最近派人到渭、泾、洛、汾、无定河五大支流作初步的宜林地调查，明年还要派更多的人员，作更进一步的测勘，准备建造黄河水源林，以防止河沙为害。

我们打算稳步前进，在沿长城的沙荒地，在黄河的水源地，由重点造林逐步前进到普遍造林，由局部的封山育林逐渐扩张到全面的封山育林。我们要请地方政府协助，重视森林，保护森林，营造森林，完成这一件大事，把西北从可怕的沙灾中解放出来！

（原载《中国林业》一卷五期，一九五〇年）

西北林区考察报告*

这次考察西北，一方面为解决小陇山的伐木问题，另一方面，由于西北是黄河水源，为林垦部将来重点造林的地区，所以要和西北农林部先取得联系，商讨一些林业问题。

一、调查小陇山的动机

七、八月间，林垦部接到西北农林部两次公函。

第一次公函：（1）西北准备开发小陇山森林，以供给天宝铁路枕木；（2）准备铺设轻便铁道；（3）准备架设铁索道，希望林垦部向东北商调熟练钢索运材的技工。我们赞成西北伐木，以供给铁路的需要，不过，对于小陇山则不无考虑。

（1）小陇山木材蓄积量究有多少？据各方面统计，小陇山似乎有二百万立方米的蓄积量，其中可以利用的大材究有多少？

（2）在小陇山大规模伐木，是否会影响水土保持？

（3）用铁道、铁索在小陇山运材，是否经济？

（4）小陇山森林利用，究应采取何种采运方法？

在考虑上述各点以后，我们便和苏联顾问商量，顾问以为在木材蓄积量不多的地方，用轻铁运输太不经济。更和中财委计划局张心一处长商量，张处长说：小陇山早已遭到了严重的破坏，

* 本文原题为《西北考察报告》。——编者

不能再滥伐。

所以我们一方面派员到东北，（一）商调工程师赴西北实地测勘，准备测勘后再作决定；（二）商请东北拨调铁索技工。同时，复了西北农林部一文，希望他们等候工程师实地考察，假使铁路上急切需要枕木，则在青黄不接时，可用东北的木材来救急。而西北农林部，由于铁道方面的迫切需要，跟着又送来第二次公函。

第二次公函：轻便铁路不能久待，理由是：（1）天宝路急切需材；（2）东北枕木运到西北，运费太大；（3）西北铁路干线工程局早与小陇山木商订了不少合同，林业机关不伐木，则铁路局要委托木商，势必破坏森林；（4）小陇山木材蓄积量较过去估计为大，单是割漆沟，就有五十万立方米材积；（5）过去小陇山因运搬不便，采伐迹地遗弃了许多废材，伐根也留得太高。

我们以为：对小陇山的情形如不了解，是不能决定方针的。恰好，东北派了田中工程师来京，于是决定到西北考察一次。

二、调查结果

（一）小陇山伐木问题

小陇山的面积是三角形，北边一线沿着渭河，以天水和宝鸡两点为界点，东边是在川陕公路上从宝鸡到徽县一段，西北是在川甘公路上从天水到徽县一段。总面积约六十五万公顷（根据百万分之一地图计算）。森林面积约十五万零二百五十公顷（根据西北农林部最近调查）。

小陇山的林地偏于北部，在秦岭之南北两面。秦岭在这里的地形，一般峻险，北面尤甚，主要基岩是花岗岩，形成悬崖绝壁者颇多，溪流向北流入渭河，近则相距十五公里，远则相距二十公里，都是急流而下。南面坡度较缓，基岩以片麻岩为多。

调查区域：小陇山主要林区在北部，即东岔河右岸流域的一片森林，向来为一般人所注目。西北农林部准备开发，准备敷设轻便铁道以运材的地方就在此，我们这次调查也在此。

1.勘查范围及面积

范围：东岔河右岸流域割漆沟、白杨林、黄土山、辛家山、白石沟等处，都是这次勘查的范围。

林地面积：东岔河右岸流域总面积，根据五万分之一地图计算，约有一万五千四百六十公顷，除去幼树林及草地占二百六十公顷，农地占二百公顷外，林地面积为一万五千公顷。

2.东岔河右岸流域的地形

倾斜甚急，从二十度到五十度。有许多岩石齿状而直立。调查范围内的山顶海拔高约二千二百米。

越过山脊而到南坡，则坡度较缓，基岩风化，成沙质壤土。

3.林况

东岔河右岸流域，在小陇山林区中，本来是当作森林繁茂的地方的，而经实地察勘以后，则大失所望。

割漆沟林相甚坏，针叶树寥寥无几，山上大都是阔叶树，且灌木多于乔木。而乔木又枝丫横生，弯曲而不中绳墨，径小而不成大材。

辛家山山峰有散生的云杉，其南面还残存着局部的小片云杉林。主要林木都是阔叶树，且直径不大。

推测起来，在从前，针叶树当占了统治地位，这在辛家山附近可以看出一点痕迹。而交通较便之处，由于不断摧残，就有大小不同的团状地，由阔叶树代替了针叶树。再进一步，阔叶树完全占统治地位，最后，连阔叶树都被伐光。

4.树种

根据邓叔群氏在抗战时期的调查报告，小陇山曾称“松、栎林区”，但现在松树已很少，主要是橡栎。橡栎以外，依次是楸、山核桃、山槐、椿、松、榛、桦、柳、杨、漆、椴等阔叶树。林相虽然很坏，但生长良好，稚树发育旺盛，为水土保持计，这片林地有很大的功用。如果此后能适当管理，适当抚育，便可养成优美的林相，造成有价值的经济林。

5.材积与适当的年采伐量

东岔河右岸流域林地面积一万五千公顷，上文已说过。在这里的林地：每公顷树木株数六百至九百株，每公顷木材蓄积四十至一百六十立方米，每公顷平均木材蓄积量九十立方米，则东岔河右岸流域总蓄积量为一百三十五万立方米。这种蓄积量，是从极小的树木算起，就是说，从胸高直径四厘米的小树算起的，平均直径也不过十六厘米。

由于东岔河右岸流域山势峻险，在急倾斜的山坡上把森林砍伐，则难于更新，故可以利用的地方占少数，约百分之四十，而不能利用的占百分之六十，因此，一万五千公顷林地中可以利用的林地只有六千公顷。可利用的区域内的木材蓄积量为五十四万立方米。

这五十四万立方米的木材蓄积量，等于存在银行的老本，利用时不能用老本，必须用它的利息。利息是什么？在森林中用木材生长量来表现。假定木材平均生长量为百分之二点五，则五十四万立方米材积的年生长量为一万三千五百立方米。在这里，伐期龄假定从二十年生到七十年生，平均轮伐期（择伐）为四十年生。伐期龄之所以规定得这么短，是因为地形不良，运输不便，大树的搬运，容易损伤邻近的幼树，故不如养成中径木或小径木为得计。但是，一万三千五百立方米的木材中，可以利用的小原木、小方材和薪炭材，据田中工程师估计，还不过百分之七十，因此实际只能采伐九千四百五十立方米。这是合理的年采伐量。东岔河左岸流域的木材蓄积量，估计也有三千立方米，但能否利用，尚成问题。

6.伐木时应该注意的事项

（1）地势峻险，有许多地方甚至是悬崖绝壁，故伐木不能放手。四十五度以上的山地不能采伐，而能采伐的地方，也只好养成中径木和小径木，不必养成大材，伐期龄最适当的是四十年生。

（2）岩山露出太多，多到占林地面积之百分之四十以上者，不伐。

（3）每公顷蓄积量太少，少到六十立方米以下者，不伐。

（4）病虫害木、枯立木、被压木、无用的灌木必须伐去，以整理林相。

（二）铁路运材问题

照秦岭林场计划，轻便铁路分干线与支线两路：

（1）干线：胡店——东岔河——桃花坪——得食下（窄石硖）——白杨林。共约二十公里。

（2）支线：东岔村——割漆沟。约七公里。

轻便铁路轨条，是由虢镇煤矿公司的轻便铁路上拆下。煤矿公司因销路不好，停业，所以西北农林部向财委会申请，拨归林业局在小陇山使用，是不出代价的。最近已开始拆运。

勘查结果：

第一。工程问题

1.干线情况（胡店经东岔村到白杨林）

勾配

勾配是日本习用的名词，即斜面上两点水平距离作为一百单位，若两点相差高度为一单位，则勾配等于百分之一，余类推。

胡店到得食下共十六公里，平均勾配百分之二点二，部分勾配有高到百分之四者。得食下以上，坡度更急。依照铁路的合理勾配为百分之一，最大勾配为百分之三，所以这一段路的勾配嫌太大。

地形

缺点甚多：

（1）曲线路多。因此：（a）车辆必须有灵便的“煞车”设备；（b）驶行速度要受限制；（c）运材能力要受限制。

（2）露出的岩石甚多，因此，施工时不能用洋镐（十字锹）挖掘，必须用炸药爆炸，所需经费比普通的土路要大四倍。

（3）桥梁多。不但建造铁路时需费大，并且桥梁在山沟里遇到洪水发时，容易冲坏。

（4）要通过民田。

2.支线情况（东岔村沿割漆沟而上）

勾配

勾配百分之二至五，平均百分之三，嫌大。

地形

（1）岩石多。

（2）桥梁多。

（3）附近缺少泥土。这是一个困难的问题。依照标准工程：要填高路基时，在相距二十米以内的地方搬土来填，平均每人每天能运土四立方米。而割漆沟如果要运土，则由于二十米以内无土可运，每天只能运一立方米，工程必须大四倍。

第二，采伐量问题

采伐量应与运输量平衡，而在东岔河右岸流域，如果铺好轻铁，则运材能力如次：每天六十辆平车（台车）经常地工作，每辆载一立方米木材，每年工作日作为三百天，这样，一年运材能力有一万八千立方米。然合理的采伐量每年不过九千四百五十立方米，轻铁不能发挥它应有的力量，似乎近于浪费。

第三，轻铁接收问题

轻便铁轨从虢镇煤矿公司拆来，不必交款，从表面上看，似乎林业机关占了便宜。然而人民的财产，从煤矿公司移转到秦岭林场，便成为林场的财产和投资，在核算成本时，一样要计算在内的，不能当作毫无代价。

此外，还有一个重要的问题：据我们了解，煤矿的轻便铁路上有三百多员工必须跟着轻铁移交过来。这样，小陇山伐木事业的利益尚无把握，先负担了固定的庞大的开销，也应该考虑的。

第四，轻铁预算问题

即使把轻铁轨条作为煤矿公司的赠品，而不列入预算之内，秦岭林场的预算本身还是有问题。据秦岭林场的预算，除去动力机和锯木机以外，用在铁路的仅十一亿二千八百万元，而据田中工程师估计，则需二十一亿六千六百八十八万元，相差十亿零三千八百八十八万元。

第五，东北枕木问题

西北方面以为：枕木从东北运到西北，运费太大，不甚合算。而据这次实地察勘：沿天宝铁路堆积着的，都是东北枕木，事实上已在大量使用。且从侧面探听，铁路局是欢迎东北枕木的，小陇山伐出的枕木，弯曲而多节疤，不能与东北的媲美。

（三）西北铁路局与木商订立合同问题

据西北农林部的报道：西北铁路干线工程局，与小陇山木商订立了不少合同，如果林业机关不积极进行，则铁路局还是要包商滥伐。而据这次调查所得，铁路局是遵守政务院的指示，愿意停业收购的。我们在秦岭林场的时候，郑州铁路管理局西安分局材料库小陇山区林牧场曾派龙成霖与于福光二同志来反映意见，一同志说：铁路局并不反对林业机关统一伐木，不过，（一）林牧场曾投资收买了森林，修造了道路，林牧场结束以后，投下的资本是否由农林部偿还？（二）已经订立了的包工伐木合同，曾经付了定洋，如果中途停止，则付出的收不回来，向谁索还？据铁路局林牧场的反映，只有几个枝节问题，等待西北财委会来解决，还不至于与秦岭林场竞争伐木。即使林牧场问题尚未解决，秦岭林场也不应为了与林牧场竞争，不惜破坏小陇山森林。

三、根据勘查结果向西北农林部提供关于小陇山林业的意见

（1）停止建设轻便铁路。把胡店到白杨林的旧道路修好，用骡、马、牛车运材。

（2）制止秦岭林场包工伐木。考察团中有人在无意中遇到了承包秦岭林场伐木的负责人，谈了一回，才知道秦岭林场也在包工伐木，这是必须制止的。统一伐木的宗旨，是要林业机关合理经营，纠正从前的错误，而不是与铁路、部队或其他机关争权利。如果林业机关也照样的包工伐木，破坏森林，则换汤不换药，对森林毫无利益。

（3）把秦岭林场在小陇山的业务范围最好扩充到护林与造林，而以伐木为副业。秦岭林场是有先天的缺陷的。在抗日战争时期，甘肃成立了水利林牧公司，曾由邓叔群氏主持了林业部分，邓氏曾严格禁止木商在洮河流域滥伐。据说，当时有些人想出了一个对策，在天宝路的胡店，另设了一个伐木公司，包商收买小陇山林木，自由出售。秦岭林场是在接收了这个公司以后组织起来的，所以在不知不觉中承受了先天的弊病。

接收以后，由于它以伐木为专业，所以与小陇山森林处于矛盾的地位，要收益多，则破坏森林，而要护林，则伐木的任务不能完成。因此，我们请西北农林部把它的业务扩充到护林与造林，尤其是抚育。就是说，除合理的采伐外，还须在整理林相的原则下，把病虫害木、枯立木、生长不良木、被压木，不成材的灌木伐去，把有用的树木抚育成林，以改造小陇山的林相。

（4）把小陇山划归秦岭林场管理。责成该场除造林（抚育）外，随时进行调查：（一）精细地调查森林，做出一个施业案来。（二）调查在小陇山山坡上，滥垦的农民户数、人数、劳动力、生活情况，以便把他们吸收过来，加以组织，加以教育，使他们停止烧垦，而帮同林场护林，为林场工作。

（5）派林业干部到东北去考察，彼此交流经验。

四、向西北财委会和农林部提供关于西北区林业的意见

（一）主要问题

（1）组织西北统一的木材调配机构。财委会贾拓夫副主任已经同意，在西北财委会物资供应局中，设木材调配处。

（2）以相当的代价，收买民间占有的天然林（包括少数民族的），作为国家投资，由林业机关管理经营。

（3）配合土改，对失去林地的人，给以耕地。

（4）发动民众、军队，包括少数民族，保护森林，建造森林。

（5）在小陇山，吸收在山上滥垦的农民，由公家养活他们，把他们组织起来，使他们为林场服务，阻止他们滥垦。如不愿在

山中为林场服务，则土改时可另给土地，使他们下山耕作。

以上五点，都是与西北军政委员会彭主席商定以后提出的。而在正式提出以前，还与贾副主任和蔡部长先行商讨过数次。

（二）其他问题

（1）制止甘肃公营林牧公司包工伐木。该公司在甘肃大规模包工伐木，今年赢利已大有可观，因此，更鼓动了公司负责人的兴趣，有继续在洮河流域收买木材的趋势。这，对西北山林是不利的。所以，与蔡子伟部长、薛尔斌厅长（甘肃）商定：严格制止这种破坏森林的行为。

（2）发动民众和军队营造防护林。

（3）促进西北区招收短期训练班学生。

五、总结经验

（1）这次小陇山伐木和铁路运材问题，经过了三次座谈会，又经过了和各方面好几次的会前讨论与会后协商，更经过了会同西北农林部、西北林业局、秦岭林区管理处、秦岭林场的重要人员在一起的实地调查以后，才把真相彻底了解，才把从前决定了的方针改变过来。而方针的改变，是出于西北农林部和林业局的自动。由此可见，凡事必先互相了解，则商讨才有结果。

（2）田中工程师在东北森林中积累了十多年的经验，耐苦忍劳，调查精细，判断迅速，在短短数日内，得到了确实的科学根据，才把决策挽回过来，而在未察勘以前，谁也不敢妄下断语的。由此可见，科学工作者必须有实地的调查和确切的根据，发言才有力量。

（3）要贯彻护林政策，必须统一伐木，统一木材调配。林垦部这个方针的正确，又得到了一次切实的证明。

（4）各地区还不完全了解森林的重要性，我们必须加强宣传工作。西安《群众日报》农村组李世秀同志对我们说："西北区到现在为止，尚有些地方不懂得森林的重要性，更不知道如何进行合理采伐和怎样来保护森林"。他又说："林业家必须多多宣传，给报纸、广播台、杂志等多多写文章，使森林重要性在各个角落都能家喻户晓。"

（5）现在有些事业一时还不能调整，致生产与消费不能平衡。西北虢镇煤矿公司因煤无销路而关了门，而各方面却缺乏燃料，我们在西北农林部，就看到了十九兵团的告急书，要派部队入山烧炭八百四十万斤用以过冬。因此感到：（1）林垦部应和中央财政经济委员会商讨方策；如何可以使地方部队、企业机关、政府机关提倡用煤，以减少因燃料而引起的滥伐。（2）提倡营造薪炭林。

（6）在西北，应以建造防护林为首要任务，采伐还是次要的。

（原载《中国林业》一卷六期，一九五〇年）

在中南区农林生产总结会议上的报告

一、在一九五一年的新春回顾与前瞻

一九五〇年已经过去，一九五一年刚刚开始，现在还是新年。新年，不论何人，都是欢天喜地来迎接的。而作为一个工作人员，则在新年除了庆祝以外，还必须总结过去一年来的工作，看究竟吸收了多少经验，获得了多少成绩，发生了多少缺点。要研究，要检讨，要从经验中得到教训，以制定以后的工作计划。

从整个中国来说，一九五〇年，在历史上写下了破天荒胜利的一页。首先，军事上的成就是空前的。中国人民政治协商会议组织法第一章规定：要建立一个人民民主专政的独立、民主、和平、统一及富强的中华人民共和国。当时有些人以为：一切都不成问题，惟有“富强”两字，尤其是“强”这一字，还不知道要经过若干年才能实现。中国，曾经是一个一百多年来被压迫的老牌的半殖民地的国家，要“强兵”，谈何容易。然而一九五〇年的事实证明：中国的的确确具有伟大的军事力量。我们不但在大陆上消灭了美帝卵翼下的蒋介石全部军队，而且在朝鲜，中国人民志愿军更英勇地给美帝国主义以致命的直接的打击，连美帝和他的仆从国家也不得不承认他们在朝鲜已经失败了，不得不承认中国是世界上陆军强国之一。

其次，文教方面，表面上似乎没有什么了不起的发展，然而从学生成分来说，起了一个大变化。过去的学校，尤其是专门以上学校，只有资产阶级和地主阶级的子女才走得进门的，而现在呢？工农的子女已开始能够进学校了。这是一个显著的进步。

财政方面更有了不起的成就。短短几个月，统一了财政，稳定了币值和物价，基本上平衡了收支，这是在过去反动统治时期所梦想不到的。

最后谈到建设，这固然是长远的艰巨的事业，非一朝一夕所能表现成绩，但也有突出的事情。铁路就是其中之一，两万六千多公里的铁道畅通，而且改善设备，整顿秩序，保持清洁，表现出新中国的气象，这是所有乘过火车的人们都同声赞颂的。

农业方面，也有辉煌的成绩。中国是一个以农立国的国家，但在国民党统治时期，根本就没有立得起来。很多农业物产都靠外国输入。譬如将一九三一年的大水灾和一九四九年的大水灾相比较，虽然一九四九年比一九三一年稍微好一些，然而亦相差不远，可是一九三一年输入了二百六十八万吨洋米、洋麦、洋面，才勉强渡过了这个灾荒，还死了很多人，而一九四九年的灾荒呢？一点输入也没有，由于政府调度得法，运输及时，安然地渡过了难关。从前中国的粮食，好多年来成了一个问题，许多人都说不够，因为在过去，每年都要输入很多的米，尤其是江、浙、粤等省，如果没有输入，则米粮就不够。在新政府成立之后，米粮是不成问题了，东北就有很多的剩余。麦子方面，在上海五个大面粉厂，过去等于替美国麦加工，原料全靠美国供给，一九四六年十月，美麦来源一度断绝，五家面粉厂就只得停工。棉花也是靠美国输入。一九四九年和一九四八年上海的棉花有百分之三十四是从美国输入的。解放前，美棉用量高达百分之六十，纺织业全部操纵在美国人手中。而去年棉花产量一千五百万担，虽不够用，但还是渡过了，中国人民自己解决了棉花的问题，不靠外国。米、麦、棉都自给自足，这充分证明了中国农业有办法，证明了农业工作者的成绩。

林业方面呢？办法很少，需要我们白手成家。反动派遗留下来的只有几十亿亩荒山，要我们来造林。一九五〇年造林的计划数字中，春季和雨季已完成了三分之二，加上秋季造林（各省还未报齐），虽然可以完成任务，然而，如果永远依此数字进行，要二千多年才可以将全国绿化。当然，一九五〇年仅仅是一个准备的时期，等到“开步走”起来，自然会“加速度”进行的，但要全中国绿化，时期还是相当长的。

中国是新民主主义国家，将来是要由社会主义过渡到共产主义，达到最高的目标的。而由新民主主义到共产主义，必须很长的时间。那末，问题就来了，中国还是先发展到共产主义社会呢？还是先把山林绿化？如果红色的共产主义的中国先行到来，而绿色的山林还没有见到，那末，即使撇开了国土保安问题和国民经济问题不谈，单论表面的形式，也是极不调和的。浙江有句俗话：“牡丹虽好，需要绿叶扶持”。同样，红色的中国，也必须有绿色的山林来配合的。

谈到林垦部一九五一年的工作方针和任务，是在中央财经委员会所提出的国防第一、稳定金融第二、建设第三这个总方针之下订定的。为了适应国防建设的需要，林业经费削减了四次。固然影响到我们今年的事业，然而大家知道，关门讲建设是不可能的，美帝国主义侵占了我们的台湾，逼近了我们的鸭绿江，轰炸了我们的东北，假如中国人民不抵抗，则国土尚且不保，还谈什么建设呢？至于平衡收支，稳定货币，也是经济建设的前提。所以林业经费之数次削减，是意中之事。今年，农业经费比一九五〇年减少了三分之一，而林业经费，还比一九五〇年增加了一些，这是中央重视林业的证明。当然，增了一些还是不充裕的，在此情况之下，一九五一年的林业还须量力而行。以继续贯彻普遍护林政策为第一，实行有重点的造林，合理的采伐，有目的的调查。现在我把一九五一年的林业工作方针和任务，简要地叙述一下：

二、一九五一年的林业工作方针和任务

（一）护　林

说到保护森林，各省都有一些成绩，尤其是老解放区，但是，破坏的现象还是很多。根据林垦部十一月底的统计，从一月至十一月止，共发生破坏事件三千三百九十九件，破坏森林面积五亿六千七百九十万亩，四亿八千六百六十万株，损失木材二百八十万立方米。从被破坏的面积看，大于造林面积三十二倍，这可看出破坏情形的严重，而从损失的木材来看，一九五一年东北决定供给关内一百万立方米，内蒙古供给关内三十六万立方米，共一百三十六万立方米木材，而一九五〇年的损失竟超过东北和内蒙古一九五一年供给数之二点零五倍，由此更可看出破坏数字之庞大。全部破坏事件中百分之七十九为山火，百分之十四为滥伐，百分之七为盗伐。依破坏地区而言，东北占百分之七十一，华北占百分之十二，中南占百分之五，内蒙古占百分之四，西南占百分之四，华东占百分之三，西北占百分之一。

除掉火灾以外的破坏原因：（1）主要的是各需用木材的部门（如铁路、工矿）抢购木材，没有与林业机构取得联系，致刺激民众滥伐，造成木商操纵的现象，更引起木材市价的波动。如是，山农既遭剥削，政府又受重大的损失，影响到建设事业。去年十一月林垦部开了一个全国木材会议，各部门都建议要统一木材采伐，统一木材调配，来纠正这个偏向。（2）部队生产、群众生产

救灾均以伐木为对象，使祖国人民财产遭受巨大的损失。(3)不法地主勾结木商破坏森林，此现象多发生于新解放区，老解放区要好些。亦有部分地区群众，为了维持最低生活，不得不伐木，这是无法阻止的。(4)开垦。为了开荒，形成破坏现象，如湖北通山县的一个农民，为了开二亩荒地，破坏了长三十里、宽十里的山坡上的杉木林。

破坏的现象如此严重，破坏的数字如此庞大，故一九五一年的工作，仍把护林放在第一位。

中南区的护林工作，拿一九五〇年来说，是有相当成绩的，如护林组织的成立，护林公约的订立，都做得很好。谈到护林，要依靠群众才能做得好，资本主义国家有用森林警察来护林的，我们以为林警解决不了问题，惟有群众才能解决问题。

如何才能发动群众进行护林工作呢？第一先要有机构、有组织、有干部，如果没有人去做，是不行的；第二要设法解决群众的生活，假如群众的生活都没法维持，要搞好护林工作是不可能的。

造成地方居民破坏森林的原因是：

(1)砍柴：为了解决燃料问题，不得不砍柴，没有树，就割草，甚至连草根都拔起。湖北省蒲圻县第二区，有一个砍柴生产合作社，收购了木柴一百四十万斤，破坏了森林，襄阳林场的麻栎和化香树，被砍了一百万株，也是为了砍柴。砍柴是有害于森林，同时又为群众日常生活所必需。据一般估计，木材的用途，一半是消耗在建筑和家具等，一半是消耗于燃料，而根据中南区的一九五〇年工作总结报告，则整个中南区每年消费木材一千六百万立方米（包括自用及输出华东区与他区），除二百万立方米用于建筑及家具等外，其他一千四百万立方米全用作燃料，燃料与建筑及家具用材之比是一比七，数量非常之大。所以我们如果打算制止砍柴，应从提倡薪炭林着手呢，还是用别的方法，需要研究。

（2）放牧：牛羊入林践踏，伤害幼树，尤其是羊，爱啃树皮，为害更大。然而放牧又是关系群众生活，我们应该取什么方策？必须研究。

（3）垦荒：山地垦荒影响水土保持甚大，坡度在十五度以下的土地，才适宜于开垦，最大不能超过三十度。但是有些地区，四十五度以上的土地都进行开垦种植，这是有害的。根据专家的研究，七英寸厚的土壤，在山上被雨水全部冲刷，所需的时期，在有森林的地方要五十七万五千年，草地要八万二千年，耕地要四十六年，裸地只需十八年就全部冲刷了。所以山上的耕地，是造成水灾的最大原因，非常危险。然而，老百姓要吃，要活命，他们顾不到四十六年或十八年之后，这也是事实。因此我们必须研究或进行比较合理的开垦，或诱导群众从事副业经营，根本不垦。

（二）造　林

（1）中南与华北不同，新解放区居多，大部分没有完成土地改革工作，除河南外，公家要进行大规模造林是不容易的。

（2）而且江西、广东、湖南民营林占百分之八十以上，且多系人工林，大都用自己的资本和自己的劳力来经营，尤其是广东的广宁和乐昌，民间经营森林的方法，相当合理，这种优良条件，是长江以北所缺乏的。所以，中南今年的造林重点，不在江南而在江北。

河南，分豫东和豫西来说，豫东沙荒区四百五十万亩，大于冀西五倍多，而群众已经发动起来，有造林的兴趣，且有造林的要求，这是因为土改之后的人民，自己做了主人，有增加生产需要的缘故。我们必须把造林重点放在这里。豫西的山荒，关系淮河水源。淮河流域一九五〇年的大水灾，损失甚大，中央对此非常重视，水利方面已在积极进行，我们应该和他们配合。不过淮河上游荒山范围甚大，桐柏山、伏牛山、大别山，都是淮河水源，在国防建设第一、稳定金融第二、经济建设第三的原则下，要在这三大山脉全部造起水源林来是不可能的。我们只能本着有多少钱做多少事的原则，有重点的造林，或积极地作造林准备，现在中央和中南的淮河上流调查队还没有回来，我们以后再根据实际情形布置。

汉水上游，湖北农林厅叶雅各副厅长正在调查，就湖北而论，造林重心似乎应该放在汉水上游。此外，广东、江西、湖南各有其重要的河流，造林都要选择重点。

封山育林是最经济的办法，尤其是长江以南，湿度大，温度高，植物发育迅速，如果有群众的条件，我们希望中南多做些封山（禁山）工作。

特用经济林，如樟木、乌桕、油桐、漆树、盐肤木，过去都是由私人经营，我们可以加以帮助和辅导。

海南岛的橡胶，中央非常重视，我们要用专款来办理，现在广东已提出计划，经中财委批准以后，我们就可以积极进行。

（三）关于林权划分的问题

在去年举行全国林业业务会议时，各省对林权的划分，都提了很多的意见，林垦部对于林权划分的条例之所以迟迟不订的原因，为了怕订定之后，不能适用于各大区，因此希望各大行政区、各省自己先订一个试行的条例，在实行中吸取了经验教训以后，再由中央统一订立完善的林权划分条例。至于林垦部最近发给各地区研究的林权划分条例草案，可供各地参考，并盼提出意见。

（四）森林利用问题

本区多属人工林，树木生长迅速，这是有利的条件。而过去公私机关都在中南无组织地收购，甚至抢购木材，施行“包青山”式的滥伐，商人因此抬高市价，坐享利益，这是不利的条件，我们必须根据全国木材会议的精神来纠正这种弊病。就是说，财委掌握木材生产计划及分配计划，林业机关管理经营采伐，贸易部门掌握木材市场。中南一九五一年的伐木任务为九十多万立方米，主要为枕木、电杆、矿柱。为了适应建设的需要，中南农林部最好在财委会领导之下，和贸易部商量出一个统一的办法来，避免木商操纵，制止森林的滥伐。总之，一九五一年争取做到统一管理山林，统一经营采伐木材和统一分配木材的工作。

（五）调查工作

一九五一年做了不少的调查工作，尤其是海南岛橡胶调查做得详尽而具体，此外如武汉木材产销情况调查，鄂西森林调查，湘西桐油调查，豫东沙荒调查等，都做得很好。在目前的条件下有如此的成绩是很不容易的，因为我们的干部很少。以后还要作有目的有重点的调查。

（六）干部训练问题

“干部决定一切”这个口号，在林业界也是非常重要。目前干部异常缺乏，我们征求了所有的旧时的干部，还不够。曾要求教育部在各大学森林系招生时，尽可能地收足五十名，再通过教育部，委托各大学增设林业专修科，另外在中央，在大区，或在各省，又设短期训练班。说到林垦部的短期训练，参加训练的人，不限定程度，不限定学校出身，所学的都是实际技术，至于理论方面，待工作若干时期以后，再设法提高。我们不用学院式的教学方式，而采取平民式的教学方式。

（七）试验研究问题

试验研究工作是很重要的，原有的基础较好的试验研究机构，如桐油研究所，必须继续维持和发展。至于中南农业科学研究所的森林系，我们以为最好不新设，因为我们患着“干部荒”，没有工夫来做室内研究工作。如有必要，则在业务机构内附设研究室亦可。至于橡胶种植、沙荒造林、山荒造林的试验，尽可在实地施行，这样不但可以抽调一部分干部来担任其他更重要的实际工作，同时也可以避免试验研究工作与实际工作发生脱节的现象。等到将来林业发展，林业干部充实以后，我们自然要单独地成立完善的试验机构，专门从事林业试验研究的工作。

以上我把一九五一年的林业工作方针和任务，说了一个大概，以下，我打算把山东封山育林的例子介绍一下。

三、山东封山育林的典型例子

去年十二月二十三日，山东省举行了林业总结会议，林垦部李范五副部长去参加了的。他们那边的封山育林的工作的确是做得很好。山东的情形与华中区是不同的，那边占全省面积百分之四十都是荒山，有些地方只有小树与草，有些地方连小树都没有。过去老百姓对山林不加爱护，放牧、砍柴、开垦，毫无组织，因此山东的林业机构就针对着这三个毛病作了适当的处理。方式仍然是采取发动群众的办法，结果是做得非常的好，现在我把他们的办法介绍给大家。

（一）放　　牧

在这一方面，他们首先是发动群众，调查了各村牛羊的数目，划分出放牧的区域，规定一头牛八亩地，一头羊四亩地。这样划成一块块地，并且开出道路，而由几个村合起来在一块地放牧，但放牛与放羊的地方则是分开的。因为羊吃过的地方，有腥臊，牛不吃。再把羊倌、牛倌组织起来，选出组长，组长即为封山育林委员会的委员。同时，林业机关在羊“卧地”（休眠）的时候，给这些羊倌以一定的教育，使他们明了森林的好处，而且还规定小树不能砍。吃草有一定时间，一块地方。若是放牧到相当时期，就要换一个地方。这样一来，山地也管理好了，居民也可以放牧了，老百姓皆大欢喜。

（二）砍　　柴

在山东，柴火除了拔草以外没有其他办法，所以老百姓割草是不能不割的。山东林业机关就规定出割草的时间及范围，而且又分“大开山”及“小开山”两种方式。“小开山”约在农历八、九月间，割草不能去根，且不许伤害小树，割下来的草作为冬天喂牛用。“大开山”则从农历十月间开始至明年正月为止，这个时间，只有很贫穷的及劳动力少的人家，或是军、工、烈属可以去割草，也是有组织的，不许拔草根及伤小树，割下的草作为柴火用。在最初时老百姓觉得受了限制，颇不自然，但后来看到封山后草反而长得更好，因此也很乐于接受这个管制的办法了。

（三）开　　垦

过去老百姓开垦是顾不到水土保持的，只要有土的地方，不管坡度如何，就“刨荞麦”。所谓“刨荞麦”，就是垦山种荞麦的意思。但这种地方叫做“一镢了”，就是种了一回不能再种，最多也不过种两年。因此老百姓收获很少，一年劳作，多则维持八个月的生活，少则四个月，平均不过五、六个月，总是免不了挨饿。于是林业机关就教导他们，使他们想办法，一方面仍旧种荞麦，一方面又顾到水土保持。山区群众遂用出几种老的办法来了：第一筑梯田；第二“闸山沟”，就是筑拦山坝横断山沟，用石砾一层一层地筑起阶段形的墙来，拦山墙上种芦苇、杞柳、蜡条等；第三筑小水库，蓄水和泥，把淤积的泥土移到田里去作肥料，把水来灌溉。老百姓没有进过学校，没有读过森林学，可是他们这一套办法是多少合乎理水防沙的道理的。这样，坝上种的植物，当年或第二年就有收成，杞柳可以编篮，芦苇可以编席。另外，林场还发动群众搞副业生产，例如采药材和捕鱼等等。因此山区的老百姓生活就渐渐改善了，土改时虽一人平均分得五分地，一年只能生产四个到八个月的粮食，吃不饱，但搞了副业以后，生活渐渐好转，有些地方根本不刨荞麦，有些地方少刨。山东沂山有一草山亭村在一九四九年开了九十亩地，到了一九五〇年就只开了三十亩，另外一个桲椤栏村，一九四九年开了一百零八亩，在一九五〇年只开了十八亩。同时，树木也长起来了，在小娄裕村，长出三十五万株幼树来，在崂山，树木本来被美军砍光了，现在也都长起密密的小松树来。

现在，山东山区老百姓对于造林很感兴趣了，尤其对于种杏、栗与核桃等果树和马尾松与麻栎感觉兴趣。他们计算，杏子种下四年就可以结果，一斤杏子可以换一斤粮食。板栗六年也可以收获，一棵树每年可以收获三十斤栗子，如果一家种上一百棵栗树，六年以后每年可换三千到四千斤粮食，假使卖不掉，也可以自己磨成粉来吃。马尾松生长得更快，老百姓有句话，叫做“三年人不见，三年不见人”，意思是说，初种下的三年间，人在山上见不到马尾松，再长三年便高了，人躲在松林中就不易被人发现了。麻栎更是好燃料，种了数年，柴火问题就可解决。所以，封山以后，老百姓有了信心，有了希望，他们相信：“五年以后可以不挨饿，十年以后可以改善生活”。他们咒骂过去，说：“开山到顶，人穷绝种”。他们同时勉励未来，说：“人留后代草留根”。

山东山区的老百姓明白过来了，他们喊出了“封山育林，十年翻身”的口号，把封山工作看做自己的事情。不单如此，他们还把林业机关交付给他们的任务，提高了一步。林业机关教他们封山，他们说不够，封山之外，必须加上造林，因为有些地方根本没有幼树，封了也长不出来，必须合作造林。林业机关教他们护林，他们说不够，护林之外，必须护山，我们根本没有见到林木，护山就可以长出树来。林业机关教他们种树，他们说不够，种树之外，必须种果树，收成快。“护林护山”、“封山造林”，“种树种果”，这就是群众的经验，这就是群众的创造。山东的封山育林是成功了。

由于山东的护林封山，与群众的利益相结合，所以群众与林业工作者水乳相融，打成一片。他们爱护林场更甚于爱护区政府，有时区政府开会的时间与林场开会时间发生冲突，他们却先到林场。而区政府要收枪支，老百姓又都将枪支托林场转交。

还有一事也值得一提，刚毕业的学生到乡村工作，总不容易与农民打成一片的，但到了山东山区的老百姓家里，看到了老百姓将暖炕让给他们，而自己却蹲在灶边过一夜，非常感动，思想骤然改变，工作情绪骤然提高，老百姓也因此对学生越感到满意。学生、农民，彼此互相推动，互相策励，树立了很好的榜样。

四、结　论

回顾一年来的工作，根据山东封山育林的成绩，冀西沙荒造林的经验，辽西、河南及其他各省的事实，以及西北和中南各大区的情形，我以为我们要搞好林业，必须抓住下列几个重要的环节：

（一）依靠群众

为什么不说教育和领导群众呢？因为说了教育、领导，我们就象高高在上，实际，我们的事业，全仗他们的大力来做，换句话说："非他们不可"，所以，还是称依靠为妥当。

但是，要依靠群众，发动群众，首先必须顾到群众的生活。譬如，淮河发生了大水灾，如果我们就向上游的山民讲一番大道理，教他们不要放牧，不要砍柴，不要垦荒，他们不会睬我们的，因为他们自己也要生活。本来我们的提倡护林，并不是要牺牲了上游山民，以造福下游，而是要教上游山民在不妨碍下游农田的条件下，在山上寻谋生活，并且改善生活；更不是想把"森林百年大计"的大题目压迫群众，教他们自己这一代挨饿，照顾后一代，而是要把这一代和下一代的利益同时并顾。象山东的封山，就这样做了，才获得了辉煌的成绩。河南沙荒区的造林口号："谁护林、谁造林、谁分红"，也能够深入到群众的心窍里去，所以能够使农民自动护林，如同保护农作物一样。

老百姓是最现实的，同时也是最有理智的，我们要依靠他们，必须和他们的利益结合起来，否则成功的希望较小。

（二）依靠劳模

劳模是群众中突出的人物，他们最懂得群众的心理，又博得群众的信任，可以说服群众，推动群众，领导群众，所以我们必须依靠他们。

（三）依靠领导

领导上一句话，胜过林业工作者的千言万语。如果说，林业工作者的话象在山沟里呼唤，那么领导上的话就好象在山顶上号召，所谓“登高一呼，群山响应”，就是这个意思。这对我们有很大的力量和很大的帮助的。例如中南区自邓代主席说了“山青则水秀，山穷则水尽”这句话以后，给我们林业工作人员以很大的鼓舞。我读到了中南区的报告，见到了这十个字，觉得邓代主席在山穷与水尽之间和山青与水秀之间，各加上一个“则”字，把旧形式装上了新内容，把文学的句子科学化，这真是不朽的名言，对中南林业大大地推动了一步。又如西北，由于彭主席的重视森林，在很短时间内，党政军一齐发动起来，组织运输大队，管理木商，统一木材采伐和调拨，完全改变了过去各部门抢购木材的情形。又如山西，由于裴主席发出了二月八日的布告——“二八布告”，整个山西省的林业推动起来。所以林业工作人员必须在工作中博得领导上的信任，争取领导上重视林业。

（四）依靠党、团、军及政治干部

老区里造林发动群众，都要通过党、团、区、村干部，只要他们一动，就整个都动了。例如豫东沙荒区，工作计划先通过党和政府与群众见面，所以发生了很大的力量。又如华北，群众造林时，由党员和团员起了带头作用，所以成绩好。军队在造林方面，也有辉煌的成绩。湖北一九五〇年的军队造林就是一例。南京中山陵，去年发动了军队，把国民党二十多年来没有完成的造林工作，一气完成。

（五）依靠学校

别处不提，单说中南。海南岛的橡胶调查，四十多调查人员之中，就有许多中山大学的教授和讲师、助教，把胶园的家数、胶树的株数、每年产胶量胶园的面积和分布、调查得清清楚楚，这是一件突出的工作。武汉大学替农林部调查了武汉市木材产销，把木材来源、木材种类和数量、木业情况、木材价格，调查得很详细。此外中山大学调查了广宁的林业，广东省文理学院调查了乐昌的林业，南昌大学调查了江西荒山面积和江西木材蓄积，河南大学调查了豫东沙荒和豫西伏牛山山荒，都给中南农林部以很大的帮助。所以说，我们必须紧紧地依靠学校。

群众、劳模、领导、党、团、军、政、学校，我们都要依靠他们，把他们的力量结合起来，形成一条统一战线，象中共的统一战线部一样。中共靠了统一战线，消灭了三千年来的封建主义，一百年来横行中国的资本主义和帝国主义势力，二十多年来压迫和剥削中国人民的官僚资本主义。而我们的统一战线呢？要靠它消灭沙荒、山荒、水灾、旱魃，坚决地韧性地和大自然作斗争。这个斗争是不流血的，但是长期的、艰苦的。

林人们，我们的森林事业是属于自然科学的，站在自然科学工作者的立场，决不能听其自然，也不能等待自然，更不能哀求自然，而必须争取自然，克服自然，改造自然。

林人们，努力吧，我们必须在红色的共产主义中国未到来以前，先绿化全中国的山，正象春天的牡丹花一样，先发放了肥满的绿叶，以迎接美丽的鲜艳夺目的斗大红花！

（原载《中国林业》二卷二期，一九五一年）

新中国的林业

伟大的祖国！人口四亿七千五百万，超过南北美洲各国人口的总和；国土九百六十万平方公里，仅次于苏联；信实的历史三千多年，为世界有名的古国。

伟大的山！全国百分之八十六的土地都在海拔五百米以上，以“山国”名于世。而蜿蜒万里长的长江上游水源地的西面和南面，则峰峦起伏，雪山重叠，其中更有高过八千八百米，在一七一七年早被中国人发现，而过了一百七十五年，反被英国人写上了自己的名字叫做“额非尔士”的这样一座高高无比的世界第一高峰——圣母之水峰（珠穆朗玛峰）。人们到了四川或西康，站在沿长江或金沙江旁边的地方，可以骄傲地歌唱杜甫的诗:“窗含西岭千秋雪，门对东吴万里船”。

伟大的森林植物！在我们祖国的国土上，有垂直分布于台湾中部，更有水平分布于南自海南岛北至黑龙江的热、暖、温、寒的两种森林植物带。有树身之高仅次于世界爷的台湾杉，树干之大仅次于世界爷的红桧（以上两种均就世界针叶树比较）。有树龄已到三千年而现在还活着的阿里山“神木”，比民间相传说的汉柏、唐松、六朝松和清帝乾隆在天目山所封的“树王”还寿长。有生长在全国的木本植物，超过世界上任何一国的树种数目。有外国所无而中国独有的乔木约五十种，例如金钱松、台湾杉、水松、珙桐、杜仲、香果树等。即在最近七、八年，四川万县还出现了新种，这就是由南京大学郑万钧教授和中国科学院胡先骕教授共同发表而扬名海外的水杉。此外，出产特种林产品的油桐、油茶、漆树、乌桕、白蜡树、樟树、荔枝等，经济上都有重大的价值。

地大，历史古，人多，山多，树种多，物产多。作为一个人民，生长在这样伟大的祖国的国土上，上登千仞冈，下瞰万里流，洋洋大观，气魄何等雄壮，胸襟何等宽阔，祖国何等可爱。

人民的祖国要人民来治，人民的江山要人民来管，同样，人民的森林要人民来保护，人民的树种要人民来栽培。

人民栽培出来的树木没有人盗伐，人民保管起来的森林没有人破坏，正象人民掌握的江山谁也不敢染指，人民治理的国家谁也不敢侵犯一样。

人民，指的是独立自主的人民，而不是半封建半殖民地的人民。如果是半封建半殖民地的人民，则百分之八十或九十以上的绝大多数被剥削、被压迫，呻吟于封建主义、帝国主义和官僚资本主义的淫威之下，挣扎在贪官污吏、土豪劣绅、刀、兵、水、旱、风、沙、病虫害等天灾与人祸之中，历年有无数农民被迫流亡到水之源、山之顶，走头无路地烧荒、滥垦、种荞麦、栽包谷、挖草根，毁灭宝贵的森林，破坏肥沃的土壤。反过来又助长了下游地方的水、旱、风、沙的灾害，重新造成千百万流离失所的灾民，又被迫向山上烧荒和滥垦，如此循环反复，山皮越剥越光，穷人越来越多，哪有什么心情来护林和造林？

新中国的林业，就吃了这个先天不足的大亏，蒋介石政府所留给我们的，除掉人迹罕到的地方还有一些残存的天然林外，剩下来的是：四十多亿亩茫无边际的荒山，投机倒把操纵木市的木商，巧取豪夺剥削山民的把头，更留下滥伐、盗伐、烧山、垦山的不良习惯。我们接收了这个烂摊子，责任非常重大，工作是非常艰巨的。

譬如说，一九五〇年二月，林垦部在全国林业业务会议上，布置了全国造林任务一百七十七万多亩，到年底完成了一百六十三万亩，再加上零星植树三亿三千四百万株，已经超过了任务，我们不能不说各级干部非常努力。但是这个数字，和广大的荒山面积相比较，则造林成绩渺不足道。

护林工作更做得不够。一九五〇年全国因火灾而损失的木材二百八十万立方米，与一九四九年烧毁立木四百万立方米相比，虽已减少了百分之三十五，可是从这样一个大得惊人的数目中，仅仅减少百分之三十五，问题还是严重。

林野调查，是林业的基本工作，在一九五〇年，除东北动员二千多林业干部，完成了四百多万立方米蓄积量的林地调查外，内蒙古在大兴安岭，华北在驼岭和永定河流域，西北在洮河、小陇山、秦岭北坡及天山，此外如中南、华东与西南也结合了其他机关、学校做了或多或少的调查工作，获得了不少资料。然而，摆在我们面前的几个最大的问题：中国宜林地是否四十多亿亩？森林总面积是否十三亿九千多万亩？木材总蓄积量是否五十一亿多立方米？我们仍然不能回答。不能回答，如何作出全国性的施业案来？所以，森林调查工作，离我们的目标也差得很远。

伐木和运材，在东北占着极其重要的地位。一九五〇年，有十二万八千多农民，使用九万三千九百九十一万头牲口，提前完成了四百余万立方米木材采伐的任务。加上内蒙古和山西，总计一九五〇年国营采伐的木材量四百五十万立方米，这些材积在目前已感供不应求，何况新中国建设高潮快要到来，木材消费量势必突飞猛进，我们如何供应？

在这样一个大时代里来看问题，上面这些工作，这些数字，都谈不到什么成绩。

值得指出的是：一年多以来，中央和各大区、省各级干部，根据长时期的实际工作，经过无数次的会议，交流了经验，已得到了一致的认识，找出了一条发展新中国林业的途径，这就是毛主席再三教导我们的群众路线。因为大家体会到：在中国，哪里解放得早，哪里土地改革得快，哪里的群众觉悟就高，就容易说服、发动和组织起来，发挥出极大的能力，表现出轰轰烈烈的成绩，护林如此，造林如此，伐木也如此。

（一）依靠群众护林：一九五〇年因森林破坏而损失的二百八十万立方米总材量中，火灾占百分之九十二点八。火，在森林中是最可怕的。地广，风大，树木本身就是燃料，真是"星星之火可以燎原"。内蒙古阿尔山去年烧了十多天，巴彦林区烧了十二天，如果不依靠群众，是不易扑灭的。一九五〇年为救火而动员的人数，少则一千人，多则数万人，例如吉林省在四月间有七个县的山区同时起火，省政府主席亲自率领二百干部，动员了二万人，终于把火扑灭。而松江尚志县牙不力区的火灾，则全靠四百多人紧急抢救，没有烧着林子，这说明了群众的力量。近来，东北和内蒙古作了更进一步的工作，要靠群众的力量，从"救火"做到"防火"，除布置了一系列的政治上和技术上的措施外，更加强宣传教育，健全护林组织，订立防火公约，使群众把防火当作自己的任务。因此，一九五〇年山火损失比一九四九年减少百分之三十五，连历史上习惯烧荒的鄂伦春人也渐渐改变过来。

（二）依靠群众造林：新中国的林业，从旧时林场的"死守孤立据点，依赖少数工人"那一套旧作风，改变到发动群众。这是一个大转变。在结合群众利益的原则下，先进行宣传教育，继之以细密组织，加之以技术指导，更依靠党政领导，劳动模范带头，展开广泛的竞赛，使群众自觉自愿地行动起来。一九五〇年，豫西就是这么搞好沙荒造林；胶东就是这样搞好山荒造林；冀西就是用这个方式在春季发动了十万二千多人，完成防护林网六万余亩；辽西就是用这个方式发动了二十五万人，获得了全省一千六百多万株造林成绩。群众的力量是惊人的。从旧中国一年一度的植树节，进步到新中国一年三季造林，从各家的门前植树，发展到合作造林，从村庄零星植树，提高到整片造林。这就是使得千千万万亩宜林地有了希望。

（三）依靠群众采伐：由于新中国的工人以主人翁姿态出现，由于封建式把头剥削制根本推翻，由于工人福利事业逐年改进，更由于工程定额和生产定额那一套苏联新制度的采用，所以十多万工人发出了无比热忱，用出了最大力量，涌现出了李国有和刘金贵等许多劳动模范，从而产量增，成本减，一九五〇年有了辉煌的成就。工作时期缩短了：伐木任务在三月十日完成，比往年提早。流送任务，在一九四九年只完成了百分之七十七，而一九五〇年则在八月中旬已全部流送出。伐木方式也改良了：过去人怕吃苦，站着伐，伐根高到七十厘米，浪费；而一九五〇年则跪着伐，伐根降低到离地三十厘米，由此节省木材二十五万立方米。过去工人不爱惜梢头木，随便丢掉，一九五〇年规定六厘米以上的树梢必须利用，节省木材五万立方米。此外，如工程量的增高，流送损失率的减少，森林铁道木材运输量的加增等，固然与政治领导和技术改进都有密切关系，但没有劳动大众的高度努力，决不能有这样成就。

一九五〇年的林业，是万里征途上的第一步，只要依着毛主席的群众路线，脚踏实地，一步步的走得准，走得稳，而且走得紧，则一切良好条件都是属于我们的。物产多，正需要我们来改良品种和制法。森林植物多，正好到处选出最经济最适合的乡土树种来造林。山多，林业工作者才大有用武之地，哪怕是荒山。而人多正是伟大劳动力的来源，条件更好。

走吧！让我们稳步前进，让我们对准目标，在我们面前有：

四大任务：护林，造林，森林经理，森林利用。

一条光明的大道：群众路线。

一个美丽的远景：无山不绿，有水皆清，四时花香，万壑鸟鸣，替河山装成锦绣，把国土绘成丹青，新中国的林人，同时是新中国的艺人。

（原载《中国林业》二卷三期，一九五一年）

两年来的中国林业建设

中国之有森林建设，是从中国人民取得了国家政权的时候开始。

在反动统治的年代里，森林的遭遇是只有摧残，没有抚育；只有破坏，没有建设；只有被统治者用作战争杀伐的工具，没有用作增加国家财富的资源；只有被栽植在风景胜境供统治阶级观赏，没有为人民的生活缔造幸福。因此，我们今天面对着的不是郁郁苍苍的青山，而是四十多亿亩的荒山荒地；不是风调雨顺的天时，而是年年有不同程度的各种天然灾害的袭击；不是富饶的森林资源，而是仅存的只占全国土地面积百分之五的残破林相。所有这些，再加上广大山区群众为了生活而不得不烧垦、开荒的历史积习，更加深了森林的灾难。

这就是旧中国留给我们的全部林业遗产和情况，也就是新中国林业建设开始的客观环境。

我们的工作基础是薄弱的，财力是有限的，人力更感不足，一切要从头作起。但伴随着中国生产事业的胜利开展，我们新中国的森林建设，必须在这一薄弱的基础上承担起崇高而艰巨的任务：一方面，要克服天然灾害，消灭荒山荒地，保障农田的丰收，最好只种不伐。但另一方面，为了保证供应国家工业建设用材，又不得不伐。在这样矛盾的情况下，我们不得不格外珍惜现时仅有的森林资源，不得不坚决地和一切浪费木材与损害森林的行为作斗争。

因此，我们当前全国林业建设的总方针是：普遍护林，重点造林，合理采伐与利用。

两年来，经过工作的不断实践，结合着全国规模的土地改革、镇压反革命、抗美援朝三大运动海洋般的怒潮，各地区虽因解放时间有早迟，具体情况各不相同，工作的发展极不平衡，但我们两年来的林业建设工作，也正如涓涓流水从四面八方汇入巨川洪流，涌向这海洋般的怒潮中腾起无数的浪花。

举例说：森林火灾是护林工作中最顽强而又防不胜防的敌人。林区地广人稀，林木本身即是燃料，特别在春季，天气干燥，只要留下一点火种，很可能成为燎原之势。何况农民的烧荒的旧习，一时难以根除，更易引起森林火灾。在苏联，对于林区的防火工作给以极大的重视，除经常对林区附近群众施以防火教育、训练，并加以组织外，国家有武装的护林员、护林马队，林政机构也备有专门马匹，供给巡查、救火的护林员执行职务。当山火发生，可以优先使用一切通讯工具（如电话、电报、无线电、飞机等），并立即由降落伞消防队出动，直接扑灭山火。在容易发生山火时期，特别在林区加强化学消防队和防火训练等组织。所以在苏联很少有山火发生，即使发生了，也可迅速地把它消灭。这些，对于我们刚诞生的新中国来说，还不能办到。我们主要的是依靠群众，把群众严密地组织起来，从事预防和救护。苏北泰州县召集群众控诉日寇毁林的罪行；河北省遵化县逮捕了破坏林木的不法地主；湖南祁阳、汉寿等县群众带着干粮上山捕捉放火烧山的特务分子，都大大地提高了群众爱林、护林的热情。在当地党政领导下，成立起无数的护林组织。两年来据不完全的统计：全国共成立了护林委员会五千余个，有近二万一千个以上的护林小组，单华东一区即有三千个以上的护林小组，参加人数超过了五万人。虽然这些组织还不够健全，对工作还十分生疏，但护林公约已普遍地订立了，简单的和必要的防火设备与训练也都纷纷举办了。就是这样，东北松江省阿城县在去年没有发生过一次山火。就是这样，吉林和内蒙古的山火已比往年大为减少。相反，今年松江省不依靠群众，放弃组织与领导，只片面地强调春耕，以致山火连续在二十个县内发生，前后动员了数十万以上的群众参加抢救，结果是不但误了春耕，而且劳民伤财。群众的力量是伟大的，群众觉悟程度是空前的，在无数的救火的事例中，他们表现了高度的爱国主义的精神。有的不顾家里病着的亲人，立即上山救火；有的不顾已经灼伤了的身体，还是不肯离开火场，继续在那里奋勇扑救。这些勇敢的忘我的新的英雄主义气概之所以产生，正是和土地改革、镇压反革命、抗美援朝三大运动有着不可分割的思想与血肉的联系！

护林如此，造林也同样是如此。

一九五〇年全国造林任务为一百七十七万亩，完成了一百八十五万余亩，加上三亿余株的零星植树，已大大地超过了全年的任务。造林，指的是大片造林，是指各地区按照其自已的重点有领导有计划的造林。重点，是指风沙水旱等灾害严重的地区，以解除灾害为目的，营造防沙林和水源林。这和群众的零星植树有着基本上的区别。应该感谢伟大的社会主义苏联盟邦，它给我们带来了改造自然的先进的科学经验，更应该感谢中国共产党，它把四亿七千五百万中国人民被束缚了的传统智慧和无穷无尽的生产潜力解放了出来，这才有可能使冀西五十万亩的沙荒地带，在两年内已经消灭了四分之一以上；这才有可能使我们完成了陕北和豫东的防风林网十万余亩；这才有可能使我们千千万万亩的宜林地将改变其丑恶的面貌。

自然，一九五〇年的造林成绩，和全国四十多亿亩的荒山荒地相比较，那真是渺不足道的。但我们的政策方针，已经得到全国人民一致的拥护和支持，这就是我们力量的泉源。只要善于把群众发动和组织起来，善于把国家的利益与群众的利益密切结合起来，就可以使我们今后的成绩与日俱增，就可以使我们的理想和计划有实现的希望。例如：我们一九五一年的全年造林计划比去年增加了将近百分之七十，而在今春一季的造林中，全国总计即已完成了全年计划数百分之八十六以上，这还没有包括零星植树数字在内。预计加上东北、华北的雨季造林和秋季的全国性造林，超额完成任务是完全可能的，特别在今春的造林运动中，可以看出下列几个较有意义的特点：

第一，由于广大新区的土地改革正接近完成，人民觉悟程度已空前提高，华东今春超出了自己的全年任务百分之四十九，中南超过了百分之一百以上。

第二，由于多样性和活泼性的合作造林方式的提倡，不仅把公私利益与群众相互间的利益，在这一形式下被固定下来，而且大大地鼓舞了群众对护林与造林的热情。同时，在亲密的合作过程中，不仅使群众的智慧与经验得以广泛交流，提高造林的成活率，而且使造林的速度也获得显著的进展，只要分析下面几个数字，就不难得出这些结论来的。在今春各地区完成其自己的造林总数中，华东区的公私合营林所占比例是百分之三十九点五，中南是百分之五点五；私营合作林占总数的比例是：华东为百分之四十点七，中南为百分之五十二点一。而两区的造林成活率，今春一般地都在百分之七十左右。这一进步的意义是非常重要的。

第三，由于与造林同时，把过去部分老解放区的封山育林经验，今春在全国范围内大力推广，因而教育了广大的山区群众从垦荒开山的破坏水土保持的行为，觉悟到积极参加护山养山的组织，这是一个重大的转变。根据不完全统计：两年来共封山七百八十余万亩，单华东区（主要是山东），就达三百余万亩，几乎占全国总成绩的半数。这一转变的意义之所以重大，就在于封山的效能，可以减少山区土壤的冲刷，使草木滋生，为荒山造林铺好一条平坦的道路。从而根本改善山区的环境，使山区群众的生活逐渐走向富裕。而有的地区，如山东崂山，封了山，还可以长出密密的小树来，代替了造林，节省了劳力。

全国千百万群众在造林的季节里已经积极地行动起来。不分男女老幼，也无论是农民、战士、学生和少数民族都火炽地投入造林的热潮，他们兴高采烈地忙着运秧、挖土，相互组织起挑战竞赛，他们热烈地提出自己的愿望。他们说："国防要巩固，人人来栽树"。"保家要卫国，不让青山秃"。"家有千棵树，不愁不致富"。"光山好比反革命，大伙齐心来造林"。"植树造林防水旱，修房盖屋不困难。"就是这样，辽西省今春有十八万人参加造林，完成全年计划百分之五十；就是这样，河北省造起了"抗美林"和"爱国林"，鼓舞了全省在今春完成近四千万株的造林任务；就是这样，浙江奉化省立宁波农业技术学校师生工友，在短短的四个晴天内超额栽植三十万株马尾松；就是这样，苏北淮阴军分区战士在一天中就消灭了沙荒二百亩；就是这样，广东连南县二万五千瑶胞争先地完成了二百万株的造林任务，还推动全省超过去年造林数字七倍半以上。更动人的事实是：绥远凉城三区某村军属邢纪小，已经瞎眼多年，竟让人扶着来参加造林，他抚摸着自己种的树说："毛主席领导我们翻了身，我瞎子也要栽树来报恩！"

所有这些，又再次地说明了土地改革、镇压反革命、抗美援朝三大运动在群众中所起的影响是何等的深广。

造林如此，森林的采伐也仍然是如此。

国营森林采伐事业，主要是在东北和内蒙古。东北解放最早，土地改革进行最先，干部又较其他地区为多，所以它在全国比别省先跨了一步。两年来，通过全体十余万林业职工的艰苦努力，并在苏联专家热情的帮助下，已从盲目采伐走向合理采伐，从分散管理走向统一管理；从旧式经营走向成本核算。这是新中国的社会基础带来中国林业建设的革命行动，这是新的思想制度战胜旧思想制度的一场激烈斗争过程的初步总结。如果工人不认识自己是国家的主人，如果封建把头制不铲除，如果没有工人自己的工会来关心自己的生活与福利，如果没有无产阶级的政治教育来发挥工人的劳动热情，那末，要彻底摧毁敌伪统治十四年间的掠夺生产方式，保证合理的有计划的采伐作业，是不可能的。

两年来，东北与内蒙古已超额完成国家的采伐计划，不仅支持了解放战争，而且满足了建设的需要。同时，在作业方式不断改进的过程中，又为国家更节省了大量的木材。由于降低伐根（伐木后残留在地面的根株），利用梢头木，规定了原木的规格，缩短了造材的后备长度，减少用人工制造枕木，减少流送木材的损失，单就这些，已每年给国家节省了木材共达七十余万立方米。这还没有包括因实行刨冰作业和冰道运材而节省的数字在内。

特别在爱国主义生产竞赛运动中，东北和内蒙古的十余万林业职工，正永不倦怠地为祖国创造与节省更多财富；数以百计的劳动模范已在群众中不断涌现，各种各样先进的生产小组的经验，已迅速在全区乃至全国范围内加以推广。工人刘金贵贴地伐木（目的在降低伐根），他一人一年即为国家节省了四十立方米的木材。李明友伐木每日生产十四立方米多，他不满足，又提高到十六米多，超出普通伐木量二倍至三倍以上。森林铁道司机王纯文创造安全行走十万公里的新纪录，二十六个月内未发生一次责任事故，一次牵引二十八台车，效力空前提高，超过伪满时代的最高纪录。内蒙古的朴永禄小组公开使用弯把锯的技术，热心带徒弟，使全区伐木产量大为增加。其他，如吕国材小组、吕德文小组，不仅以忘我的劳动超额完成伐木任务，还减少了事故和伤亡。

所有这些，又一次反映了波澜壮阔的土地改革、镇压反革命、抗美援朝三大运动给予我们林业工作的鼓舞。

这一壮阔的波澜，还不是全国新民主主义建设高潮的主流。可是，形势的发展已相当的迅速，声势已相当雄壮，我们的林业工作将如何迎接这一高潮的到来？论机构，两年来，我们虽然有专署级以上的林业专业机构共八百二十二处（不包括三百五十三个苗圃），还不足应付当前的需要，何况将来？论调查，我们在东北虽已有二千余人从事林野勘测工作，在西北虽已实地调查了秦岭、小陇山、洮河流域和白龙江流域的森林资源，在中南和华东虽已结合各大学师生作了或多或少的调查工作，在华北和西南虽已由中央会同地方勘测若干山林，但对全国的林地和宜林地面积说来，我们的工作还是赶不上需要。

形势发展愈快，我们愈觉追赶不上；时代的声势愈雄壮，我们愈觉自身力量的薄弱，这在干部问题上表现得更显著。国民党时代改行或失业的林业人材几乎搜罗已尽，而最近二年，大学森林系毕业生才不达二百人，我们的阵容总是感觉空虚。为了培养后一代，为了增加生力军，又为了应付迫切的需要，我们必须从高级到基层，从长年到短期，结合教育部门多方训练干部。

两年来，我们已有二千六百余名学生正在全国各大学本科和专修科学习着林业的专门知识，有近六千名学员得到了短期的林业教育，有三千余名在职干部已经或正在轮回受训，这就意味着：在两三年后，我们将拥有一支两万人以上的队伍向大自然进军了。这是一支以毛泽东思想武装起来的队伍，他们将懂得怎样去克服困难，怎样作群众的学生，怎样使理论与实际相结合，怎样去联系群众，组织群众，怎样贡献出自己的一切，又怎样培植出一代又一代的青年，汇合在群众海洋般的力量里，把祖国的河山打扮得更美丽，更可爱，更庄严雄伟，永远风调雨顺，成为永无灾难的一个国家。

让我们高举起毛泽东的战斗旗帜，迈向改造自然的征途上，夺取一次又一次的胜利！

（原载《中国林业》三卷四期，一九五一年）

组织群众护林造林
坚决反对浪费木材

——在中国人民政治协商会议第一届
全国委员会第三次会议上的发言

在这次大会上，毛主席的指示，周总理、陈叔通副主席、彭真同志、陈云副总理、郭沫若副总理的报告，我完全拥护。在毛主席和共产党领导下，我们各方面的建设事业在短短的两年中，都有飞快的进步，其中林业建设也获得了一些成就。

在蒋介石及历代封建皇帝统治时期，对林业根本不注意！任凭山火到处燃烧，滥伐林木，滥垦山地，根本无人过问。就这样使我国森林逐年被大量破坏，造成今日四十多亿亩的荒山。至于造林，那就更谈不上了。所以在蒋介石统治时代，象我们这些学林的人都是没有出路的，没人理睬的。青年人大都不愿学林，谁学林，谁就倒霉，因为学了之后，不是失业，就是改行。现在完全不同了，在毛主席和共产党领导下的人民政府，一开始就重视林业工作。两年来，在中央、大行政区及省人民政府中普遍建立了林业机构，在许多专署、县、区、村人民政府中也建立了林业机构，在重要林区建立了国营伐木机构。现在学林的人不是象过去那样失业、改行，而是大大地感到缺乏了，不是象过去那样苦闷、无聊，而是兴奋、紧张地在工作着。

中共各级党委、各级地方人民政府及群众团体都积极领导群众，进行保护山林和造林植树，且协助国营伐木机构，进行合理的采伐。为了保护山林，东北区今春动员了九十四万多人参加救火，有些省人民政府的主席、厅长亲自下乡领导督促防火救火工作，许多县长及中共的县委书记亲自率领群众在山林里几天几夜不眠不休，把眼睛熬红了，脚走破了，与山火作坚决斗争。象这样关心保护祖国财富的政府和政府干部，是中国历史上所从来没有过的。

在造林方面，去年全国造了一百八十多万亩森林，又植了零星的树木三亿多株。今年单是春季造林（每年进行两季到三季造林）已完成了三百多万亩，等于蒋介石统治时期二十二年所植树木的总数。在河北省的西部、河南省的东部、东北辽西及华北、西北许多沙荒地区，已开始营造防风防沙林。在大片的沙地上，用带状的森林，一纵一横地造成许多林网，使沙子逐渐固着，不但保护了附近的耕地，而且使每个网眼中的一公顷的沙地上可种起苜蓿草或果树来，因此，原来为害农田的沙荒现在逐渐地变而为增加群众收入的果园、森林或牧场。在淮河、黄河、永定河、辽河及其他经常泛滥成灾的河流上游山地，已开始建立据点，准备营造水源林，河流两岸则营造护岸林。在长江以南，水土条件较好，群众有经营森林的经验与习惯，我们已开始领导和帮助群众营造用材林及油桐、樟、漆及橡胶等特种经济林。在山东及华北许多地区，已开始推行“封山育林”，即把荒山附近的村庄的群众组织起来，由群众自己议定，留下砍柴、放牧地区，此外都加以封禁，使野生的幼树长起来，即使长不起幼树，也能长起青草，对水土保持发生作用，为造林准备了条件。当然，上述造林工作还仅仅在开始，还十分不够，在全国范围来说，还没有把造林当成一项根本大计的工作，这就要求我们更进一步的努力。

在伐木方面，东北、内蒙古、西北、西南都先后建立了国营伐木机构。一九五〇年和今年都采伐了很大数量的木材。为了节约木材、减少浪费，在东北和内蒙古，一反过去日寇掠夺式的采伐，伐根（即采伐时留在林地上的树根）从七十厘米以上，降低到二十厘米以下，梢头木在六厘米以上的全部利用，这样，每年比过去就增加了很多木材的生产。成绩是有的，但烧山的情况，依然很严重，滥砍滥伐的现象，仍普遍存在，今后必须大力克服这些破坏森林的现象。

森林对于水利和农田的关系是非常密切的。前几天，水利部傅作义部长的发言中说："我国许多河流成灾的原因是河水的泥沙过多"。这句话是很对的，水为什么多沙？因为山土被雨水冲刷下来。山土为什么会被雨水冲刷？因为山上没有森林。

傅部长指出，要保持水土。水土是可能而且必须用森林来保持的。先说水：有森林的山，碰到一场大雨，树皮、树干和树枝平均能吸收雨水百分之三，地上海绵性的落叶层和腐殖质能吸收百分之十五，林木能吸收百分之十，蒸发百分之二，总共保持百分之三十。而流出来的百分之七十雨水，由于通过了落叶、苔藓和泥土，经过了一番过滤作用，沙自然地减少，水自然地滤清。所以黄河尽管全部混浊，到了青海贵德县以上，则由于山上有森林，黄河之水也清起来了，这是一个证明。次说土：土，也得用森林来保持。雨水冲刷山土的情形，前人已有研究，这里也可用数字表明：十七点七八厘米（七英寸）厚的表土被雨水冲刷净尽所需的时期，在林地，需要五十七万五千年；在草地，需要八万二千一百五十年；在耕地，需要四十六年；在裸地，只需要十八年。

山地能有多少表土？表土何等可贵！我们如果不把它保持起来，则在上游，正如傅部长所说："土壤被冲刷，一天比一天贫瘠"，而在下游，又将如傅部长所说："河道被泥沙淤高，变成了地上河”。不单是河床，就是水库，也会慢慢地被泥土填塞起来的。陕西的泾惠渠和洛惠渠，本来是用来灌溉的，而去年秋天，有些地方不敢放水，恐怕放出泥浆，对田地非但无益，而且有妨碍，这是一个证明。

象我们这样森林贫乏的国家，为了保障水利和农田，伐木不能太多，而为了工矿交通及一切建设事业的需要，则今年所伐的木材还是供不应求。新中国建设一天一天发展，木材就一天一天感到不够，一九五二年估计全国公用木材需要更多，而供应量仍感不足。再过三年估计公用木材的需要量将更大。因此，木材在中国成了一个问题。

毛主席指示我们：“增加生产，厉行节约，以支持中国人民志愿军”。在林业方面，为了坚决贯彻这个指示，必须：

一、要求各级人民政府、群众团体，合力发动和组织群众，保护山林，特别要严防森林火灾，因为火灾给森林损害是太大了。

二、要坚决贯彻政务院关于节约木材的指示，与一切浪费木材的现象作斗争，同时，要在东北和内蒙古森林较集中的地区增修宽轨森林铁道，在西南、西北、中南、华东等地亦修一定的林区交通设备，以开发新林区，增加木材供应量。另一方面，还要逐渐地发展木材工业和森林化学工业，以应国防和建设的需要。

三、要开始进行大规模造林。为了使造林工作能在一定时期内，收到供应木材及减免天灾的显著效果，我们打算向政务院提出一个“三十年与大自然奋斗的目标”的建议。希望在三十年内，经过造林及封山育林，把全国四十多亿亩的宜林荒山荒地消灭百分之五十左右，内地沙荒及村庄附近的山荒全都消灭，大小河流的水源林基本完成，在西北区和东北区西部，造成大规模防沙林带，使我国森林面积本来占国土面积百分之五，能提高到百分之二十。哪怕年代久些，我们必须征服大自然，改造大自然，叫大自然听我们伟大的新中国人民的指挥！

（原载《中国林业》三卷五期，一九五一年）

在布拉格机场的答词

出席第二届世界科协大会的中国代表团在赴巴黎参加大会的途中，道经布拉格，承捷克科学界热烈的欢迎，我们表示由衷的感谢。

中捷两国的文化交流，使中捷两国人民的友谊更加巩固起来了。中国艺术展览会曾经在布拉格获得了捷克人民极为热烈的欢迎。刚离开中国不久的由普鲁克博士所领导的捷克文化代表访华团在中国也曾经和中国学术界作了极为亲切的交往。这说明中捷两国人民的友谊和中捷两国的文化交流都在日益成长和发展之中。

中国科学家们在中国共产党领导中国人民进行解放斗争并且获得了伟大的胜利以后，在思想上和工作方向上已经有了新的转变，那就是理论与实际结合、为人民服务的观点的确立。由于这个转变已经使中国科学工作呈现了空前的光明景象。我们相信，中国科学家们今天的这种欢愉兴奋的心情，一定是捷克科学家们同样感觉着的。我们两个伟大的国家，都曾经同样饱受着侵略战争的惨祸，我们的实验室和图书馆都遭受过法西斯匪帮的破坏，但是，我们的人民终于战胜法西斯匪徒而挺身站起来了，我们的实验室和图书馆也在人民的支持之下重建起来了。这就说明了人民的力量是无敌的，人民的科学是永远不会衰落的。现在，我们刚刚安下心来要为我们人民的福利而工作的时候，帝国主义战争贩子们又在挑拨新的战争。我们过去曾经身受过的灾难，又由美帝国主义加之于可爱的朝鲜人民了。但是我们有着坚强的信心，在全世界爱好和平人民的空前团结的今天，帝国主义的侵略战争企图，必然要和法西斯匪帮同样地遭到覆灭的命运。让我们中捷两国的人民，特别是中捷两国的科学家们紧紧地携起手来，为保卫世界和平、反对侵略战争而共同奋斗吧。

中捷两国人民的友谊万岁！

中捷两国科学家合作万岁！

（一九五一年，林业部档案处提供）

在苏联科学院欢送会上的告别词

我们在莫斯科二十七天，承苏联科学院隆重地招待，承苏联政府业务部门、研究机关和文化教育机关给我们参观的便利，承科学院负责翻译的同志们，尤其是著名汉学家郭质生（Колоколов）先生不辞劳苦地详细说明，使我们要看的都看了，要听的都听了，要学习的都学习了。可以说，“满载而归，不虚此行”。这是必须十分感谢的。

今天又承各位同志远道并且深夜来送，我们的感激更不能用言语表达了。

现在，我们告辞了。回想二十七天之间，我们的收获是非常之多的：

第一，我们的行李（箱箧）比从前加重了。各学校，各研究所，尤其是苏联科学院，送了我们很多书籍，这是科学的结晶，是研究的结论，是劳动的成果，我们带回去，可以替中国图书馆增加新颖的内容。

第二，我们的知识比以前加多了。中国科学工作者也同一般中国人民一样，现在正在学习苏联。可是，中国有一句古话，叫做“读万卷书，不如行万里路”，就是说，“百闻不如一见”，所以，从前我们虽然学习，终不免感到隔膜。今天，我们亲眼看到苏联文化、教育和科学建设的成就了。何等高兴！

第三，我们的体重（身体重量）比从前增加了。我们是被苏联科学院接来住在乌慈可越（Узкое）疗养院的。疗养院周围都是森林，空气非常清洁，院内有高明的医生照顾，营养更被重视。我们住了二十七天，所以身体更强壮了。

此外，还有不能用尺寸计算，不能用斤两表示的，那就是苏联人民对我们的热情，尤其是五月一日红场上游行队伍对我们中国代表团拍掌、挥手、欢呼，那种热烈的情绪，真使人万分感动。象这样出于真诚的，并且万众一心的友谊，只有在人民的国家才可以得到。

自从中苏友好协会成立一年多以来，中国文艺工作者、社会科学工作者、民主妇女联合会、民主青年联合会等，都和苏联来往得很密切。我们希望中苏两国自然科学工作者，此后有更频繁的接触，更亲密的团结。我们更希望苏联科学家们常常到中国来，多多给我们中国建设事业以批评和指教。

让我们高呼：

中苏友好万岁！

中苏两国科学工作者团结万岁！

（一九五二年，林业部档案处提供）

在招待英国人民文化代表团座谈会上的讲话

亲爱的朋友们，我首先热忱地欢迎你们。中英两国科学家有着长久的友谊，在中国人民最困难的时候，你们也曾对我们的工作表示关心。可是，正如你们可能想象到的在反动的国民党政府时代，科学只是一种装饰品，不可能在建设事业上对人民有所贡献。

现在，情形完全改变了。毛泽东主席说：为着扫除民族压迫与封建压迫，为着建立新民主主义的独立、自由、民主、统一和富强的中国，需要大批的人民教育家、人民科学家、工程师、技师、医生等，以"为人民服务"、"和人民打成一片"的精神，从事艰巨的工作。毛泽东主席对知识分子的政策是：只要是在为人民服务中著有成绩的，应受到政府与社会的尊重，把他们当作国家与社会的宝贵财富。

当然，我们不会把新中国三年来国家经济及文化建设事业的发展，全算作科学工作者的功劳。然而，我相信，你们踏进新中国的国土，见到新中国的气象，和从前腐败的旧中国一比较，会替我们欢喜：中国科学工作者有用武之地了。这是可以肯定的。

在全国粮食总产量将超过历史上最高年份的水平，棉花达到完全自给的时候，在全国三十五种主要工业产品达到战前最高年产量的百分之一百二十六的时候，在全国公立医院比解放前增加到百分之二百七十五、病床增加到百分之三百的时候，在全国自然科学研究机构比解放前增加到百分之三百六十、经费增加了十二倍的时候，在高等学校毕业生数目两三倍于国民党时代而不够分配的时候，在这个时候，中国自然科学工作者的思想和行动也跟着发生了显著的转变。这种转变，表现在下列几方面：

（一）理论结合实际：从前中国自然科学工作者强调个人兴趣，唯一的成绩是发表枝节的零星的研究论文，求得国内外同行的欣赏和自我欣赏，题目越冷门越好，但不管它是否适合国家需要。现在变了，我们一方面发展着理论科学，比如解析数论、距阵几何等仍然是数学家们钻研的题目，另一方面，在应用科学方面，科学家的研究题目都能适应着国家建设的要求。举例说：石炭汽车、球墨铸铁、特种合金（如铁和钨铁）、永久磁铁、植物性杀虫药、合成杀虫药、耐火材料等等，这些看似不主要的题目，然而国家需要它，人民需要它，科学工作者就在这里下功夫，并且获得了成绩。治淮工程和荆江分洪工程，科学工作者也自愿参加，学院式的生活，将成为过去的陈迹了。这是一个大转变。

（二）科学面向工农：从前中国科学工作者瞧不起工人和农民，嫌他们贫穷、落后，不配做朋友。现在变了，一九五〇年八月，我们成立了中华全国科学技术普及协会，普及科学技术，就是把科学技术带到工农大众中去，使他们在经济建设中能发挥更大的力量。两年来，协会在不断地壮大，分会分布在全国二十九个省、市，支会分布在二十二个省辖的县、市。国内著名的科学家、技术专家、教师、医务工作者、工程师、农林水利学家一万三千多人参加到协会的行列中来，担负起普及科学知识的光荣任务。在城市，向工人讲解机器制造、金属高速切削法、一九五一织布工作法等；在乡村，向农民宣传防虫、养猪积肥、森林保持水土等。此外还宣传卫生、科学常识等等。两年中，各地分支会一共举办了一万一千二百多次讲演，组织了近四百次科学展览。通过这样的科学普及工作，不单是科学工作者联系了群众，受到群众热烈的欢迎，而且可以向群众学习许多工业的或农业的宝贵经验。所以一方面做群众的先生，一方面又做群众的小学生。这又是一个大转变。

（三）集体主义：从前中国自然科学工作者被深锁在象牙之塔里，各自为政，毫无联系，毫无组织。现在变了，分散在各个不同的地方、不同的机关、不同的学科的科学工作者，只要有了一定目标，短期间能够组成一个大集团，分工合作，完成一件集体工作。例如去年，三千科学技术工作者自愿参加了淮河治理工作，组织非常严密，工程非常顺利。又如今年，从安东经山海关到长江口的沿海防风林设计，是需要由东北、河北、山东和苏北等地分区分省测勘的，各有关省份都大规模地动员了全省森林学校的教师和学生，更配合着土壤学家和植物学家，利用暑假调查和测量。不仅生产建设而已，就象今年四、五、六三个月的爱国卫生运动，各地成千成万的科学工作者，有组织地参加宣传工作，象这样“平凡”的宣传演讲，在旧中国学院式的科学工作者是不肯做的，而在新中国，大学教授也参加了。这又是一个大转变。

（四）爱国主义：旧中国的科学工作者虽有报国之心，但反动的国民党统治使科学家们报国无门。现在变了，中国人民展开了抗美援朝运动以后，人民志愿医疗队、人民志愿救护队，一大批一大批地和人民志愿工程队同上朝鲜的前线，争先恐后，奋不顾身，只要朝鲜战争一天不停，就一天不会缺少中国科学工作者在朝鲜的后方和前方，和朝鲜人民一同斗争。美帝国主义发动细菌战以后，中国又有大批的昆虫学家、细菌学家、生物学家、药学家和医学家自动地组织起来，到东北和朝鲜参加反细菌战。新中国科学工作者不单爱科学，还热烈地爱祖国，爱人民，爱劳动。

这又是一个转变。

亲爱的朋友们，我们中国的一切都变了，中国科学工作者的一切也变了。可是，有一件事依旧不变，那就是：我们爱好国际友人。站在人民的立场，凡是爱好和平，维护科学的正义和尊严的科学工作者，都是我们的好朋友。

亲爱的朋友们，自从中英贸易协定成立后，我们两国人民的经济交流开始了。科学方面呢，我们两国的科学工作者本来有密切的友谊，此后更应该大大地展开文化交流和科学交流。可是，我们要做到毫无阻碍的经济、文化和科学交流，还必须有一个先决条件，那就是：世界和平。因此，我今天代表中国科学工作者向你们伸出热烈的手，让我们紧密地团结起来，为争取世界持久的和平而斗争！

（一九五二年，林业部档案处提供）

自然科学工作者组织起来了

——在广州送别五大学森林工作团的讲话

关于政治问题，思想问题，和这次工作的重要性问题，叶主席已说得很透彻，我不再重复了。我今天只想站在自然科学工作者的立场上，和各位教授、讲师、助教、同学们谈谈。

首先，我觉得这次森林工作团，跟华北和华东的其他大学一样，组织得非常之好，发展得非常之快。记得二十几天以前，我在中山大学遇见了南京金陵大学、山东大学的教授和同学，当时参加工作的不过二十多位，等到我从海南岛回来，学校单位添了三个——中山大学、岭南大学、华南师范学院；学科增加到八种之多——森林、农艺、园艺、植物、植物生理、农化包括土壤、病虫害、气象；人数扩充到一百九十人，超过了原来的九倍。团体越来越大了，力量越来越强了，气势越来越壮了。

这是一支科学的远征军，它包罗万象，团结一致，浩浩荡荡，向我们的目的地进军，用缜密的脑筋、精细的功夫、雄厚的力量去克服大自然给我们的困难，可以说，这一支科学的队伍是无坚不摧的。

我们看到今天这样雄壮的队伍，就回想到解放前各大学里青年同学的惨淡的遭遇。在反动政府时代，假如有各个不同学校的青年，集合数百人在一起，打算作群众性的运动，问题就严重了。谁也不能预料，这一次的运动，将有若干人会被特务打伤，被反动政府逮捕，甚而至于牺牲性命。那末，从前青年的群众运动究竟犯了什么罪呢？没有别的，只犯了“关心政治”的罪。

今天，同学们同样是关心政治，就是说，为了新中国的建设，大家自动地在人民政府号召之下，在教授先生们领导之下，组织起来，不辞劳苦，出发前进。

今天的情形和从前大不相同了。新中国是在中国共产党领导之下的。中国共产党本身就是从群众中来，它需要群众，依靠群众，信赖群众。因此，你们这一支将近两百人的远征队伍，是到处受人欢迎的，大家向你们伸出热烈的手来，这是何等光荣的任务！

其次，我感觉到今天中国科学工作者真正找到了正确的工作路线。在反动政府时代，中国科学工作者同样是废寝忘食地埋头窗下、数年或数十年如一日地苦干过的，但是得到了什么反应呢？是反动政府的漠视和社会的冷淡。刚才叶主席说：资本主义国家的科学家只为少数人服务，社会主义和新民主主义国家的科学家真正为工农大众服务。中国在解放以前，还是一个半封建半殖民地的国家，在这样的国家，科学家为人民大众服务是绝对谈不上的，那末，说他们为资本家服务吗？民族资本家本身也没有出路，谈不到科学改良。只有买办资本和官僚资本是充实的，地位是优越的，然而，他们都是卖国贼，什么都用洋货，连家里死了人都用外国棺材，谈不到什么经济建设，从而根本用不着科学。因此，在资本主义国家，科学家找到了少数大老板，替他们用尽心机发战争财，发其他不义之财。而在中国旧时代的科学家，则根本没有人要。没有人要，当然要受冷待了。

况且，解放以后，中国起了一个翻天覆地的大变化，新时代对科学家的评价与旧时代根本不同，新时代另用一种尺度，另立一个标准来评论科学家。什么标准呢？第一，以科学家对人民有没有贡献为标准；第二，以科学家在新中国建设事业上是否发生作用为标准；或第三，以科学家能否解决实际问题为标准。假使这三个标准中一个都不合的话，不管你有多大本领，不管你读破几万卷书，不管你向外国发表过多少研究论文，中国人民不需要你，因为你与人民脱离关系，不能为人民服务。

为人民服务，中国自然科学工作者当然不反对的，然而从何服起？如何服法？中国有四万万七千五百万人，科学工作者去找谁？科学工作者知道在什么地方有什么人需要科学家去做什么工作？这一个茫无边际的问题，比在科学上发明一个新学说还要难好几倍。于是科学家自己也失掉了信心，不得不在十字路口观望、徬徨、等待，甚而至于苦闷。

是的，这一条路——为人民服务的路，的确不是自然科学工作者自身的力量所能开辟的，这是百分之百的政治问题。现在，政治问题解决了，人民革命胜利了，中国共产党替我们开辟了一条平坦的为人民服务的大道。只要科学家能够组织起来，只要科学家肯献出自己的力量来，中国人民都会在大路上向科学家热烈地招手。

两年来，有多少大学教授，多少研究所研究员，在自己固有的职务以外，替政府担任了许多重要的实际工作——象这次森林工作团就是许多例子中的一个。这一次工作，是调查有关轻重工业原料的特种森林，同时，布置造林工作，它的重要性，叶主席已说得很明白。那末，我们用新的标准来评论这一次的科学工作：是不是为了解决实际问题呢？是不是对新中国的建设发生作用呢？是不是对人民有贡献呢？可以毫不迟疑地说，是的！因此，我们还可以说，中国科学工作者今天真找到了正确的工作路线：为人民服务，做人民的科学家。

其三，我感觉现在自然科学工作者的工作作风改善了。旧时代的学术界，一向是各自为政，毫无组织的，象这一次的森林工作，如果是在旧时代，决不能动员到森林以外的各方面的专家来参加的。现在情形大不相同了，为了布置工作，在纵的和横的方面发动了数不清楚的人。

先看横的方面：华南已动员了各级党委、各级人民政府，且动员了中国人民解放军。由于党、政、军站在我们的前头，替我们披荆斩棘地开路，所以科学工作者可以大踏步前进。从这里，我们可以得到实际的体验，就是：科学离不开政治，这难道还有疑问吗？从这里，我们还可以引伸出另一种结论，就是：科学工作者必须学习马列主义。因为，站在我们的前头替我们开路的党，是中国共产党，是马列主义的党；政，是以马列主义为基础的人民政府；军，是马列主义思想指导的军队。科学工作者要和党、政、军配合起来工作，不学习马列主义是不可想象的。同学们，作为新中国的人民的科学工作者，政治学习与科学技术学习，好比是人身上的两条腿，缺少一条就寸步难行，这难道还不明白吗？

其次，看纵的方面——科学界方面的动员。这回参加工作的，除森林外，还包括农艺、园艺、植物、植物生理、土壤、病虫害、气象等各方面专家，这是旧时代所做不到的。在旧时代，各人自扫门前雪，不管他家瓦上霜，把科学孤立起来看，这是不对的。当然，林学家也或多或少地涉猎到了上述各种学科，然究竟是粗枝大叶地学习，没有精深的研究，今天要解决实际问题，对于林学以外的科学，还得请各方面的专家来指导。这不是说，有了各方面的专家，林业工作者责任就可以减轻，相反的，林业工作者在这里必须发生主要的作用，才可以把事业做好。例如：苏联共产主义建设之一——草原的八条防护林带，动员了多方面的科学家，比我们今天的还广，而主持这重要任务的是林业部，执行这重要工作的是林业工作者。今天我们工作的范围也是属于林业，林业工作者责无旁贷，必须站在最前线去干。最前线，不等于包办，不等于把林学从其他各种科学孤立起来看。大家知道，科学是集体的，统一的，互相联系的东西，这里也同政治工作一样，不能脱离群众。

同学们，你们经过这一次远征，不单是在学术上可以得到许多新的知识，而且在思想上、组织上、政治认识上，还会有很大的收获。路程是辽远的，工作是艰苦的，然而，在中国共产党领导之下，事业前途是有把握的。祝各位工作顺利，祝各位身体健康！

（原载《中国林业》一九五二年第一、二期）

林业工作者坚决保卫和平*

中国人民在中国共产党领导下经过艰苦的斗争获得了解放，也获得了真正的和平。中国人民热爱和珍惜自己的和平生活。

在全国人民抗美援朝，以斗争来保卫自己的和平生活的同时，新中国又展开了和平建设。在和平建设的蓝图上面，林业建设以它特有的色彩绿化着整个蓝图的背景。

新中国的林业建设工作刚刚开始，但它却具有极其光明远大的前途。举例说吧：森林航空测量，过去曾经只是林业工作者的一种梦想。因为蒋介石的飞机是只用来屠杀中国人民和装载豪门官僚的。但是在新中国，一九五一年冬中央和东北林业部就派出飞机视察了大、小兴安岭的森林概况，推测了单位面积的木材蓄积量。一九五二年春，整整两个月，新中国为林业建设服务的飞机在东北和内蒙古上空巡逻、了望，防备山火；还用大运输机在五月间替走入深山的救火队投了粮。不久，新中国还将具备正规化的森林航空测量。

营林，是重要的；绿化，是美丽的。中国有句老话叫："十年树木，百年树人"。植树造林是国家建设的百年大计。两年以来，东北的长白山和小兴安岭，西北的天山、祁连山、小陇山、洮河和白龙江流域，以及青海，西南的岷江、大渡河和青衣江流域，还有从来无人敢去视察的川北平武藏区和云南边境的大围山，到

---

* 作者当时兼任中国人民保卫世界和平委员会常务委员。——编者

处印遍了林业工作者的足迹。在人民政府的领导下，我们依靠了勤劳勇敢和爱好和平的人民，在去年一年造林的成绩，超过了国民党政府二十二年造林面积总和的两倍以上。在林业建设中，我们使用了机械采伐设备。在东北林区，拖拉机用起来了，运材大汽车在购置，河道年年修治，森林铁道年年延长。一般林区都有合作社、职工宿舍、食堂、澡堂、俱乐部。比较集中的林区，还有医院、疗养所、托儿所、养老院、业余学校、职工子弟学校。工人们以主人翁的态度劳动着，百分之九十五参加了文化学习。一大群一大群劳动模范涌现出来：采伐模范刘金贵，采伐运材模范迟有田，森铁模范王纯文，制材模范刘芬江，这些名字都不生疏了。东北以外，西南、西北、中南和华北的山西，都陆续成立了木材公司，新建了许多制材厂。一系列新兴的木材工业，正在蓬勃地发展。新中国的林区，无处不呈现欣欣向荣的景象。

爱好和平的人民用劳动的双手一代代地培植起青绿的森林，而反动统治者和侵略者则不断地带给它无限的灾害。解放以前，山东崂山的森林被野蛮的美国海军剃了光头。海南岛的人民武装游击区，蒋介石空军用烧夷弹烧毁许多森林。在日本，第二次世界大战军国主义者带给日本林业的灾害更大。出席亚洲及太平洋区域和平会议筹备会议的日本代表宫腰喜助先生说：在大战中，秋田、高知、岐阜、爱知、长野、青森、山形等县的大好森林，都遭到军国主义侵略者无情的滥伐。大材被造船厂抢购，拿去造二百五十吨与一百五十吨的木船。小材被造纸厂与人造丝工厂争买，三十年上下的小树恰合胃口。滥伐的结果，据他说：反应甚快，大分、宫崎、冈山、兵库等县河川下游的地方，普遍地遭到历史上不常见的水灾。自然的灾害必然引起人民的灾难。朝鲜美丽山林所遭受美国飞机的摧残，更是全世界爱好和平人民所一致愤怒的。

中国人民需要和平。林业建设是百年大计，更需要持久的和平。现在新中国林业建设的车头已经开动了。全国林业工作者有信心保证：三十年以后，我们将消灭荒山荒地百分之五十，把内地沙荒及村庄附近的山荒全部消灭，把大小河流的水源林基本上完成。这一远景是美丽而令人兴奋的，而完成这些事业的先决条件是必须坚决地保卫和平。

美丽的远景鼓舞着我们全国的林业工作者。我们愿意同亚洲及太平洋沿岸各国人民及全世界爱好和平的人民紧密团结，用千百倍的努力来同任何企图破坏世界和平与远东和平的阴谋进行斗争，以保卫和平，争取持久的和平。

（原载《中国林业》一九五二年第六期）

三年来的中国林业

自从中国人民取得了国家政权这一天起，就成立了林垦部，就把林业当作全国范围的建设事业。

在反动的国民党政府，也有过林垦署，有过农林部，然而，他们从一九三一年到一九四六年这十六年间，平均每年全国高级林学毕业生仅五十一人，垮台时也不到百人。这几个少得可怜的毕业生，散布到全国，还不免失业或改行，林业就可想而知了。

我们接收了国民党的烂摊子，基础薄弱，干部缺乏，森林只占全国总面积的百分之五，荒山将近三亿公顷，再加上几千年来烧山、滥伐、浪费木材的积习，更加深了林业的困难。

这就是旧中国留给我们的全部林业遗产和情况，这就是新中国林业开始时的客观环境。

中华人民共和国中央人民政府在一九五〇年即已开始确定第一次全国性的林业方针：（1）全力保护现有森林，并进行大规模的造林，以预防天灾，保障农田水利。（2）合理伐木，合理利用国家森林资源，保证供应国家建筑及工业用材。

三年来，根据这个方针，经过工作的不断实践，结合着各种伟大运动，特别是土地改革运动以后发挥出来的群众的无比力量与新的创造，更吸收着苏联的先进经验，我们的林业也伴随着全国生产建设的胜利开展获得了一些成就。

一、护　林

山火、滥伐、虫害、风灾、雹灾，都是森林的敌人，而在现阶段，则山火危害最大。全国三年来山火损失的林地面积，占各种灾害总面积的百分之九十七点六九，而一九五〇年更多，占百分之九十九点零八。

1.山火：东北与内蒙古森林资源最多，火灾也最多。三年来东北和内蒙古的火灾面积，占全国火灾损失总面积的百分之九十一点五四，而一九五〇年尤甚，占百分之九十八点七五，因此，要吸收防火经验，必须看东北和内蒙古。

火的来源主要是人，我们的防火也主要是依靠人。例如东北，鉴于去年春天的损失严重（东北和内蒙古的火灾，主要发生在春季），各级党、政预先防范，发动群众，组织群众，教育群众，松江一省今春就有十五万群众受到了护林防火的教育；黑龙江省发动了小学校、文工团、农民业余剧团，举行了轰轰烈烈的爱国护林运动宣传周。尤其值得指出的是，护林与生产结合，不是消极地禁止搞副业生产的人入山，而是积极地把他们组织起来做护林员，使他们自动地防火，所以得到了效果。东北如此，内蒙古也如此。

山深林密人迹难到的地方，还用飞机来帮助。今年四月到六月，出动了飞机在大、小兴安岭及牡丹江林区巡护，计巡护一百二十二次，飞行四百四十小时，每天经常有三、四十万平方公里的面积，在机翼下受到巡视。不但能发现火源、掌握情报，而且在指挥打火及空投粮食方面起了很大的作用，在群众中更起了良好的政治影响，提高了群众护林的积极性。

由于地面和天空的防护，内蒙古今春基本上没有损失，东北今年春季火灾损失亦显著地减少，如果以一九五〇年东北的火灾损失为一百，则今年的损失，以材积论，减少到将近百分之一，以面积论，减少到百分之四点四六。

总的说来，全国护林组织增加到九万五千五百四十个，护林员一百一十四万四千八百三十人（上半年统计)。全国火灾损失面积已在逐年减少，如果以一九五〇年为一百，则一九五一年减少到百分之七十点零四，一九五二年春季减少到百分之五点零九。

然而，我们不能满足已有的成绩，我们还必须随时警惕。

2.滥伐：滥伐发生在关内各大区，可分两个阶段：第一阶段是一九五〇年。(1) 地主破坏土改，滥伐林木。(2) 机关、部队误解“生产救灾”，几百几千人有组织地入山砍木，或通过私商“包青山”，有些地方甚至连陡坡和河岸的树木以及山上未成长的小树都伐光。自从一九五〇年十月政务院与军委会通令“各级部队不得自行采伐”，十一月全国木材会议议决“任何机关不得借口任何名义自行伐木”以后，这个浪潮才平息下来。第二阶段是一九五一年。随着建设事业的发展，木材需要的增加，一方面，公私企业及机关通过私商或通过中国煤业建筑器材公司大量收买木材；另一方面，地方政府靠木材解决一部分财政，于是造成了抢购、囤积、私商操纵等现象，扰乱了市场，引起了物价波动。针对这些情况，政务院在一九五一年八月颁布了《关于节约木材的指示》。对违法经营木材的单位进行检查，报纸又掀起了全国性的宣传及批评，于是滥伐、抢购现象基本上停止下来，走上了国家统一管理采伐和统一调拨木材的道路。

然而，支拨木材是复杂的工作，要做到时期不误，数量不错，品质不坏，规格不差，我们还必须做更进一步的努力。

二、造　　林

感谢中国共产党，它把四亿多中国农民一向被束缚了的传统智慧和无穷无尽的生产潜力解放了出来，供我们群众造林之用，使我们有力量把冀西三万四千多公顷沙荒消灭了百分之四十二，还将继续消灭；使我们有可能把豫东三十二万公顷防沙林网在明年造成；把永定河下游四县的护岸林和防风林在明年造成；使我们有可能在长江以南广大地区用农民自己丰富的经验和技术营造经济林，供给工矿用材；使我们有信心计划在东北、河北、山东、苏北营造连绵不断的海岸林；在东北营造全长一千七百公里（包括海岸林）、分布面积二千万公顷的西部防护林；使我们有勇气想与陕北的神木、高家堡、榆林、靖边、安边、定边一带的沙灾作斗争，并与宁夏从磴口到中卫沿黄河一带的沙灾作斗争，而在那些地方开始测勘或完成测勘，准备计划造防风林带。

各地区的造林，历年来都是完成或超过计划数的，尤其是刚从封建势力压迫下解放出来的农民的伟大生产力，更出乎人们想象力之外，华东去年超过任务二分之一，中南去年超任务一倍以上。

全国造林面积又是逐年增加的，一九五〇年十一万九千多公顷，一九五一年四十万四千多公顷，一九五二年计划数八十三万二千多公顷，这还不包括零星植树的数目在内。封山育林也是逐年增进的，一九五〇年二十四万七千多公顷，一九五一年九十万三千多公顷，一九五二年计划数二百四十六万四千多公顷。

总计三年来全国造林一百三十五万多公顷，封山育林三百六十一万多公顷。这个数目，和全国将近三亿公顷的荒山相比较，真是渺不足道。但我们已经找到了力量的泉源，只要把群众组织得好，把群众利益与国家利益结合得好，就可使伟大的力量发挥出来。

经验告诉我们，合作造林，是把分散的个别农民根据自愿两利的原则组织起来，进行大规模造林的好方法。冀西就靠八十五个公私合作造林组织和一百六十个私人合作造林组织来消灭沙荒的。现在各地区农业生产组织正在发展，通过这个组织，合作造林更将容易推动。经验又告诉我们，封山育林最有效的办法，不是命令，而是由于群众了解了森林对农田的利益，积极地行动起来，组织委员会进行的。华北、华东和中南就是这样收到了效果。

三年来，我们靠各级党、政的力量，靠农民群众的力量，在造林事业上得到了这些成就。

然而，我们的造林工作，还不过是万里征途上的第一步，中国全部的荒山且不说，单说我们自己在一九五一年提出的黄河、淮河、永定河和辽河"四大河流水源林"，至今还只顾到一部分，对于为害最大、处理最难者还取观望态度，这在今后必须大力进行的。

三、森林工业

东北在苏联专家的帮助下，制定了一套生产改革措施：

1.从分散管理进步到统一管理：解放时，只接收了辽东林木公司及散在各处残缺不全的森林铁路等烂滩子。后来，把它统一集中起来，发展成为国家直营的大规模的企业。目前，东北林业部有作业处，管采伐和流送；有森林铁路处，管铁路运输；有材料处，管材料供应。部之下有管理局，局之下有分局，分局之下有作业所，都做着采伐和运输工作。另外有制材管理局，管分散在各地的制材厂和化工厂。这些有系统的森林工业机构，支援了并且支援着抗美援朝运动，配合了并且配合着国防事业及经济建设事业。

2.从旧式经营进步到成本核算：从前是帝国主义、军阀、官僚、大地主、大商人垄断山林，剥削劳力，只作掠夺式的采伐，从不计算成本的。解放后，成为国营企业，必须长期打算，所以，尽量发挥各种自然力（冰雪道、河道），添加机器设备，改革劳动组织，提高工人的积极性，使成本一年一年地降低，工作效率一年一年地提高。举例说，以伪满最高木材年产量（一九四三）为一百，劳动力为一百，利用牲畜数为一百，那末，我们一九五二年采伐量比伪满高到百分之一百三十八，却只需百分之四十二点五的劳动力（临时及固定工人合计）和百分之五十的牲畜。

3.从把头制进步到工人自己掌握的工会：解放后，驱除把头，成立工会，加强职工福利和保安设备，清洗了敌伪时代的恶现象。林区内设立着独身宿舍、家属宿舍、理发店、澡堂、饭馆、合作社、医院、子弟学校、业余疗养所，而在规模较大的管理局所在地，还有养老院、中学校、业余文工团，更有工人俱乐部包含着三千多座位的大剧场。这些福利事业，由工会选出代表来管理，所以，工人生产的情绪增高，涌现出大批劳模，如王纯文、刘金贵、孔宪文、李明友、马振良等，创造了许多先进经验，如弯把子锯伐木和采伐混合小组等。

4.从掠夺式采伐进步到合理采伐：敌伪时代，在东北破坏了将近二百万公顷森林，掠夺了一亿立方米木材，这是大家知道的，但我们如果把他们糟蹋的木材计算一计算，总数还不只一亿。人民政府接收后，在苏联专家帮助下实行合理采伐：利用梢头木，降低伐根，合理造材（切段）。这样，大大地减少了浪费，增加了利用价值，造材率由一九四九年的百分之五十五提高到百分之七十，换句话说，我们现在采伐一百立方米，就可以比从前节省十五立方米。那么，敌伪时代采伐一亿立方米木材，就有一千五百万立方米弃置林地，听其腐烂了。此外，敌伪时伐倒木没有向一定的方向倒下，容易伤人，我们就改变了。敌伪时把有用的树木伐了就走，毫不顾及后来，我们伐木时把林内站杆（枯死的树）和病腐木伐出，把林场清理好（打扫树丫、废材），而且留下母树，以备更新。

5.从手工业式走向机械化：最原始的运材用人力，进一步才用牲口，再进一步则用机械。我们的采伐虽然还是在靠手工，而集材（从采伐地运到铁路或运到可以流送的河边）和运材（流送、铁路运输）则全部或一部分机械化。如拖拉机集材、拖拉机拖冰爬犁集材（爬犁是一种平底的运输工具，冰爬犁是在冰上走的爬犁）、汽车集材运材、“装车机”（把木材用起重机装上火车）、“出河机”（在流送的终点把木材用机器上陆）等，现在已在各林区推行。此外，辽东、吉林、带岭三林区用“平车运搬”，即把运材的平车放在铁道上，使它自动地从山坡上滑下，而不用机车，这样，比牲畜运输力大，比雪道运材成本低。总之，东北已在走向机械化，出现一个崭新的局面。

6.从个体劳动走向有组织的劳动：从前的劳动方式是各干各的，不相联系，不相呼应，所以工作效率低。现在的劳动有组织了。例如“混合编组伐木”，是三人一小组，九人一大组，把伐木、打枝、“吊卯”（将伐倒木一头用木块垫高，以便运输）、“通道”（打通林道）、清理林场五项劳动分工合作，提高了工作效率百分之五十以上。又如“定点流送，分段负责”，将河流分成若干段，计算原木在一定时间，一定距离，达到一定地点，决定配备职工数量。每段分“挑头”、“流送”、“扫尾”三组。木材到达本段时，挑头组迎接木材，打头根木材下行，如有“插垛”（木材相互交叉，不能流下)，当即拆开。流送组是中间作业，主要调顺木材，不使停留。扫尾组跟末尾的流材下行，作到“一扫光”。这样，就使“流送材”的损失率减低到百分之一点四，松江通河县更少，去年曾减少到百分之零点二五，与伪满时百分之十的流送损失率相比，差得多了。

三年来东北木材工业的发展，在国内确是模范。但采伐迹地更新还有问题，而且问题很大。红松、落叶松单靠母树下种，不易达到更新的目的，恐采伐以后，起而代之的都是些工业上不受欢迎的杨、桦和杂木，这是一个大问题。尤其是红松，种子容易被灰鼠吃掉，带岭实验局人工播种，还是失败，且近来因采伐任务繁重，采伐时季提前到种子未成熟的时候，播种用的种子更感缺乏。这问题等待解决。东北林产化学工业基础薄弱，也须改进。

新中国经济和文化建设事业发展得很快，林业工作将如何迎接和配合这个建设高潮？到一九五二年为止，我们还不过吸收经验，作为一个准备时期，一九五三年以后要开步走了。我们如何从“四大河流”及其他河流选择重点营造水源林？如何消灭全国大面积的山荒？如何抵抗西北可怕的风沙？如何积极经营扬子江流域以南的经济林？如何一方面采伐保证供给工业用材，一方面又保证源源不绝的更新？如何把制材、木工、胶合板和木材防腐等木材工业及各种林产化学工业发展起来，保证实行政务院一九五一年八月颁布的《关于节约木材的指示》?配合这些，还有一个调查测量问题，我们三年来虽已粗放地调查二千一百多万公顷森林（包含今年计划数），一千六百多万公顷宜林地（同上），但离实际需要尚远，今后将如何积极进行？此外，还有一个培养干部问题，从一九五〇年到一九五二年七月为止，全国大学森林系毕业生二百九十九人，专修科九百零一人，加上中级和短期训练班毕业生，总共不过一万人，如何能配合事业的发展？

摆在我们面前的问题甚多，而且都是很重要，很复杂。我们面对困难，承认困难，但决不能向困难低头。在毛主席、中国共产党领导之下，只要大家鼓起勇气来，提起精神来，没有不可克服的困难。

林业本身一部分属农，一部分属工；林业的目的又是一部分为农服务——保护农田水利，一部分为工服务——保证供应各种工业原料及建筑用材；而林业发展的力量，又是一部分依靠农民大众——造林，一部分依靠工人阶级——发展森林工业。工农大众的力量是伟大的，中国人民革命靠它，中国人民建设靠它。靠着这种力量，加上我们的主观努力，我相信，可以使大面积的荒山荒地绿化，可以使山深林密、人迹不到的地方象东北的伊春一样走向工业化。林业工作者在这个大时代里应记着两句常用的格言，就是：

人类征服自然，
劳动创造世界。

（原载《中国林业》一九五二年第十期）

东北今后林业工作的方针和任务

——一九五二年七月八日在东北林业部
第一次林业工作会议上的讲话

这一次会议，是东北林业部成立以来第一次工作会议，我们可以说，这等于东北林业部的成立大会，也等于为了东北各省成立林业厅(局)而举行的庆祝会。我这回来参加，感到兴奋和愉快。

东北，是中国森林最丰富的地方，哪怕分布不平均，如同雍部长报告中所说，多的如黑龙江，林地面积占全省面积百分之三十四，少的如辽西和热河，林地面积各占全省面积的百分之零点五，但就整个东北来说，它的木材蓄积量占全国蓄积量之半数，可以说是首屈一指。

东北，林业人才最多，虽然在会议中代表们都诉说干部缺乏，然而和别的大区一比，东北不论行政干部或技术干部，都显出人才济济，并且还有苏联专家帮助，业务上受益不少。

东北，林业技术工人最多且最好，几年来，涌现出不少劳模，表现出许多先进经验，是非常宝贵的。因此：

东北，是中国林业最发达的地方，林政、造林、经理、森林工业等，成了一整套的林业，现在更在走向机械化，这都是业务方面。说到政治方面：

东北，全区解放最早，土地改革完成最早。

东北，站在抗美援朝的最前线，爱国主义与国际主义精神得到高度的发展。最近，又经过“三反”和“五反”运动，政治更提高了一步，我们看这次会议，不论部长报告，小组讨论或大会讨论，都热烈地开展批评和自我批评，这在从前没有见到过的。

具备这许多政治和业务的良好条件，我相信，东北的林业前途是非常光明的。

今天，我想把林业工作的方针和任务说一说。

一、方　针

大家知道，林业的主要目的有二：其一，为农业服务，保障农田丰收；其二，为工业服务，保证工业建设用材。

中央林业部在一九五〇年初成立时，接收了国民党反动派的一个烂摊子，全国宜林的荒山荒地二亿八千六百多万公顷（四十三亿亩以上）。一九四九年的大水灾，掀起了全国一片救灾声。林业工作者分明知道，历年来水、旱、风、沙等灾害都由于山上没有森林，但由于反动的国民党政府向来轻视森林，一般人很少知道林业的重要性。因此，我们把消灭荒山的工作放在第一位，提出一个口号：保障农田丰收。一九五〇年二月的全国林业会议，决定全年全国造林十二万公顷（一百八十万亩）。十二万公顷，只等于全国宜林地的二千五百分之一，这样，我们必须造二千五百年林，才可以把全国绿化。面对着这样一种严重的情况，我们不得不把全副精力集中在消灭沙荒山荒保障农田水利的一点上。

形势逐渐改变，两年半以来，建设事业一天一天的发展，木材需要一天一天的增加，单是第一个口号不够了，我们必须加一个口号：保证工业建设。而在东北，保证工业建设这个口号还必须放在第一位。

强调保证工业建设的理由：

（1）从整个国家的总方针看：新中国必须从农业国变为工

业国。大家知道，国家工业化，是走向社会主义的先决条件，是国防的重要关键，是抵抗侵略、保卫和平的必不可少的前提，是国家独立、富强、繁荣的基础。

（2）从新中国的建设事业来看：经费方面：大部分用在工业建设上，现在如此，将来也如此。这里所谓工业，包括工、矿、铁路、公路、建筑、土木等。

生产方面：解放以后，工业在逐渐增加，例如东北，一九五〇年工业产值占农工业总产值的百分之五十二点六，一九五一年就增加到百分之五十五点九。

干部培养方面：也注重在工业上，今年全国大学招生名额三万七千人，工学院分到二万九千人，占总名额的百分之五十九，而农学院只占百分之四，共一千五百人。

（3）从林业建设本身看：我们的林业投资，大部分用在森林工业上，尤其是伐木运材，占了很大的一部分。我们的林业干部和工人，也大部分服务于森林工业，全国十四万二千多职工中，属于企业开支的有十一万七千多人，占总数的百分之八十二点八。

因此，在现阶段，我们强调保证工业建设，是很自然的，是适合实际情况的，是适应国家人民的需要的。

二、任　　务

环绕着“保证工业建设”的总方针，中央希望东北林业部担当起来的任务如下：

（一）护　　林

共同纲领第三十四条，是关于林业的，首先指出护林。政务院一九五〇年二月十六日发出的指示，也把护林放在第一位。森林，是工业建设的宝贵资源，我们必须尽全力保护。

说到护林，凡防病、防虫、防禽害兽害、防盗伐滥伐、防山火，都是重要的工作，而在现阶段，则火灾损失最大，防火最重要。一九五〇年统计：全国森林损失，以面积论，火灾占百分之九十九点二六，东北和内蒙古的森林损失，则全部属火灾。一九五一年统计（一九五二年六月二十日统计，有湖南、湖北、山东、川东、贵州五省未报）：全国森林损失的面积，火灾占百分之九十六点八五，内蒙古无损失，东北森林的损失百分之百由于山火。火，成了中国森林中的历史性的灾难，上面所说二亿八千多公顷（四十三亿亩）的荒山，可能也是被连续不绝的山火造成的。

东北今年春季防火成绩卓著，雍部长报告中指出，火灾损失比去年减少了99%，这是值得大书而特书的。其原因是：党政重视护林，在空中，出动了飞机巡护，掌握了情报，支援了黑龙江孙吴县境的救火队（空中投粮、投胶鞋）。在地面，宣传群众，教育群众，发动群众，组织群众，严密地预防，及时地抢救。单是松江省，就有十五万群众受到了护林防火的教育，黑龙江省则举行了爱国护林运动宣传周，小学校、文工团、农民业余剧团都发动起来。尤其值得指出的，护林与生产结合，组织了搞副业生产的人入山，个个都作护林员，所以群众防火的积极性增高。昨天辽东金厅长说："要从思想上教育群众，不要用命令压迫他们，叫他们怕坐牢"，这句话是很对的。出于群众自愿的护林，效率大。今年我们不单是救了自己的山火，在吉林和龙县，群众还扑灭了朝鲜的山火，这又说明了爱国主义与国际主义精神的结合。

人家听到飞机巡护，或许认为代价太高，但据中央林业部林政司估计，飞机费用约需十亿元，以木材市价每立方米二百五十万元计算，合木材四百立方米，而东北从一九四九年到一九五一年这三年来的山火损失，最少的是一九五〇年，还烧毁了三百八十六万立方米，这就说明了飞机巡护是合算的。

然而，我们不能满足今年春季的防火成绩，火，对于我们的威胁还是很大的，刘培植副部长在大会中说："只要有一个不负责任的人投下了一个火种，形势马上就严重起来。"是的，火是防不胜防的，然而我们还是要防，还是要时时刻刻地防，防它毁灭我们宝贵的工业建设资源。周总理去年曾当面指示过："国民党把森林破坏得够了，我们不能再做败家子"。

为了不做败家子，我们在每年容易发生火灾的时候，还必须依靠飞机巡护，可能的话，化学灭火的方法也值得研究。而最主要的是：教育群众，使群众了解护林的重要性；鼓励群众，使护林防火与群众利益结合。

（二）森林工业

这里包括采伐、木材工业、林产化学三种，都是当前的重要任务。

1.采伐(包括运材)

王若平副局长昨天提到："采伐量是根据可能呢，还是根据需要？"不错，这的确值得衡量。假使是苏联，森林资源丰富，伐木就不成问题。假使是国民党，有很少，破坏多少，伐木也不成问题。而在新中国，森林资源是贫乏的，我们不能作败家子；另一方面，国家工业建设却急切地大量地需要木材，所以要考虑了，然而我们可以考虑，却不可以过虑，在国家工业建设需要木材的时候，我们不能不忍痛采伐。

刘培植副部长说："有些干部认为有计划地大量采伐就是破坏森林，就是冒险"，"有些干部机械地强调了采伐量要绝对根据生长量。"诚然，林业工作者爱惜森林是好的，但不能偏爱到犯本位主义，不能偏爱到"为森林而森林"。采伐量配合生长量也是好的，但要看什么场合，不能机械地应用，国防和工业上必不可少的用材，还是应该采伐的。我赞成王副局长后一句话："把消极态度变为积极态度，更多的是照顾需要"。

东北为什么要采伐较多的木材？

（1）为保证国家工业建设

1）木材在工业建设上的重要性：工业上木材的重要性仅次于钢铁，而在西北，则许多人认为木材比钢铁还重要。一九五〇年天水兰州铁路动工，迫切需要枕木，那时西北又需要粮食从其他地方运入，铁路运输力不足，于是西北财委会感觉到木材比钢铁还难运，比钢铁还宝贵。这在住惯了东北的人看来，似乎是言过其实，然而在木材来源缺乏的地方，确有这种情形。

关内许多地方的采伐事业，都被建设事业促成的。例如西北，甘肃和青海林业干部本来甚少，青海在一九五〇年秋季，农林厅的林业干部只有一人。后来，为了天兰路，领导上指定甘肃两位副厅长专管木材，又派了二十多干部到青海，管理伐木，西北木材公司也成立起来了。西南的成渝铁路，需要一百二十五万根枕木，外省木材没法运入，于是农林部成立了木材公司。中南农林机关也从来没有管过采伐，一九五一年一月，中财委把木材生产任务布置下去，当时正值中南农林会议，江西、湖南、广西、广东农林厅长最初不敢接受，讨论了数天，才把担子挑起来，之后，也成立几处伐木公司。他们的条件都远不及东北，还是把采伐任务担当起来，为的是适应工业需要。

2）东北是全国第一木材供应基地：任何地方的采伐条件，都比不过东北。西北森林大部分被破坏。西南川康交界虽有很好的森林，但山峦起伏，运材成问题，中南民有林多，关系比较复杂。华东以福建为最好，但在目前问题尚多。看下表就可以知道东北采伐在全中国所占的地位。

①东北四年来采伐

年别	东北木材生产量占全国总生产之百分比
一九四九年	92.4%
一九五〇年	84.2%
一九五一年	59.22%
一九五二年（计划数）	69.22%

②东北采伐与其他大区之比

一九五一年		一九五二年（计划数）	
东北	59.22%	东北	69.22%
中南	19.02%	中南	12.52%
内蒙古	7.47%	西南	8.41%
华东	8.46%	华东	5.92%
西南	3.80%	内蒙古	2.19%
西北	1.52%	西北	1.74%
华北（山西）	0.51%	华北（山西）	——

由此可见，全国所需木材，一半以上仰给于东北。

3)新中国木材的需要量逐年在增加：如以一九四九年的采伐量为一百，则一九五〇年为一百一十，一九五一年为二百零四，一九五二年计划数增至二百二十一，此后木材消费量更将随工业的发展而提高。

所以，东北必须在不破坏森林的条件下，在采伐迹地更新的条件下，保证供应木材。

（2）为促进木材生长量

天然林的采伐更新，一方面可以供应工业用材；一方面还可以促进林木的生产量。据专家研究，天然林生长慢，人工林生长快。例如红松（郝景盛：《东北红松林生长及更新方法的研究》，载《中国林业》一九五二年六月号），同是高二十五米的树，人工林七十年，天然林要一百八十五年。同是直径三十八点七厘米的树，人工林七十年，天然林要一百九十五年。同样材积的红松，在人工林只需七十年，天然林要二百年甚至三百年才可达到。莫斯科农业研究所森林系也有同样的研究：同在一地有两片森林，一片是西伯利亚落叶松五十年生的人工林，另一片是欧洲赤松一百二十年生的天然林，人工林每公顷木材蓄积量五百一十五立方米，天然林每公顷仅三百六十立方米。

从前听人说，东北落叶松长得很慢，一百四十年生以上的才中用。如果是人工林，年限或许可以大大地缩短吧。

（3）为改良大小兴安岭的林相

据郝景盛同志调查，东北天然林站杆（枯立木）很多，枯死了五十年以上还不倒下来，尤其是大兴安岭空气寒冷干燥，站杆经久不倒，倒下了，还须经过十年以上才逐渐腐烂，象这样的枯立木占据着林地，林相不会好的。又据三岛超的调查，天然林中病腐木甚多，红松病腐木占总株数的百分之三十七点六，鱼鳞松百分之十二点八，臭松百分之三点三；阔叶树病腐木更多，枫桦占百分之四十九点三，椴百分之二十点二，这样的林相应该改良的，应该先伐木，而后人工更新。

林业工作者不能完全依靠大自然的恩惠，生长得慢的要使它快，生长得坏的要使它好，就是说，要时时刻刻与大自然斗争，征服大自然，改造大自然。天然林的采伐更新，也是改造大自然的工作之一。

与采伐相配合的几个问题：

我们的伐木，不是日寇掠夺式的采伐，也不是国民党反动派破坏性的采伐，要有其它一整套工作来配合的。

（1）森林铁路问题

大小兴安岭的木材蓄积量占东北总蓄积量的百分之六十（三

年营林事业初步总结)，在交通较便利的地方，已呈过伐现象。几年来，中央与东北打算把铁路伸展到森林深处，没有做成功。这回，达依诺夫专家到了北京，我们同到中财委商量并计算了半天，把它肯定下来了：宽轨森林铁路在伊春、长白、嫩江方面铺设，它的全长，等于东北现有窄轨森铁全长的一半，而远超过最近造成的成渝铁路；窄轨铁路也延长，比现在的窄轨铁路将增加百分之六十四。预计最近三、四年内完工，运材的问题大致可以解决。

（2）森林调查问题

森林资源调查，是采伐工作的前提，不调查清楚而先造铁路，将来可能会造成浪费的。象内蒙古阿尔山一百公里铁路，三天只开一次车，牙不列一百多公里铁路也不经常使用，这是可惜的。这回，我们必须积极地把调查工作做好。

其一，航空测量：中央林业部已在准备，聘请苏联专家来帮助，本来，今年下半年就想开始工作的，因航测仪器没有订妥，只好延迟。干部方面，除苏联专家二人外，中央配备一部分，加上今年九月毕业的短期训练班五十人，预计明年三月航测工作可以开始，将从大小兴安岭着手。至于具体的区域划分，希望东北林业部作一决定，通知中央。

其二，地面调查：地面的调查测量由东北负责，这不仅是为了采伐，即造林方面也有调查工作，请东北林业部通盘筹划。

关于地面调查，中央有两点希望：

其一，调查的目的是为了采伐更新，应指出采伐区域、采伐数量、交通路线、运输设备等等。为了完成这些工作，必须有专业性的林野调查队，在统一的坚强的组织领导下，在正确的政治思想领导下，有系统地进行概况或精密调查。由此作出计划，然后按照计划办理，才是合乎科学的。雍、刘部长一再强调调查的重要性，希望有关同志认真执行。

当然，在现在的人力物力条件下，我们还不可能把调查工作做到完善、尽美，在目前，不妨把精密度降低一些，将来自然会从工作中逐渐提高的。

其二，聂纳洛阔莫夫专家的方格调查法，东北已经采用，并且从去年秋到今年一月已超额完成了三十三万公顷的调查，而从五月起，又照聂专家的计划，继续调查一百五十万公顷，这是很好的。方格调查简而易行，可以解决问题，希望东北把所得的经验随时报告中央。

（3）机械化问题

林业本身一部分属农，一部分属工。采伐就是森林工业之一，工业专靠手工，恐不能解决问题的，必须走向机械化。况且，雍部长提出的五年内采伐总量，等于今年一年采伐量的九倍，不是一个小数目，势必用机械来帮助。而宽轨森林铁路造成以后，运输能力又大大地增加，一切伐木、山场集材、装卸、归楞、出河，能用机械帮助，才可以配合火车的搬运。还有更重要的理由是：我们的国家在走向社会主义，社会主义是不能苛刻地使用人的劳动力的。因此，刘培植副部长提出的机械化计划，我们基本上赞同。

（4）固定工人和长年作业问题

过去我们的采运木材，是“一、四季两头大，二、三季中间小”。刘成栋副部长提出：以后要一反过去情况，使用固定的工人，施行长年的作业，这是很对的。采伐任务重了，季节性的工作不容易完成。过去有些干部对这个问题有三种顾虑：

第一种顾虑：怕夏季采伐的成本高。关于这，刘副部长在大会上已说得很明白，夏伐成本并不高。

第二种顾虑：怕夏季采伐运输困难。这个问题，可以用刘副部长所提出的平车运材法来解决。专家不是这样说吗？第二、三季如果能完成全年任务的百分之四十，季节上就可以平衡。听雍部长的报告，辽东、吉林、带岭三局用平车集材，已经出现了一个崭新的局面，辽东第三季完成全年运输的百分之三十，吉林第二、三季完成百分之三十三，已经接近专家所举出的数字，不必顾虑。

第三种顾虑：怕夏伐的木材容易腐朽。的确，关于这一点，在外国也争论过的，但科学家从木材性质上找不出夏伐材容易腐朽的根据。夏伐材之所以容易腐朽，不是由于木材本身，而是由于伐倒后放在林地上不运，热天容易生菌，自然不比冬伐。只要我们及时运出，适当地改进贮木方法，夏伐材与冬伐材毫无分别。

可以肯定地说，第二、三季是可以采伐的，长年作业是可以做到的。

（5）木材支拨问题

我赞成刘培植副部长的意见："保证木材支拨供应，保证木材规格品质"。不可讳言，需材部门几年来对我们的木材支拨颇有不满意的话。同志们，木材生产，不单是采伐，运到楞场或贮木场就算了事，还必须按照一定规格，适合需材部门的需要，叫他们接收了表示满意才好。

当然，需材部门对我们往往有苛刻的要求，使我们难于应付。在这种场合，要平心静气地说服他们，使他们了解情况，千万不可闹对立。他们了解了，自然会接受我们正当的意见的。例如车立柱的问题，铁道部门硬要红松材，不要杨木，象这样的问题，单靠面红耳赤地互相争论，争不出一个结果来的。最后，我们还是委托了长春科学研究院，把两种木材做了力学性质试验，研究院得出结论：在这种用途上，杨木和贵重的红松强度相等。于是铁道部没有话，接收了。这不是很好的例子吗？同志们，我们是为工业建设服务的，要做到时期不误，数量不错，品质不坏，规格不差，保证合用，保证满意，才尽了采伐的全部责任。

2. 制　　材

为了遵守政务院"关于节约木材的指示"，必须发展制材事业。三年来，由于达依诺夫专家的帮助，降低伐根，利用梢头木，我们已每年节约了三、四十万立方米木材。但这只是采伐方面的节约，伐出以后，还要从制材上节约木材。

为了适合各种工业建设的需要，必须发展制材事业，工业部门虽然也设立着大小不同的制材厂，然而他们是从需要出发，与我们的趋向不同。真正要讲节约木材，必须由我们林业部门负起责任来。

为了替关内各大区树立模范，东北更必须把制材事业搞好。"三反"运动以后，中南的林业部门也接收了好几处制材厂，而在西南，制材厂正在筹建。他们缺乏干部，缺乏经验，条件都比不上东北，都要向东北学习的。

东北的制材厂是有成绩的，由于干部和工人的努力，更由于波罗文根专家的帮助，获得了长足的进步。论产量：一九五一年超过任务的百分之十五，一九五二年的任务又比一九五一年生产数增加百分之三十。论出材率：一九四九年百分之七十，一九五〇年增到百分之八十，一九五一年百分之八十一（包括由板皮锯出的灰条、箱板等）。论机械生产量：每工组每天产量，一九四九年三十立方米，一九五〇年七十七立方米，增加了两倍半以上，一九五一年九十一立方米，比一九四九年增加了三倍多。论劳动生产率：每人每日生产，在一九五〇年为零点九九立方米，一九五一年为一点一九立方米。

现在的成绩已如此，如果更进一步，运用现有制材厂机器的潜在力，掌握"休息人，不休息机器"的原则，产量会更加提高。

总之，东北制材事业应大力发展，制材厂应大力增设，将来最好向需材部门尽量供应成材，不供应原木。

3.其它木材工业

东北针叶树蓄积量百分之五十二，阔叶树百分之四十八，而用户都不欢迎阔叶树。这需要从木材工业方面来解决难题，此外，废材的数量可观，也需要由木材工业来补救。

胶合板厂，门、窗、地板工厂，家具工厂，都可以利用阔叶树材和一部分废材，东北应大量发展。

配合木材工业，还应设立人工干燥房，开辟科学化的贮木场。

此外，防腐工厂也应建设。铁道部门虽然在东北已经设立两厂，然而不够用的。况且防腐不限于枕木，将来电杆、桥梁、海港码头用材也有防腐之必要。

4.林产化学工业

这又是利用阔叶树材或废材的工业。在东北，木材干馏厂和单宁厂是应该建立起来的。

木材干馏：东北虽有靖宇木精厂，但甲醛（福尔马林）和丙酮的生产能力不大，制造方式很旧，我们必须在这个厂以外，另设现代化的木材干馏厂。木材干馏可以生产四种重要工业用品，即：醋酸、木精①、甲醛、丙酮。中国现在所用的醋酸，五分之四靠进口，木精与甲醛几乎全部靠进口，丙酮的进口数量也超过靖宇木精厂今年计划产量的二倍。因此，东北应添设木材干馏厂。

单宁：国内只有陕西一个小厂，它一年所产的单宁，只抵进口数的一百八十分之一。因此，东北应设单宁厂，利用树皮制单宁。

---

① 即甲醇。——编者

（三）造　林

强调保证工业建设，不等于忽视农田水利，强调森林工业，不等于忽视造林；相反的，工业越发达，采伐量越增加，造林越比从前重要。不造林，哪有木材？

东北造林的成绩是很好的：

1. 一般造林

今年造林的计划数，包括防护林，是二十六万四千垧（公顷），春季完成了八万四千垧，待秋季完成全部任务以后，将超过一九四三年伪满最高水平的三倍以上，超过一九五〇年全国造林面积的二倍以上。昨天金树源局长在会议上大声疾呼，一再唤起同志们的注意，要完成任务。金局长对余存的十八万垧似乎有些放心不下。我今天敢替同志们代回答：一定完成，保险完成。新中国的林业，在毛主席和中国共产党领导下，有了飞跃的进步，一九五一年全国的造林面积（四十六万多公顷），超过国民党反动派统治二十二年间造林总面积的两倍。为什么东北今年造林面积不能超过一九四三年伪满造林的三倍呢？

2. 西部防护林带

西部防护林带的计划是伟大的。全长二千公里，最宽处三百公里，分布面积二千万垧，造林面积三百万垧，今春完成造林二万六千垧，超过任务百分之二十三。这条林带，比苏联的八条防护林，虽然有逊色，而在中国则起了带头作用。紧跟着东北的西部防护林带，山东也在造海岸林了，苏北也将沿海造起防护林来了，最近，华北也在计划沿海造一条林带。后浪推前浪，一波接一波，中国海岸从南到北，将造成一座绿的长城，以阻挡盐风，改良碱地。在这里，起带头作用的就是东北。

3. 迹地更新

保证供应工业用材，是长期的，所以采伐必须结合抚育更新。

关于这，东北从前年起已开始注意：一九五〇年更新面积七千八百六十五垧，一九五一年一万六千六百六十二垧，一九五二年计划数九万八千垧，这是很好的，但还不够。东北大好树海，经过七十年滥伐，伐去了二亿立方米木材，结果是：

（1）造成了残破不堪的林地四百万垧以上（赵树森局长说）；

（2）工业上有价值的树木一年一年地减少。

现在，为了保证工业建设，又不得不增加采伐量，且所伐的都是经济价值很高的树种。而所造的是防护林带，是荒山造林。防护林求其迅速完成，求其容易生长，树种不能苛求。荒山造林大都用先锋树种，也不能完全依照我们的理想，栽植经济上有价值的树木。因此，为了保证工业建设用材，不得不把希望寄托在新旧采伐迹地的更新。

然而，更新是艰巨的事业，小兴安岭的红松，大兴安岭的落叶松是不易天然更新的。尤其是红松，更新更不容易：（1）红松要间隔数年结实一次；（2）红松在自然界下种后要到第二年甚至第三年才发芽；（3）灰鼠喜欢食松子；（4）发芽后生长缓慢；（5）母树下不一定能生长红松，有些地方，距母树八米周围以内，落下的松子都中空，不发芽（郑玉璠说，我忘记出处）。所以，红松不易天然更新（郝景盛，载《中国林业》一九五二年六月号二十九页），落叶松老树伐倒后，稚树也不易继续生长（酆考周，载《森林工业》第一卷十一期三十二页），已成为林业界的难题。

从上面这些事实看来，我们要在采伐迹地培植红松、落叶松及其它有经济价值的树种，不能专靠母树，还必须用人工大力帮助，并须研究出好的方法来，赵树森局长在伊春红松更新的经验，值得重视：一面采伐，一面播种，不但做了更新工作，而且激发了工人的积极性，因为辽东老工人看到公家提倡造林，采伐后有工作做，有前途，连松子也舍不得吃，拿来造林。这是切切实实的更新办法。

在这里，我发生了一种感想。前面说过，林业的目的有二：一个是保障农田丰收，为农服务；一个是保证工业建设用材，为工服务。为工服务比为农服务难：仅仅为农服务的话，什么树种都好，只要山上有林，就可以保持水土了；而为工服务，则必须培植有经济价值的树种，工作难得多了。因此，我们在现阶段提出保证工业建设这个口号，说明了新中国的林业提高一步，而不是意味着无条件的滥伐，更不是轻视造林。

关于造林方面的几点要求：

（1）大力营造西部防护林带。前面说过，由于东北的带头作用，山东、苏北的防护林都发动起来了，华北也在准备，希望东北如期完成。

（2）积极推动一般的大片造林。赵树森局长说，东北有三千万垧荒山，这个面积很广大，要绿化，必须有很大的毅力。

（3）号召零星植树。有些人说，零星植树不能解决问题，但在东北，村庄树木太少，零星植树必须提倡。

（4）过去各省造林计划和总结中，只有数字，不说明种在什么地区，计划造多少，完成多少。今后计划中要做到有地点，有目的，有进度（今年造多少，明年造多少）。

（5）提高造林成活率。今年东北有些地区，成活率高到百分之八十，有些地区低到百分之二十至三十，平均数还不知道。我们希望成活率逐年提高。

（6）充实基层组织。段沛然局长说，辽西二十五县、市，只有十三个县有林业科，而且干部甚少。我们以为基层组织，尤其是在防护林带内的县、区，干部要充实的。

（7）造林任务统一由行政布置。段局长说，过去造林由业务部门布置下去，以后应由行政布置。我们的意见完全相同，因为，这样做，可以使造林工作成为各级政府工作之一。

（8）提倡群众合作造林，开展“四自”运动。公私合作造林，只是一种过渡方式，以后应更进一步，有计划地领导群众，通过农业生产互助组，推动群众性的合作造林，开展自采种、自育苗、自造林、自护林的“四自”运动。只有这样，才能人人植树，村村造林。这一点，昨天段局长也提出过了。

（9）解决种苗问题。种苗是造林的基础，金树源局长说，今春造林时，某地区有一百几十辆大车赶来赶去运苗，都空跑。此后，我们必须提高公营苗圃的经营管理，同时，发展群众育苗，从质和量上保证完成任务。

（10）领导群众试验，发挥群众智慧和创造力，并总结群众经验，予以推广。

三、完成任务的先决条件

为了贯彻方针，完成任务，必须具备四个条件。

（一）干部培养

中央教育部规定，专门以上教育由教育部领导，中等技术学校将由业务部门领导。但对中级森林学校，中央林业部还不能马上负起领导的责任来，目前正在调查。我们的意见，每省至少要办一个中等林业学校。至于专修科以上，今年全国毕业生（森林系和林业专修科）约一千人，由中央人事部分配。全国农学院招生名额仅一千五百名，森林方面可能分到四百名，东北可能分到五十名。今年农学院中的林业专修科，由于高中毕业生来源缺乏，只好降格暂收初中毕业生。

短期训练班，在正规学校不能大量培养出人才的时候，必须积极举办。中央林业部为了干部学校（短期的），不惜从部里抽出干部去担任教课和职务。我们还有一个计划，想把大学森林系和专修科毕业生，尽先分派到中等林业技术学校当教员，宁可暂时在业务上不方便些。这一点，要和各大区林业部门研究。

（二）科学研究

国家经济建设事业，固然不能用纯技术观点来处理。也不能离开科学研究。东北工业部门曾委托长春科学院农林研究所研究造纸，引起了全体工作人员的注意，展开了全面性的研究，对树种(杨、桦、针叶树)、材部（树干、树梢等)、造纸方法（亚硫酸盐法、硫酸盐法等)，以及已经造成的纸的性质，都作了详尽地试验，这是一个很好的榜样。林业部门委托长春科学院木材实验室试验车立柱，委托南京大学森林系试验木材防腐剂与培养木菌，也是一个很好的开端。自然科学本来是服务于工农业的，今后，我们应做好林业研究实验工作，同时，应与研究机关和各大学取得密切联系，广泛地展开研究，使事业有科学的根据，可以大规模地向前发展。

（三）工人福利

我们的事业是依靠工人阶级的，必须尽可能把福利事业搞好，改善他们的生活，以提高工作效率。

这回，东北人民政府要派一百多医生下来，高岗主席也责成林区内添造三十万平方米工人宿舍，希望各局以后把福利事业做得更好。在这里，我重复地把雍部长报告中关于工人福利的词句当众读一遍："要把解决工人卫生福利事业当作政治工作的一个有机组成部分"。

（四）思想教育

这是最后的也是最重要的一个条件。“三反”运动以后，大家才注意到资产阶级思想。资产阶级思想譬如病菌，病菌传染到人身上，发出来的病症是：霍乱、伤寒、脑炎或鼠疫等。资产阶级思想感染到林业工作者，发生什么毛病呢？综合雍部长和其它同志的话，可以分成三类：利己主义、雇佣观点、保守思想。

（1）利己主义：表现得最突出的是“三反”运动中被揭发的贪污分子。这回听刘培植副部长的发言，有集体的贪污，有大量的贪污。某分局贪污分子占百分之九十（董南勋局长说），某分局领导干部全垮了，这虽然是个别的现象，但却是惊人的。象这种典型的资产阶级“损人利己、唯利是图”思想，我们必须连根拔除。

（2）雇佣观点：林枫主席说：有些人还发出这样的论调：“说什么按劳取酬？我只是按酬付劳”。这种人，在资本主义国家还不算坏人，而在新民主主义国家，就成为落后的雇佣观点。我们国家没有垄断资本家，我们的主人是人民，我们服务是为了人民，谁也不雇佣谁。如果到今天还以为不是为人民服务而是“为人民券服务”，就是自己降低地位，就是犯错误。

（3）保守思想：我们林业界个别干部，至今还在科学技术上不知不觉地追随英美，对苏联认识不清。诚然，资本主义国家有过一个进步时期，但在现阶段，老了，落后了，倒退到保守主义了。资产阶级的保守主义分两种：一种是夜郎自大的保守主义，例如美帝，一向瞧不起苏联，他们总在嘲笑苏联的这种东西不中用，那种东西不中用，一朝发现与证实了若干东西确比他们优良时，他们口头上、宣传上，还是顽固地说：“美制的性能并不坏”。另一种是老奸巨滑的保守主义，对于科学上新的创造，承认是好的，但因为于自己不利，故意不采用。例如，美国杜邦化学公司的尼龙人造丝袜，是到处销售的，人造丝线，有一个大缺点，破了一个孔，纵行一系列的纤维都向上收缩，长统袜上便发生一长条的缝，不好看了。有一位化学家发明了一种胶液，只要把人造丝袜放在胶液一浸，邻近的纤维便互相胶接，即使袜底有一个孔，纤维也不会向上收缩。这发明当然是好的，可是袜子耐用，工厂销路要受影响，所以老板收买了化学家的专利权，束之高阁不用。

不论那一种保守思想，传到我们中国来，使得人们怀恋旧的，拒绝新的，不肯吸收先进经验。例如混合编组伐木，是先进经验，工作效率比一个人单干的增加到百分之四十五至五十，百分之五十不是一个小数目，为什么不易推广呢？由于人们有保守思想。又如森铁，在今年五月以前，有很大一部分潜在力没有用出来，每天只运五千至八千立方米木材，自从红五月竞赛，吸收了大铁道的先进经验，每天运输能力就增加到一万五千至一万八千立方米，那末，为什么不普遍推广呢？由于有些人还在保守。又如长年作业，刘成栋副部长和苏联专家在一九五〇年就提出了这个口号，为什么经过两年还不能普遍实行呢？因为保守的人多。

老的和新的总是处在矛盾的地位，要把老的一套弃掉，另换一套新的，就是新旧思想的斗争。斗争必须有决心，没有决心，老的一套永远扔不掉，新的一套永远不能吸收。譬如一个柜子，放满了破鞋、破袜、破衣、破裤、破帽，新的东西就放不进了。人的脑袋也是一样。常言道“老朽”、“老顽固”，的确，老年人的脑袋里，陈腐的东西实在多。象我，是生在前清的，闭目回想，稀奇古怪的旧东西多得不可胜数，这就所谓“朽”。朽而肯扔掉，还不要紧，如果死抱着朽的而不肯放，那就是“顽固”，那就是保守，那就是陷入资产阶级思想的泥坑。

利己主义，雇佣观点，保守观念，这都是资产阶级思想的遗毒，妨碍了进步，妨碍了事业，我们必须彻底清除。

我的话已经说完，想起了毛主席一句话："没有调查，就没有发言权"。解放后，我第一次踏进东北，依理我应该先到各地看两、三个月再说话。可是我不这样做，我什么地方都没有去调查，就在这里唠唠叨叨地讲了一大片，这是很不适当的。幸而，我所说的，都是中外林学家在东北调查研究的结果，都是同志们在会场上提出的宝贵经验，我不过总结大家的意见，并没有添上什么新的。这样一想，我心也安了，我胆又壮了。我还要补充几句来结束我的话：

同志们，在这样一个大时代里，我们大家必须努力，也值得努力。新中国在毛主席、中国共产党领导之下，一切工业、农业、文化、教育和科学等都有飞跃的进步，不许我们林业工作者落后、脱节。林业是新中国经济建设的一环，一个环节脱落，整个链条就连接不上。尤其在东北，是中国第一木材供应基地，是中国第一林业发达地区，内蒙、华北、华东、中南、西南和西北，几千几万双眼睛望着东北，向东北老大哥看齐。我热烈地希望同志们和其他地区的林业工作者紧密地团结起来，大家手牵手，向前走，要走得稳——不许踏空，要走的准——不许偏差，要走得紧——不许怠慢。走向机械化，走向工业化，走向社会主义。在万里长征的路途上，看准正确的方向，完成光荣的任务，才对得起毛主席，才对得起共产党！

（原载《中国林业》一九五二年第十期）

中国人民的一件大喜事

——欢呼《中华人民共和国宪法（草案）》的公布

《中华人民共和国宪法（草案）》的公布，是中国人民的一件大喜事，因为，这是人民民主政权的产物，这是中国人民好多年来争取不到的东西。莫说远的，单说“五四”运动以后，爱国的知识分子都着急，大家以为没有民主，没有科学，中国就无法摆脱殖民地的厄运，于是大声疾呼，提出了热烈的愿望，需要“德先生”——民主，需要“赛先生”——科学。

愿望尽管热烈，在反动派面前却碰了壁，有的人更因此而牺牲了生命。从这里就可以看出，人民没有政权，什么东西都拿不到手。

谢谢伟大的毛主席和中国共产党，他领导中国人民革命，二十八年夺取了政权，四年恢复了经济，加之以抗美援朝胜利，中国就成为世界上不容轻视的一个大国。因此，有可能也有必要制订宪法，把人民革命胜利的果实固定下来。这真是一件大喜事。

这是新中国的第一部宪法草案。凡是中国人民好多年来争取不到的东西，宪法草案里头都有了。它除了充分地包含着建设性、和平性和团结性的内容外，还突出地表现着民主性。它保证我们的国家能够通过和平的道路，消灭剥削，建设社会主义社会。它昭示我们，现在中国人民所争取到的民主，是真正的民主，而不是从资本主义国家来的挂羊头卖狗肉的“德先生”。

科学也有了保证。宪法草案指出：国家保障公民进行科学研究的自由；国家又对科学创造性工作给以鼓励和帮助。我想，这里所说的科学，必不是出身资本主义国家、脑袋里装满资产阶级思想的“赛先生”，而是先进的结合实际的科学了。

作为一个科学工作者，应该和其他人民一样，用胜利的心情来迎接这个宪法草案。

“五四”运动以后，知识分子所盼望不到的东西，今天都到手了，而且质量都比当年所要求的好，这岂不是一件大喜事？

“五四”运动以后，知识分子叫喊要“德先生”和“赛先生”好多年，还是叫不到。今天由人民革命争取到而由宪法固定下来的民主，比当年所想象的“德先生”要高明，而这里头的科学，也比当年所希望的“赛先生”要高明。这真是科学界的一件大喜事。

（一九五三年，林业部档案处提供）

泾河、无定河流域考察报告

为了配合水利部的治黄计划，了解黄河重要支流流域的山林荒废和水土冲失情形，准备进行有系统的精密调查，并准备订出水源林和水土保持林的营造方案，我和苏联专家聂纳洛阔莫夫同志、姚开元、刘家声两科长等曾于一九五二年十一月考察了泾河流域，又于一九五三年三月至四月考察了延水、洛河和无定河流域。考察前，与中央农业、水利两部，又与西北农林、水利、畜牧三部开过座谈会。考察中，凡经过专区，皆邀党、政人员座谈，经过重点县，亦和县长、县委谈话，了解情况。考察后，曾向水利部召集的座谈会作报告。

兹将考察所得情形分作五区，报告如次：

陇东山区

这个区域，是从平凉城西十公里的崆峒山起。在这里，沿泾河两岸都属山岳。山上有些地方还生长着乔木林，树种是橡、榆、槭、松等；有些地方生长着密度不同的幼龄的乔木林、灌木林或杂草；少数坡地则垦成农田。

由于山上尚有残存的森林，故土壤冲刷并不严重。这可从两方面来证明：（一）在这个山区，泾河河床及泾河两岸，看不到泥沙层的淤积。（二）据当地群众说，泾河在这个地区，即使是雨季，河水也不大混浊。

这个地区，还有乔灌木，还有未开垦的山地，而且气候和土壤的条件都好，林业机构可以毫无顾虑地展开工作：（一）在生长着乔灌木的山地，积极抚育。（二）在无林地，积极营造水源林。（三）在预定营造水源林的无林地面积中，如果有发展畜牧业之必要，也可以划出一部分集中的土地来种牧草。

但在营造水源林之前，必须先进行宜林地的精密调查：所有地形、坡向、坡度、土壤、地下水深度等，都是将来造林树种所由决定的根据，必须精密调查，编制营造水源林的设计方案。

陇东黄土高原沟壑区

这个区域，是从平凉城西十公里处开始，沿泾河东下，两岸都是黄土高原。高原上虽一望无边，宛如平地，而高原边沿，则到处被水冲成很深、很宽的沟壑，故称高原沟壑区。

高原沟壑区的所有山坡和山沟，都被垦成农田，连小块的乔木林都没有，因此，土壤冲失非常严重。每逢雨季，沟壑还在广泛地发展。发展情形分三种：（一）高原上的水向沟冲下，把沟越冲越深（沟深数十米至一百多米），越冲越宽；（二）高原上近边沿的土地，有时被雨水冲成大陷穴，陷穴逐渐扩大加深，与沟联接，便冲失一大块土地；（三）高原上层是黄土，次层是红土，雨水有时从黄土层和红土层之间流出，离间了黄土与红土的团结，使大面积黄土滑下，堕入沟壑。这样，沟壑就逐渐扩展，每年扩展到二米之多。

这种情形，已经超过了水土冲失，而进入山崩的状况。崩溃下来的山土，据当地群众说，好比糖块投水，顷刻溶化。我们看陕州水文站记录，每年输入黄河的泥沙，计十二亿六千万吨，泾河就是沙的很大来源之一。

在这个地区，如果要保持水土：（一）在高原上的沟壑边沿，最好造三十五至六十米宽的水流调节的防护林带。（二）沿主要分水岭造防护林带。（三）在山坡上造辅助的水流调节的防护林带，在沟壑内壁的斜坡上造林，以固定沟壑。

但所有山上、山坡和山沟可以开垦的土地都被开垦，造林工作不易进行。

林业机构当前的工作是：参加该地区的综合调查队，作下列措施：（一）精确地调查沟壑系统的分布，测定沟壑的面积及坡度。（二）根据地形来确定雨水和雪水的流向。（三）为了准备营造沟壑边沿的水流调节防护林带，必须考虑林带范围，并调查其土壤。（四）测定分水岭防护林带的轮廓和山坡上辅助的水流调节林带的位置，并调查其土壤。（五）决定造林树种。

调查清楚以后，作出造林计划，与水利、农业两部的整个计划相配合。

延水、洛河的中上游（延安专区）

延安专区位于黄河两支流延水与洛河之中上游。该区是山岳区，土地总面积约五千万亩，宜林的荒山一千三百六十万亩，占总面积百分之二十六；林地约一百四十四万亩，占总面积百分之二点九；耕地约五百一十万亩，占总面积约百分之十。该区山上虽被开垦，但南部山地还生长着不少的乔灌木，尤以黄龙、甘泉与富县之间为多。燃料有煤，不以树木为唯一的燃料来源。因此，水土冲刷情形，除北部外，并不严重。

在这个区域，虽有大量未开垦的荒山，但林业工作尚未展开。此后应依照下列三个方向进行工作：（一）在有林地应从事森林经营（抚育）。（二）补植经济价值较高的树木。（三）山坡荒地上造林。此外还可以划出宜林地发展畜牧。

为了保证造林的成功，必先详细调查，订定计划。

绥德专区

无定河可分为两个部分：鱼河堡以东的绥德专区部分，属黄土丘陵沟壑区；鱼河堡以西的榆林专区部分，属沙荒区。

丘陵沟壑区绝少台地，所有大小山丘都裂成无数沟壑，山土就向沟中崩溃，流入河槽。从延安以北开始，经清涧、绥德、米脂等县，都有这种现象。原因是：山地全部开垦，土壤大量冲失。

绥德专区无森林，耕地占土地总面积百分之九十，而耕地都在山上，只有百分之三至四的耕地是在河滩。山田收成不好，平均每亩打粮食四十至五十斤，也有少到二十至三十斤的。

绥德每年产煤仅七万六千吨，既要蒸盐，又要供给油矿，余下来的只可供给十五万人作燃料。而绥德专区人口约有八十万人，因此，六十五万人燃料无着，只好掘灌木根，挖草根，烧牛羊粪。烧了牛羊粪，就没有肥料，挖了草皮和灌木根，更助长了水土冲刷。冲刷下来的土，都流入无定河，所以无定河混浊不堪，在洪水时期，含沙量高达百分之六十。

这个地区，由于山上不断地崩溃，沟壑不断地发展，故不仅地力有衰退的倾向，耕地还有减少的趋势。即使保持现在的情况不变，农民生活已非常艰苦。据霍专员说："从前三年两头旱，现在竟年年有旱灾。"尽管农民平均每人有七亩至八亩耕地，粮食还感不足，整个专区就缺少二千万斤粮食。所以群众说："解放以后，农民翻了身，土地翻不了身。"

这个地区，造林非常重要，但山地全被开垦，绥德全区只有延川和子长两县（清涧河流域）尚有荒地，合计三十万亩，因此照现在的情况，林业部门在无定河缺乏造林的工作条件。

林业部门的目前工作是：参加这个地区的综合调查队，根据实际调查的材料和图面，再定计划。

榆林专区

榆林专区，从府谷经神木、榆林、横山、靖边到定边，长一千三百华里，宽三百华里，大部分属无定河上流流域。

以鱼河堡为绥德与榆林两区的分界点，界点以东，是丘陵的水土冲失问题，而界点以西，丘陵被伊克昭盟吹来的沙掩盖，问题不在于如何保持水土，而在于如何消灭沙荒。沙，从八百里金沙滩吹来，卷入河流，更掩盖山丘，埋没良田，毁灭村庄，填平长城，威胁城市。全区栽培农作物的土地只占总面积的百分之五，而沙漠竟占总面积的百分之四十三。

一方面，该区有大面积的荒地，造成了造林的有利条件；另一方面，土地上有大量的沙丘，多量的钙质，秋初春末有风灾，有霜害，降雨量甚少，故种植非常困难。这些缺点，可利用无定河上游大小不同的三十八条主支流，兴修水利，来补救到某种程度。

林业部门目前在这个地区的工作是：（一）尽量利用适宜于造林的土地来营造宽大的林带，以阻止沙漠移动，但这种林带，并不是一条连绵不断的林带，因为有一部分沙丘现在不能造林。（二）在丘岗顶部造防风林带。（三）在河滩上造与风向垂直的许多互相平行的林带。（四）最后，根据全区土壤条件，在适宜于植林的荒地全面造林。

为了达到这个目的，必须进行全面的详细调查，订出全面的造林计划。

（原载《中国林业》一九五三年第八期）

科学技术普及协会的性质和工作方针

——一九五四年六月十日在内蒙古科学技术普及协会筹委会成立大会上的讲话

今天内蒙古科学技术普及协会筹备委员会成立了，我仅代表中华全国科学技术普及协会致以热烈的祝贺。在内蒙古建立协会的组织，不仅是内蒙古自治区的一件喜事，也是全国科学界和全国科学技术普及协会三万多会员的一件喜事。

内蒙古在中国共产党和人民政府的领导下，自一九四七年成立自治区，七年以来，经济、文化各方面都已有了很大的进步。今天协会的成立，正是内蒙古经济、文化各种建设事业发展的结果。而今后协会的工作又将反过来对内蒙古地区的经济、文化建设上起一定作用，同时，进一步促进各民族的亲密团结。而且，还会为今后其他兄弟民族自治区的科学普及工作，创造出先进的工作方法、工作经验和宣传资料，树立起兄弟民族自治区内的科学普及工作的榜样。

我们的国家，在向社会主义过渡时期的总路线上，对协会提出了两个具体任务，就是：（1）要协助国家培养建设人材，提高参加国家建设的工农干部、技术工人、企业管理干部的技术和业务水平；（2）尽可能满足劳动人民日益高涨的文化科学要求。这光荣的任务是要全国科学技术工作者积极行动起来完成的，这个任务，对在内蒙古自治区内的各族科学技术工作者来说是十分重大、艰巨和光荣的。内蒙古有着六百万勤劳勇敢的各族人民；地大物博，有着丰富的铁、煤等矿产，有着富饶的农业、占全国相当比重的畜牧业和极大的森林资源。许多工业建设在内蒙古地区已经或正在建设着。包头市将来将成为全国重要的工业基地。在过渡时期，内蒙古各项建设事业对于国家社会主义工业化都起着重要作用。但是由于过去反动政权的摧残，内蒙古地区的经济建设，也同其他地区一样，基础是薄弱的。因此，要胜利地完成内蒙古地区各种社会主义改造事业，在全国范围内建成社会主义社会，必须由内蒙古科学技术工作者尽最大的努力来协助国家培养各方面的建设人才，提高各族人民的科学文化水平，以促进工业、农业、林业和畜牧业生产的发展。

我们全国的科学工作者将尽力给内蒙古的科学普及事业以最大的关心和支持。

现在我将协会这几年来的工作，和已经明确了的协会性质、工作方针，作一个简单的介绍：

中华全国科学技术普及协会是一九五〇年八月成立的。经过三年多来的工作，我们明确了协会的性质是一个科学技术工作者自愿结合起来，以业余时间从事科学技术宣传工作的群众团体。这就是说，协会是科学技术工作者的群众团体，它所宣传的是科学技术知识，而不是宣传其他文化教育等；它在科学方面所作的工作，是宣传工作，而不是研究工作；它是一个自愿的、业余的、群众性的组织，而不是一个专业的政府机关。

我们的组织路线，基本上只发展科学技术工作者为会员，尤其是要注意吸收高级的、中级的和老科学家们入会，不然我们工作中的科学水平就无法保证，也就难于保持协会的特性。同时因为科学技术工作者们，目前多集中在大中城市，所以我们目前的工作，就不得不着重在大中城市、工业地区进行；在小县城（旗、县）和广大的农村中，因为很少有或没有科学技术工作者，所以我们也就暂时难于在那里普遍建立组织。

我们的宣传对象是工、农、兵。但在目前，为了事实上的需要与可能，我们着重在大中城市进行工作，宣传的对象则以工人、干部为重点。不过我们所说的干部是广义的，不但包括一般机关干部、工矿企业干部，就是部队干部、县区乡的农村干部、农业生产合作社和互助组的骨干分子也都包括在内。在广大的农村、牧区，我们协会可以配合其他机构，例如文化馆（站）、地方报纸、广播电台以及政府卫生机关、农牧业技术机关，对农牧民进行宣传工作。尤其是现在随着农业社会主义改造事业的急骤发展，我们的农村工作也就得更进一步积极地为今后大规模开展农村工作准备条件，因此在农村工作干部，农业、林业和畜牧业的生产骨干分子到城市集中开会、学习时，我们可以向他们做科学普及工作，或会员因工作下乡时，也应抓紧机会，进行宣传工作；至于在有条件的国营农场、牧场及较大的生产合作社中，更要开始试点工作。

科学普及工作的主要内容：这在协会成立之初就提出了的：（1）使劳动人民能掌握科学知识，在建设事业中发挥力量；（2）用唯物主义的观点解释自然现象；（3）宣传我国科学技术的成就，启发爱国主义；（4）普及医药卫生常识，以保卫人民的健康。目前国家有计划地开始了工业化和各项社会主义改造事业，因此在宣传内容上，必须以宣传社会主义工业化有关的科学技术知识为重点；此外，与农、牧、林及其他经济建设有关的科学也应相当注意；卫生知识和一般的自然科学基础知识的普及亦不可忽视。

上面列举出的宣传项目，我们并不是在同一个地区、同一个时期进行宣传的，而是要结合地方的需要与可能，有重点地宣传的。例如在内蒙古，畜牧在生产事业上占着极重要的地位，畜牧人才也多，而人民政府又执行着十分正确的“人畜两旺”的政策，我们就应该向畜牧兽医方面，多做科学普及工作。

协会四年以来，除了少数较边远的省份外，全国已在三十个省和直辖市建立了分会组织，在九十六个县和省辖市建立了支会组织，其中有许多是重要的工业城市的支会，如：河北分会的唐山、石家庄、张家口支会，湖北分会的黄石支会，河南分会的郑州支会。到目前为止，协会的会员将近三万人。在各地中共党委和人民政府的领导下，和全国科学技术工作者的努力下，四年来，协会向广大劳动人民做了不少科学普及工作。一九五一年到一九五三年底的三年中，协会所组织的科学技术讲演即达三万多次，科学展览会达一千五百多次。一九五三年，根据十六个分会的统计，分会所编印的科学技术小册子和活页资料约有三百多种，共发行一百四十多万册，其中仅浙江省和江西省两个分会即编印了一百十二种，发行了九十万册；总会根据讲演稿所编的科学小册子在一九五三年出版了三十四种，发行了七十一万册。今年总会举办了社会主义工业化讲座，由这个讲座的讲稿编辑出版的小册子，每本发行几乎都在十万册左右；各分会今年出版的宣传资料的数字也在继续增加着。

我们在工人工作方面，在今年第一季度里，北京、上海、广东、武汉、河北、浙江等十六个分会为工人举办了三十几个密切结合工业化生产的科学讲座，其中以电机、机械知识为主题的特别多。有的分会还为工人举办了物理、化学及数学等基础科学的讲座（如哈尔滨分会在化学制药厂举办了化学知识讲座，河南分会、江西分会都为工人举办了数学讲座）。此外还举办了矿工卫生、妇幼卫生等科学讲座。这些为工人和工业生产的干部举办的讲座，有的是由分会联合市总工会合办，是全市性的，有的是各工厂的会员工作组为了适应自己厂内工人、干部的需要，与本厂党、政、工会合办的。

协会为工人和工业干部做科学技术宣传工作，提高了工人和厂矿企业干部的文化和技术水平，从而在改进生产、提高劳动生产率方面，起了一定的作用。这样的实例在各地出现很多。

如旅大市分会为工人所举办的电学、电机、化学、化工、力学、机械工程等一系列的科学知识讲座，一共有一万多个工人经常来听讲。工人们欢迎这些讲座，把这些讲座叫作“社会大学”。武汉市分会会员、华中工学院教授赵学田在对工人讲授“如何看蓝图”的工作中，创造了“速成看图法”；根据这一方法，只要经过五次的讲演和讨论练习，一共只要化二十个小时就可使不懂蓝图的普通工人看机械零件图以至简单的机器装配图。天津市分会为国营棉纺六厂的工人提升的干部举办了纺织技术讲座，每周讲授一次，讲授纺织生产过程中一系列的基本技术知识，不仅使这些干部在工作上所遇到的一些困难得到解决，而且研究出减少断头的办法，使布机的断头率减少百分之十六点七，对全厂完成计划起了一定作用。目前这个纺织技术讲座的经验已经推行到其他的国棉第二、第四、第五等厂。河南新乡支会在某厂举办了技工数学讲座，该厂调度员（工人提升）张青波同志本来不会估工算料，听了讲座以后，学会了算体积、重量，在计算二十台机器时就节约了九百五十斤元钢。武汉私营工厂的工人听了武汉分会的机器工厂中技术检查工作的讲演，批判了过去不负责任的思想，提高了国家加工订货的质量，降低了废品率。

协会在十几个大城市为基本建设的初级技术干部和管理干部举办了“基本建设科学知识”讲座，对提高基本建设工作人员的业务水平，改善领导管理也起了一定作用。上海、四川等分会举办了有关房屋建筑、工厂设计等基本建设专业工程的科学知识讲座。而在北京、天津、旅大、沈阳、唐山、石家庄、上海、杭州、青岛、广州等许多工业城市的工人文化宫、工人俱乐部都已将协会举办的科学技术讲座作为他们的重要的经常活动之一。

协会向各地的机关干部，小学的和各种业余文化学校的自然科学老师以及卫生工作干部，也做了一些工作。例如配合各机关干部的总路线学习，今年协会就有十七个以上的分会与当地党委、团委、军区和机关举办了五十多个“社会主义工业化”或“经济建设”讲座。北京市分会和江苏省分会在同一个时期内举办了八、九个这样同一主题的讲座。这样的科学讲演，不但在省城里讲出，而且到中等县城里去了，如“中国工业化地理条件”讲演，在浙江宁波就曾讲了三十次，听众达一万一千多人，几乎全市每个机关干部都听了一次讲演，增强了为完全实现国家总路线任务而奋斗的信念。

今年五个月来，各地为小学教师、业余学校文化教员举办了十一个自然科学讲座，有些讲演还配合了实验。上海、四川、北京等分会还为中学教员举办“巴甫洛夫学说”、“米丘林学说”等讲座。通过这些讲座，教师们的教学质量显著地提高了。以前一些业余学校自然课教师因自然科学水平不高，教起自然课来，只会照书本念，教学信心不强，不安心工作，而通过讲座，不但提高了他们的科学水平，使讲课内容丰富生动起来；而且由于学员爱听他们讲课，老师也热爱自己的教学工作了。

此外，协会对初级医务人员、保育员等也进行了工作。北京分会在郊区门头沟矿区为全矿区的初级医务人员举办了一个一年为期的工矿卫生知识讲座。这个讲座是由北大医学院会员工作组担任，每周一次，门头沟的京西矿务局到期就来接会员去讲，工作进行得很顺利，受到很大的欢迎。有些听众翻山走十几里路来参加。

各地还遵循着“通过其他组织系统把工作送下乡”的方针，动员城市中的农业、林业、畜牧业和医务界的科学工作者，编制了各种农、林、牧技术和卫生知识等文字的宣传资料和小型的展览图片器材，通过党委、文化馆站、农村技术站等机构，送下乡去宣传，受到很大的欢迎。浙江分会在《农民大众报》上开辟的农业科学技术专栏，已成为浙江省许多农业生产合作社、互助组的必读刊物。河北省分会组织的大众巡回展览，由各县文化馆巡回展出，在两年多时间里，走遍了全省所有各县，不但普及了科学知识，还推动了当地的生产。最近，浙江、福建、河北等分会和广播电台联合举办了农业生产科学技术知识的系统广播；湖北分会和福建分会，在农村的农业、林业干部和劳动模范到县城开会时，为他们做农业科学知识的报告，都受到听众的欢迎。

在协会三年多的工作中，各地的科学技术工作者们发挥了很大的积极性：如上海分会在一九五三年，有一千八百位会员，一年里进行了六千四百九十次科学广播和讲演。江西分会一个机器厂的会员工作组，只有十五位会员，一年时间为工人同志作了一百九十二次科学讲演。科学家们本身的工作本来就很忙，但因为他们从思想上认为参加科学普及工作是自己的责任，是为人民服务的好机会，所以还是以极大的热忱参加了协会的工作。

正因为科学技术工作者们对科学普及工作有这样高昂的积极性，我们协会在党和政府的领导下，才能取得一定的成绩。协会几年来的工作，证明了我们要很好地开展工作，必须在工作中注意依靠党和政府的领导，必须注意通过协会组织中的常委会，广泛动员科学界，依靠广大科学界对科学普及工作的积极性进行工作，必须注意加强与其他有关部门的合作，必须注意不断提高我们宣传工作的质量和思想水平。

目前，各地党委和人民政府对协会工作的领导已大大加强，广大科学界的工作热情也在不断高涨，有关方面日益对我们提出更多、更高的要求，例如：青年团已和我们发布了联合通知，广播电台也和我们联合发下了关于农业生产宣传的通知，全国总工会也正在和我们研究联合发布在工会系统中加强科学技术宣传工作的通知，中苏友好协会要求我们宣传苏联科学技术。在这样的情况下，我们的任务是艰巨的，但工作内容是丰富的，条件也是基本具备的。

同志们，在国家过渡时期总路线上工作着的工农劳动群众，都迫切地需要科学，需要技术，我们必须毫无保留地把我们所知道的普及到工农群众中去，以促进社会主义建设的完成。

最后，让我祝内蒙古科普协会工作顺利，祝各位身体健康！

（吴凤生提供）

中国第一部森林影片和群众见面了

由于上百上千年历史上留下来的恶果，中国沿公路沿铁路都是连绵不绝的童山，在城市郊区很少见到绿油油的大森林。例如北京，一出西郊，迎面而来的就是二十五万亩荒山，只有香山一带和颐和园总算有些林子。至于某些城市的附近，连类似香山的山都没有了。

新中国各种事业都飞跃地发展，独有林业是慢慢地爬，快不来。常言道，十年树木，百年树人，事实上，树木——培植木材，未必比树人——培植人才来得快。东北天然林中的落叶松，要生长一百四十年才成大材，红松，要生长一百八十年才达到二十五米高。有人问：中国还是全国社会主义化在先呢，还是全国绿化在先？这问题不易回答了。但是问题尽管不易速决，我们不能让住在城市的人们一辈子不见"树海"！诚然，"树海"在中国很少了，但东北的兴安岭和长白山一带还有留存。《白山黑水话森林》这部影片，就想向大家介绍中国东北部的美丽的森林。

森林的长处不仅是点缀风景，它还能调节气候、保持水土、涵养水源、防旱、防洪、防沙、防风、保障农田水利。影片中或多或少地说明了这些功用。

懂得森林的功用，而不懂得造林的过程（包括护林），还不能算认识森林。盈抱的大树，是从一粒种子开始的，它的养成颇不容易，必须经过育苗、植树、抚育、保护一系列工作。而成林以后，又必须与最大的敌人——火，作无情的斗争，这就是护林防火。影片中把这一段艰难的过程也作了一个简略的介绍。

森林的最终目的是利用。人类从生到死，从上古到近代，从陆地到海洋，随时随地离不开木材。我们有权利叫树木走下山来，和厂矿见面，帮助国家工业化；同时，为了满足人民日益增长的需要，这就需要采伐和运输。采伐运输，在林业上是最后的也是最艰苦的工作。如果说，造林必须依靠农民群众的伟大力量，那末，采运必须依靠工人群众的伟大力量。伐木时，如何可以减少木材的浪费，如何可以保证工人的安全；运材时，如何可以减轻体力劳动，如何可以提前流送，从这部影片里可以了解到一个轮廓。

采运以前，尚有一项重要的任务，那就是森林调查和设计。我们如果不把森林面积搞清楚，如果不把木材蓄积量弄明白，如果不把林区合理地划分，试问，基本建设如何开始，采伐运输如何进行呢？这部影片对森林调查也有了一些叙述。

中国第一部森林影片和广大观众见面了，我们希望它走遍大小城市和乡村，使人们认识森林，重视森林，爱护森林。

（原载《大众电影》一九五四年第十四期）

林业调查设计工作者当前的责任

——在一九五四年全国林业调查设计工作会议上的讲话

林业调查设计工作者，是林业的开路先锋，也可以说是林业的“开山祖师”。他们上登千仞峰，下临万丈渊，享尽大自然的快乐，也受尽大自然的挫折。没有路，披荆斩棘踏过去；没有人烟，背了干粮走进去；夏天不怕热，华南大面积垦殖地，就是在摄氏三十度以上气温中勘测的；冬天不怕冷，小兴安岭×××万公顷的森林经理调查，就是在冰天雪地中完成的；沙漠边缘不怕风，陕北沿长城×××公里的防护林带，就是在沙龙背上踏勘的；高空不怕空气稀薄，云南、西康某些山区的航空视察，就是在五千米高空中带了氧气罩工作的。

调查工作固然艰苦，但最后收获却很大。经过调查队的调查，再经过林业机构的造林和抚育，则沙荒可变为田园，例如豫东和豫西。经过调查队的调查，再经过森林工业机构的基本建设，则深山幽壑野兽出没的地区，会变成繁盛的市镇，例如伊春。常言道：“人类可以征服自然，劳动可以创造世界”。这些大事业，都必须从调查勘测开始。

四年来，由于苏联专家的帮助，各级党政的支持和各级干部的努力，调查设计工作得到了相当的成绩。全国森林经理调查完成了×××万公顷，包括长白山的×××万公顷，小兴安岭南坡的×××万公顷，甘肃白龙江的×万公顷，合计起来数字比较可靠的共有××××万公顷。据旧统计，中国森林地约六千万公顷，我们已调查了×分之×。如果再加上××××万公顷的概况了解，则数目还不只此。全国宜林地调查××××万公顷，包括华南、云南的垦殖调查面积在内。并在广大地区进行了荒山荒地踏查。

去年，开始了航空视察，已目测了西南、西北边远地区的广大林区，而且在东北大海林林区，进行了航空测量的试点工作。

这就是解放以后的森林调查工作成绩。

同志们，你们领导着年富、力强、勤劳、勇敢的大、小不同的调查队，人数合计有四千人之多。这个调查设计的队伍，虽然技术员只占百分之三点二五，见习技术员只占百分之三十三点二，此外大部分是练习生，而就文化程度论，高中毕业程度占半数以上，质量还不够高，但是他们过去在东北、华北、东南、西南、西北等大区，已经替国家做了不少的工作，起了很大的作用。只要积累经验，继续努力，则工作就是学习，林野就是学校，程度不够高的会逐渐提高，可以锻炼成一支很好的队伍。

国家需要他们做更多的工作，远的暂且不说，单说第一个五年计划中的调查设计工作计划。

一、宜林地调查

（1）国家营造水源林，需要调查设计：吉林松花湖周围和上游的山地，关系小丰满水电工程，我们必须造林，而要造林，就得从调查设计着手。永定河上游山地，关系有名的官厅水库。一九五三年一个夏季，就由上游山上冲下泥沙淤积了三千万立方米，有人说是五千万立方米。本来官厅水库预定使用三十年，照这样淤积下去，据水利部门说，恐怕只能用十九年。因此，必须积极造林，而要造林，必须调查设计。国家根治淮河，建立了许多水库，但伏牛山、桐柏山、大别山如果不积极造林，则水库寿命不会长久的。所以，我们要调查，作出造林计划来。

（2）国家营造防护林，需要调查设计：东北的西部防护林，大致已调查清楚了。在内蒙古东部，兴安盟、哲里木盟、昭达乌盟十四个县旗的×××万公顷防护林，只做过初步调查，此后还需继续勘测，作出计划。陕北×××公里长的防沙林带，已做过初步调查，且已选择重点，设立了许多林场，造了××万公顷防沙林，但整个计划尚待修正，因此必须调查。

（3）国家营造用材林，需要调查：上次林业工作会议决定，一九五四年全国将营造用材林××万公顷，其中中南××万公顷，华东××万公顷，西南××万公顷。长江以南的用材林，准备在三十年以后接替现有天然林的木材供应，关系森林资源非常重大。我们需要知道，将来造林造在什么地方，造多少面积，即使是零星散乱，也得一一测定，汇集成全面的统计，做到心中有数。如果能够先把山地调查清楚，作出造林计划来，以便照计划营造，那就更好。这种调查工作，由于大部分造林面积是分散的，应如何进行，希望大家讨论研究。

二、森林调查

这是当前调查设计工作者最繁重的任务。

（1）经理调查：要求在五年计划内，完成东北的大兴安岭北坡、小兴安岭北坡，内蒙的大兴安岭南坡，西南的岷江、大渡河上游，西北的白龙江上游林区的森林经理调查。这些林区，早则第一个五年计划内要开发，迟则第二个五年计划内要开发，开发以前，必须做好施业方案。否则，不仅影响到木材生产计划的正确性，而且会耽误木材生产计划。譬如，长白山×××公里大铁路，铁道部最近向我们提出，要等我们的施业方案经国家计划委员会批准以后，才可把大铁路引入铁道部的第一个五年计划内。从这件事来看，如果我们的长白山施业案今天还未准备好，大铁路的建设就会延迟，采伐就不能按照预定计划进行，从而国家建设所需的木材就不能按照预定计划供应。由此可见，森林调查设计，直接关系到森林工业，间接影响到国家的社会主义工业化，责任非常重大。

（2）资源调查：除西藏、怒江以西地区外，希望由各大区、省集中组织力量，完成资源调查。

（3）采伐迹地更新，需要调查：据前年东北林业会议上的资料，七十年来在东北破坏了的林地，就有四百万公顷，数目是惊人的。从今年开始，我们已有了专款供迹地更新之用。调查工作者又增加了一项调查任务。

（4）航空测量、航空调查、航空视察（航空目测）：为了使经理调查做得更准确，在大兴安岭南坡和北坡，小兴安岭北坡，将举行航空测量和航空调查。这是一件新的工作，要请苏联专家来帮助，大约五月间可以开始工作。此外，还将用航空视察（航空目测）来配合西南的资源调查，来了解西北阿尔泰山、天山、昆仑山的森林资源。

总的来说，要求在五年计划内，把全国的主要大小林区全部清查完毕，提出可靠的数字。

由于调查设计是一项重大的责任，我们对调查队提出几点要求：

（一）工作态度要认真。不能贪简便，不能抄近路，必须按规定按计划办事。例如调查林龄，照苏联专家规定，应在每一小班上（面积五至一百公顷）伐倒标准木，数清年轮，进行实查，才能代表该小班的林龄。如果不以一个小班为单位，而以一个施业区（二至四万公顷）为单位，甚至以一个林管区（十七万公顷）为单位，那就不准确了。如果以直径推算林龄，那就更不准确。不准确，又需补查。小兴安岭南坡就因此而损失了三万四千七百九十八个工，多费了一个月以上的补查工作。这就吃了先前工作不认真的亏。

（二）调查数字要精确。森工方面的基本建设，是根据森林面积和蓄积量来计算的，故调查必须精确。如果把数字太夸张大了，基本建设就会吃亏。例如汪清县地荫沟，一九五一年和五二年修了×××公里森林铁路，原计划是要连采七年的，但因当时蓄积量的调查不确实，一九五五年就得拆卸，这是一种损失。反过来，数字太缩小，也不好。近来，调查工作者过于谨慎，数字偏于保守一方面，这样，单位面积的蓄积量和出材率就会比实际数目小，森工部门的劳动定额就会定得低，成本就会提高；而且调查数字太保守，森林工业部门的采伐计划也不易达到正确的程度。因此，调查数字偏大不好，偏小也不好，必须精确，以保证国家经济计划的准确性。

（三）工作步调要紧凑，就是说，要做得快些，要把我们的调查设计跟上国家建设的需要。因为，现在各部门都是一环扣一环的，都是计划经济，脱不得节。

这就是，工作要做得好，又不要做得少，要做得快，又不要做得坏。

林业调查设计比以前范围扩大了，责任加重了，人家对我们的要求也提高了，为了搞好工作，我们必须：

政治和技术结合：通过政治工作，使调查队员人人有健全的思想和高度的积极性。

下面和上面联系：通过定期表报，使领导上了解工作的进度和工作上发生的问题。

地面和天空配合：依靠航测结果，做出很正确的经理调查。

内业和外业结合：根据实测数字，编出很完善的施业方案。

会议，是在国家过渡时期总路线的灯塔照耀之下进行的，面对着万丈光芒，检查过去工作，商讨发展方向，相信今后调查设计工作一定会有进一步的提高和改进。

（原载《林业调查设计》创刊号，一九五四年）

有计划地发展林业*

——在第一届全国人民代表大会
第一次会议上的发言

我完全拥护周恩来总理的政府工作报告。

在周总理的报告中指出了我国经济建设的伟大成就，也批评了缺点。我联想到五年来的林业工作，也是有很多缺点的。现在我把林业发展情况简要介绍一下，并请各位代表批评指教。

共同纲领规定："保护森林，并有计划地发展林业"。

五年来，跟着经济建设的发展，林业工作也获得了初步的成就。护林防火方面，一九五三年全国森林火灾面积比一九五〇年减少了百分之七十四，护林防火在许多地方已成为群众习惯。造林方面，形成了在我国史无前例的群众造林热潮和造林规模。一九五〇年造了十二万公顷（一公顷等于十五亩），一九五三年就发展到全年造林一百一十一万公顷，等于反动的国民党政府时代二十二年造林面积的两倍。在这些造林中，有东北西部和内蒙古东部长一千一百多公里、宽二、三百公里范围内的防护林；有东起府谷、西至定边的陕北防沙林；也有业已基本完成全部计划的河北西部和河南东部防沙林。在造起防护林的地区，已显著地看到了耕地面积扩大、作物产量提高的成果。例如河南开封附近有个土城乡，过去不能种小麦，造林后，一九五一年种小麦七百一十亩，每亩收四十六斤，一九五三年扩大到三千二百亩，每亩产

* 本文标题是我们加的。——编者

量增加到一百一十斤。森林调查设计方面，长白山二百二十六万多公顷森林，已作出了合理的经营方案；大、小兴安岭二千万公顷森林的上空，正在进行着航空调查。

森林工业方面，已发展成为一个相当大的生产企业，全国共有五十一个森林工业局，六十七个木材加工厂、林产化学厂和附属企业，二千多公里森林铁路，三十余万职工，五年来，保证了国家建设所需木材的供应。东北和内蒙古是中国主要的木材供应基地，解放后，在苏联专家帮助下，实行了生产改革，加强了基层企业管理机构，实行了作业计划及调度制度，发展了机械化，从而提高了劳动生产率。在伪满时代，每生产一万立方米木材，需要八百一十八名工人，我们在一九五三年每生产一万立方米，只需要一百三十一名工人。职工的物质生活和文化生活也比从前提高了，许多主要林区，设立着小学校、医院、疗养所、商店、俱乐部等，带岭林区还有养老院。

然而，我们不能因此而骄傲自满，我们五年来的缺点很多，扼要地说，有下列几点：

（一）对群众路线贯彻不够。一九五三年合作造林面积，达到总造林面积的百分之五十，这固然是很好的，然而有些地方强迫全乡全村人参加，违反了自愿互利的原则。封山育林，对消灭荒山和保持水土，的确是最经济最有效的办法，全国已封了四百八十七万公顷；可是，这里头有不少强迫命令、不照顾放牧和樵采的做法，引起一些群众不满。在护林防火方面，有些地方无条件地严禁群众入山，对打猎、采药、采蘑菇等副业生产照顾不够。在营造防护林中，有些地方因对群众教育不够或规划不当，也使一部分农民不满。

（二）计划性不够。在森林工业的基本建设方面，没有很好进行调查勘测，作出全面规划与总体设计，因而许多建设计划存在着颇大的盲目性。工程项目也变化太多。在原木生产方面，往往一般材种大量超额生产，而坑木和枕木却不能完成计划；或者产品规格、质量不能完成计划。在造林方面，用什么树种，造什么林，造在什么地方，有许多地区，在事前没有一个全盘计划。

（三）经营管理水平不高。就整个森林而论。国有林除长白山外，过去还有精密的调查，没有完整的经营方案，因此更新（在采伐了的地方重新造林）跟不上采伐。五年来，全国采伐迹地（采伐了的林地）估计有一百多万公顷，而更新只有十七万多公顷，这样采伐下去，再加上火灾损失和虫害损失，中国森林将越来越少，这是很危险的。在森林工业方面，还有劳动纪律松弛、财务开支混乱、任用职员超过定员、伤亡事故相当严重的现象。

这些缺点，我们在今后工作中一定要加以纠正。为了“有计计地发展林业”，我们根据国家过渡时期的总任务，拟在今后若干年内采取下列几项措施：

（一）对国有林逐步实行科学的经营管理。就是说，经过周密的调查、勘测、设计，算出木材蓄积量，作出森林保护、抚育、采伐及更新方案。

（二）营造用材林。从今年开始，在南方大量营造，逐渐达到每年一百万公顷，估计三十年后每年可出木材一亿立方米。

（三）营造水源林和防护林。在黄河、淮河、永定河等各水系的中上游，将规划和开始营造水源林。对西北的防沙林进行整体规划，对东北西部、内蒙古东部的防护林，拟在十年内营造完毕。

（四）开发新林区。为了增加木材生产，将在第一个五年计划内开发大、小兴安岭南坡及西北的白龙江林区，并为第二个五年计划的开发长白山及大兴安岭北坡作好准备。

（五）划分经济区。我们建议，根据各地经济条件及群众生产习惯，将宜农、宜林、宜牧地区，大体上加以划分，使农、林、牧得到平衡发展，不发生相互间的矛盾。

总之，为了一方面保证供应工业用材，一方面又保障农田水利，我们将在中国共产党和毛主席的领导下，在中央人民政府领导下，联合农业、牧业、水利、燃料工业工作者和植物、昆虫、土壤及其他科学工作者，同广大群众一道，向全国三万万公顷的荒山斗争；向陕北一千几百里长的沙龙斗争；向大小河流，特别是三千年来给中国人民带来灾难的黄河斗争。要努力做到黄河流碧水，赤地变青山！

（原载《中国林业》一九五四年第十期）

森林在国家经济建设中的作用*

森林对农业建设的作用

森林不是孤立木（孤立的树木），中国有一句古话，“独木不成林”。林木（森林中的树木）和孤立木不同：孤立木的树干往往弯曲，而林木则亭亭直立；孤立木的树干下部粗上部细，而林木上下直径相差不远；孤立木结子较多，而林木结子较少。

森林也不是任何树木的总和。行道树、庭园树、铁路两旁的树，都算不得森林。只有在单位面积土地上，树木达到一定的数量而成为一个集团，这个集团，一方面受着环境的影响，另一方面又影响着环境，使环境因它而发生显著的变化，象这样许多树木的总和，才叫做森林。可以说，森林是创造自己环境的林木整体。也可以说，森林是森林本身和它的环境的统一体。

正因为森林与它的环境起着相互作用，所以它对于水、旱、风、沙等灾害有相当的控制能力，从而对农田水利有显著的效用。

一、森林可以防止旱灾

山深林密的地方，多云，多雾，多雨，这是大家都体会到的。原因是：（1）森林中不断地蒸发水蒸汽，所以森林上空的空气湿

* 本文是一九五四年中华全国科学技术普及协会以单行本出版发行的，文中简图均略去。——编者

度，比农田上空高百分之五到百分之十，有时到百分之二十。湿度大，凝成的水滴就多，所以容易降雨。（2）林地不易晒到太阳，所以温度比无林地温度低。据苏联林学家莫洛作夫的材料：林地的年平均温度比无林地低摄氏零点七度到二点三度，夏天低摄氏八度到十度。温度低，就可以促进水汽团的凝结而降雨。（3）夏季森林上空较冷，又较湿，所以有下沉的气流，能促进雨滴落下；而无林地的气流则上升，大量水滴蒸发掉了。（4）苏联飞行员经验：森林上空的低层的气压，则比无林地上空的高层的气压为低。因此，在其他条件相同时，无林地高空的空气向森林的高空对流，而引起降雨。

林地比无林地增加雨量若干？从莫斯科农学院十八年的长期试验（一九〇七年至一九二四年）中可以看出一个大概：林地的年雨量，比无林地平均多百分之十七点四，最高多百分之二十六点六，最低多百分之三点八。法国南锡亦有同样试验，林地比无林地的年雨量多百分之十六。当然，增加的雨量是随着时季、海拔高、森林的组成和其他的条件而变化的。但森林的造雨作用，则是无可怀疑的事实。

例如河北东陵的森林破坏以后，农民就得不到二十多年前的“每年七十二场浇淋雨”。新疆全靠天山溶雪来灌溉农田，近来森林逐年摧残，据说天山雪线在上升，水量不免减少。陕西和甘肃的黄土区，春旱成为经常的现象。绥德专区的山地几乎全部开垦，旱灾闹得更凶，过去三年两头旱，现在年年有旱灾。

森林是可以增加降水量的，所以莫洛托夫同志在说明“斯大林改造自然计划”的决议时曾说：“草田轮作制及大规模营造护田林，这样一个规模宏大的国家计划，就是向欧洲部分草原区及森林草原区的旱灾及歉收进行宣战”。

二、森林可以防止水灾

水，在自然界起着循环作用，大地上水蒸汽向天空升腾，凝成雨水，又降下，一升一降的过程中，调节得好，就是水利，调节不好，就成水灾。

森林是自然界中调节水的循环的工具之一，据苏联林学家说，如果林地面积占土地总面积的百分之二十九，而又分布适当，就可以避免水旱灾。因为，雨水落在森林中，一部分被树冠截留，另一部分也不是一下子沿地面径流入河，必先经过落叶、苔藓和土壤的过滤作用；雪在森林中也融得很慢，比田野迟十天到二十天。所以一切降水通过森林，则流势缓，流水清，表土不致冲失，河川不致泛滥，洪水自然会减少。

总之，雨水降到森林，大致可分成四部：（1）树冠截留；（2）地表蒸发；（3）渗入土壤，成地下水；（4）地表径流。

1.树冠截留：截留在树冠的雨水，慢慢蒸发，又回到大气中。截留量随森林中树种的组成、雨的大小和其他条件而异。阴性树，树冠较密，比阳性树阻留得多；细雨几乎全部截留，大雨留得较少。

树冠截留的雨量占总雨量的百分率

	落叶松	松	云杉
苏联纪录	15%	20—32%	40—60%
德国和瑞士纪录	15%	30.5%	24%

2.地表蒸发：穿过树冠流下和沿树干流下的雨水，到了地表，一部分会蒸发。林内地表蒸发量甚少，因为：（1）林内日光少，所以常年气温比田野低；（2）林内湿度比林外大；（3）林内平静无风；（4）林内死地被物（枯死了的落叶、杂草等）能吸收水分；（5）林地地表不坚实，腐殖质多，孔道也多（动物挖掘的），容易吸水。

地表蒸发量占总降雨量的百分之五到十。

3.渗入土壤：从树上流下的水，除少量到了地表又蒸发到大气中以外，大部分渗入土壤。渗入土壤的水又可分为两类：(1)保留在土壤中；（2）透入下层，成地下水。

保留在土壤中的水，主要是供给林木生长，而树根大都是深入土中的，所以林地所含的水湿和农田不同。林土表面比农田湿，下层则比农田稍干，如下表（苏联大安纳道尔地区十月纪录）：

一百单位重量土壤中所含的水分

	地　表	半米深处	一米深处	二米深处
森　　林	13.9	15.1	12.5	12.4
农　　田	9.7	15.4	14.3	15.3

地下水都曲折迂回地经土壤的过滤作用而流出，有的成为泉水，有的成为井水，不会造成水灾。

总计渗入林土的水，占降雨量的百分之五十到八十。

4.地表径流：如果雨水落在地表，既来不及蒸发，又来不及渗入土壤，那就要沿地面一直流向山沟及河道，这叫做径流。径流水容易造成山洪，而在森林茂盛的地区，地表径流量只占总雨量的百分之一以下。

由此可见，在森林中，地表径流现象几乎没有；地表蒸发量也不多；被树冠阻留的雨水，更不是一时所能蒸发；而土壤中的水，在雨季吸收的，到干旱的季节还在涓涓流出，流速非常小，据莫斯科农学院试验，一年只流二公里，比乌龟爬得还慢。

因此，森林是水的收支平衡的调节器，河川上游有森林，可以涵养水源；山坡上有森林，可以保持水土；水库附近及上游有森林，可以延长水库的使用期限；水电站周围及上游有森林，则蓄水池的流量平衡，可以保证水电站均衡地工作而不致停电。

新中国林业建设赶不上时代的需要，三年多以来，对于局部的水利工程，如淮河上中游的水库，小丰满水电站和永定河、汾河、泾河、渭河等若干地区，虽配合着做了一些造林工作，但全国大面积的水源涵养林和水土保持林尚未进行。特别是黄河流域，范围广大，雨量集中，一年中百分之七十的雨水集中在夏季，有的地方更集中在数天，如甘肃天水，年平均雨量是五百四十三毫米，而一九四九年七月一次大雨就降了三百一十三毫米，占年雨量百分之五十八。暴雨造成了径流，据天水统计，年平均雨量五百四十三毫米中，有百分之三十是径流。径流带走了沙土，据陕州水文站纪录，各支流带入黄河的泥土，每年平均有十二亿六千万吨。黄河流域面积广大，其中严重的水土流失区域的面积有二千三百万公顷（每公顷为十五亩），最严重的水土流失区域为无定河、汾河、泾河和渭河流域，面积共一千八百二十万公顷。这些区域，都必须配合农业、畜牧和水利工程来大规模造林。

苏联在一九三六年七月二日，公布了关于欧洲部分划分森林水源涵养地带的法令，其面积将逐渐增加到八千万公顷，超过任何一个欧洲国家的总面积。这个法令，是世界上第一个以森林来调节地面上水量平衡的伟大法令。我们学习苏联，对全国河流，尤其是黄河的水源林不容忽视。然而，黄河水源林的营造，牵涉到各方面的问题，不是轻而易举的，在人力、物力、财力尚未具备的现阶段，应在已有的基础上，配合国家治黄计划，结合农业生产，依靠群众，分别地区和情况，逐步进行。

三、森林可以防风防沙

防风防沙林的效用：（1）森林可以减少风速。据苏联纪录，在二十至二十五公顷耕地的周围，防护林带的高度如果达到十六至十八米，风速就可减少百分之三十到四十。例如我国河南省民权县老赵庄的防护林，是在一九五一年开始营造的，林网面积十二公顷，现在林外风速每秒六点六米时，林内风速每秒仅五点七米，已减少百分之十四。沙，是从风里带来的，风速减小，则流沙亦减少，所以森林可以防风，也就可以防沙。（2）森林可以减少土壤蒸发量百分之三十到四十（苏联纪录）。蒸发量小，土壤中的水分就可以保持，农作物就可以很好地生长。（3）增加农产。在苏联，因护田林而增加的产量，一般从百分之二十五到五十，而罗斯多夫斯大林集体农庄一九四三年的小麦收成，比无林区竟增加三倍半。我国吉林省扶余县三井村与万发村，因为有了护田林，农产物也增加了一倍以上。热河省敖汉旗第二区下树林子村，更有特殊的例子，一九四四年还没有护田林，每亩产量不足一斗；一九四九年防护林的树高二点五米，每亩增至二斗；一九五〇年树高三点六米，每亩增至三斗；一九五一年树高五米，每亩增至四斗；一九五二年树高六点五米，每亩增至五斗。

下面把苏联和我国营造的防护林带，简要介绍一下：

苏联防护林带

苏联欧洲部分的草原地带，从前经常受里海和中亚细亚吹来的旱风的威胁，在伏尔加河流域每隔三、四年必有一次旱灾，因此，斯大林改造自然计划中，设计了大规模的防护林带。

苏联防护林带分为：

1.八条防护林带：每条由二、四或六条平行林带组成，平行林带相互间隔为二百到三百米，平行林带宽三十、六十或一百米。

以上八条防护林带总长五千三百二十公里，面积十一万多公顷。

2.护田林网：林带宽十到十二米。网眼面积，决定于护田林带的间隔。与风向垂直的林带，两条林带的距离，最大的是五百米，因为苏联用橡树作防护林，橡树约二十米高，而防风的作用等于树高的二十五倍，因此可相隔五百米，如超过五百米，则失掉种植护田林以防旱风的作用，距离小的是四百米。至于与风向平行的林带，其距离则长到一千五百米至二千米。因此，网眼面积，大的有一百万平方米即一百公顷，小的有六十万平方米即六十公顷。护田林面积共五百七十万九千公顷。

3.沙地、蓄水池、河岸、水源地造林：面积共三十二万多公顷。

总计三项造林面积共六百一十多万公顷，可以保护八万个国营农场和集体农庄的一亿二千万公顷的农田。

东北西部防护林

中国东北的西部，年年遭风沙侵袭，良田变成沙地，一九四九年更发生了旱灾，受害面积达四百多万公顷。所以解放后就积极营造防护林。

东北西部防护林的原计划：防护林带包括海岸林全长一千七百公里，最宽处三百公里，总面积二千万公顷，造林三百万公顷。保护现有耕地一百八十万公顷，还可以扩大耕地一百八十万公顷。防护林分为（1）基干林带：每隔十公里一条，林带宽三十到五十米。（2）林网：林带宽七到十米，网眼面积二十五、五十到一百公顷。（3）海岸林、水源林、固沙林等。

由于防护林范围广大，在实施过程中，发生了许多问题，特别是林带通过农田，侵占民地，与小农经济发生矛盾。故原计划尚须按照具体情况，加以修正。

陕北防沙林

中国西北区的沙漠逐渐在南移，单说陕北，从府谷经榆林到定边，长一千三百华里、宽三百华里的区域，遭到伊克昭盟八百里金沙滩的风沙侵袭，毁坏无数农田，埋没无数村庄，甚至掩盖着部分的长城，所以解放后就开始营造防沙林。

陕北防沙林的原计划：基干林带一条，长五百一十二公里，宽一公里半；支干林带八条，共长四百五十三公里，宽一公里。两种林带造林面积七万五千多公顷。此外，网状林、固沙林、护路林、行道树等造林面积共一万二千多公顷。

陕北防沙林，虽然受到农民大众的欢迎，却遭到自然条件的限制，在实施过程中，有些地方，不能照原计划进行，尚须加以修改。

总之，摆在我们面前的三亿公顷宜林的荒山荒地，是风沙水旱的来源，是农田水利的威胁。我们必须改造它，我们也有可能改造它，因为，中国人民，在毛主席和中国共产党的领导之下，既有能力肃清封建主义，打倒帝国主义，必有勇气和信心和大自然作持久不懈的斗争。

森林主产物（木材）对工业建设的作用

人类从生到死，从原始时代到近代，从陆地到海洋甚至到天空，随时随地离不开森林的主要产品——木材。而且，工业越进步，文化越发达，生活越向上，则木材需要量越多。以中国为例，一九五〇年的全国木材生产量作为一百，到了一九五一年增至一百二十七，一九五二年增至二百一十五，一九五三年增至三百一十一，可以说，木材的用量随着国家经济的发展而高涨。

一、目前的工业建设需要木材

建筑：一千平方米面积的房屋，如果是钢筋水泥造的，约需一百立方米木材，如果是混合结构，约需一百三十立方米。单北京市一个地方解放以后三年间新建的宿舍、办公室及其它建筑物，据说是三百八十万平方米，按混合结构计算，就使用了四十九万多立方米木材。由此可见，几年来全国各地兴建的各种建筑工程，用掉了很多的木材，而以后更将大量使用。

铁路：一公里长的铁路，估计要用一千八百根枕木。在一九五三年内，中国将修建若干条铁路，可通车六百公里，单就通车的一部分说，照估计，需要一百零八万根枕木，按照一立方米出枕木五根计算，需木材二十一万六千多立方米。

煤矿：开采一吨煤所用的坑木，在淮南和开滦煤矿，需要零点零二立方米木材，数量似乎不多，但累计起来就多了。如果一个煤矿一年采七百万吨煤，就需要坑木十四万立方米。

电杆：一公里间需要的电杆，作为甲种工程计算，要八到九米长、十二到十六厘米直径的杆子约二十根，材积约三点八立方米。譬如京汉路全长一千二百多公里，从北京坐火车到武汉，玻璃窗外掠过的电线杆，就有二万四千多根，约四千五百多立方米。

造纸：世界各国所用的造纸原料，有百分之九十八是木材。木材的重要成分是纤维和木素及其他杂质，除去木素及其他杂质，留下的木纤维（纸浆）就可以制纸。一吨纸需要多少木材？那就要看造纸的方式如何：有的把木材放入机器和水磨碎，不使用任何药剂，一吨纸只需木材二点九立方米；有的用硫酸钠等蒸煮木片成糜，造纸，一吨纸需木材五点五立方米；有的用亚硫酸来煮，一吨纸需木材五点九立方米；有的用碱来煮，一吨纸需木材六点二立方米。纸的消耗量是随人民文化水平的提高而增长的，单是报纸一项，世界每年产量就有九百万吨，需用木材五千多万立方米。

此外，车辆、船舶、桥梁、码头、堤坝、飞机、纱锭、农具、家具、文具、玩具、棺材、火柴、乐器、运动器具、包装箱等等，全部或一部用木材造成，木材的用途几乎数不清楚。

中国一九五三年生产的木材，如把总数作为一百，用在建筑约六十，枕木十二点九，矿木十二点四，造纸四点八，电杆一，桩木一，造船零点六，其他七点三。

这些木材，有百分之六十二点七出在东北，百分之十七点四出中南，百分之七出西南，百分之六点三出内蒙古，百分之五点五出华东，百分之一出西北。

二、将来的新兴工业需要木材

中国人口超过苏联两倍，而每年木材的产量，只等于苏联的百分之五，这是由于我们的文化建设、经济建设，尤其是工业建设，还远远地落后于苏联。此后，随着经济建设的发展，不独上面所说的工、矿、交通、建筑等用材要大量增加，还将出现木材的新用途。

1.木纤维可以制人造丝和人造羊毛：据苏联化学家计算，一立方米木材，能制出二百公斤木纤维，相当于半公顷棉田一年所产的棉花，或三十二万头蚕子吐出的丝，或二十五到三十头羊身上一年内剪下的羊毛。

人造丝：木纤维除造纸外，还可以制丝。蚕子身体内部本来不含丝，只含胶液，胶液从口中吐出、拉长，在空气中凝固，就成为连绵不绝的丝。化学家学会了蚕子的方法，把木纤维（棉花亦可用）溶成胶液，从细孔中压出，通过水或药剂，凝固而成人造丝。

首先说硝酸丝和醋酸丝。用硝酸或醋酸先制成硝酸纤维或醋酸纤维，硝酸纤维或醋酸纤维放在酒精和乙醚的混合液中，溶成胶液，胶液从细孔压出，得丝。硝酸丝发明最早，现已少用。

其次是粘液丝。用碱水和二硫化碳与木纤维作用，成蜜黄色粘液，粘液通过稀酸，制丝。苏联化学家说：粘液丝方法最简单，价格便宜，只抵天然丝成本的十分之一，世界上人造丝中有百分之四十是粘液丝（一九四八年生产了四百九十七万多吨）。

再其次是铜铵丝，先将氢氧化铜与氨（又名阿莫尼亚）调成溶液，以溶解木纤维，纤维溶液从细孔压出，通过水或稀酸，制丝。苏联化学家说，没有比铜铵丝再细的丝了，蜘蛛丝比它粗二倍半，粘液丝、醋酸丝和棉花纤维都比它粗七倍半，天然丝比它粗九倍。铜铵丝织成的纺织品很薄，看来是象透明的。

据苏联统计，一立方米木材，可制成一百六十公斤人造丝，能织成四千双长统丝袜，或织成六百套半丝织的制服材料。

人造毛：上文所说的蜜黄色粘液，除了制人造丝外，还可以制人造羊毛。人造羊毛温柔，拿来做衣服，美观，不绉，可洗。

2.木纤维可以制各种新型工业品：木纤维溶解后所得的胶质（胶液），不但可以制丝，还可以任意染成美丽的颜色，趁它在半凝固状态的时候，放在模型式机器中，制成各种工业品，如照相软片、玻璃纸、电木、留声机唱片、香肠衣、电气绝缘板、钢笔杆、香烟盒、眼镜框、假发、赛璐珞、假珊瑚、假象牙、假玳瑁、假琥珀等。

3.木材可以代替淀粉：木材纤维素的分子式，和淀粉的分子式是一样的，淀粉既然可以转化为糖，发酵成酒精，木材也可以照样做的，而事实上的确做到了，那就是：木材水解。所谓水解，是用酸类处理木纤维，使它起“加水分解”作用，使它糖化。转化了的糖，粗的可供家畜饲料，精的可供人食用。此外，还可以发酵，制成酒精。

据统计，制造一千升酒精，需用木材约十七立方米，这可以利用制材厂的废料。较大的制材厂，一年供给废材一万六、七千立方米，是不成问题的，用它来作原料，一年能出产纯度百分之九十三的酒精约一百万升，可节省不少粮食。而且据苏联专家计算，用木材制造酒精的成本，比用粮食低十五倍到二十倍。

此外，造纸厂的废液亦可提炼酒精。一般造纸厂中纸的产量，约占原料木材重量的百分之四十七至四十八，其余百分之五十三至五十二，都作为废液，扔掉了。在苏联，从废液中提炼酒精，酒精提出以后的残滓，还可作牲畜饲料。瑞士曾有一个时期，造纸工厂中把酒精当作主要产物，而把纸反当作副产物，足见纸厂废液的可贵。

4.木材可以代替钢铁：普通木材的比重在零点五左右，都比水轻，为什么比水轻？因为木材是由长条的管状细胞组成的，干燥以后，细胞中的水蒸发掉了，只含空气，所以要比水轻。那末，如果用大力把木材细胞统统压扁，木材将改变性质，不但会增加比重，而且会增加强度，这里所要说的，就是这种理想的更进一步的实现。方法是：把木材切成半厘米厚的薄板，放在盆中，加人造树脂（例如酚、甲醛），使树脂胶合木纤维。这样处理过的薄板一百片至四百片相叠，烘干，送入炼木炉加热，加高压。经五小时到八小时，人造树脂因压力作用，会深入木材细胞，又因热的作用，会与细胞化合（起化学作用），完全改变木材性质，比重由零点五左右增加到一点三五，入水便沉，这是一种压缩材。压缩材能抗水，耐摩擦，硬度加高，不能再用木工工具刨削或锯截，必须用金工工具。强度亦加大，与钢铁相似，但比钢铁轻，比钢铁价廉。在苏联，用压缩材来制织梭、齿轮、轴承、飞机螺旋桨和各种耐高电压的绝缘材料。

另有一种方法，用木材碎片与人造树脂炼成的压缩材，可以制导管，以代替钢铁或水泥。伏尔加-顿河水闸就是用的这种木管，节省了数十万吨金属。这种导管，既轻便，又不氧化，不生锈。列宁格勒电钟厂，从前用钢管，仅耐用四个月，而改用这种木质导管，用了二年尚未损坏。苏联造纸厂和化工厂现在都用这种材料作导管。

5.木材干馏：前面从1到4所说的，都是用药品处理木材，制成各种物品，这里所要说的，是用高热分解木材。木材放入密闭的铁釜中，加热到摄氏四百度便分解，产生气体和液体，通过装备好了的冷凝管，把气体和液体分别收集，釜中则留存木炭，这叫做木材干馏。干馏时所得气体，可作燃料。所得液体，可提炼出甲醇、醋酸和木焦油等。如果是松木干馏，液体中除甲醇、醋酸和木焦油外，还有松香和松节油。据苏联统计，一立方米松材，可生产一百二十公斤木炭、二点六公斤甲醇、十一公斤醋酸、六十三公斤木焦油、十六公斤松节油、五公斤松香。

甲醇可作燃料、溶剂，并为制造醚、甲醛的原料。醋酸是制造人造丝、人造染料、药剂、塑料、电影胶片以及其他工业品的原料。木焦油可作人造汽油（裂化汽油）的防氧化剂和橡胶混合物的软化剂。松节油是油漆工业和制药工业的原料；松香是油漆工业、造纸工业、肥皂工业、赛璐珞工业的原料。

我们可以说，木材对工业建设的重要性仅次于钢铁和煤。钢铁工业，从地下埋藏量的勘测开始，到矿山的开采，车间的锻炼，有一系列的繁重工作；同样，森林工业，从森林资源的调查开始，到林区的采伐运输，木工厂的加工，也有一系列的艰巨工作。中国森林资源不多，林地只占全国总面积的百分之五强，而且大部分在交通阻塞、绝无人烟的深山峻岭地区。为了配合工业建设，必须从地面和天空精密地勘测森林资源，从高山和急流安全地运出大量木材，从各个木工厂车间合理地制成成材，来供应国家工业建设的需要，这是林业工作者的光荣而重大的任务。

森林副产物在国民经济中的作用

这里所谓副产物，是指木材以外的林产，包括树皮、树叶、树脂（树胶）、树实、树枝等。如果论经济价值，则有些树的副产物收益，高过于其木材本身，例如油桐，主要目的在榨取果实中的油而不在木材；又如漆树，主要功用在采漆而不在木材。

长江以南，森林副产物在国民经济中占着重要的地位，例如中南区，一九五二年的森林副产物，依产品价值的次序排列，有茶油、桐油、松香、樟脑、乌桕油、松节油、肉桂皮、五倍子、八角（大茴香）、八角油（大茴香油）、肉桂油、樟油、栓皮、生漆共十四种，其总产值约等于同年中南区木材的总产值，足见经济价值之大。兹略举几种重要副产物于后。

一、桐　　油

桐油是油桐果实中的油。油桐是中国特产，有两种：一种是三年桐，栽后三年或五年结实，这种树分布甚广，已被引种到美国及欧洲若干国家；另一种是千年桐，栽后七年或八年结实。油桐果实中含桐子，桐子中含桐仁，桐仁研碎，蒸煮，制成饼，压榨，就得桐油。桐仁中的桐油含量，最高达百分之七十到七十五，最低为百分之五十到五十八，平均为百分之六十到六十五点九，而农家土法榨油，每百斤桐仁顶多能榨油四十斤。

〔产地〕生产量以四川为第一，其次，依照一九五二年产量次序排列，有湖南、湖北、广西、浙江、江西、贵州、福建、广东、安徽、云南、陕西、江苏、河南共十四省。若以大区论，则中南产量第一，其次西南，再其次华东，至于西北，则只有陕西一省产桐油。

〔性质及用途〕桐油为举世无匹的干性植物油，耐水、耐热、耐碱，不传电，色泽光亮。由于这些特性，在外国有八百五十余种近代工业需用桐油，在中国亦有百余种工业需用桐油，主要用途是：（1）油漆：如磁漆、调和漆、凡立水、搪瓷皆用桐油；（2）防水剂：如皮革、水泥、枪弹、墙壁、玻璃纸、雨衣均用桐油；（3）漆布：如油毡、油布、人造皮革都用桐油；（4）油墨：印刷墨、绘图墨用桐油；（5）塞漏：桐油、石灰和麻捣炼成油灰，以嵌入船壳和木器的接缝；（6）防腐：木器、鱼网涂桐油以防腐；（7）医药用；（8）制造人造汽油(裂化汽油)；（9）制造橡皮代用品。

〔产销情况〕在国民党时代，主要是外销，尤其是向美国推销，一九三七年出口高至十万吨，常年出口则在五万与六万吨之间，当时内销量反少于外销。解放后，美帝拒用中国桐油，而中国桐油的生产反而逐年增加，在一九五二年，年产量虽未能达到战前水平，却比一九五〇年增加了百分之五十四，其所以增加的原因：首先，由于解放后贸易部门在国内努力推销，不但销到华北，已销到东北；其次，由于世界有两个平行市场，我们在东欧和西欧都得到销路；其三，由于三年多以来，国内工业都已恢复。尤其是最后一个因素——国内工业的需要，是推动植桐事业发展的主要力量。

二、茶　油

茶油是从油茶种子中采取的，油茶栽后七八年结实，果实有壳，去壳，取子，就可以榨油。油量占种子重量百分之三十五，但农家榨油，只能榨出百分之二十到二十五。

〔产地〕湖南、广西、江西、福建、贵州、广东、湖北、安徽、四川、云南、山西等省。

〔性质及用途〕茶油中含肥皂草素，又名萨波宁，有毒，但加热后毒素能自行分解，故食用必先熬热。在我国大部分供食用，此外作灯油、润发油、凡士林、印泥油、机器润滑油，制烛，制肥皂，涂在铁器上防锈，氢化后制人造奶油，又可以治疥癣。

〔产销情况〕无论外销与内销，解放后的数量都是逐年上升的。一九五二年的全国生产量，也超过解放初期。尤其是中南区，油茶在经济上占着重要地位，例如湖南省土改时，一般山林不分，而茶山则和农田一样，在分配之列（祁阳县第十区，十亩茶山抵一点四亩水田）；又如江西遂川县，向以产杉木著名，但油茶种植面积与杉木种植面积相近，至于遂川大坑乡，则茶山面积竟占已利用的土地面积（包括水田在内）的百分之五十，居各项生产面积的第一位。由此可见茶油的经济价值。

三、樟脑和樟油

樟脑、麝香、琥珀、檀香，是东方历史上的四大名物。中国古代已有樟脑，十世纪以前已输入阿拉伯，作药用，又作饮料中的清凉剂。但当时阿拉伯人还不知道樟脑出产在什么地方。到了十世纪以后，阿拉伯人航行到印度和中国，在船上闻到樟脑香味，才查明樟脑是由中国和苏门答腊运去的。当时樟脑与龙脑（即冰片，从龙脑香树采取，产苏门答腊、婆罗洲①、马来②）还分不清楚，直到十六世纪末，世界上才真正认识了樟脑。日本制造樟脑的方法，也由中国经高丽（朝鲜的古名）传入。

樟脑和樟油，从樟树的根、干、枝、叶采取，把它们蒸馏，脑与油会跟着蒸气蒸出。根株含脑百分之二点五到三点四，含油百分之一点九七到二；干含脑百分之二点三四，含油百分之一点

① 即今加里曼丹。——编者

② 即马来群岛。——编者

三三；枝含脑百分之一点八，含油百分之一；叶含脑百分之三，含油百分之零点二三。

〔产地〕台湾最高年产量曾达到三千吨，占世界产量百分之三十；大陆上以江西与福建出产最多，湖南、广东、广西、四川、湖北、云南、浙江、贵州等省亦有生产。

〔用途〕樟脑：药用，防腐防虫用，制无烟火药、赛璐珞、照相软片、牙粉、假漆、洋烛、香料。樟油：作工业溶媒，制假漆，作选矿油，又可作香料。还可以提取擦脑和丁子油精。

〔产销情况〕樟脑除内销外，还销往苏联及人民民主国家。樟脑产量，一九五二年比一九五〇年增产百分之十四。

四、松香和松节油

松，尤其是马尾松，为中国松香和松节油的主要来源。松树的木材中，本来有许多纵行的“脂沟”，贮藏着松脂。若树皮被刀割破，深达木材，则伤口附近更会发生多量的脂沟，分泌多量的松脂，以封锁伤口，所以松脂是松树的愈伤工具。松脂中含两种主要物质，一种是松节油，一种是松香。松香原来溶解在松节油中，因为松节油容易挥发，所以松脂在树上经过一个时期，油分统统挥发掉，只留下固体的松香。松脂中含松节油百分之二十七到三十一，含松香百分之六十八到六十九。而农家有的不利用松节油，听其自然挥发，有的用土法蒸馏，所得油量只占松脂重量的百分之五到十。

〔产地〕广东、广西产量最多，在广东东江，每年靠采集松香换取粮食的农民，有七、八万人。四川、湖南、江西、浙江、福建、安徽、贵州、云南等省都有生产。

〔用途〕松香：造纸厂中纸张上胶，油漆工业、肥皂、高级水泥、合成树脂（酚、甲醛）、橡胶工业、火柴、油墨、油毡、火漆、炸药、烛、杀虫剂、炼钨等都用松香，此外，松香干馏后，还可以制造汽油代用品、柴油、机器润滑油。松节油：作工业溶剂、香料、人造樟脑，又可作油漆、染料、汽油代用品、选矿油、药品等。

〔产销情况〕一九五三年松香价格，广东东江二级松香每吨二百八十五万元，广州二级松香每吨三百二十八万元。松节油每吨八百一十万元。全国年产量在一九五〇年曾比战前减少了百分之二十四，由于人民政府的扶植和收购，适当地调整价格，积极地增设工厂，又由于苏联专家的帮助，大大地提高品质，所以一九五一年就比战前增产了百分之四十，一九五二年更比战前增产了百分之一百五十八。在一九五二年的总产量中，广东占百分之六十四，广西占百分之十九，这两省的产品的品质较高，广东有百分之六十五的松香合乎国际标准四级以上，广西有百分之九十五合乎国际标准四级以上。

由于松香品质的不断提高，更由于造纸、油漆、火柴、肥皂、橡胶等工业的发展，一九五二年松香内销量比战前提高三倍。外销量亦直线上升，与战前一九三六年相比，一九五〇年只增加了百分之三，一九五一年就增加了百分之一百三十九，一九五二年更增加了百分之三百零五，其中，销苏联和人民民主国家的，在一九五一年占总出口量百分之六十六，一九五二年占总出口量百分之五十二。至于美国松香的进口，在一九五一年已杜绝了。

五、栓　皮

栓皮一名软木，又名木塞，是栓皮栎的树皮。栓皮栎生长到十五或二十年，可开始剥皮，此后每隔六年到十一年，可剥取一次。栓皮的细胞与木材的细胞相异，横断面四角形，纵断面六角形。细胞内充满空气，细胞外围被胶性的“木栓素”封锁，成为不透孔性。所以其特性是：（1）比重小：在零点一二到零点二四之间，有浮力，可用作救生圈、救生衣、浮标；（2）不透水：研成粉，调入油漆，涂在轮船锅炉间的装备上，工厂仓库的墙壁上，可以防湿气浸透，又可以制栓皮油毡；（3）有弹性：由于栓皮具有不透孔性，故受压力时，细胞内空气无法逸出，只好紧缩，压力除去时，空气又膨胀，恢复原状，利用这种弹性，可作沙发、鞋垫的材料；（4）不传热，又不导电，轮船和火车的冷藏间，工厂的冷藏库，兵工厂的火药库以及普通冰箱内，往往使用栓皮粉制成的板；（5）吸收声浪：凡会议厅、戏院、有声电影院，宜用栓皮板；尤其是广播室中，所有地板、天花板和墙壁都用软木，不但可以隔绝室外的声音，并且可以防止室内的回音；（6）耐摩擦：凡汽车的引擎床、安置马达或安置机器的基台，都用软木板衬垫，以免机器因震动而磨损；（7）对药剂的抵抗力甚强，故一般瓶塞都用软木。

〔产销情况〕在旧中国时代，一切都用洋货，栓皮亦不能例外，一九二〇至一九三二年，每年输入的软木都在千吨以上，一九二七年多至一千八百八十三吨，主要从葡萄牙、西班牙、法国、北非洲输入。解放后，经过普遍调查，才知道我国栓皮栎分布甚广，主要产地有陕西、甘肃、河南、湖北、安徽、贵州、云南；次要产地有江西、广东、湖南、山东、福建、江苏、山西等省。只因过去没有人注意，没有工业方面的销路，所以被人滥伐，连皮带木材烧成炭，或当作柴烧。解放后，厂家逐渐采用本国栓皮，苏联亦向我国购买，有供不应求之势。价格在一九五一年每吨四百八十五万元。由于栓皮有了销路，山区农民的生活因此改善，例如陕西凤县孟家滩村，从前百分之八十以上农民吃不饱，自从栓皮畅销以后，每一劳动力由剥取栓皮而得的收益，几可维持一年口粮。因此，农民都乐意接受政府的指导，改良剥皮方法。

六、杜　仲

杜仲在旧中国只作药料，中医为补药，西医治高血压，都利用杜仲树的树皮。杜仲树是中国的特产，分布在四川、西康、贵州、云南、陕西、湖北、湖南、广西、河南、安徽、浙江等省。农家种植在耕地周围或屋前屋后的空地，每一丛不过几棵或几十棵树，数量不多，可见它过去在经济上不占重要的地位。而据苏联研究，杜仲树的叶、种子、树皮、根皮，都含硬橡胶。含胶率：种子百分之十五，根皮百分之十到十二，树皮百分之六到十，叶百分之三，所以在苏联，早已把杜仲作为硬橡胶的原料。硬橡胶可作海底电线和补牙材料，又可作强烈药剂的容器，更可供雕刻与靴底之用，用途甚广。然而，过去资本主义世界市场上的硬橡胶，是从几种热带植物如山榄、胶木及其他植物的树脂炼成的，温带地方没有这些植物。现在，我们可以学习苏联，用杜仲来制造硬橡胶了。这种新用途开辟以后，杜仲在中国将一跃而为经济价值很高的树木。

七、五倍子

五倍子即五棓子，一名盐麸子，是盐肤木（一名五倍子树）树叶上发生的虫瘤。盐肤木的叶细胞经五倍子虫刺激，膨胀成瘤，虫就在瘤中发育，生子，传代。在五月间虫瘤初发生时，不过粒米之大，到十月间成熟时，有的虫瘤大到直径二寸以上，虫群就在这时破壁飞出。乘虫群尚未飞出时，把五倍子采下，用火烤，或用温汤浸，把虫杀死，就可以作单宁（栲胶）的材料，运至市场出售。

〔产地〕盐肤木，是野生植物，产四川、贵州、云南、湖北、湖南、陕西等省；贵州也有人工栽植的五倍子树林。据一九五一年统计，西南五倍子产量占全国产量百分之五十以上，中南占百分之四十以上。五倍子除中国外，在日本、朝鲜、小亚细亚、欧美各国都有生产，但产量是中国第一；中国五倍子含单宁量也很多，在百分之七十以上。

〔性质〕五倍子中的重要成分是单宁，单宁又叫单宁酸或鞣酸。其特性是：（1）味涩，有收敛性，中医作药用；（2）胶溶液中滴加单宁液，立即沉淀，变为不溶解性，故动物皮（含胶）浸在单宁液中，可以起化学作用而成革；（3）单宁液遇铁明矾，成青黑色，所以可作染料及蓝墨水。

〔产销情况〕五倍子出口价格，一九五〇年与一九五一年都是每吨八百七十万元。年产量如以一九五〇年为一百，则一九五一年为一百零七，一九五二年为一百零八。

〔五倍子的新用途〕五倍子在旧中国的用途，是染蓝布，作中药，制革。但旧中国制革事业不发达，中药用量不多，染坊又爱用洋靛青而不欢迎五倍子。因此，过去中国五倍子大部分销往美、英、法、德、日、意、荷等国，它们拿去作照相器材、蓝墨水、医药、铸铜印、石印、电镀等工业原料。而在中国收购时，则通过当时统治者压低价格，再加上苛捐杂税等重重剥削，使产区农民无利可得，所以过去贵州农民有两句伤心话：“倍子害我一辈子”，“作孽五辈子”。形势转变得很快，解放以后，中国人民翻了身，中国五倍子也翻了身，它找到了新的用途，制造出现代化的工业品——塑料（塑胶、电木）。大家知道，塑料是世界上新兴的化学工业品之一，中国一向都用外国货。而西南财委在一九五一年委托了重庆大学化工系徐僖、乐以伦两教授，负责组织了一个棓子塑料研究组，从五倍子制焦棓酸，从谷壳制糠醛，把糠醛与焦棓酸缩合而成塑料。经过一年多工夫，研究成功，在重庆正式建厂，一九五三年三月十五日已开工，这是中国第一个用自己的原料制造塑料的工厂。据人民日报记载，用该厂塑料制成的电工器材，品质胜过舶来品。从此五倍子声价十倍，前途光明，不再是“作孽五辈子”了。

以上七种，不过是森林副产物的几个例子而已。在中国，树种之多，著名于世，木本植物有五千多种，超过世界上任何一国；乔木之中，还有为中国独有而为外国所无者五十多种。这些树木，有的已发挥经济作用，有的还刚刚发现新用途。我们可以预料，今天隐藏在深山幽壑的数以千计的不著名树种，将来随科学的进步，工业原料的翻陈出新，必将有别的树木，也像杜仲和五倍子一样，被人们发掘出潜在的性能，一跃而为现代化的重要工业原料。

森林、森林主产物和森林副产物对国家的经济作用如此。在国家经济建设高潮已经到来的时候，全国数亿公顷的山地和林地，都等待着林业工作者去研究、发掘、经营、改造和更新，为祖国消灭天灾，为人民增加财富。

（一九五四年，林业部图书室提供）

向台湾农林界朋友们的广播讲话

台湾农林界各位先生：

好几年不见了，很挂念你们。

中华人民共和国，是独立、民主、和平、统一和富强的国家，一切文化、教育、经济，特别是国际地位，与五年前大不相同了。我今天单说农林界的家常事。

各位一定记得，蒋介石统治中国大陆的时候，青年学生毕业即失业。这种情况，表现得最显著的是林学界。从一九三一年到一九四六年这十六年间，平均每年全国高级林学毕业生仅五十一人，少得可怜了，但散布到全中国，还不免失业或改行。现在全国五百来个高级林学毕业生不够分配。今年的高级学校招生是：农科三千三百人，林科九百六十人。

各位一定记得，从前我国南方沿海各省曾畅销西贡米和洋面粉。美国人都说：中国自己生产的粮食不够吃。一九四九年大水灾以后，他们准备了苛刻的条件，等待新中国向他们借粮求救时提出来。当时，美国报纸幸灾乐祸地估计，如果没有外国粮食输入，中国可能要饿死三百万人。结果怎么样呢？新中国并没有向美国乞援，也没有饿死一人。这表示了人民政府的力量，也表示了人民的力量。土地改革以后，中国农业飞跃地发展，粮食作物种植面积已扩大到一亿二千六百多万公顷了。单位面积产量也在提高：一九五〇年全国平均每亩收一百五十余斤，一九五三年提高到每亩一百七十余斤，即每亩增产百分之十七；稻谷产量提高得更多，由一九五〇年的每亩二百七十五斤增加到一九五三年的三百三十三斤，即增产百分之二十一。全国粮食总产量，在一九五三年是三千三百多亿斤，比战前最高年产量二千八百多亿斤，增加了百分之十八；至全国稻谷产量，那更由战前最高年产量一千多亿斤，提高到一九五三年的一千四百多亿斤，即增加百分之四十。这里，我特别把福建省的粮食增产提一提：福建全省的粮食产量，已由战前最高年产量六十四亿斤，提高到一九五三年的七十七点四三亿斤，即增加百分之二十一；而福建的稻谷年产量，则由战前最高年产四十五点三亿斤，提高到一九五三年的五十九点四七亿斤，增加了百分之三十一。

农学界各位先生，请你们想一想，中国还没有发展到机耕，还没有普遍地发展生产合作，而短短五年间，已扩大了耕地面积，提高了作物产量，做到了粮食自给自足，不愁饥荒，即使象今年一样碰到了百年少有的大水灾，预计全年粮食产量仍可超过一九五三年。这样的国家是有无限的光明前途的。

各位一定记得，过去国内棉花和棉织品不能自给，要从外国，特别是从美国大量输入，一九四六年棉花进口最多，等于这一年国内棉花总产量的百分之九十五；过去棉花的单位面积产量不多，每亩棉田收到三、四百斤籽棉的极少；过去国产棉花品质很差，从来没有能纺六十支以上的细纱的。现在情形完全不同了。全国棉田面积比一九四九年以前扩大了一倍以上。棉田单位产量，一九五二年比一九五〇年提高了百分之四十四点四，每亩产三、四百斤籽棉不算稀奇，而且还有许多突出的成绩，举例说，一九五一年山西解县有一位劳动模范曲耀离每亩收了九百二十斤，一九五二年山西翼城县有一个生产合作社每亩产了一千零二十一斤，一九五三年新疆有个军垦农场一部分棉田每亩产了一千三百四十九斤。棉花品质也提高了，一九五〇年国产棉花中能纺细纱的长绒原棉仅占棉产总量的百分之六点八，一九五三年上升到百分之五十九点七三。一九五三年国产棉花平均纤维长度比一九五〇年增加二点六毫米，能纺六十支细纱的棉花也有了。直到一九四八年，中国改良棉种的面积还不到棉田总面积的百分之六。而中华人民共和国成立后，只经过五年，已发展到全国良种面积占棉田总面积的百分之六十二，比一九四八年增加了二十四倍。

必须指出，新中国农业所以发展得这样快，主要是由于土地制度的改革，解放了农民生产力，提高了农民生产积极性。为了保证农产丰收，国家还从各方面帮助农村：例如水利建设，一九五三年支出了合光洋十二亿元；又如农业贷款，一九五三年发放了合光洋十二亿元；又如肥料，一九五三年供应了四百万吨；其他种子、农具、抽水机、病虫害药械等等，凡是农村需要的，政府都设法供应。因此，农业可以蓬勃地发展。

接下去，我要谈林业了。旧中国的林业比农业还要糟，反动的国民党政府二十二年间只造了五十几万公顷林，而被他们的军队滥伐了的却不少，昆明、沈阳东陵、甘肃小陇山等不过是许多例子中的几个例子。台湾的森林，也被蒋介石摧残了不少，日月潭水源林，五年前已成问题了，最近又有消息说日月潭水位下降到七尺左右，只及最高水位十分之一，电力供应发生严重的困难。而且蒋介石采伐森林，是用杀鸡取卵的方法，对伐木场的设备是舍不得化钱补购的，一九四八年一月我在台湾已看到八仙山、太平山的钢索都超过年龄，非常危险，各林区森林铁路的机车也非常陈旧，不知道现在换了新的没有。

林业界各位先生，你们对新中国的林业一定是很关心的，我报道几个数字给各位听：造林，这两年每年全国造林都是一百十多万公顷，都是发动农民造的。土地改革以前，农民群众造林情绪没有那么高，一九五〇年全国只造了十二万公顷。森林经理，今年上半年已作出了长白山二百二十六万公顷森林的施业案，这在中国大陆还是破天荒；小兴安岭南坡及甘肃白龙江林区的施业案，今年下半年大约可以完成；大兴安岭全部及小兴安岭北坡，从今年五月起开始进行航空测量。森林工业方面，全国有五十一个局，六十七个工厂，二千多公里森林铁路，三十多万职工。伐木还是手工业式。运材，在东北是机械化运输占总运输量的百分之八十以上。东北采运方面的劳动生产率高过伪满，水运（单漂）损失率低于伪满。目前最大的问题是，新中国的木材需要，随着建设事业的发展而增加，一九五四年木材生产量比一九五〇年多三点七倍。因此，从今年起，我们在南方大量营造用材林，要逐渐达到每年造一百万公顷，希望三、四十年后，每年可出木材一亿立方米。

总之，新中国农林业在向上发展，前程是浩大的。

有人说，新中国样样都好，只有一件事不好：共产党要强迫知识分子改造思想。这不能不加以说明。思想改造是有的，但在知识分子并不可怕，也不因此而丧失身分。因为思想改造是首先要你知道，科学不能超政治。第二，要你知道，科学不能脱离劳动群众，科学家应该认识劳动群众的伟大。拿农业科学工作者来说，不能跨在农民头上称好汉。关于这一点，只须引证棉作专家孙恩麟先生几句话就够了。孙先生在一九五一年十二月十二日发表了《我的思想在改造中》一篇文章，这里头说："我一九二四年在南京东南大学劝业农场所种的二十四亩脱字棉，每亩平均收籽棉折合三百三十八斤。现在，看到山西农民曲耀离每亩产量高到九百二十斤，我不敢再自称为棉花专家了。"这说明了农民的伟大，难道认识农民群众的伟大就算不好吗？第三，要你知道，科学不能脱离实际需要。这可以听听植物病理学家戴芳澜先生的几句话。戴先生在一九五一年十一月二十四日发表过一篇文章，题目是《从头学起，从新做起》。他说，科学家不考虑老乡的要求，只管做自己的研究工作，得出来的结果就无法应用。他举例说，研究作物育种的人，只顾品质优良，不顾抗病性或其他方面，育成的品种就不为老乡所接受。这叫做脱离实际需要。改造思想，就是要把脱离实际、脱离群众、脱离政治等旧思想改造过来，准备为人民服务，这有什么失身分呢？毛泽东主席说过：一切知识分子，只要是在为人民服务的工作中著有成绩的，应当受到尊重，把他们看作国家和社会的宝贵的财富。

各位先生，台湾一定要回到祖国的怀抱来。让我们共同努力，争取这一天早日到来！再会吧。

（一九五四年，林业部档案处提供）

做好春季造林工作*

现在已经是春天了。春天正是植树造林的好季节。我们各个乡村，每个农民，都应该积极地植树造林。森林对于国家的经济建设和人民的生活，有着极密切的关系。修工厂，开矿山，铺铁路，架桥梁，盖房屋，造车辆船舶，制农具、工具以及日用的家具等等，都离不开木材。根据科学家的研究：森林面积占国土面积的百分之二十九以上，且分布均匀，就能起到减免自然灾害、保障农田丰收的作用。但是我国的森林资源，过去长期遭受内外反动派的破坏和摧残，现在的森林面积，估计只占国土总面积的百分之五强，而三亿公顷的荒山和荒地已经失去了森林的覆盖。水土不能保持，每逢大雨，山洪暴发，河水漫溢，给农业和人民生活造成了严重的灾难。就拿黄河来说，由于上游和中游的黄土高原上没有森林，一到雨天大量的泥沙都冲到河里，因此，黄河总是流着黄水，河身也越淤越高，造成了黄河“三年一决口，五年一改道”的后果。东北西部和西北的风沙危害，也是很严重的，由于没有森林的阻挡，就不断掩盖农田，对农民的生产造成严重不利。

随着经济建设的发展和人民生活的提高，很明显，我国现有的森林资源比起今后的需要来，那是相差很远的。要解决这个严重的问题，只有开展群众性的植树造林运动，逐步扩大森林面积，以达到满足社会主义建设的需要，保障农业丰收和发展山区生产

* 本文为在中央人民广播电台的广播稿。——编者

的目的。

今年造林任务相当繁重，而造林工作又是带有强烈季节性的，因此，各地应该抓紧时间，完成造林任务。为了做好春季造林工作，各地应当注意下面几个问题：

第一，做好春季造林的关键，在于各地领导把造林工作适当的安排在农村各项中心工作中去。今年农村工作任务比较繁重，如果稍不注意，造林工作就有被其它工作挤掉的可能，而造林季节一过，造林任务就很难完成。因此，造林地区，特别是已经被划定为造林重点县和重点乡的负责干部，更要注意造林工作。中共中央华南分局已经指示山区党政领导，要把造林任务作为当前中心工作之一，把造林工作和互助合作、春耕准备等其他中心工作统一安排。这样做是好的，这就可以逐步达到发展山区经济的作用。在领导春季造林工作中，必须依靠农村互助合作组织，要把造林工作纳入生产合作社和互助组的生产计划中去，合理安排，统一筹划。从目前各地造林情况来看，凡是这样做的，造林任务都完成得比较好。象湖南省湘乡县今年全县一万六千多亩的造林任务，在一月二十一日就全部完成了，根据检查，百分之九十都合乎技术要求。福建省长汀县农民在二月上旬的十天里，就栽了松、柏、油桐等树木三百万株，直播油松四千多斤，消灭荒山一万多亩。他们任务所以完成得好，就是因为他们能够把造林工作和当前中心工作结合起来进行。

在以农业生产为主的地区，也不应该忽视造林工作，要结合中心工作，发动群众在田间、路旁、屋前屋后、河岸村头营造护田林、薪炭林和零星植树，这对解决今后农村用材和保护农田，都能起很大的作用。

第二，为了保证在数量上和质量上完成造林任务，必须做好思想动员工作和政策宣传工作。要通过算细账的办法，使农民认识到植树造林不仅是建设社会主义不可缺少的一部分，而且和提高农民生活也有着密切的关系，以提高农民的造林积极性和责任感。那种想要不经过思想发动，甚至用强迫命令完成造林任务的想法是错误的。

在宣传造林的政策的时候，特别要讲清楚“谁种谁有，伙种伙有”的政策。有些农民由于对这一政策认识不够，存在着怕成林以后归公的思想顾虑，影响了造林和保护林木的积极性。我们要向农民解释“谁种谁有，伙种伙有”的政策，要向农民讲清楚：不仅现在保护森林所有权，私人造的林归私人所有，合伙造的林归大伙所有，就是将来也不能没收归公，因为农民造的林是长期辛勤劳动的成果，党和政府一向都是保障劳动收益，而不会加以剥夺的。几年来，我们的造林工作就是贯彻了“多劳多得”的原则，将来也决不会平均分配造林果实的。现在个体农民种植的树木，将来如果他们愿意加入生产合作社或者组成林业生产合作社的时候，都会按照林木的价值得到合理的报酬。农民懂得了这些道理以后，就会大大提高造林情绪，造林工作就会顺利展开。

第三，我国每年造林的数量不算小，但成活率和保存率不高。这是因为造林准备工作、技术指导和造林后的抚育工作做得不好。因此在造林前，对种苗的准备和调运，造林地的整理，劳力的动员和组织，都要作妥善的布置。在造林前，有关林业机关要组织一定数量的技术干部，深入重点造林地区作好技术指导工作。这样，造林季节一到，就可以马上行动起来，按照预定计划顺利的完成任务。在造林的时候，最重要的一点是要适当密植，要学习苏联的先进经验。个体农民如果认为合起来管理方便，也可以合在一起共同管理，将来有条件的时候，可以共同组织成林业生产合作社，只有这样，造林质量才能提高，造林成果才能巩固。

目前造林运动正从南到北地全面展开，各地必须抓紧时间做好准备工作，以便胜利地完成今年的造林任务。

（原载《中国林业》一九五五年第四期）

如何实现林业五年计划*

——在第一届全国人民代表大会第二次会议上的发言

我完全同意李富春副总理关于发展国民经济的第一个五年计划的报告、李先念副总理关于一九五四年国家决算和一九五五年国家预算的报告、邓子恢副总理关于根治黄河水害和开发黄河水利的综合规划的报告、彭德怀副总理关于兵役法草案的报告和彭真副委员长关于常务委员会的工作报告。我谨就如何实现林业五年计划问题，提出一些意见，请各位代表指教。

森林，能保持水土，保障农田水利；保证供应工、矿、交通、建筑及其他基本建设所需用的木材。如果林业建设跟不上工业、农业及其它建设事业发展的需要，必然使整个国民经济发展受到影响。由此可见，林业建设是发展国民经济计划中不可缺少的一个重要部分。但林业建设是一项长期性的、艰巨的任务，只有依靠有关地区党政领导干部及广大群众大家动手，做好下列各项工作，才能顺利地实现林业五年计划。

（一）进一步加强现有森林的保护工作，特别是防火工作：由于我国森林资源不足，且林木成长期慢，除加紧造林外，更重要的是保护现有森林。几年来，我们在这方面所吸取的严重教训是：要保护好森林，必须在当地党政的重视和领导下，依靠群众，组织群众，不倦地为预防火灾和病虫害作斗争。火，是森林最大的敌人。解放以后到一九五三年止，森林火灾虽已逐步减少，然

* 本文标题是我们加的。——编者

一九五四年又增加，今年春季更严重。对护林防火工作，有些地区很重视，在党政统一领导下，把防火工作列入农村工作计划之内。每到容易发生山火的时期，各林区省、县、区都有防火指挥部；各林区村、屯都有护林队；各农业生产合作社和互助组都有护林小组，无论男女老少都动员起来，实行严格的分片分段的包干负责制，站岗放哨，互相督促检查，一有火灾发生，立即由领导干部带队前往扑救。在这些地区，积极防火救火的精神，已成为当地的一种习惯和风气。但也有一些地区却麻痹大意，不了解防火胜于救火的精神，对群众护林组织不勤加督促检查，任其自流；甚至某些私有林区，认为私有林不值得加以保护，采取不闻不问的态度，这是极端错误的。

火灾发生的原因很多，其中有不少部分是出自反革命分子的破坏，这就不能不促使山区党政严重注意，今后应如何提高警惕，进一步把山区群众严密地组织起来，肃清一切暗藏的敌人。这不仅是护林防火所必须采取的重要措施之一，而且应该看成是当前的、也是长期的复杂的阶级斗争的一个方面。有一些火灾的发生是由于群众烧荒、烧垦不慎所引起的。由于我们对群众性的护林组织领导不够，对群众爱林护林教育不够；对护林和山区群众生产利益相结合的方针向基层干部交代不清，部署不周，使烧荒、烧垦也成为森林火灾的重要原因，这是极不应该的。大家知道，林区多半是地广人稀，交通不便，一旦发生火灾，救火人员不易及时到达，往往造成重大的损失。

根据几年来所摸索出来的一条重要经验，今后为了防止火灾，在大片国有林区，除了依靠林区周围群众护林外，国家还必须设立一些相应的专门机构来管理，更应修筑公路干线，添置武装护林部队及警察派出所，配备马匹、汽车，有火救火，无火防火，搜查山林，防止奸特。在平时，护林部队可以修道路、筑瞭望台，并做抚育更新工作。这样，林区周围防火可以和林区内部防火密切结合。在南方私有林区，人烟较关外稠密，可以采取因势利导、因地制宜的办法，把林农组织起来，实行护林防火，并妥善安排林区生产。冬春两季应禁止烧垦、烧荒，在非烧不可的地方，也应指定一定地点、一定时间，有组织、有领导、有防备地进行。总而言之，不论国有林或私有林，护林工作是需要大家动手的。

（二）积极进行山区生产规划工作：李富春副总理的五年计划报告中说："在山区，应该适当地进行统一规划，使农业、畜牧业、林业、农家副业的发展互相结合，发展多种经济，并加强保持水土的工作"。这是非常重要的。实行了这种规划，才可以解决农、林、牧之间的矛盾，才可以在山区普遍地发动群众造林，才可以充分地、有效地、合理地利用土地，使山区经济逐渐繁荣起来。根据浙江开化、山东平邑、山西平顺等县的规划经验，估计经过二个、三个五年计划，山区经济发展水平可以提高二倍以上，而以后的发展潜力还取之不尽、用之不竭的。

实行了这种规划，还可以避免群众继续滥垦山坡。近来由于粮食增产需要，江西、湖北、浙江等省部分地区，正向山上大量发展耕地。如果听其盲目地、无规划地乱垦下去，就会违反水土保持原则，给国家和人民带来长期的重大的灾害。因为山上每年耕垦，加上滥伐森林，山土就会丧失覆被，大量地流向河川，把河道淤塞，把河床填高，造成平原农田可怕的灾害。今后为了停止乱垦，在陡坡和水土易于流失的地区应严禁乱垦，在宜垦地区垦荒，也应遵守水土保持原则，同时为了把群众目前利益和长远利益结合起来，又必须合理利用土地，把宜耕、宜牧、宜林地区适当划分。概括地说，必须实行山区生产规划。

我们希望在第一个五年计划内，或者再多一点时间，除了少数民族地区及人烟稀少的边远山区外，各省基本上能完成山区生产规划工作。在南方私有林区，还必须结合生产规划，查清森林资源，以便加强对私有林抚育工作的领导。这些山区生产规划工作，必须由党政统一领导，必须由有关部门协同动作，必须在发展互助合作的基础上发动群众，必须组织一定的技术力量，就是说，需要大家动手。

（三）继续发动群众大力造林：几年来，各地区依靠群众造林，已取得了很大的成绩。以一九五四年为例：群众造林面积占全国造林总面积的百分之九十四点四，而在群众造林中，又以合作造林占百分之七十至八十的比重。个别省份如山西、安徽、河北更达到百分之九十以上。在第一个五年计划中，造经济林四百四十四点九万公顷，防护林一百五十六点二万公顷，总共造林面积达六百零一点一万公顷。我们相信，在广大群众日益高涨的社会主义与爱国主义的热情下，与互助合作日益发展的基础上，是可以完成而且超额完成这个任务的。

随着合作造林的发展，全国已有了合作造林组织，如林业互助组、林业合作社、农林生产合作社或农林牧生产合作社等。到今年五月底为止，据十七个省的统计，各种合作造林组织（不是现有的林木合作社）合计已有十八万二千多个。我们希望有关地区党政更积极地领导这些组织，使获得进一步的巩固与提高。尤其是在山区现有的农业生产互助合作组织内都要把造林工作列入常年生产计划，并保证按计划完成任务。这也是需要大家动手的一项工作。

（四）稳步开展封山育林工作：不少事实证明，封山育林的确是消灭荒山、保持水土的最有效、最经济的办法。五年多以来，各省已因此绿化了许多山区，收到了蓄水保土的功效，还解决了群众一部分的燃料和饲料问题。如山东的沂蒙山区、河北省的涞源县、杭州的灵隐山，自从有计划地封山以后，山坡上长满了杂草和幼树，林子里积起了落叶腐殖质。过去每年雨季山洪暴发，泥沙俱下，现在这种现象已改变，有些地方，被冲毁了的耕地已恢复起来。此外，封山育林以后，可以收果实，采柴火，有的地方还可以养柞蚕，好处多得很。

但，封山育林作得不好，容易和群众目前利益发生矛盾，必须要有适当的办法：（1）要有党政统一领导，通过山区生产规划，把一村或一乡之内的林地、牧地和打柴地合理地加以划分，并建立一些必要的、简而易行的制度；（2）一定要通过乡人民代表大会讨论决定；（3）要经常宣传教育，使封山育林成为一村或一乡的集体事业，必要时，要订立一村或联村公约，这也需要大家动手。

（五）加强对私有林区木材采伐的管理工作：南方地区有很多的私有林，几年来，林农大肆砍伐，不仅年年突破国家收购计划，而且大大地影响了水土保持。如一九五四年全国私有林的收购计划即超过计划的百分之四十。据苏联专家们多次建议，认为南方森林，基本上是水源林。为了涵养水源，保持水土，目前只宜多造，不宜多采。我们认为这个建议是正确的。因此，如何通过国家的木材收购，来限制林农盲目采伐，把私有林木材生产逐步纳入国家计划轨道，这是对农村社会主义改造的工作之一。要达到上述目的，必须实行下列措施：

（1）要正确合理地调整各地区的木材价格，纠正偏高、偏低的缺点，用价格政策逐步引导农林生产纳入国家计划。

（2）要向林农宣传国家坚决保护林农劳动成果的政策，只要是他们自已种植的，或在土改时分到的林木，其所有权国家一律依法予以保护，让他们安心经营，不要滥砍滥伐。

（3）要实行订约收购。各级党政应根据国家分配的木材收购任务，定出可能生产的采伐计划，提交林区乡人民代表大会讨论，由林农自报公议，定出互助组、合作社与个体林农的采伐数量，不得任意多伐。采购站除照约收购外，还应准备一定数量，收购个体林农的木材。

（4）森林工业机构和林业行政部门应分别对林农在伐木、造材、运输及抚育更新各方面加以技术指导。

（5）银行和信用合作社应通过储蓄和信贷的办法，吸收林农游资，从事林业及其他生产。

（6）林区供销合作社应加强对林农生产资料和生活资料的供应工作。

这又是大家动手。

（六）厉行节约，反对浪费：这个问题，在李富春副总理和李先念副总理的两个报告中都郑重地提出了。在这里，我们犯的毛病甚多，特别是木材工业。虽然木材工业几年来为国家完成了任务，积累了资金，但浪费现象是严重地存在的。这主要表现：在采伐上，不采坏木材，只采好木材，不认真保留母树和清理林场，为迹地更新创造条件，使森林资源大受损失。在基本建设上，房屋建筑标准过高，林区里本来可以盖平房、烧“火墙”的，而东北有些森林工业局偏要学都市的样子，造楼房、烧暖气；每个森林工业局都有个礼堂，有些礼堂装饰得相当华丽。森林铁路虽然是属于生产性的，但也有些设计标准偏高。买来的机器，有许多没有充分利用。在人员使用上，非生产人员太多，人浮于事的现象很严重；旷工也太多，伊春管理局去年一年旷工数达七十七万个工日，哈尔滨管理局去年一年旷工数达九十九万个工日。在木材保管上，据东北、内蒙古十五个贮木场不完全统计，由于保管不善，目前存在贮木场的二百七十二万立方米木材中，因虫害及腐朽而变质降等的，有三十二万立方米之多。

为了克服这些严重的浪费现象，我们正在拟订节约计划，大量缩减非生产人员，并拟订降低基本建设标准、降低造价的新规定。今后除我们严格督促各地林业及木材工业机构厉行节约外，还希望各级党政和各位代表对这些浪费行为严格地加以监督、指责、揭发和批评。就是说，这里也一样地希望大家动手。

这几天，大家热烈地讨论了中华人民共和国发展国民经济的第一个五年计划。五年的时间，在林业上是很短很短的，中国荒山这么多，树木长成这么慢，大、小兴安岭的红松、落叶松要生长一百年到一百四十年才成大材，长江以南的杉木也至少要培养三十年以上才中用。短短五年，做不了多少工作。但五年就是五十年、一百年的开端。今天，我们已吸取了若干经验，发现了无穷力量，认识到了林业是整个国民经济建设中不可分割的一个重要部分，在中国共产党和毛主席领导下，从党、政领导机关到群众，从中央到地方，大家一齐动手来建设林业，我相信，我们一定能够完成中国历史上第一个五年计划，踏进光明的伟大的社会主义道路。

（原载《中国林业》一九五五年第八期）

完成林业建设的五年计划，保证供应工业建设用材并减少农田灾害*

我国发展国民经济的第一个五年计划，将经过第一届全国人民代表大会第二次会议讨论，通过。

这是全国六亿人民欢欣鼓舞的大事。

大家知道，第一个五年计划是中国共产党领导全国人民为实现过渡时期总任务而奋斗的带有决定意义的行动纲领，是一个引导我国沿着社会主义的道路前进，使我国繁荣富强和人民幸福的伟大计划。为了胜利完成第一个五年计划，全国人民都充满着建设幸福的新生活的热情，在进行着崇高事业的道路上迈进。

第一个五年计划的基本任务，包括着社会主义工业化和对非社会主义成分进行社会主义改造的两方面，它的规模是空前的，国民经济各部门的发展是密切配合的。林业是国民经济中的一个部门，因此胜利实现第一个五年计划的基本任务，就是当前林业工作奋斗的目标。

林业本身一部分属工，一部分属农。林业工作的目的，一部分是为社会主义工业化服务——保证供应工业建设中的木材需要；一部分是为农业服务——改造自然，保障农田水利。

先说木材工业。木材的重要性仅次于钢铁和煤，不论重工业、

* 本文为在中央人民广播电台的广播稿。——编者

轻工业，或是交通运输、建筑工程都离不开木材。

譬如说，第一汽车制造厂的建设，一个附属车间就需要原木三千余立方米，全部厂房象这样的车间有很多个；而全国象第一汽车制造厂规模的建设也有很多个，自然要用大量木材。况且还要造宿舍和办公室等，木材需要更多。

康藏公路，全长二千二百五十五公里，每公里要设电线杆二十根，约需木材三点八立方米，这条在世界屋脊上修筑的公路，电线杆有五万五千一百根，需用木材八千五百六十九立方米。为了给边远地区的兄弟民族建设幸福生活，我们还要修筑更多的公路，当然也需用大量木材。

煤矿工业，预计第一个五年计划完成的时候（一九五七年），煤的产量将超过一亿吨。开采一吨煤，需要坑木零点零二五立方米，数量似乎不多，但是按一亿吨计算的话，就要用二百五十万立方米木材。

这仅是想到的一些例子，应该说，在祖国的经济建设中，工矿企业、交通、建筑以及日常生活处处都需用木材，而且数量年年增加。此外随着林产工业的发展，木材可以防腐，可以压缩，因此木材使用的途径就更扩大了，其他各种林产品在供应工业使用和发展对外贸易上也是日益重要的。

其次说林业。农田水利和林业的关系是非常密切的。

譬如说，六年来，我们在风沙灾害和水土流失严重的地方，营造了防护林。现在，大部分已完成的豫东防护林和基本上已完成的冀西防沙林，已收到了保护农田、增加生产的效果。在豫东，据一九五三年秋季统计，造林后已有六十多万亩沙荒可以开垦为农田，十五万亩薄地变成了麦田。荒凉了多年的沙地上，现已建立国营机械农场，用拖拉机进行耕作了。今后的两年半时间内，我们还要集中力量加强营造西北的防沙林、东北西部和内蒙古东部的防护林。

为了改变木材生产偏重在东北和内蒙古一边的情况，且为了给今后国家建设准备足够的木材，我们从第一个五年计划起，在南方各省开始造用材林，要求逐渐达到每年造一百万公顷，希望三十年后，每年可以出木材一亿立方米。那时，供应木材不单是依靠东北和内蒙古，即江南各省也将成为木材供应的基地。

配合着根治黄河，使拥有一亿八千多万人口的黄河流域，由连年灾害变成富饶的土地，就需要进行大规模造林，把水土保持起来。因此第一个五年计划期间，我们要在陕西、甘肃、山西、河南、青海、内蒙古自治区的河流上游水土流失严重的地方，造林十七万三千二百六十公顷，封山育林四十七万二千公顷。

第一个五年林业建设计划中，森林工业方面的基本任务是：既要保证国民经济所需木材的供应，又要为森林更新、森林扩大再生产这个工作创造良好的条件。因此，首先就必须努力学习苏联先进科学经验，根据一定的施业方案，确守新订的采伐规程，从事木材生产。更须加强计划管理，加强勘察设计，积极稳步地发展机械化，提高劳动生产率，提高企业经营水平，保证全面完成国家计划。值得特别提出的是，在木材生产和使用上，都应该坚决贯彻中共中央和国务院关于“厉行节约，克服浪费”的指示。

在林业方面，要各省先照一定办法订定林业重点建设项目，然后大规模造林，并且必须依靠和促进农村的互助合作，把林业生产纳入到农村互助合作运动中去。同时要进行山区生产规划，根据各地的经济条件和群众生产习惯，把什么地方适宜发展农业、牧业，什么地方适宜发展林业，合理地划分开来，使农、林、牧多种经济都得到充分发展，使广大农村更加丰裕起来。

总的来说，第一个五年计划期间内，林业要做的工作很多，这些工作是六亿人民创造幸福生活基础的一部分，是人民需要的，是国家应该做的。如果过去两年半的时间，我们基本上完成了计划；今后两年半当中，更要争取完成和超额完成计划，以保证国家建设事业不断地取得新的伟大的成就。

林业建设工作，是长期的，是艰巨的，是光荣的。我们林业工作者，必须根据今年三月举行的中国共产党全国代表会议决议，在党中央和毛主席领导下，团结全国各族人民群众，兢兢业业，克服困难，努力增产，厉行节约，为完成和超额完成第一个五年计划而奋斗。

（原载《中国林业》一九五五年第八期）

在小兴安岭南坡林区森林施业案审查会议上的讲话

我们小兴安岭南坡林区森林施业案审查会议开幕了。

这个会议的内容是什么呢？就是要审查并通过调查设计局所编制的小兴安岭南坡林区森林施业案，这是继长白山林区森林施业案的第二个大施业案。

由于党的正确领导，苏联专家的热心帮助，和我们森林经理工作者的辛勤劳动，在短短的几年中，调查了小兴安岭南坡二百七十多万公顷的林区面积，这是中国林业上又一个重大成就。

如果说，长白山林区面积有百分之六十七属于松花江流域，那末，小兴安岭南坡林区是全部属于松花江流域，虽然西边一小部分是流到嫩江，但嫩江本身，也是流到松花江的。

小兴安岭南坡地方是太好了。

林区地势倾斜不急，一般山坡不超过二十度，山并不算高，平均海拔只有四百至七百米，最高峰为老黑顶子有一千米，比长白山最高峰还低一千七百五十一米，地势可说平坦。

交通方面，有数条大铁路干线相通，西边有滨北（安）线，东部有汤林线，并有贯通东西的绥（化）佳线，此外，有森林铁路四百多公里，还有大小河流纵横交错，主要河流如汤旺河、翠峦河、大丰河等，均可利用流送，水陆交通非常便利。

而且小兴安岭南坡地区，是我国目前主要的木材生产基地，也是我国森林工业的中枢，有名的林区如伊春、佳木斯、南岔、带岭、朗乡、神树、铁骊等等都分布在这一带。特别是伊春位于本林区的中部，将来在工作上，一定会得到很大的便利。

小兴安岭南坡的森林也太可爱了。

林区调查面积有二百七十多万公顷，林地面积为二百三十九万多公顷，占林区调查面积百分之八十八点六，其中有林地（疏密度零点三以上）面积一百五十四万多公顷，占调查面积百分之五十七点二，故有林地面积很大。如果与长白山林区比较的话，长白山林区调查面积为二百二十六万公顷，其中有林地面积一百零八万多公顷，占调查面积百分之四十七点七，所以小兴安岭南坡林区调查面积及有林地面积，均较长白山林区为大。

特别值得指出的：小兴安岭南坡林木组成中，红松占优势，约百分之三十，而长白山只占百分之十二，因此，小兴安岭南坡林区的红松，也是比长白山的为多。

所以小兴安岭南坡的森林，是有很高的价值的。

现在，小兴安岭南坡林区森林施业案编制完成了，施业案在林业上的关系本来是很重大的，而在我国，施业案更是历史上没有见过的革命措施。

1.过去我们的采伐方式，是只采好的不采坏的，只采大的不采小的，只采健全的不采病腐的，甚至有些地方，只顾采伐，不顾更新，经营管理机构不健全，营林工作跟不上去，使疏林地带逐年增加。我国森林资源已经不足，采伐量逐年增加，如照这样的方式采伐下去，是非常危险的。只有严格地执行施业案，才能够作出行政管理组织上和经营技术上的规划来，才能够订出合理的采伐量和采伐方式来，才能够制订出全面的森林抚育和更新方案来。按照施业案，不仅在采伐迹地上要立即进行更新，还要把旧采伐迹地、火烧迹地和林中空地都恢复起森林来，不仅要增加林木的数量，还要在现有的森林中，尽可能地进行科学的抚育采伐，以提高林木的质量。这些都是过去从未做过，或做得微不足道的。

2.大家知道，过去林区，都由森林工业机构总揽一切，从调查、测量、测树到伐木、运材。从生产到供应，从林业到市政管理，都由一个机构完全负责。这在解放初期，森林工业成立的当初，是起了一定的作用，并得到了很大的成绩，如果当时不是这样做，我们今天就没有象南岔、伊春这样的木材生产基地。现在一切事业扩张了，职务也繁重了，国家对我们的要求也提高了，我们必须分工，如森林调查勘测、施业案编制、森林经营、基本建设、木材采运、木材加工、木材推销等一系列事业，有的我们已经分工，有的还未完全划分。施业案颁布后，必须按照施业案来做，一切都要适当地分工，因为没有一定的专业，没有一定的专长，一个单位要做许多工作，是不会把工作做好的，这也是一种新的措施。

3.从前在护林防火方面，完全是依靠群众，当然是对的，但林业机构本身做的工作很少，这是不好的。在这个施业案里，对护林防火的机构、人员、设备等，都有规划，这也是从前未做过的，今后要很好做到这一点。

关于林区总的情况和经营措施，张副局长当有详细的报告，我不多讲了。

今天我要提及的，为了使施业案订得完善，在召开会议前，我们曾组织了林学院教授和有关司、局技术人员，对施业案作了初步的审查，他们将分别在会议上发表意见。

我们在会议前，还请了苏联专家审查，在会议中并特请专家来指导。

希望各位代表在会议上，对这个施业案进行详细讨论，仔细研究，加以审查，使通过的施业案，能够起到真正应有的作用。

同志们！我国国民经济第一个五年计划刚刚通过，正当全国人民以非常愉快的心情来祝贺这个伟大计划的时候，我们提出了第二个施业案。施业案是林业经营不可缺少的武器，而林业又是国民经济中不可缺少的事业。因此，今天来审查这个施业案是具有非常重大的意义。

我希望这个会议开得好，顺利成功。

（原载《林业调查设计》一九五五年九、十期合刊）

有关水土保持的营林工作*

水土保持工作，简单地说，就是要保土，不让泥土无限制地流出山，流出高原，流出沟壑；要保水，不让天上降下来的水毫无保留地冲到河里，致水利变成水害。而保水比保土更重要，因为，土是被水冲刷出来的，保不住水，就保不住土。

怎样保水？避免径流，就是保水。如果雨水落在山坡，来不及渗入土壤，一下子沿地面径流入河道，就容易造成水灾。

怎样避免径流？方法很多，最经济最有效的办法是造林。因为，森林是最好的保水工具，据苏联记录，在郁闭的森林中，降水量百分之十三至四十被截留在树冠；百分之三至十在林地表面被蒸发；百分之五十至八十渗入土壤，其中，有一部分留在土里，另一部分是真的地下水，通过土壤，慢慢流下，变为泉水、井水，这一部分水流速很慢，一年只走二公里；至于径流，在森林里至多不过百分之一。所以，森林可以防洪。非但可以防洪，还可以防旱，因为：(一) 从天降下的水既然大量地保留在山区，变成泉水、井水，那就可以供农田灌溉之用；(二) 森林中水的流失甚少，经常在蒸发，故雨量多。据莫斯科农学院十八年间的长期试验，林地的年雨量，比无林地平均多百分之十七，故森林又有防旱的功能。我们可以说。森林是水的“财政部”，它把水的流通过程调节得很好，做到收支平衡。又可以说，森林是造价最廉的水库，它把人们一时不需要的水蓄积起来，它又能供给人们需要的水。

---

* 本文是作者在全国水土保持工作会议上的报告。——编者

因此，河川流域有森林，可以涵养水源，山坡有森林，可以拦水拦泥，水库周围及上游有森林，可以延长水库的寿命，水电站周围及上游有森林，则蓄水池，流量平衡，可以保证水电站均衡工作。

中国到处是荒山，森林面积只占国土面积的百分之五强。由于地上缺乏植物被覆，暴雨就发生径流，径流就冲走泥土。在上游的山区损失了肥沃的土壤，土质一年一年地瘠薄，从傅作义部长报告中的数字计算，黄河每年从黄土高原经过陕县带到下游的土壤达十三亿八千万吨；其中肥料的损失，有三千多万吨；在下游，河床就被这些泥沙渐渐填高，大水时泛滥成灾，严重地威胁人民的生产和生活。

因水土流失而引起的大灾害，傅部长的报告中已说得很详细，我来补充一些小的：一九五〇年，河北省由于山洪为害，冲毁山田五十四万亩；一九五一年，山西湫水河流域一次大水，冲毁耕地二万九千余亩；一九五三年，陕西紫阳县双河村，因旱田被山洪冲刷而使粮食减产三百七十四石，水田减产了一百九十六石；吉林松花江上游辉发河和拉发河等支流，因河堤决口，洪水泛滥成灾，蛟河、桦甸、磐石三县耕地受灾面积三十八万七千三百七十五亩，冲毁房屋三千一百零七间，淹死人十七名，淹死牲畜一百一十一头，受灾户数达二万零七百五十七户，受灾人口七万四千六百一十一人。上述这些地区的农民，都因水土流失而受到灾害。这不仅严重地危害山区与平原的农业生产，同时也威胁着工业建设，所以治河在社会主义建设上成为有决定意义的历史任务。

要根治各河流的灾害和综合开发利用，必须在各河流上、中游进行水土保持工作。而森林改良土壤措施，则又是水土保持工作中的基本环节之一。总括地说，要保土必须保水，要治河必须治山。因此，我们应采取各种有效措施：护林、造林、封山育林，把童山变成青山，把浊流变成碧流，把水灾变成水利，使粮食增产有保证，使山区人民可以多量地长期地取得木材和林业副产收益，从而有力地增加农村富源，支援工业建设。

一、水土保持林营造的基本情况

解放以后，农村经济迅速恢复而且普遍发展，山区农民生活得到了改善。在这一基础上，山区的造林、育林工作也获得了一定成绩，自一九五〇年到一九五四年，全国已营造水土保持林九十万零四千九百三十一公顷（合一千三百五十七万亩）封山育林四百八十七万八千六百一十七公顷（合七千三百一十八万亩）。

水土保持林的营造工作，开始是由群众的零星植树做起的，进一步，依靠初步发展起来的互助合作组织，在荒山荒地上成片造林；再进一步，才有计划有重点地号召不垦陡坡，不挖草根，积极进行造林。分别在全国比较严重泛滥的河流中、上游，配合其他水土保持工作，营造防洪林和护岸林，例如黄河流域的泾河和无定河，松花江流域的松花湖，辽河流域的绕阳河，长江流域的汉水，永定河流域的桑干河，及其他赣江、闽江等。一九五三年以来，在永定河、泗水、松花湖、大伙房、罗桐埠等水库上游进行了荒山宜林地的勘查规划工作，分别制订长期计划，作为五年内实施的依据。由一九五〇年到一九五四年，在全国二十六个省、二个市进行了一千三百万公顷（一亿九千五百万亩）的宜林地调查工作。这些宜林地大部分处于各河流上游的山岳地区，现在还在各个地区，根据造林部门的要求，逐期分段继续作调查设计工作，有的已开始造林。

近来，由于各级党政对山区生产的重视，由于各地互助合作运动的进一步发展，由于今年在全国二十个省份开展了山区生产规划，全国许多省份确定了林业重点建设项目，这些事实，都为造林工作创造了有利的条件。因此，我们能够而且必须配合全国人民代表大会通过的《黄河综合利用规划纲要》这一个伟大建设工程，并配合其他农业、牧业和水利事业，把水土保持的营林工作跟上去。

二、初步效果

经过了几年的工作实践和工作进展，我们已经体验到，广大的山区群众，大部分已认识到了在山区造林、育林是能够防止土壤流失，减免自然灾害的，是能够保证农业丰收和保障水利，从而能够支援工业建设的。他们从实践中知道，造林以后，过了几年，农民就能开始有副产收益。所以近几年许多山区群众流传着几句话:“造林十年，不愁吃穿；封山育林，富国利民”。

不错，造林的效果，的确不是很遥远的。如山西榆社二十五年间的变化甚大，二十五年以前，榆社是以二十五万亩的米粮川闻名的，后来由于反动统治阶级破坏了山林，浊漳河常发洪水，冲去了十五万亩田地，农民困苦不堪。解放后，积极造林和封山育林，已建成了林区十万余亩，过去冲毁的良田已恢复了五万亩，全县农产收成好转，山中木材亦可供应城市，一年产值六万九千多元。山东沂蒙山区，三年内配合筑缓水坝，修梯田等工程，造林并封山育林一百五十多万亩，不少光山已长起一片青葱的幼林。许多为山洪冲积而成的沙滩已绿草如茵。现在沂蒙山区，已有百余万亩农田不受水旱灾的威胁，从而保证了丰收。河南省登封县郭店、北庄两个乡，群众封山育林约一千九百多亩，两年来普遍地生长出幼树来，一九五四年春在封山的地区进行了修枝抚育，除了促进幼林生长外，又收了两万多斤枝柴，解决了燃料困难。甘肃省天水县田家庄一九五二年春开始植树造林，共种了二十四万株，约七百亩。在一九五二年及一九五三年所栽植的洋槐林，现在树冠已经郁闭，最粗的胸径为二寸多，树高已超过二丈，基本上起了保持水土和护坡固沟的作用。而且对群众生活也有了好处，如一九五三年、一九五四年的两次整枝收益，每户平均得到四百斤枝条，解决了群众部分的烧柴问题。此外，洋槐的花和嫩芽可供食用，群众已把它当作蔬菜。由于这些效果，很多地方的农民都到田家庄参观。

三、工作缺点

几年来，水土保持林的营造，虽然得到了若干成绩，但工作中存在着的缺点也很多。缺点分两方面来谈。

第一，数量不够：这几年来我们虽然造林九十万零四千九百三十一公顷（一千三百五十七万亩），封山育林四百八十七万八千六百一十七公顷（七千三百一十八万亩），但与我国广大面积的宜林的荒山荒地相对照，与我们目前的需要和将来的要求（森林覆被率要达到百分之三十以上）相比较，都还有很大的距离。另外，由于我国各种经济建设的迅速发展，从木材需要上，从保持水土上，都要求林业工作赶上去。如水库的周围及上游，水土流失严重的丘陵沟壑区和高原沟壑区，风沙为害地区以及河流两岸和铁路沿线等，都迫切需要营造水土保持林，但是我们在各方面做的工作都不够，我们与有关部门在工作的配合上也做的很不够。因此有些地区便形成了东沟打坝、西沟造林互不配合的现象，这种缺点，今后必须注意纠正。

第二，质量不好：造林成活率与保存率很低，这是几年来我们造林工作中最大的缺点。产生这种情况的原因很多，最基本的有以下三点：

1. 对群众利益重视不够。这主要表现在两方面：一方面，造林只强调水土保持，强调长远利益，不顾到群众目前的迫切需要。群众目前缺乏燃料、饲料、肥料、木料、油料，特别是燃料，在水土流失严重的地区更感缺乏。我们发动群众造林，不考虑到生长迅速的树，不考虑到薪炭林，群众的思想认识上，有许多人以为造林的收益非常遥远，不甚积极。而且，植树造林，一般都植得很疏，前面提到天水县田家庄造林七百亩，共栽了二十四万株，计算起来，每亩只栽三百四十三株，这在中国还不算最疏，但不够标准。照苏联标准，每亩地应栽四百到八百株，准备在林木生长过程中，陆续施行抚育采伐。这样，采伐下来的小树，就可作燃料。我们栽的太疏，不能提早采柴料。群众以为森林的收获杳杳无期，对造林的积极性就不高，勉强栽上，故成活率低。另一方面，我们对“谁种谁有，伙种伙有”的造林政策，宣传与执行的不够，致使许多合作造林权益不明，股份不清，群众思想有顾虑，造林和护林时便产生了交差应付思想，这也是成活率和保存率不高的原因。

2. 造林方法不适当：根据不同的气候、土壤、地势、海拔高度、树种特性，来确定不同的造林方法，这是造林工作中极其重要的原则。特别是西北、华北等地区的老荒山，土壤瘠薄，水分不足，要恢复森林，绿化荒山，就必须经过一个改变自然环境过程（即土壤改良过程），不经过土壤改良过程，一定要在荒废了上百年的老荒山上造林，这种硬碰硬的造林方法，必然要遭到失败的。但是我们过去有的地区造林时，却违背了这一自然规律。

3. 没有按正确的造林工序办事：调查、设计、采种、育苗、整地、栽植、抚育，这是一般造林过程中缺一不可的完整工序。

但是几年来的造林，许多地区并没有完全按照工序办事，有的放弃整地，有的丢掉抚育，加之在栽植过程中，采种、起苗、选苗、运苗和栽植等技术操作也做得不好，所以造林成活率和保存率不高。

四、搞好水土保持工作的关键问题

1. 只要我们相信群众，依靠群众，用群众的力量，特别是用组织起来的群众的力量，来开展水土保持工作，则自然灾害是可以克服的。国民党反动政府在一九四六年请来的美国顾问作了一个《治理黄河初步报告》。报告中说，要把水土保持工作做好，要把黄河治理好，需几百年。诚然，中国历史上也把黄河看得很难治理的，也把黄河当作难以澄清的。纲目中记载黄河清的次数的确不多，据我所摘录出来的，从汉到明，只有七次：汉桓帝元熙九年（公元一六六年）一次，北齐世祖河清元年（五〇二年）一次，宋徽宗大观元年（一一〇七年）一次，元成宗元真元年（一二九五年）一次，元顺帝至正二十一年（一三六一年）一次，明永乐二年（一四〇四年）一次，明正德七年（一五一二年）一次。每次相隔年代很久，怪不得从前人都这样说："俟河之清，人寿几何"。但是现在时代不同了，现在是人民当家做主的毛泽东时代了，有中国共产党领导，有广大组织起来的群众支持，我们对根治黄河水害是有信心的，而且时间不需要几百年，只需要几十年就可以看到水土保持工作在全国生效，看到河水可以变清。

根据天水三、四年来开展水土保持工作的情况来看，田家庄、刘家堡等典型区目前已经收到了显著的效果，估计再有三、五年就可以把严重的水土流失现象基本上制止下来。这就说明我们依靠群众，特别依靠组织起来的群众，制止水土流失是完全可能的。

2.在广大面积上开展群众性的水土保持工作，必须从建立基点做起。关于这个问题，各地已摸到了一些经验，如天水专区在这方面收到的效果比较大。该区从一九五二年开始，就注意了建点工作。截至目前为止，除专区直接领导了七个点，有力地指导全面工作外，在全专区范围内，已经以县、区、乡为单位，普遍建点。他们在这些基点上，不仅调派了有力的行政干部和农、林、水等技术干部，进行具体的领导和技术指导，同时把群众组织起来，把水土保持工作与农业生产密切结合起来，有计划有步骤地进行生产建设，创造了水土保持工作的经验。点带动了点，也扩大了面。同时也大量地培养了干部和积极分子，三、四年来，在专区直接领导的基点，组织观摩一百六十一次。观摩过的干部和积极分子达万余人，这就说明了这些基点，都是培养干部的很好学校。

要搞好全国水土保持工作。要根治江、淮、河、汉。要把全国亿万个山和亿万条沟加以治理，就必须从建立基点做起。在基点上做出样子，取得经验，才可以指导全面。从广大面积的水土流失区来说，今后基点的建立，不是几十个几百个，而是几千个几万个。根据天水“点带点，点连点，点扩面”的工作经验，建点过程，实际上就是扩面的过程，效果是很大的。

3.要实行李富春副总理在第一个五年计划中所提出的山区生产规划。这个规划实行后，可以充分地、有效地、合理地利用土地，可以克服农、林、牧、副业之间的矛盾，可以在山区普遍造林，从而可以顺利地推动并发展水土保持工作。浙江开化、山东平邑、山西平顺等县最先创造了山区生产规划的先进经验，这经验应推行到全国。

实行了这个规划，还可以避免群众滥垦山坡。俗语说得好：“山上开荒，山下遭殃”。如果为了目前的粮食增产问题，大垦山坡，恐怕山上得不到很多的收成，山下农田却要大受其害。在座各位代表，许多人都见过陕北和晋西的山区情况，这些都应成为我们的经验教训。

因此，我们必须把山区生产规划做得很合理，就是说，一方面要让群众自己共同商定，把农、林、牧划分得很好，另一方面，要学习苏联水土保持的一套理论，从科学方面加以控制，以避免滥垦。在现阶段粮食增产的严重要求下，农业上山是免不了的，但垦山必须有个限度，可否在这个会议中，请中国科学院领导，会同苏联的、中国的专家讨论一下：怎样垦山才不破坏水土保持。

五、今后措施

1.首先应当停止一切破坏水土保持的活动

目前还有不少山区的群众，为满足他们在生产和生活上的需要，在广大面积上乱砍森林，乱垦山荒，挖掘树根草根，破坏水土保持，它的恶影响，比水土保持工作上所得的好影响还要大。为了要停止这种破坏活动，在有森林地区，应建立专业机构，把它积极地经营管理起来；在森林已被破坏了的地区，大力地开展封山育林和造林工作。但封山育林必须密切地结合群众的当前利益，通过山区生产规划来施行。

2.国家造林

几年以来，我们都是发动群众造林，这方针是正确的。但国家还必须在各省造大面积的示范林，来指导群众，同时也须总结群众经验，把它在科学上提高一步。这样才可以培养干部，才可以领导群众。我们年年发动群众造林，面积越来越大，但造好后却不认真抚育，也不认真指导群众抚育，所以成活率和保存率高不起来。抚育费用固然很多，要占造林费用的百分之四十至六十，但可以减少幼林的死亡。据苏联专家说，俄国沙皇时代，一八七八至一八八二这四年间造的林，由于不抚育，死亡率高达百分之八十，最少也有百分之五十五。这说明了抚育的重要性。

抚育只是造林工序之一，此外还有许多工作，都须有专职干部负责处理，所以，在发动群众造林外，国家还必须投资经营大面积的国有林，为群众示范。

3.建立营林机构

无论护林、造林、育林，都须有专职的机构来负责。为了配合水土保持工作，我们必须跟着每一个重要的水利工程，设造林机构，下面还须设工作站。从前我们条件不够，现在，高等和中等林业学校毕业生已有相当数量，各级林业机构干部的业务水平已提高，我们有条件开始添设机构。

最后，我介绍农、林、水各部门所组成的“水土保持勘查队”所作的报告中一段事实，供大家参考。这个报告叫做《淮河流域林业现况草稿》。这里头有这样几段话：

“在佛子岭水库，对淹没地区的农民，采用了就地上山开垦的办法。虽然号召农民要在不影响水土保持的原则下开垦，但山上可耕地极少，结果连陡坡都垦了。据实测，二十五度到五十度不等”。

“水库上游一年流失泥沙九百二十万立方米，其中由于陡坡开垦而损失的达八百万立方米。”

“佛子岭有效库容四点八亿立方米，这样下去，四年后，发电受影响，五十年后水库变沙库。”

“关于垦山农民的收入：汪家冲乡，一千二百零五人因土地被淹，就地安插上山，一年来开山七百多亩，仅能解决九百一十人的食用。大化坪乡，一九五四年开荒九百五十七亩，收粮食四万五千一百六十一斤，平均每亩只收四十七点二斤。”

（原载《中国林业》一九五六年第一期）

开化县不应该开山*

在浙江农业合作化的道路上最煞风景的事，是开化县的开山，特别是在全省山区生产规划已经决定七年内绿化全省荒山的时候，开化县却用集体力量来开山，来破坏水土保持，是令人不解的。

开化农民今年战胜了各种灾害，获得丰收，获得增产，是很好的，不过，开化的增产方法，与他县不同。他县如新登、建德，都靠改良土壤、兴修水利、改变耕作制度、改良生产技术来增产，很少破坏山地；而开化农民的增产，主要是靠开山，而且靠集体的力量开山。

何以知道开化县靠开山来增产呢？

（1）赵是壁县长告诉我们："由于开垦了三万多亩山地种植玉米，所以今年增加了七百万斤粮食。"我们替他计算一下，开山还不只三万多亩。因为，在开化开山种玉米，每亩每年只能收一百五十斤，这是老乡对我们说的，那末开化今年增产七百万斤粮食，就得开四万七千亩山地。开山四万七千亩，而全年全县造林不过六万一千多亩，水土保持要成问题了。

（2）塘口乡黎明社吴根水副乡长对开山也说得很明白。他说，一九五三年以来，年年耕地面积在扩大，一九五五年比一九五三年扩大了耕地面积百分之四十一，计二千二百九十五亩。从何处

* 一九五五年十一月，作者以全国人民代表大会代表的身分到浙江省开化、新登、建德等县视察。本文是视察三县报告中的一部分。——编者

扩张耕地呢？他解释道，二千二百九十五亩中，有一千九百五十四亩，即有百分之八十五是开垦山地。由于开山扩张耕地，所以一九五五年粮食产量比一九五三年增加百分之三十三。

（3）杨和乡曙光高级社汪荣和社长对开山说得很具体。他说，今年合作社为什么水稻不能增产，每亩只收三百六十斤呢？因为开了七百九十五亩山地种玉米，劳力忙不过来，大雨下来以后，顾了田，顾不到山，顾了山，又顾不到田，结果，开好的山被大水冲毁了二十五亩，水稻田被山上冲下来的泥沙和石砾淹没了三十七亩。

（4）我们实地视察，一看就看出开化的山林比什么地区都破坏得厉害，别县的山都或疏或密地长起绿油油的幼林，而开化的山是一大片一大片地烧垦，开得光光的，而且连造好的林子也在一大块一大块地破坏。所以说，开化的增产主要是靠开山。

开化的水灾损失情形怎样？赵县长说，开化县一九五三年旱灾，一九五四年水灾，一九五五年又有大水灾。说起来，是一个多灾多难的县。一九五五年的大水灾，开化田地究竟被沙土和石子埋没了多少？县里并没有统计。只有马金区，还从汪莲珍区长口中得到了一些数字。她说，马金区有四个乡损失了不少田地：杨和乡被沙土和石子埋没了六十多亩水稻田，徐塘乡损失了一百多亩水稻田，马金乡损失了二百多亩地，塘坞乡损失了六百亩水稻田，共一千亩。马金乡第五村有一条小溪，被沙土填平了，田、地、小溪分不明白，变成一片沙滩，村中碾米的水车已废置不用。这条小溪从马金港来，马金港从梯田连绵的山中来。汪莲珍区长指着梯田对我们说，那边就是马金港上游，上游到了吊马藤地方，分成二条河。一条河流有三个乡，叫做齐溪、下山、岭里，其中齐溪、岭里两乡开山很厉害；另一条河流也有三个乡，叫做何家、徐塘、田坂，其中何家、田坂两乡的山破坏得很厉害。从汪区长的说明和眼前的事实看出：第五村的沙滩，完全由马金港上游连绵不绝的山上梯田造成的。

开化开山得到什么？开山只种玉米，种玉米每亩每年只产一百五十斤，这是汪荣和社长和其他老乡说的。若把玉米种在平地，则每亩年产三百斤，这也是汪社长说的。那末，开化农民用了很大的劲头，一百五十斤一百五十斤地收进，三百斤三百斤地丢掉，真所谓“抓了芝麻，失了 西 瓜”，太不合算了。如果把水稻田的损失计算一下，那末，开化产量虽然在浙江算很低，每亩还有三百七十四斤（塘口乡为例），丢掉了三百七十四斤，拚命去抓一百五十斤，吃亏更大。如果更进一层，向开化算一笔大账：开化三条河——马金港、池淮港、龙山港，是富春江的上游，富春江流域今年六月大水，富阳、桐庐、建德、兰溪、龙游、衢县及其他各县损失了的财产和牺牲了的生命，与上游历年来不负责的开山，不能说毫无关系。俗语说：“山上开荒，山下遭殃”。开化每亩一百五十斤的收入，与下游各县无限量、无穷尽的损失相比，利害如何？

开化土地百分之九十以上是山，不开山，是否影响到粮食问题？回答是否定的。建德县山地也占百分之九十以上，新登县山地虽较少，还占百分之八十以上，这两县的农业社都不开山，却比去年都增产，都有丰富的余粮贡献国家。为什么开化不开山就不能解决粮食问题呢？只要改善水利条件，改变耕作制度，改良土壤，改良生产技术，则农产自然会增加。

开化目前单位面积产量非常之少，以塘口乡为例，平均每亩只有三百七十四斤。比浙江全省的每亩平均产量四百五十七斤少八十三斤；比建德全县每亩平均产量四百六十五斤少九十一斤；比开化国营农场每亩五百十一斤少一百三十七斤；比温岭泽国区六万九千亩的平均产量八百零七斤少四百三十三斤；比鄞县涵玉乡石山弄二百四十五亩的平均产量一千一百二十三斤少七百四十九斤。可以说，开化县农业生产的潜力还没有开始挖掘。所以，结论是：

开化不应该开山。开化不应该开山，是人民的意见。一九五五年十一月开化县人民代表大会曾提出了批评，要求政府控制开山。这是很对的。现在已不是单干户的时代，而是合作社的时代了，合作社不应专顾目前而不顾将来，不应专顾局部而不顾整体。眼前金华农林牧场就有很好的办法：农垦地不到十五度，茶叶地到十五度，桑地到二十度，果木、油桐、油茶地到三十度，三十度以上造林。这是依照杨思一副省长指示而施行的办法，可以供山区生产规划参考。

总而言之，开化应该用增加单位面积产量的方法来增产粮食，不应该用开山的办法来增产粮食。

（原载《中国林业》一九五六年第二期）

绿化黄土高原，根治黄河水害

黄河，在人民的心里有着深厚的情感，它是我国历史的发源地，它是我国文化的摇篮。整个流域内有着全国百分之四十的耕地，小麦、杂粮、烟叶和棉花的播种面积占着全国总播种面积一半以上；黄河一带蕴藏着丰富的矿藏，在这里正在成长着新的城市和工业基地。可是在人民没有当家做主以前，黄河却成为“百害”之源。中游黄土高原三十七万平方公里面积内森林极少，每逢暴雨，就把大量泥沙冲到河里去。据统计，黄河每年从黄土高原经过陕县带到下游和海口的泥沙有十三亿八千万吨，其中肥料的损失，就有三千多万吨，等于目前全国所施用的化学肥料十几倍。因此，在上游水土流失，造成黄土高原十年九旱的现象。而下游河床被这些泥土渐渐填高，大水时泛滥成灾，吞没无数村庄，给两岸人民带来说不尽的苦难。而且下游地区不但水灾频仍，旱灾也很严重。现在黄河流域的灌溉面积，仅是可能灌溉面积的十分之一，广大耕地，很少得到黄河灌溉的利益，农作物产量很低。

多少世纪以来，我们的祖先就不断地和黄河洪水搏斗。但是在旧中国，反动统治阶级只知道借治黄的名义横征暴敛，根本没有治理黄河的打算，所以千千万万人民的夙愿永远不能实现。

一九五五年七月三十日，第一届全国人民代表大会第二次会议通过了我国发展国民经济的第一个五年计划和根治黄河水害和开发黄河水利的综合规划，几千年人们的梦想终于实现了。在共产党领导下，我们这一代人将要在几十年里完成过去几千年都没有办到的事，把多灾多难的河流变成富国利民的河流。这是非常艰巨的工作，但也是我们满怀信心要一定完成的光荣任务。

这一个战胜自然的伟大计划，是根据社会主义建设时代和共产主义建设时代整个国民经济的要求而制定的，在我国历史上是第一次全面地规划了根治黄河水害、开发黄河水利的壮阔远景。实现这个规划，就综合的解决了五个主要问题：防止下游的洪水灾害；增加灌溉面积；发展工业和农业所需要的电力；发展航运；做好黄土高原的水土保持工作。

黄土高原的水土保持，是根治黄河的一项关键工作，因为黄河航运和灌溉的不发达，以及上游旱灾和下游水灾的时常发生，主要是由于中游水土流失所造成的。如果中游地区能够保住水，不让它沿山坡径流，保住土，不让它无节制地跟着雨水冲下去，水灾就可以避免。

如何能保持水土呢？造林，就是保水保土的最有效而且最经济的办法。理由很简单，山上有了郁闭的林子，几乎可以把百分之九十以上的雨水保留起来。保留的水，一小部分慢慢地向空中蒸发，一大部分透入土中，而透入土中的水，一部分把土壤浸湿，供植物生长之用，另一部分变成地下水，曲曲折折地流出山来。这样，万山皆有甘泉，森林就是水库，每一个丘陵、每一个山岳的黄土既被树林盖满成青山，每一条沟壑、每一条河流就会有涓涓不绝的清水流入黄河，黄河于是可以变成碧水之河。

黄河流碧水，赤地变青山，全流域七十四万多平方公里面积内的山光水色将焕然一新，将骤然改变面貌。而且由于山区防止水土流失，还可以庇护农田，减免灾害，保障农产物的丰收。好处还不只此，由于森林资源增加，出产的木材又可以支援工业建设。所以林业建设是国家社会主义的重要建设之一。

黄河中游甘肃、陕西、山西等省，如前面所说，水土流失非常严重，每年从黄土高原经过陕县流下的泥沙有十三亿八千万吨，保持是否可能？回答是肯定的。到目前为止，已有劳动人民创造了许多先进经验。

例如甘肃天水田家庄，在渭河水系的借河南岸，是黄土沟壑区。这里从山上奔泻下来的大小十多条河沟，每逢夏季暴雨，就有凶险的山洪滚滚而下，破坏两岸农田，使粮食产量越来越少，农民生活非常困苦。

解放后，党和政府领导田家庄农民开展水土保持工作。从一九五二年起，全村种了二十四万多棵树。其中一部分刺槐树、榆树和柳树已经长大成林，起了保持水土和护坡护沟的作用。同时还进行了田间工程和沟壑治理工作，如筑谷坊、打坝堰、挖涝地等工程。这就拦阻了山洪，蓄积了雨水，保住了地墒。每亩地平均产粮从一九五二年的三百二十一斤提高到一九五四年的三百七十一斤。而且植树造林，不但增加了粮食产量，还解决了群众的燃料、肥料和饲料问题。田家庄过去的荒山，已经大大地改变了面貌，现在是绿树葱茏，风景秀丽，成为天水县推广水土保持工作的重点村了。

又如山西阳高县大泉山，是永定河上游的黄土丘陵区。原来是个极其贫瘠的地方，"天旱庄稼不长，雨涝又要成灾"。一九三八年到一九四五年，有两个农民——张凤林和高进才，先后来到大泉山，开荒种地，他们不断向旱灾和水灾作斗争。经过了好几次的失败，他们摸到了许多丰富的经验，知道了"要想用水，先当治水，蓄水保土，就能抗旱"的对策。于是因地制宜地采取了挖鱼鳞坑、堵沟、培埂、修梯田、开渠等田间工程，并且种植果树和林木，进行了一系列的工作。经过十七年的辛勤劳动，特别是经过最近六年来当地党政机关的领导和支持，把大泉山改造成一个花果满山、杨柳成林的胜地。水土保持了，生产发展了，生活提高了，还种了好几十亩梯田和坝埝地，农作物收成也很好，一九五四年卖给国家余粮三千斤。

这些生动的事例和宝贵的经验，说明了在共产党领导下，广大劳动人民可以发挥出无穷的智慧和无限的力量，来制止自然的破坏力，使它转而为社会造福。

农业合作化的发展，更鼓励了广大劳动人民的治黄勇气。他们迫切地希望绿化黄土高原，希望根除黄河水害，希望开发黄河水利，希望用自己的双手在黄河、泾河、无定河流域造水源林、护岸林，在高原沟壑区和丘陵沟区造水流调节林。各省订出了七年到十二年的绿化规划，要在黄土高原区造林一千二百多万公顷，封山育林八百八十八万公顷。这个造林面积相当于英国、比利时、荷兰、希腊、意大利、葡萄牙六个国家现有的森林面积的总和。这种事在解放前不能想象，而在解放后，要在短短十二年内完成，真是中国历史上的创举。

绿化黄土高原的号召，不独鼓动了一亿几千万农民，还促成了青年的造林突击队伍。去年年底，仅陕西、河南等六省的青年就造了二十二万六千多亩“青年林”。山西有一百多万青年参加了植树活动，他们分别在黄土高原和桑干河、滹沱河、漳河上游，播下了树种，栽上了幼苗。青年们把自己用双手栽培起来的树木，命名为“社会主义建设林”、“青年爱国林”、“和平林”。陕西省有三百多万青少年在水土容易流失的陕北黄土高原和无定河、渭河、延水河两岸栽下了八百多万棵树木。延安的青年在以前中共中央所在地杨家岭造了一片“延安青年林”，栽上了两万多棵树苗，他们用绿化杨家岭来向今年三月在延安召开的青年造林大会献礼。两岸的人民也要在今年春季掀起一个热火朝天的造林运动。

一幅美丽的黄河远景，要在党和政府领导下，由千千万万体力劳动和脑力劳动者的伟大力量来实现。预料在不久的将来，陕北人民所歌唱的“远山高山森林山，近山低山花果山。平川修成米粮川……”都将成为事实。

（原载《旅行家》一九五六年第二期）

青年们起来绿化祖国

青年，象征着一年的早春，一日的早晨；象征着万山的苗，万木的梢；又由于天真和纯洁，象征着百川的源，百壑的泉。

“青年造林”，“造青年林”，这些朝气勃勃的运动，可以绿化中国的山，也可以绿化人们的眼，绿化人们的心，使人们看到或听到这些运动后，心田里活泼地长出苗来，眼睛里时时反映出青山绿水的好印象来。

所以，在这几天，如果人们从报纸上见到延安三月要开青年造林大会这类标题，不要随随便便地一口气读下去，要把它分开来细细地嚼，慢慢地回味。

三月，是万紫千红欲放未放，轻风微雨半暖不寒，在一年中最富有生意的时候；青年，是精最强，力最壮，生气最充足的人；造林，是掌握植物生理、启发植物生机的事；延安，是中国共产党在毛主席的神机妙算下领导人民民主革命的圣地，又可以说，是毛主席一手挽救百年来“东亚病夫”将绝不绝的生命的大手术室。

人、地、时、事，生气、生命、生意、生理和生机，统统结合在一起，这个会就显得生动、有力。

这种力——青年的力，在二万五千里长征时用过，在八年抗日战争时用过，在歼灭蒋介石八百万武装部队时用过，在抗美援朝时用过，都是无坚不摧地胜利了。今后，我们要把这种伟大的无穷尽的力，用到社会主义建设中去。

与三千年来发生了一千五百次水灾的黄河斗争，与长江、汉水、淮河、永定河、辽河及其他可能破坏农业生产的一切大小河流斗争，与伊克昭盟吹来的风沙斗争，与全国一亿八千万公顷赤裸裸的荒山斗争。

要绿化村庄，绿化道路，绿化河岸，绿化城市。要绿化中国的山，从而绿化中国的水。要配合林业机构，在十二年内培养起一亿零五百多万公顷的森林来，从而在五十年后替国家添加几十亿、几百亿立方米的木材蓄积量来。

青年非但有这种力量，这种心愿，而且已经在团中央的庄严号召下，有了这种事实表现。举例说，在一九五五年内，海南黎族、苗族自治州陵水县有两个乡以青年突击队为核心，动员了三百零四名青年，植树三千七百五十株；南京市与江宁县青年联合植树三十五万株；焦作市一万二千名青年在十一月二十日一天就把全市十三个荒山绿化了八个，植树六十万株；四川省三百万青少年种树五亿二千五百万株；陕、甘、晋、豫、蒙五省（区）发动了一千零四十四万青少年（占青少年总数的百分之三十七），共植树四亿四千八百七十四万株。各省集体造林活动，突击队造林活动，从去年起，蓬蓬勃勃地发展起来了。此外，青年采种、育苗、护林运动，在陕、甘、晋、豫、浙、川、鄂、粤等省也有相当的发展。

现在，青年造林还不过是一个开端，而发展之速已如雨后春笋，此后，在团中央的正确领导下，我相信，将有更多更雄壮的青年队伍象潮水一样涌现出来，将有更大更活跃的造林运动象热火一样发生起来。

这是一种力量，这是一种取之不尽、用之不竭的伟大力量，用了这种力量，可以消灭山荒，可以消灭沙荒，可以使内地各省一亿多公顷山地全部绿化。

（一九五六年，林业部档案处提供）

黄河流碧水，赤地变青山

——为五省(区)青年造林大会而作

青年在十二年绿化祖国的响亮号召下开会，会议的主题是造林，会期是一年中最生气勃勃的时候——三月，会址是中国人民革命的圣地——延安。这样一个意义重大的会，一定会登高一呼，众山响应，使全国千千万万青年的心房和脉搏跟着会场上每一个代表的每一个动议和每一次发言而跳动。

绿化，是一个可爱的名词，而在中国，则更感到迫切需要。中国是世界上荒山最多的一个国家，到了国民党反动政府时代，森林破坏达于极点，全国从南到北，从东到西，凡是现代交通工具所能及的地方，山，大部分是赤裸裸的；河，有黄河；海，有黄海；不容易见到大片大片的青山，也不容易见到爽心怡目的绿水。这还是表面的风景问题。

至于生产方面，全国一亿八千万公顷（一公顷等于十五亩）荒山，给人民带来了水、旱、风、沙、雹各种灾害。全国解放后，情况有了很大改变，但到了今天，每年还有二千万亩或二千万亩以上农田受到灾害。

另一方面，全国林地只有七千六百六十万公顷，分配到六亿人口，每人只有零点一二七七公顷，而苏联全国林地十亿公顷（现在统计已超过此数），每人有五公顷，比中国多四十倍，如果我国林地面积老是不扩大，木材蓄积量老是不增加，而每年象苏联一样采伐木材达四亿立方米以上，则十二年就将砍光，怎么办？如果因为造林速度赶不上去，把伐木数量永远保持在现在这个数目而不多增加，则又将大大地影响国家工业化，怎么办？

所以，中国共产党和毛主席号召我们：要“从一九五六年开始，在十二年内绿化一切可能绿化的荒山荒地”。

十二年，时间很短很短，如果用过去的标准来衡量，这样短促的时间能造多少森林？回想起一九五〇年，全国造林约十二万公顷，当时计算了一下，照这样速度造林，要把全国一亿八千万公顷荒山完全绿化，得一千五百年。

现在，国家的政治形势已经起了根本的变化了。解放后，短短六年间，党和政府已经在各方面为林业的发展扫清了道路，创造了良好条件，使林业工作者有可能把绿化任务缩短到十二年，这说明了新中国在共产党领导下，各种事业都得到了突飞猛进。

当然，十二年绿化，不是普遍地指全国一亿八千万公顷的荒山荒地，而是指人迹所到的“可能绿化的荒山荒地”。即使如此，林业部在全国绿化会议中决定了绿化面积，已有一亿零五百万公顷。如果要按照一九五〇年的造林速度达到这个数目，得花八百七十五年，而现在只需十二年。

一亿零五百万公顷森林造成后，内地各省（新疆、西藏、青海以外）的荒山基本上都将绿化，赤裸裸的土地都将变为青山。

赤地变青山，这就是青年造林的一个重要目的。但还不只此。

三月一日在延安召开的大会叫做“五省（区）青年造林大会”。五省（区），指的是陕西、甘肃、山西、河南和内蒙古自治区。为什么青年造林以五省（区）为主？因为，五省（区）都属黄河中游流域，中游流域是黄河灾害之源，要征服黄河，改造黄河，使“百害”的黄河转过来替人民服务，必须从五省（区）着手。黄河为什么百害，为什么三千年来尽是闹水灾，尽是和中国人民捣乱？因为，河底积沙太多。据水利部门统计，从中游黄土高原经过陕县流下的泥沙，每年平均有十三亿八千万吨，沙多，则水流不畅，水流不畅，则容易造成泛滥和决口。为什么黄河有这样多的沙？就因为中游黄土高原和黄土丘陵的泥土不能保持。为什么泥土不能保持？因为，五省(区)七、八月间多暴雨，雨水向高原沟壑和丘陵沟壑毫无阻碍地“径流”而下，就把大量的泥土冲走。为什么雨水会在坡上毫无保留地“径流”？因为黄河中游流域的山谷缺乏森林。

由此可见，山荒会造成水灾，径流会冲走泥土。所以，治河必先治山，保土必先保水。

如何保水，如何治山？方法甚多，最根本的办法就是造林。森林，看来好象是很平常的，而蓄水的功用却甚大。在郁闭的林子里，一场大雨下来，林冠和树干可以截留水分，海绵性的落叶层和腐殖质可以吸收水分，林木的根系可以分散水流，土壤可以保持水湿，而土壤所不能保持的水，在地下曲曲折折地流动，流出山来就成泉水，决不致于泛滥，决不致于造成水灾。这就是保持水土，这就是涵养水源。我们可以说，森林是造价最廉的水库。

当然，在森林破坏到了极点，山地滥垦到了绝顶的地区，如果单靠造林来救治，收效是很迟的，那就必须投很多的资金，施行一系列水利工程。但另一方面，有森林才有水利，一个水库，如果它的周围及上游山地没有森林，就容易被冲刷下来的泥沙淤塞，寿命因此不长。所以，为了保障农田，必须注意水利和森林两个重要条件，而森林尤为治本之计。

有了森林，不会有伊克昭盟“八百里金沙滩”的流沙向东吹过来，不会有绥德专区几千几万亩山田垦松了泥土冲下来，一起流入无定河；有了森林，不会有五省（区）黄土高原每年流失了的十几亿吨泥沙倾入渭河、泾河、洛水和汾河。渭、泾、洛、汾、无定河五大支流含沙量都减少，则黄河可以流出碧水来。

黄河流碧水，又是青年造林的一个重要目的。两个目的摆在面前，足见青年造林大会意义的重大。

此外，绿化村庄，绿化河岸，绿化道路，绿化城市，既美观，又实用，可以在夏天遮阴，可以在冬天挡风，工人、农民、旅客、市民都经常能够享受，造福不小。

时代鼓舞了青年，青年也适应着时代。一九五五年，在团中央的号召下，如火如荼的青年造林运动已经展开，全国有数不清楚的青年林、少年林、红领巾林出现，有数不清楚的牧童、矿工、学生、解放军、少数民族的青年造林突击队出现。四川省一九五五年秋冬发动了三百万青年，植树五亿二千五百万株，河北、辽宁、安徽三省一九五五年春季发动了五百二十二万多青少年，植树八千四百六十九万株；陕西、甘肃、山西、河南、内蒙古五省（区）一九五五年发动了一千零四十四万青少年，植树四亿四千八百七十四万株。全国总计一九五五年秋冬两季共有六千六百多万人，组成了十八万个青年造林队，种了二十一亿多株树。

事实告诉我们，青年是有无穷的力量、无限的热忱、无尽的智慧来替国家分担造林工作的。

青年采集树种也非常踊跃：广东广宁县有三万五千多名青少年组织了六百个采种队，在二十天内突击采种二十五万余斤；山西省组织了两千多个采种突击队，采集树种四千万多斤；陕西、四川、山西、河南、甘肃、浙江六省青少年共采种一千零一十二万斤。

青年育苗也非常积极：湖北省参加育苗的青年有九十六万人，青年单独育苗五百三十八亩；陕西、山西两省青年单独育苗三千三百九十亩；河南省有一万四千二百多青少年参加育苗，建立青少年苗圃八千一百七十五处。

青年护林又非常努力：四川青年护林队员三万三千六百人，占全省护林队员总数的百分之五十四，八千个护林队中，青年担任队长的有六千人；河南省有青年护林队、组五千六百多个，队员九万五千五百人；陕西、山西、河南三省共有青年护林队九千零二十个；山西榆社县更突出，凡是有林地带的青年，统一地参加到护林组织；广东信宜县相有乡的护林成绩尤其值得指出，由于青年和儿童积极护林，解放以来从未发生过火灾。

这就是青年在中国林业上已有的贡献。现在，我们还有进一步的要求，希望在采种、育苗、造林、护林以外，每一个青年还做起林业的义务宣传员来。

我一九五五年冬季视察浙江，走了几个县、几个乡，见到许多地方在开山滥垦，发觉到山区农民，特别是年龄较大的农民，不了解森林的重要性，不能把眼前利益与长远利益结合，所以他们造林的情绪不高。足见我们还需要做更多更深入的发展林业的宣传教育工作。

青年们在造林、采种、育苗、护林方面工作做得这么多，这么好，一定也会做好林业宣传工作的。在三月一日的延安大会上，将有许多领导同志做报告，有许多代表发言，对林业在国民经济上的重要性，无疑地有很好的讲解。如果出席的青年们能够经过深入的学习，把它普遍地传达下去，使全国农村中一亿青年都有充分的了解，那就都有可能做林业宣传员了。宣传的力量一经发挥，我相信，农村中每一个角落里都可能做到家喻户晓，人人懂得森林和人民生活的关系，人人懂得森林和农田、水利、工业的关系，对造林就发生兴趣了。几万万农民对造林发生兴趣，我国林业的发展就有巩固的群众基础。这样，十二年绿化的任务可以顺利地完成，根治黄河的目标可以胜利地达到。

毛泽东主席说过："我们正在做我们的前人从来没有做过的极其光荣伟大的事业。"青年们，我们一定可以做到：黄河流碧水，赤地变青山。

（原载《中国青年》一九五六年第四期）

向高中应届毕业生介绍林业和林学

《中国林业》编者按：梁希部长这篇文章，对林业和林学的内容及其在国家建设事业中的重要作用作了概括的介绍。这不仅对高中应届毕业学生在考虑投考林学院系、选择林学专业时有帮助，就是对一般在职林业干部在向林业科学进军的道路上规划自己的学习也很有益处，希望读者从本文中得到启发。

同学们：你们快毕业了，快要投考高等学校了。投考以前，你们一定在反复考虑：考什么高等学校？学什么专业？是的，这是一个大问题，这是关系到个人终生事业的一个问题，应该郑重考虑的。

中国建设事业逐年发展，学校愈设愈多，专业也愈分愈多。你们不知道内容，难得选择。高等林业教育的情形也不是人人知道的，让我来向你们介绍吧。现在全国有北京、南京、哈尔滨三所独立的林学院，有附属在山东、河南、陕西、四川、云南、广西、广东、福建、湖南、安徽十省农学院中的林学系。这都是高等学校的林学教育。

什么叫林学？读了林学做什么事？我先回答第二个问题：读林学是为了将来搞林业。

什么叫林业？林业是营造森林、抚育森林、经营森林、利用森林。

什么叫做森林？森林在国民经济上起什么作用？这个问题，与其从正面来说明，不如从反面来说明比较容易。中国森林只有十一亿多亩，荒山倒有二十七亿到三十多亿亩，许多人有生以来没有见过大森林，象海南岛人没有见过雪一样。所以，要说明森林的好处，不容易找到实例，而要说明荒山的害处，则各省实例甚多。

大家知道，正是这些荒山，造成了黄河流域六亿五千多万亩耕地历年来大小不同的水灾，造成长江、汉水、淮河、永定河及其他大小河流的水害，使全国到今天还每年有二千万到四千万亩的灾田。正是这些荒山，造成了甘肃省从安西到盐池四千六百华里间、陕西省从定边到府谷一千三百华里间、内蒙古西南部伊克昭盟大沙漠周围四千华里间总长近一万里的风沙地带，威胁着几十万平方公里地区内的广大农田。正是这些荒山，流失了水土，损失了肥力，坐失了天时，丧失了财富，没有把土生土长的五千种木本植物的潜在力发挥出来，更没有把南方亚热带可能栽培的植物栽培起来。

大家又知道，正由于荒山太多，不能保证供应今后工业上愈来愈多的木材需要。以苏联现在的工作为标准，每年需要木材三亿立方米，而按照中国现在的森林资源，则今后每年五千万立方米的供应量还成问题。正由于荒山太多，还不能保证把木材以外的林产品充分地供应到工商业部门去。松香：一九五六年销售指标已比一九五五年的销售量增加约百分之三十，一九六二年估计还将增至三点八倍。销售量既然随工业的高潮而高涨，生产量自然不应该保持现在的阶段。栓皮：一九五六年的生产量还勉强适应市场需要，而一九六二年的需要量估计要比一九五六年多三点六倍，照现在的资源来看，相差甚多。栲胶（单宁）：目前我们正在兴建一所大规模的现代化的栲胶工厂，原料用的是落叶松树皮，而据国家计划委员会估计，一九六二年栲胶需要量将比正在兴建的工厂的产量大十三倍，这样，落叶松树皮恐将供不应求。樟脑：中国樟脑愈来愈少，一九五六年把江西、四川、云南所有的樟脑全部收集起来，只够供应工业需要的四分之三。如果照工业部门的估计，一九五八年的需要量将比一九五六年多三倍，那么就更感难以应付。桐油：一九五六年生产量跟往年差不多，而内销和外销总量要比往年多，估计百分之十六将脱销，至于一九六七年商业部门所要求的供应量比一九五六年的销量要大八倍，若照现在的生产标准，那就更感不足。以上不过举几个突出的例子而已，此外缺乏的林产品还很多。

在这里可以看出森林在国民经济上的作用，可以看出林业在国家社会主义建设上的重要性。

所以，中共中央提出的一九五六年到一九六七年全国农业发展纲要（草案）第二十一条中指出：从一九五六年开始，在十二年内，绿化一切可能绿化的荒山荒地，在一切宅旁、村旁、路旁、水旁以及荒地上荒山上，只要是可能的，都要求有计划地种起树来。这就是说，要在短短十二年间改变祖国的面貌，造成锦绣江山。

所以团中央号召全国青年造林，一九五五年掀起了一个如火如荼的青年造林运动，有数不清楚的青年林、少年林、红领巾林在各省出现，有数不清楚的牧童、工人、学生、解放军、少数民族的青年造林突击队在各城市、各乡村出现，全国总计一九五五年秋冬两季共有六千六百万青年组成了十八万个造林队，种了二十一亿多株树。而一九五六年三月一日到十一日，又在延安召开了五省（区）青年造林大会，通过了关于绿化黄土高原和全面开展水土保持工作的决议。此后，青年造林运动又将进入一个新的阶段，以配合林业部门绿化祖国的伟大事业。

所以，林业部召开了全国绿化会议，决定在十二年内全国造林约八千六百九十九万多公顷（十三亿零四百多万亩），封山育林约一千八百多万公顷（二亿七千五百多万亩），各省（市）都分配了任务，任务最大的云南省，十二年内绿化一千二百多万公顷（一亿八千万亩），其次为甘肃省一千一百多万公顷（一亿六千五百多万亩），其他几百万、几十万公顷不等。各省（市）又规定了绿化任务的完成年限，山东四年完成，河南五年，天津市六年，北京市、江苏、安徽、浙江、湖北皆七年，其他皆十二年，事业是很艰巨的。

所以，高等教育部一九五六年高等学校招生计划中，林学招生人数比一九五五年的招生人数几乎增加一倍。这是很自然的，一九五六年以后的林业任务远大于往年，就必须培养更多的干部。

现在我又要把话回到前面提出的问题了。林学，学什么东西？学了担当些什么职务？

这里我不说各系、各专业的详细课程，但概括地说明林业教育的目的。全国三个林学院十个林学系，要分别地替国家培养几类工程师：

（一）造林工程师：有人说造林不是每年动员了群众来搞的么？群众都不曾进过林业学校。这把植树和造林混为一谈了。群众每年春秋二季搞的是植树，植树不过是造林一整套工序中之一，我们不能把造林看得同植树一样简单，即使是植树，也得在老农或林业技术干部指导下进行。至于造林，那更是一种有系统的专业，一种以米丘林学说为基础的科学。要研究树木和草本植物、动物、土壤、气候等相互关系，要研究每一个地区最适宜的树种和林种，要预先调查、勘测、设计，等到造林的时候，除按照一定的工序施工外，还要通过适当的造林方式，来更好地发挥护路、护岸、护田的功用，来减少森林火灾和虫灾，来养成树干通直、适于大用的资材。因此，造林事业的成败，关系社会主义林业发展的前途，我们必须培养这一类工程师。

（二）森林经营工程师：这是替人民当家管理森林的人。首先必须通过地面或空中调查，把树种和林地面积以及木材蓄积量搞明白，把林地分成适当地域，做出施业的方案来，哪些地方应该伐，哪些地方不应伐或少伐，到哪种年龄的森林应伐，每年采伐量应该多少，采伐后应如何扩大再生产等等，都由这些工程师计划。此外，还须经常地防止森林火灾、病害、虫害和滥伐。

（三）采伐和运输机械化工程师：我们的国有林中，伐木在开始试用电锯，集材和运材已经用到拖拉机和汽车，森林铁路运材更相当普遍，水运方面用绞盘机、起重机和水闸设备，高山运材将来还要用架空索道。因此在这个部门的工程师，必须懂得内燃机、蒸汽机、电机及其他机器，必须懂得相当的水利工程和土木工程，而在贮木场保管木材，还必须懂得木材的贮藏法。

（四）木材机械加工工程师：所谓机械加工，一种是制材工业，把原木制成方材、板材、枕木或制成门、窗、地板、家具、玩具。再一种是胶合板工业，把木材锯成薄片，胶合成板。再一种是胶合木，用废材加胶制成。再一种是压缩木，用高温高压或化学药品把木材制成象钢铁一样坚硬的木材。在机械加工以外，还须附带木材干燥、木材防腐等工业。

（五）林产化学工程师：林产化学工业是一种以有机化学为基础的制造工业，但是它所制造的物品与其他轻重工业不同，林产化学工业中有木材热解工业，制造醋酸、甲醇、木炭；有木材水解工业，制造酒精、酵母、干冰、木素板等；有松香工业，从松树上割取松脂，提炼松节油和松香；有栲胶工业，把树皮作原料，制造栲胶（单宁）。此外制杜仲胶、制樟脑、制白蜡等等，名目繁多。

为了以上五种工程，各设立着特定的教学大纲。另外还有林业经济学，各种工程都须择要学习。

这就是林业和林学的大概内容。

同学们，你们快要投考高等学校了。今年林学方面收新生二千多人，我们希望你们勇敢地、果断地、愉快地加入我们的林业队伍，大家学会绿化荒山，征服黄河，替祖国改造大自然；大家学会把高山远山的木材通过水陆空三路运出，供应城市；大家学会把树木、树皮、树脂、树叶、树实用机械方法或用化学方法制成旧中国所不能制造的各种各样的现代化工业品，供应厂、矿、土木、建筑、国防工程之用，使祖国成为和平、幸福、富强的社会主义国家。

（原载《中国林业》一九五六年第五期）

争取做到全国山青水秀风调雨顺

——在第一届全国人民代表大会第三次会议上的发言

我完全同意李先念副总理关于一九五五年国家决算和一九五六年国家预算的报告、廖鲁言部长关于高级农业生产合作社示范章程草案的说明、彭真副委员长所作全国人民代表大会常务委员会工作报告。

现在，我想介绍一下林业和森林工业情况，并提出一些关于今后林业的意见，请各位代表批评、指教。

一

从去年下半年以来，在我国社会主义改造和社会主义建设高潮中，林业和森林工业也有了很大的发展和提高。

首先说林业方面：

1.造林：由于农业合作化运动的伟大胜利，由于党中央关于绿化祖国的号召，由于各级党政领导对林业的重视，更由于青年团中央在延安召开的有全国各地代表参加的五省（区）青年造林大会的推动，今年春天在全国范围内掀起了轰轰烈烈、如火如荼的绿化运动。

据我五、六月间在浙江和甘肃两省视察，浙江全省受到绿化教育的有一千二百多万人，占全省人口的百分之五十以上，参加造林的有四百三十多万人，约占全省人口的百分之二十，其中青少年造林就有二百多万人。甘肃全省参加造林的有五百五十万人，占全省人口的百分之四十一点二，其中青年造林有二百万人。特别值得指出的，是兰州市南北山群众义务造林故事：大家知道，兰州是干旱地区，年雨量仅三百毫米，种一棵树，周围需要放六十斤冰来代替浇水，今年三月一日到十五日，有十七万六千多个劳动力，从黄河到相距五里至二十五里的山上来回运冰，共浇灌了一百七十多万棵树。

总之，绿化，与爱国爱乡结合，已成为各地广大群众的行动口号，从乡村到城市，从军队到学校，从机关到企业、厂矿，男女老少都动员起来，出现了数不清楚的突击队，造了数不清楚的青年林、少年林、红领巾林、母亲林、三八林、八一林，甚至还有老年林。

这样，全国造林，截止六月十二日，就达到了四百一十九万公顷，完成一九五六年任务，为一九五五年同期造林面积的三点五倍以上。再加上一九五三至一九五五这三年造林面积三百九十八万公顷，共造了八百一十七万多公顷。而第一个五年的造林计划总数为六百二十九万公顷，所以我们已提前完成了五年计划，而且超额百分之三十。

然而，以上说的是量，不是质。说到质，今年不会比往年提高得很多。这表现在造林成活率上，一九五五年全国平均成活率仅百分之六十四。今年虽然普遍地训练了林业员，然而技术指导远远跟不上形势的需要。估计到今秋检查成活率的时候，必不能达到去年全国林业会议上所要求的百分之九十。

2.护林防火：在山林火灾一向严重的关内各省，由于各级党政和广大群众的努力，今年火灾显然地减少了。甘肃今春山火次数比去年减少百分之九十二，毁林面积减少百分之六十八；云南一至三月火灾次数比去年同期减少50%，受灾面积减少百分之六十七，林木损失减少百分之七十二。其他浙江、陕西、湖南、广西、广东、四川、福建、江西等省也都有不同程度的减轻。

然而，我们的木库所在地——内蒙古和东北，今年五月忽然发生了大火，二十五日至二十七日三天，大小兴安岭发现山火二十一处，动员了三万三千七百人打火，有些火被打灭，有些火一直烧到六月四日，才被雨浇灭。这次火灾损失的详细数目正在清查，估计草原和森林必烧掉不少。事实告诉我们，我们要防止山火，还必须付出更大的力量来。

3.森林经营：在全国重点林区，如吉林、黑龙江、内蒙古、四川、云南、山西、陕西、甘肃、新疆等省（区），已建立了由省林业厅领导的中间森林管理机构四十二处，基层森林经营机构（即经营所）三百五十二处，配备了工作人员八千三百三十五人，管理着国有林一千二百五十多万公顷。这些森林，将会被我们逐步地合理地管理起来。

但，有的工作人员，由于林中没有道路，没有通讯设备，不能发挥应有的作用；有的技术干部，虽然在高等学校毕业后，又在京受训了四个多月，而分配下去，却被“冷藏”起来，没有适当地安排工作。

其次说森林工业方面：

1.采运工业：在东北和内蒙古的国有林，已形成大型企业，并使用着现代化的技术装备。一九五五年推行了班组经济核算制，召开了先进经验交流会议，展开了社会主义劳动竞赛，出现了空前未有的新气象。原木生产成本比一九五四年降低百分之七点二五，生产工人每人年平均产量一百一十三点六七立方米，劳动生产率比一九五二年提高了二点零四倍。说到生产机械化的比重，在一九五五年末，集材达到百分之五点二八，运材至中间贮木场达到百分之二十点八四，运材至最终贮木场达到百分之八十五点零八。

2.制材工业与林产化学工业：由于生产技术操作及设备都有改进，制材厂与林产化学工厂的设备利用率提高了。今年第一季度制材超额完成产量计划的百分之一百零一点三八，林化超额完成产值计划的百分之一百零二点九一。

3.木材市场销售：在今年第一季度完成市场销售一百九十二万五千七百二十四立方米，比去年同期增长百分之四十九点四。

以上虽获得一些成绩，但缺点还是很多，最突出的有：

1.在采运工业上，落后的季节性的生产方式还占着相当比重；机械化生产工艺过程，还缺少全面规划，因此每个生产工序的机械设备不平衡，闲置了不少机械；劳动组织还不合理，劳动生产率每日每工木材综合产量仅零点三四立方米，比到苏联一九五四年的零点九立方米，相差将近三倍；劳动保护又不够好，伤亡事故仍很严重。

2.制材工业与林产化学工业的发展，没有很好地配合采运工业，大大落后于国民经济的需要，木材及其他林产利用率甚低，每年弃置于采伐迹地和木材加工厂的木材，几乎与采伐生产的原木产量相等，或竟超过，损失很大。

3.在木材销售上，对农村，不论在数量上和在规格上，均不能满足农民的要求。

二

关于今后林业的一些意见。现在，森林工业已分出去单独成部，这方面我就不提意见了，我只提出林业方面几个问题：

1.开山问题：廖鲁言部长关于高级农业生产合作社示范章程（草案）说明中说，许多地方的许多农业生产合作社只强调农业生产，而忽视在农民收入中占很大比重的林业。是的，我在浙江视察中，也得到了这种实例。许多合作社往往不顾一切地追求粮食增产，只有在党照顾得到的地方，山林还幸免遭殃，例如开化县富户乡已经组织了一百七十个劳动力，计划上山开垦两月，被县委发觉、制止。而在县委照顾不到的地方，有的开山种粮，如象山县南韭山三十度以上山坡被垦一万二千多亩，种了番薯；有的毁林种粮，如汤溪县城关区油茶一千五百亩，被龙游一个劳改农场全部砍光，种了玉米。

大家知道，开山是要惹起水土流失的。据甘肃天水县水土保持站试验，每公顷土地的泥土冲刷量，在二十六度四十五分倾斜的麦田，冲刷三百八十一点八公斤，而在二十九度三十三分倾斜的刺槐林地（没有地被物），只冲刷七十六点八公斤，即一百比二十。

水土流失，就容易发生山洪。中国每省都有一条或几条不驯服的河，不驯服的河，都起因于不长树木的山。俗语说得好："山上开荒，山下遭殃"。

如何防止开山，防止流失水土？我们认为，只有搞好了山区生产规划，特别是作好合理利用土地的规划，解决农、林、牧之间的矛盾，才可以给群众指出美丽的远景，才可以防止群众滥垦山地。

现在，林业部根据国务院指示，已会同有关部门在国务院第七办公室领导下，组成了山区生产规划办公室。希望各地人民委员会也加强对山区生产规划的领导，把山区宜农、宜林、宜牧的土地加以合理划分，大力保持水土，保障农业生产。

2.林火问题：林火是森林最大的敌人，我们必须坚决地、彻底地把它消灭，而要消灭林火，我们不能停留在口号上，必须拿出有效的措施来：

第一，要向主要林区内部修筑公路。没有路，大兴安岭北坡六十多个森林经营所没有饭吃。没有路，经营所不能控制林区山火，不能及时扑灭它。没有路，军队和群众往往要步行八天十天，才能赶到火场打火。所以，修筑公路，是护林防火的关键性工作。但要修公路，必须先行勘测设计，必须有技术干部。希望交通部、铁道部和森林工业部大力支援我们。

第二，要在林区边沿的交通要道上派驻军队。历年动员很多部队打火，效率是很高的，但是路程太远，例如，今年有的军队从四平、梅河口到内蒙古去打火，在路上消费了很多时间，不能迅速到达火场。如果这些军队驻防在林区边沿的交通要道，如嫩江、海拉尔等地，那末，无火，可以进行军事训练，有火，随时可以出动打火。

第三，要购买直升飞机，作为救火人员下地扑火之用。今年六月四日，从嫩江出发侦察火情的普通飞机，在南瓮河上游，发现了一股刚起的火，当时飞机中的人认为如果能够有几个人从飞机上下去，马上就可以扑灭这股火。可是，没法下去。于是在飞机回来后，大家研究扑火方法，觉得要从伊图里河动员森工人员到火场去，需走十二天，要从嫩江附近派军队到火场去，需走七天，经过七天至十二天，火烧面积，不知要大到什么程度，到那时，即是用几千人也把火扑灭不了。如果当时坐的是直升飞机，则一、二十人就可以趁火小的时候下地扑灭它。所以直升飞机对扑火有重要作用，我们应该买上几架。

第四，要购买“报话机”。没有它，经营所与经营所之间不能联系；没有它，部队与部队之间也不好联系。这样，不但是火情不能及时通报，而且粮食也得不到供应，有饿死在山里的危险。因此，“报话机”是不可缺少的。

以上四项措施，我们即将向国务院建议，我先在这里说一说。

3.少数民族问题：我国森林多分布在少数民族地区。据已了解的材料，靠林业为生与在林区附近的少数民族约有九百多万人（不包括西藏、青海、甘肃），占全国少数民族人口总数的四分之一左右。其中有许多少数民族，在营林方面有丰富的经验，我们必须依靠他们。今后，在林区必须认真贯彻民族政策，照顾少数民族的特殊利益，仿照在大兴安岭林区团结鄂伦春民族的办法，在政治上、经济上密切关怀他们，使他们生产和生活得到改善，或进一步培养他们成为林业干部，使他们在护林、造林上起更大的作用。

4.基层机构问题：现在造林成活率甚低，主要原因是由于没有基层的林业技术指导机构。希望各省在今明两年内，大体上以区为单位，把林业工作站都建立起来。

三

毛泽东时代的林业工作者，工作是很艰巨的，但任务是光荣的。一九五五年十二月全国绿化会议要求我们：十二年内绿化可能绿化的荒地荒山一亿零五百万公顷。这样大的计划，我们如果能够克服一切困难，如期完成，不单是中国历史上所无，即世界林业史上恐怕也没有前例。这不是光荣么？

然而，中国是世界上荒山最多的一个国家，十二年绿化一亿零五百万公顷，只是一个开端，此后还有七千万、一亿，甚至二亿公顷的荒地荒山等着我们。

而且，留下来的七千万、一亿或二亿公顷，是群众力量所不到的深山、远山，或者是石山，是造林技术上成问题的盐地、碱地，或者是沙地。工作比头十二年更繁重更艰难。

因此，在这十二年内，我们最重要的任务是：第一，创造先进经验，第二，培养青年专家。有了经验，有了青年，就可以五年又五年，一代又一代，连续不绝地工作下去。后来的林业工作者，头脑更聪敏，技术更高明，经验更丰富，力量更雄厚。等到力量雄厚，我们一定能够绿化头十二年不能绿化的荒地荒山，能够改造十二年没有造好的林相，能够改变气候，征服自然，做到全中国山青水秀，风调雨顺，人寿年丰。

（原载《中国林业》一九五六年第八期）

在百花齐放百家争鸣的方针下
做好科学普及工作

最近，党中央提出了“百花齐放，百家争鸣”的方针。“百花齐放”，说的是文艺工作，特别是戏剧工作；“百家争鸣”，说的是科学工作和一般学术工作。

在科学普及工作上，我以为这两句话都可以拿来作为金科玉律。因为，一方面科学技术普及协会的工作本身是科学，在一定范围内要有科学的严肃性；但是另一方面，我们的工作要普及，要说得人们容易懂，要引人入胜，叫大家听了或看了对科学发生兴趣。所以文字要写得轻松、灵活，配上美丽生动的图画。有时不妨把植物、动物、矿物“人格化”起来：土壤可以称妈妈；树木可以编军队，也可以进学校；鸟、兽、虫、鱼可以说话；如有必要，天上还可以走出“神仙”来。可以说，科学普及工作，是带一些文艺性的。

在科学普及工作中，既然有科学，又有文艺，那就必须贯彻“百花齐放，百家争鸣”的方针。

大家知道，戏剧界贯彻了毛主席“百花齐放，推陈出新”的政策以后，获得了很大的成绩。中国科学院郭沫若院长在这次全国人民代表大会会议上的发言中也说，我们的花，开遍全中国，开遍全亚洲，开遍全欧洲，又开到了非洲，到处被人欣赏。郭沫若院长说的是“文艺之花”。文艺之花为什么能够到处被人欣赏？因为它有声有色。

我以为，我们的“科学之花”，也必须做到有声有色才好。而事实上我们也的确有条件可以把科学普及工作做得有声有色。因为：

首先，党重视科学普及工作。党中央召开知识分子会议的时候，也作了科学普及报告；今年四月中共中央宣传部召开的科学工作座谈会中，也组织了十个科学新成就的报告，同时统一布置了有关部门的科学普及工作。

其次，全国绝大部分科学家热心从事科学普及工作。这，只要看看全国科学技术普及协会和各地科学技术普及协会，组织各地科学技术工作人员积极参加科学普及宣传活动的情况，就可以知道了。

第三，中国人民需要科学普及工作。全国总工会、青年团中央、中国人民解放军总政治部先后和全国科学技术普及协会发出了联合通知，要各地把科学普及当做经常工作。这几个单位，代表着几百万几千万工人、农民、士兵、青少年和机关干部，它们告诉我们，中国人民需要科学，需要科学家多做普及工作。

第四，国际朋友需要我们多做科学普及工作。苏联、匈牙利、捷克斯洛伐克、德意志民主共和国及其他人民民主国家的科学普及协会都同我们交换刊物。今年四月初，全苏政治和科学知识普及协会主席奥巴林院士为出席世界科学工作者协会十周年来我国，曾经要求我们编辑关于第一个五年计划和关于农业合作化的两种小册子，并且要求我们今后把新中国的事情通过全苏政治和科学普及协会多多介绍给苏联人民。

在这样的形势下，中国科学家还能一花独放吗？不能。我们必须“百花齐放”。

“百花”，说花的种类多，朵数多，不单调。

“齐放”，说花开得齐。满山一齐开，满园一齐开，满树一齐开，不是零零落落地开。

科学普及工作也是一样。

要宣传门类多：物理、数学、技术科学、医药卫生、地质、地理、化学、化工、生物、农、林、水利、气象，等等，分门别类，应有尽有。

要宣传阵地多：讲演、广播、期刊、副刊、小册子、电影、幻灯、展览，各式各样，应有尽有。

要宣传次数多：例如讲演，一九五五年全国讲演了一万二千二百九十四次，而今年根据预计，单是对工人讲演，就需要近四十万次，加上青年团、部队、文化系统和农村，就需要五十万次。

而且象开花一样，不但要开得多，还要开得好，要让工人、农民、士兵、青少年、机关干部听了或者看了人人满足，人人得到很多的益处。

这就是科学普及工作的“百花齐放”。

如何才能实现这个理想？这不得不要求科学技术普及协会贯彻“百家争鸣”的方针。如何才能做到“百家争鸣”？这不得不要求科学技术普及协会中各个专门性学组，如物理学组、土木学组、气象学组等多多地负起责任来。

依照苏联的经验，要把科学普及工作搞好，必须通过专门性的组织，来发挥科学家的潜力，提高工作质量。这组织就是“学组”。

学组的任务是，拟订宣传计划和宣传题目，组织文稿，推荐宣传人员，讨论稿件内容，研究群众反映，提出改进意见，等等。就是说，要“百家鸣”，要“百家争”。

“鸣”，是公开讨论，自由发表意见，尽量提出批评。

“争”，是争论，争辩。我们是为人民服务的，为了满足人民的需要，为了使人民得到更多的利益，最好每一篇文稿，那怕是名作家的，必须经过学组审查和修改，每一次讲演，那怕是前辈讲的，必须由学组研究听众意见，举出缺点，提出改进的意见。当然，这样做是麻烦的，但工作却因百家的讨论而做得更完善。必须指出，科学普及文章和科学研究报告不同。它是写给非专业的人看的。必须深入浅出，写得通俗。而要保证文章通俗，不能凭作者一个人的看法，必须通过学组中多数人的评定，才比较可靠。这里，我讲一个故事：唐朝大诗人白居易，做了诗，往往读给他家里的女佣人听，如果他家里的女佣人听不懂，他就认为他的文字不通俗，马上就改，改到女佣人听懂才满足。从这一方面来说，这真是科学普及工作者的一个好榜样。

“争”，又是竞争，也就是社会主义劳动竞赛。学组同学组，个人同个人，都要比较，看谁“鸣”得更多，“鸣”得更好听。

这就是科学普及工作的“百家争鸣”。

这样做，科学普及工作会一步一步地改进，劳动人民的知识会一点一点地增加，科学技术普及协会也会一天一天地发展。

总而言之，在学组里，最重要的问题，我以为只有两个。第一个问题是：用什么东西来为人民服务，即科学普及工作的内容怎样？回答是，“百花齐放”；第二个问题是：怎样做好科学普及工作？回答是“百家争鸣”。

（原载一九五六年七月十九日《人民日报》）

科学普及工作的新阶段

光阴过得真快，中华全国科学技术普及协会已成立六年了。在六年后的今天，随着我国社会主义工业化的伟大运动，随着全国人民向科学进军的壮阔潮流，科学普及工作已经进入了一个新的阶段。

先说职工方面。为了贯彻又多，又快，又好，又省的生产方针，大家迫切地要求学习科学技术，很多老工人说："要提高生产，老经验都搞空了，非学习技术，不能再提高了。"有些职工自动组织起来学习科学技术。如太原矿山机器厂职工，组织了锻冶、焊接处理、医药等自学小组。天津国棉四厂电动车间，也自动组织了学习小组。职工们把学到的科学技术知识运用到生产中去，确实能够提高生产率。如山东潍坊柴油机厂，单是今年上半年就进行了二百一十二次科学技术普及讲演，增进了工作效力，提前完成了全厂第一个五年计划的生产指标。

次说科普会员方面。华中工学院赵学田教授创作的《机械工人速成看图》一书在全国推广后，广大机械职工的识图能力普遍提高，消灭了百分之八十以上"图盲"。在沈阳农业机械厂，技工李绍恭同志过去常想改进技术，但都不能把草图画出来，参加速成看图学习后，自己设计胎具图纸，改进了廿四行播种机上的播种盒和左右胎具，提高工作效率百分之一百三十三。河南新乡市机械工人经过学习后，亦基本上消灭了图盲。

一般地说，科学工作者和厂矿的工程技术人员对职工科学技术讲演工作的热情很高。许多科学工作者在制订自己向科学进军的规划时，同时订出了帮助车间工人提高科学技术水平的规划，纷纷向科普协会要求任务。沈阳中国科学院化工研究所刘惠荃工程师到北京参观苏联和平利用原子能展览会时，所里的青年研究人员就向她提出："这次到北京总会可得带讲演任务回来。"重庆市一〇一厂的技术人员向本厂和外厂机床工人讲演速成看图法的时候，曾自己出钱买纸，半夜刻钢板印提纲发给工人。他们为了使讲演收到很好的效果，还利用工厂的废木料制成模型，作为教具，这种教具，在讲演时可以上下转动说明图形，很受工人欢迎。有些出色的讲演员，还被邀到外地去进行讲演，如郑州市的翻砂知识讲座，密切结合生产，解决了生产中的实际问题，新乡市就请郑州的讲演员到新乡去进行了三次翻砂讲座。

青岛某厂技术员巴殿成同志积极帮助工人掌握新技术，经常深入车间，利用业余时间帮助三十多名车工学会高速挑机的先进经验，使这些工人工作效率提高了六倍，并且其中有二十四名工人被评为先进生产者，十四个小组被评为先进生产单位，巴同志本人也被评为先进生产者。

在广大群众积极学习科学技术知识的新形势下，飞跃地促进了协会的科学普及工作。过去协会平均每年讲演只有一万余次，而今年全国总工会要求协会为职工举办的讲演就是三十几万次，其他为解放军、广大农民、干部、市民所办的科学技术讲演，目前虽尚无一定的数字，但预计数目必不小。在我们这个六亿人口的国家里，属于科学普及对象的，不会少于四亿人。向四亿人民普及科学知识，不是一件小事情。最近，在拉萨已有协会会员作过科学讲演，预计一、二年内，科学技术普及协会的组织将推广到西藏高原。

在中国共产党"向科学进军"的号召下，为了动员全国工人群众更进一步地提高技术，必须在全国范围内总结并交流科学普及的经验，必须表扬科学普及工作的积极分子，同时，表扬科学知识学习的积极分子。因此，全国总工会与全国科普协会订于今年十月底联合召开全国职工第一次科学技术普及积极分子大会。在会外更设立展览馆，以资观摩。

这次大会不单是在科学普及工作上有重要意义，还可能对工、农、知识分子联盟发生重大的政治意义。因为，通过这次大会，将使科学技术工作者更深入地了解到自己负有用科学知识武装劳动人民的神圣职责；同时使劳动人民更亲切地拥护知识分子。

这次大会，也可以说是保证全国先进生产者运动深入地持久地开展的一项重要措施。因为，直接参加生产的广大劳动群众，如果能够把科学技术水平提高到与生产发展相适应的程度，就可以大大地发掘生产潜力，保证提前和超额完成国家计划，保证持久地深入地开展先进生产者运动。

这次大会，通过广大的劳动群众和知识分子的经验交流，还可以更好地把科学理论和广大劳动人民的生产实践结合起来，化为生产建设的实际力量，可以有效地总结广大群众从劳动中所创造的无限丰富的生产经验，从而使科学技术研究工作更加充实起来，为国家和人民作出更多的贡献。

由于科学普及工作在我国还是一个比较新的事业，更由于我们国家的科学技术水平与社会主义建设的要求还相距甚远，所以要求全国各级科普协会组织继续大力广泛发展会员，将厂、矿、企业、机关、学校中的会员用工作组的形式组织起来。在基层党委领导下，密切结合党与行政的中心任务，与群众的实际需要，采取多种多样、灵活生动的方式，广泛深入地开展科学技术普及工作。

经过六年多的摸索，我们不能说协会已经获得了成绩，只能说，协会已初步地开辟了科学普及的园地。在这个园地上，知识分子和工农劳动群众同心协力，培养起“科学种子”来，使将来可以开出美丽的“科学之花”，得到丰硕的“科学之果”。

（一九五六年，林业部档案处提供）

农民需要科学翻身*

毛主席说:“世界上的知识只有两门,一门叫做生产斗争知识,一门叫做阶级斗争知识”。阶级斗争胜利以前,工农劳动群众是用不上较高深的生产斗争知识的。

中国五亿农民从解放战争到土地改革、从互助组织到合作组织、从低级合作社到高级合作社,这一连串轰轰烈烈的伟大运动,都是阶级斗争。现在,中国农民在中国共产党领导下斗争胜利了,到一九五六年二月为止,加入农业生产合作社的农户占总农户的百分之八十五点三,高级社农户占总农户的百分之四十八点七,中国农村基本上消灭了剥削,消灭了阶级,农民不独政治翻了身,经济也翻了身。

经济上翻了身的农民,迫切地需要文化,这是很自然的,因为,有些农村,文盲还占总人口的百分之八十,成为农业发展的一个障碍。党中央针对这个缺点,在《全国农业发展纲要》中指出:“五年或者七年内基本上扫除文盲”。就是说,要叫农民在短期内文化翻身。这是必须的,也是可能的,因为农民已开始在努力做扫盲工作。

扫了盲,识了字,接下去就迫切地需要生产知识。为什么要生产知识?要回答这个问题,只须看苏联科学家替我们写作的杂志的标题:“知识就是力量”。就是说,有知识才有力量,有力量才有先进生产。

---

* 这是作者为《学科学》杂志写的一篇文章。——编者

要怎样的生产知识？毛主席说过，生产斗争知识的结晶是自然科学。所以，合作化了的农民需要科学，需要一切自然科学，上至天文下至地理，远至猿人近至现代，大至鲸鱼小至细菌，凡对农民生活及生产有益的科学常识、科学道理、科学成就，大家尽量地写出来。要写得浅近，要写得简净，要写得显明，要叫农民读了容易懂，要叫农民读了“忘记忧闷和懒惰”(马雅可夫斯基)。

谁来写？中国科学家，包括农学家来写。苏联科学家已经替我们写了并且还在写着一种《知识就是力量》杂志，主要地面向工厂。我们自己再来写一种主要地面向农村的《学科学》杂志，好不好？

中国科学家不是正在规划要把科学在短期间提高到国际水平吗？我们提出要这样浅近的科学工作，是不是倒退？不是倒退。向劳动群众普及科学，是为了壮大我们的科学队伍，是为了结合千千万万人一道向科学进军。

自然科学的最终目的是为了生产。生产虽然随科学的高涨而高涨，科学也随生产的发展而发展。而生产事业不外乎工、农两门，农民如果不懂科学知识，科学的使用范围就瘫痪了一半，变为半身不遂，半身不遂的科学，怎样能够走进社会主义社会？

而且，现在是工人、农民和知识分子联盟的时候了，科学家把科学知识献给劳动群众，正是求之不得的光荣任务。裴文中先生不是在写关于人类起源的通俗读物吗？赵学田先生不是在研究工人速成看图法吗？其他理、工、农、医各方面成千成万科学家不是在热烈地搞讲演、广播、副刊、杂志、小册子、展览、电影七大宣传工作吗？

瓦维洛夫说：科学家除研究外，应广泛地展开科学宣传，科学家们的讲演不应以百计，而应以百万计。科学宣传应深入工厂和农庄，因为，走向共产主义的劳动群众需要科学家这样做。

我们以为，工农劳动群众对科学家的科学普及工作，不但有提出的必要，而且有提出的权利。因为，科学是大众的，科学家应该把它交还大众。

因此，科学家们学科学，农民们也要学科学，农民们要学科学，科学家们就应该合力支持这一份《学科学》杂志。

现在是毛泽东时代的农民了，政治翻了身，经济翻了身，文化也正在翻身，我相信，今后还要科学翻身。

（一九五六年，林业部档案处提供）

妇女有权利要求
科学家普及科学

《中国妇女》杂志社要我写一篇宣传自然科学的文章。

宣传自然科学，我以为全国科学技术普及协会工作做得比较多些。它摸索了六年，从二十六个分会、五百个支会、七万六千个会员的工作经验中得出一个结论："宣传科学，必须结合生产，结合生活，结合思想"。这无疑地是确实的。

自然科学，是生产斗争知识的结晶。生产离不开科学，所以全国各厂、矿、企业中的工人群众，不论男女，都迫切地需要科学知识。

至于实际生活，则范围更大，"在你周围的事物"更多，从而科学的接触面更广。开门七件事：油、盐、柴、米、酱、醋、茶，这里头都有科学；天上日、月、星、辰、风、云、雷、电都是科学；地上山、水、草、木、鸟、兽、虫、鱼都是科学；春、夏、秋、冬，寒来暑往又是科学；只要人生还留一口气，这一口气中就有科学。

在思想问题上，因果报应有没有呢？算命先生、测字先生的嘴灵不灵呢？天灾是怎么发生的呢？这些问题都需要科学知识来解答，因此，人们要破除迷信思想，必须学科学。

特别是妇女，要抚养婴孩，要教育儿女，要料理家务，科学常识的需要更多。据说，某家有个孩子问母亲："妈妈，为什么会打雷？"妈妈不能回答，感到了苦闷。我们以为，日常生活中类似这样的问题多得很：为什么会下雨？为什么水壶烧热了会冒气？为什么喝了生水会坏肚子？为什么会做梦？为什么？为什么？“十万个为什么”，等着妈妈回答。妈妈不学科学怎么办？妈妈要学科学，而科学家不去普及又怎么办？站在妇女的立场，特别是站在做妈妈的人的立场，迫切地要求科学家普及科学，是应该的。

有人说，许多妇女对科学不感兴趣。这只是一个方面，问题还在于宣传内容和宣传方法，适不适合妇女的需要和接受能力。譬如宣传电的问题，如果你讲“电的来源”、“无线电原理”，恐怕除了个别对这方面有特别爱好的人以外，一般妇女都不会有兴趣的。如果同是电的问题，把它改变一下，换成一个“家庭安全用电”的题目，我想情况就会有很大的不同。广西梧州就有现实的例子，梧州科普支会不久以前替妇联开了一次“安全用电”的讲座，妇女听讲的非常踊跃，彭婉卿听了很得意，向人说，“我从前怕电，现在不仅懂得电的来源，而且还懂得怎样控制它。”

由此可见，问题不在于妇女要听不要听，而在于科学家来讲不来讲；问题也不仅仅在于科学家来讲不来讲，而在于组织工作是否做好，更在于讲座是否适合妇女群众的需要，以及她们的生活、文化水平、业务性质等等。这里需要一番周到的布置的。

近来，全国科普协会和共青团中央发出了联合通知，对全国一亿二千万青年，包含女青年在内，有一个科学普及的初步安排；协会又和全国总工会发出了联合通知，对全国一千八百五十万职工，包含女职工在内，也有一个科学普及的初步布置。而对于一般妇女，则除了个别地区结合妇联做些科学普及工作外，全国还没有一个有系统的计划。

现在是向全国妇女普遍地宣传科学的时候了。妇女占六亿人口的一半，是社会主义建设战线上一支巨大的力量。她们学了科学，不但能够大大地提高工农业生产，还能够保护人民生命，增进儿童健康，消除旧社会遗留下来的一切封建迷信思想。

全中国科学家组织起来！首先，在全国妇女的每一种杂志上，例如《中国妇女》上，开一个“科学窗”，写些浅近的、通俗的、有趣的科学短文，让妇女们呼吸些科学空气。进一步，通过妇联、文化馆、文化站、居民委员会、青年团、工会、农业生产合作社等各种机构，用杂志、报纸、小册子、讲演、广播、展览、电影、幻灯等各种工具，向工厂妇女、农村妇女、工商界妇女、街道女基干及一切劳动妇女，宣传孕妇卫生、产妇卫生、月经卫生、新法育儿、婴孩护理、消灭四害等生活细节，再进而讲到太阳、地球、气象、原子物理、人种起源等大道理，更进而讲出国家五年、十五年社会主义建设的美丽远景。

这样做，是直接地提高妇女科学知识，也就是间接地替国家培养后一代的科学种子。

应该知道，妇女做了母亲是要朝夕接近孩子的，孩子是不久就要走上通往科学的道路的。

孩子们天真烂漫，朝气勃勃，有无限的好奇心，有充分的求知欲，只要有人向孩子们浅明而生动地讲科学，哪怕是上至天文，下至地理，孩子们一定会凝神静听，而且会听出兴味来的。

那末，谁来讲？

最好是，让有科学常识的妈妈来讲。孩子是最喜欢听妈妈的话的。

如果说，从老师口里讲科学，孩子们听起来象是一堂严肃的教课，那末，从亲爱的妈妈口里有说有笑地讲，孩子们会当作甜蜜的小说和童话来听的。这样，会引起孩子们的科学兴趣。

等到孩子们对科学发生了兴趣，那就不难进一步读枯燥的教科书，更进一步研究高深的道理。如果能够继续不断地努力下去，最后就会成为科学家。所以，妇女学科学，对儿童教育有很大的帮助。

总之，为了生活，为了生产，为了思想进步，为了响应党中央向科学进军的号召，为了替祖国培植后一代的社会主义建设者，妇女有权利要求全国科学家，特别是女科学家组织起来，大家自愿地、勇往地、诚恳地担当起向妇女普及科学的神圣职责！

（原载《中国妇女》一九五六年第十期）

广泛发展工会和科普协会的合作关系

几年来，中华全国总工会和中华全国科学技术普及协会的合作关系非常密切。它们已经先后发布了《在工人群众中间加强科学技术宣传工作的联合指示》和《关于一九五六年对职工进行科学技术宣传的协作计划纲要》。最近又发布了《关于召开全国职工科学技术普及工作积极分子大会的通知》，而且成立了筹备委员会，进行着积极分子大会的筹备工作。

各级工会和各级科普协会也先后发出联合指示，先后进行积极分子的选举工作。

这一切工作，在中国工人中间发生了深远的影响。因为，工人们知道他们的生产事业，完全是科学的具体应用，所以，越是积极生产，就越会积极要求学习科学知识。

另一方面，广大知识分子，解放几年来在党的领导教育之下，觉悟大大地提高，成为工人阶级的一部分，他们的政治立场，现在日益转到工人阶级的立场上来。所以他们感觉到：把科学知识普及给广大工农劳动人民，是义不容辞的责任。

也只有把科学知识普及给广大的工农劳动人民，使工农群众和知识分子结合为一个整体，共同努力，共同前进，才可使科学理论和实践结合，和生产结合，才可使我国科学技术迅速地赶上世界先进水平。

从今年年初以来，由于党中央提出了争取提前并超额完成第一个五年计划的号召，又提出了向科学进军的号召，工人要求学习科学技术的积极性和科学家普及科学技术的积极性都更加高涨。据各地报告，广州市工人文化宫进行的科学技术宣传，一九五四到一九五五年这两年，每月平均只有四、五次，而今年二月以来，由于形势的发展，每月进行十四次科学技术讲演；哈尔滨市某厂科普会员工作组每月进行十次科学技术讲演；山西机器厂在七月十五日一天同时进行了锻、铆、铣、焊等十二个小型讲演会；山东济南机车车辆修理厂一个季度计划作一百七十次科技讲演；济南造纸厂三个月内计划作二百八十九次讲演；潍坊市上半年已超额完成了全年的讲演任务。

象这样的工作进度，已大大地超过了全国总工会和全国科普协会今年《协作计划纲要》中的规定。《协作计划纲要》只规定地区俱乐部每月进行六次讲演、基层俱乐部每月进行四次讲演的任务。照这个计划计算，全年向工人群众所作的科学讲演，约需四十万次。

我国已走上社会主义道路，在社会主义国家——苏联，从一九四七年七月到一九五二年四月一日，全苏政治与科学知识普及协会讲演了二百六十一万四千次；而一九五四年四月三日苏共中央向全苏政治与科学知识普及协会第二次会员代表大会的贺词中提出每年举办一百余万次讲演。由此可见，我国对科学普及工作，还须不断地努力。

值得指出，近来我国各地在科学技术普及工作中，采取了许多新的方式，如：技术讲座、训练班、先进经验报告会、结合讲演的技术表演、自学小组、研究会、技术夜校、问题解答会、师徒合同、互助合同、先进生产者学校等。许多基层组织建立“红角”，出版小册子、期刊、副刊、黑板报、大字报、图画，放映幻灯、电影，举办展览，出动科学技术普及宣传车等等。

这些科学技术普及工作，在生产上起的作用是很大的。以哈尔滨市工业先进经验展览馆为例，开馆以来九个月中间，共吸引了十二万多人参加了活动，出版了介绍先进经验的车工、刨工、电工、土木工等十二个工种的刊物。他们又举办了“庄铭耕工作法”报告会，听讲的工人由此掌握这种先进的工作法，生产效率平均提高百分之二十，最高的达到二十一倍。哈尔滨机车修理工厂“中苏友谊小组”半年内在一万九千多件工作上运用了这种方法，使全组生产效率提高百分之三十到二百。哈尔滨工业先进经验展览馆又展出了苞米铣刀的原理、特点、制造和试验过程的体会和经验，使掌握这一经验的工人提高生产率三到四倍，有的提高到十倍。各地类似这样的例子还很多。

近年来，从各地科学技术普及的工作中，协会已摸索出科普宣传的方针，这就是：科学宣传，必须结合生产、结合群众实际生活来进行。而在具体的工作方法上，必须贯彻小型多样，通俗易懂、生动活泼、吸引自愿的原则。这些经验对今后科学技术普及工作的开展，有极大的推动作用。

全国第一次职工科学技术普及工作积极分子大会在十月底就要召开了。希望各级工会和各级科普协会广泛发展已有的合作关系，在全国职工科普积极分子大会召开以前，把过去对职工进行的科学技术普及工作加以总结检查，从这里面找出过去失败的教训和成功的经验，从而得出今后努力的方向。在十月底召开的全国职工科普积极分子大会上，更须尽量地交流各地的宝贵经验。

在这次大会上，一方面表扬科学知识普及的积极分子，同时表扬科学知识学习的积极分子，另一方面，加强职工、科学工作者、工程技术人员相互间的亲密合作。我相信，通过这次大会，职工们一定会掀起向科学技术进军的热潮，为加速我国社会主义建设的进程而奋斗。

（一九五六年，林业部档案处提供）

向台湾科学文教界朋友们的广播讲话

台湾科学文教界的朋友们：

全国人民正在隆重地纪念伟大的爱国者和民主主义革命家孙中山先生九十诞辰。乘这个机会，我和台湾的科学文教界朋友们在广播中谈一谈话，心里感到十分高兴。

孙中山先生为中华民族的解放、为中国人民的自由幸福，辛勤地奋斗了一生。虽然三十一年前他弃世的时候，革命尚未成功，但他的伟大的人格、崇高的政治理想和不屈不挠的革命精神，永远留在亿万人民的心坎里。

记得一九四七年冬天，在台湾一个座谈会上，大家谈到苛捐杂税，民不聊生，坐在我旁边的一位台湾朋友，猛然起立，指着电灯光下一幅孙中山先生半身像，声泪俱下地说道：这里只知道供奉纸面上的先生遗容和遗嘱，共产党那里却在实行先生的主义。

是的，中国共产党是重视三民主义的，在抗日战争时期，在陕甘宁边区就已切实施行了。到今天，除了台湾省以外，全中国已经实现了孙中山先生的崇高理想，做到民族独立、民权自由、民生幸福。

现在，站起来了的中国人民，不再受任何帝国主义的欺凌和侮辱了，我们的国家在国际事务中，起着越来越大的作用，各国都尊敬我国的外交使节和各种代表团，它们也川流不息地派代表到新中国来参观和访问，今年十月一日国庆节，就有五十多个国家的代表团到北京来观礼，且到外省去参观工厂和农村，这就是一个很好的证明。在国内，我国各民族也一律实现了平等，团结得象一家人一样，过去长期没有解决的少数民族内部的一切纠纷，现在也很好地解决了。各少数民族在中央人民政府的领导和帮助下，正大力发展自己的经济和文化，他们的物质和文化生活也逐步在提高。所以民族问题在新中国已经完全解决。

民主生活，也在不断地发展和扩大。这，一方面表现在政治上。作为国家权力机关的全国人民代表大会和各级人民代表大会，充分发挥了人民"当家作主"的权力，它不但决定国家的政策和重要法令以及政府组成人员，而且监督政策和法令的执行。我也是全国人民代表大会代表之一，我们每年都要定期到各地方去视察，并将视察所得以及人民的意见和要求反映给政府，使政府的工作能够得到不断的改进。在人民代表大会之外，还有中国人民政治协商会议全国委员会和各省市委员会，它们容纳了全国各方面的人物，经常对政府起着监督作用。此外，各民主党派、各人民团体的成员，也以各种不同的方式参加国家的政治生活，有的参加国家政权机关，有的参加各级人民代表大会和政治协商会议，有的担任经济、科学、文教各部门的工作，在工作中都表现了很大的积极性和很高的政治热情。最近中共中央提出了共产党和民主党派长期共存、互相监督的方针。"长期共存，互相监督"决不是一句空话，而是有它的实际内容的。事实上，民主党派对共产党和政府的监督作用也不自今日始，自从中华人民共和国建立以来，民主党派对国家一切政策和具体措施，大而至于共同纲领、宪法和许多重大政策、法令，小而至于某一项工作中的缺点和错误，都和共产党共同讨论，随时建议，随时提出意见的。

民主生活还表现在学术上。"百家争鸣"这个口号，现在被提出来了，而且还制定了许多具体措施，提供了许多必要的物质保证，使这个方针得以贯彻。你们远在台湾，对于事实真相也许不很了解，甚至，由于受着反宣传的影响而发生一些怀疑，这也是很自然的。但是我可以告诉你们，春秋战国时代所未有的新的"百家争鸣"的局面，在新中国的学术界已经蓬蓬勃勃地开始了。现在，在人民政府之下，不仅有宣传唯物主义的自由，也有宣传唯心主义的自由。几个著名的大学里，已经增设了唯心主义的学术讲座，由学者们公开讲述黑格尔、康德、罗素的哲学和凯因斯等的经济学。在报刊上，在座谈会上，也展开了各种不同学派的学术问题的争论。今年暑天，全国著名的生物学家在青岛展开的米丘林学派和孟德尔-魏斯曼学派关于遗传学的争辩，就是民主生活的一个好例子。

最后，我想谈一谈孙中山先生所特别重视的民生问题，这个问题在旧中国不但长期得不到解决，而且是越来越严重。解放后不久，就在全国很快地实现了孙中山先生的理想。在农村，"耕者有其田"，无地的或少地的农民都分得了土地；在城市，主要的工业生产资料都归国家所有，这一切就为农业集体化和国家工业化准备了前提。现在我国第一个五年计划将在明年完成，或者提前完成，接着要实行第二个五年计划。全国人民包含科学文教工作者在内，大家正以充沛的热情努力劳动，要把我国从一个落后的贫穷的农业国变成一个先进的富裕的社会主义工业国。

朋友们，我愉快地告诉你们：在新中国，消极者可以变成积极，老年人可以变成青年。拿我来说，解放前，大学教书教到六十七岁，对行政工作什么也不想干。解放后，精神忽然振作起来，并不感觉年老。我除了领导林业部的工作和参加许多社会活动以外，还和几个老朋友合力组织着全国科学技术普及协会。就在几天以前，我们召开了一次全国职工科学技术普及工作积极分子大会，出席大会的积极分子一千多人。全国科普协会现有十一万多会员，这是一支强大的科学工作者队伍。现在，政府正采取各种措施来培养科学技术人材，以适应蓬勃发展的国家建设的需要。

我们对于台湾的科学文教界朋友们表示深切的关怀。希望在不久的将来，我们能够在祖国的社会主义建设道路上，携手前进！

（一九五六年，林业部档案处提供）

放宽"家"的尺度，扩大"鸣"的园地

科学界对"百家争鸣"的方针正在热烈地展开讨论，讨论本身就是一种"百家争鸣"。首先，对"家"的看法有些不一致，值得研究：究竟要学问"成了家"以后才有资格称"家"呢，还是每一个科学工作者都是"家"？其次，对"鸣"的限制，也有不同的意见：有的人主张"鸣者必家"，"非家莫鸣"，有的人主张未成家的也可以鸣。

我以为，现在"百家争鸣"刚刚开始，如果把"家"的标准定得太高，再来一个"非家莫鸣"，恐怕大家望而却步，与提倡自由辩论的原意不相符合。

其实，学术辩论，根本用不着许多限制。就拿春秋战国时代那个"百家争鸣"的局面来说吧，当时争鸣的也未必都是那些历史上鼎鼎大名的诸子百家，一定还有当时并不著名的人，而且，后者比前者要多好几倍。这也是不难理解的，任何一个时代，任何一门学术，鸣而不成家的人，一定比鸣而成家的人多的多。

当时诸子百家，象春天的黄莺不排斥周围的各种啼鸟一样，不干涉同时代的无名人士，说他们不成家，不要鸣；相反的，诸子百家倒抓住了这个黄金时代，在同鸣中得到群众的赏识而成了"家"。

今天，我们既然不采用汉武帝"罢黜百家"的政策，我们既然在人民内部连唯心主义都允许自由宣传，再也没有理由把学术辩论的门户加以限制了。

当然，科学工作者在鸣之前，必须有严肃的责任感，不可乱叫。但，这也没有什么难得防止的，因为，第一，言论自由与批评自由同时存在，不怕乱叫；第二，每一个科学机构，每一种科学刊物，都有一个中心的集体领导力量来审查，不怕乱叫。

历史是群众创造的，名家也是群众评定的，古今中外大诗人、大文豪、大哲学家、大科学家、大政治家，在尚未获得公认以前，只在人海中鸣，而不能自封。可以说，“家”是通过“鸣”而造成的。

因此，为了学术昌明，为了文化发达，“家”的尺度应该放宽，“鸣”的园地应该扩大。只要不是反革命，大家可以伸出手来写，张开口来说。博学鸿儒要鸣，一技之长和一得之见也鸣；长期刻苦钻研过的老前辈要鸣，初出茅庐的小伙子也鸣。这样，才能够生气勃勃地从“百鸣”中产生出成千成万的青年优秀科学家来，向科学进军！向社会主义进军！

（一九五七年，林业部档案处提供）

林业展览馆参观以后

谁也不能说森林与工业、农业之间有矛盾

自全国农业展览会开幕以来，每天有上千上万人来参观，也就有上千上万人踏进林业馆。在林业馆参观过程中，曾有人发现了森林与工业之间有什么矛盾没有？森林与农业之间有什么矛盾没有？森林与人民生活之间有什么矛盾没有？我想，大家一定会众口一词地说：没有。在这样一个富丽堂皇的、内容充实的、远景优美的林业馆，人们只见到森林对工业、农业和人民生活的密切关系，而不会发现矛盾。

首先，一进门就见到各种树种和各种木材：东北的红松、落叶松、云杉、冷杉、桦木、柞木，南方的杉木、马尾松、华山松、樟木、柚木，还有我国的特产树木如水杉、银杏、白皮松等等。物产非常丰富。

进门又见到各种木材制品：压缩木、木纤维板、胶合板、纸、人造丝、人造羊毛、人造棉，因加热分解而生产的物质(热解物)如醋酸、木精、木焦油等，因加水分解而生成的物质（水解物）如酒精、葡萄糖等。都表示着木材在工业上主要在化学工业上占重要地位。

进门还见到各种森林副产品：桐油、茶油、樟脑、白蜡、乌桕、松脂、杜仲胶、五倍子、栓皮等等，都是工业的重要原料。

不容怀疑，工业是离不开林产物的。

其次，在林业馆见到各种图表和电动图表。

图表告诉我们，有森林的地区，比无森林的地区雨量多。据苏联试验，雨量多百分之七十。这样，就可以减少旱灾。

图表告诉我们，"在郁闭的森林里，下了雨，雨水一部分蒸发在森林上空，一部分吸入土壤，一部分保留在地下而成为地下水，三者合计百分之九十九，只有百分之一沿地而流下。所以，森林有保水作用。保水就可以保土，保水保土，则各个溪间就可以清水长流，各个河道亦不致泛滥成灾。所以，山洪减少，旱灾也减少。

图表又告诉我们，森林里积雪较多，新疆维吾尔自治区的农田就靠天山的雪水来灌溉的。

图表还告诉我们，防护林带可以减少风速，固定沙丘，改良土壤。

总的说，森林是为农业服务的。

森林既然为工业和农业服务，那就不应该与工业和农业发生什么矛盾了。

然而在我国，森林与工业确有矛盾。这表现在采伐上。今年国家需要木材约二千八百万立方米，实际上只能供应约二千二百多万立方米，缺少四百多万立方米。而依照国家计委估计，第二个五年计划末一年（一九六二年）将缺少一千万立方米，第三个五年计划末一年(一九六七年)将缺少二千六百万立方米，越往后，缺少的越多。总之，需要与供应发生矛盾，采伐与森林经营发生矛盾，目前利益与长远利益发生矛盾。

要解除这个矛盾，不能专靠大量采伐，因为中国森林覆被率太小，滥伐对水土保持有害。而且中国木材蓄积量根本不多，山区木材运输能力也有限，不能多伐。要解除矛盾，又不能靠外国木材输入。因为中国是一个大国，解放后工业发展，需材量又多，外国难得供应，而且木材远道运输也是一个问题（例如福建省可采二百五十万立方米，运输还难达到一百五十万立方米）。那末，怎样才可以解除这个矛盾呢？

根本办法是造林。

然而造林会与农业发生矛盾。由于粮食问题紧张，农村全副精力都放在粮食作物上。于是乎发生各种现象：

（一）农与林争土地：茶，本来应该种在山上的，算不得与林争地。但茶蓬（丛）的蓬丛间距离与行间距离太大，中间又经常地间种粮食作物，占用很多山地，对茶叶不利，对水土保持也不利。桑，本来也可以上山的，但桑地经常间种杂粮，势必占用很多山地，对桑不利，对水土保持不利。至于粮食作物本身，则与林发生更多的矛盾。各省毁林种杂粮、开山种杂粮的例子甚多。例如江西婺源县，一九五六年春强调山区粮食生产，毁林垦山共八万亩，结果，受到了很大损失。群众说："抓住千斤亩，丢掉万宝山"，得不偿失。浙江江山县，一九五五年春开山三万亩，当年夏天就闹洪水，山上种的作物连表土都被冲走，而且还冲毁了平原水田。这叫做：昨天农与林争山，今天水与农争田。贪小而失大。

（二）农与林争劳力：有些地方，强调粮食生产，连油茶子、油桐子、乌桕子采集的时间往往都被挤掉。广西龙胜县为了搞千斤亩水稻，几乎把所有劳力都用在农业上，对林业生产则放松领导。江西遂川县新江乡一九五六年生产计划内，对林业和副业生产一字不提，全乡三千六百亩油茶林有百分之八十五荒芜。最近林业部有人到四川、云南检查工作，知道省里把林业任务布置到县以后，有些县里没有人管，以致造林工作开展得不好。

造林除与农业发生矛盾外，还与放牧发生矛盾。山东省有些村庄，在一个村里，被羊啃死的幼林就有几百亩，甚至几千亩。

热河赤峰县，羊群破坏封山育林达八百九十亩之多。甘肃武山县，毁掉了一百四十亩青冈树幼苗，改为牧场。

那末，我们是否可以说，林和牧确有不可调和的矛盾？不是的，只要处理得好，森林非但不与畜牧冲突，而且还可以帮助牧业。林业馆展出的河南林县东冶乡石玉殿同志的劳动成绩，就是一个证明。该乡幼林里生长出来的杂草，供养了本乡五百只羊。而一九五六年还结合抚育幼林，割草三十万斤，支援了灾区的牲畜饲料。林业馆展出的山西榆社县和顺山的森林，又是一个证明。有林带庇护的草地，成为很好的牧场，不但沿河村庄的农民经常去放牧，还帮助其他平川地区解决了一千头驴三个月的饲料问题。

不独畜牧，就是粮食问题，只要安排得好，也可以结合造林问题一起解决。这种例子在展览品中可以找到许多。山西阳高县大泉山就是一例。谁都知道，张凤林和高进才，在大泉山搞林业、搞水利工程有名。但是他们初到大泉山的目的，却是为了谋生，为了耕种。由于他们有远大眼光，把长远利益和目前利益结合起来，把水利与森林和农业结合起来，把坡面治理和沟壑治理结合起来。在二十至二十五度的黄土坡上，挖鱼鳞坑，坑外缘栽树，坑内种豆子。在三十至四十度凹坡上，则筑成水平台阶，台阶边缘培土埂、压杨树枝条，台阶地里种豆。在十度左右的缓坡上，培埂，植树，种粮食作物。这样，“土蓄水，水养树，树保土”，奋斗十八年，粮食问题解决了，生活改善了。同时，治好了山，治好了水，成为改造山区的模范。谁说森林与粮食会发生矛盾？

河南仪封新村又是一例。仪封城在清朝已被汹涌的黄河洪水冲毁，四万多亩良田变成沙荒。每年冬春风沙蔽天，老乡种不上麦子，就是一些大秋作物，也要播种二、三次才能够保住苗。解放后为了改善生活，党领导农民开展造林运动，营造林网，与风沙斗争。一九五〇年以来，共造林三万二千多亩。现在麦田不独面积扩大，麦子单位面积产量亦从每亩五十多斤提高到一百多斤。谷子，过去不能种，现在可以种了，每亩产量二、三百斤。棉田面积比过去多十倍，产量比过去多七倍，平均每亩产籽棉二百多斤。高粱、大豆、花生等单位面积产量提高了一至三倍，还有二千八百亩苹果和一千二百亩葡萄，部分地开始收成。谁说森林会与粮食发生矛盾？

山西榆社县和顺山又是一例。国民党反动政府时代，和顺山上和浊漳河两岸森林破坏殆尽，造成了连年山洪，冲毁了十五万亩农田（当时群众流传着辛酸的谚语，“开了和顺山，漂了榆社米粮川！”）。经过解放后的封山育林和造林，和顺山又长满油松，浊漳河两岸更造起了长一百二十里的护岸林带。河水变清了，河道变窄了，河床变深了，七年来恢复五万五千亩农田，保护了上万亩水浇地，每亩产量从八十斤提高到二百斤。谁说森林与粮食会发生矛盾？

古人说：“民以食为天”。我们赞成山区生产粮食，但不赞成粮食排挤森林。山区无森林，农民就没有前途。象仪封那样的沙地，象和顺山那样久已荒芜的土地，象大泉山那样干燥瘠薄的土壤，尚且要用大力来造林。为什么好好的山地要滥垦？为什么好好的森林要毁掉？象仪封、和顺山、大泉山，在七年前、十几年前还是小农经济时，尚且认清了长远利益，大力造林，为什么合作化了的农村，反而采取那些开山耕种、毁林开垦等落后办法？追其原因：

1.无远见：只顾目前，只顾广种薄收，却忘记了“山上开荒，山下遭殃”一句老话。

2.无计划：土地不能合理利用，山区生产规划不能全面订出，从而农民建设山区没有信心，对经营林业没有兴趣。

3.无领导：尽管农业已进步到了合作化，农村已发展到了社会主义，然而山区农民和一些乡村干部，还没有认识到森林的重要性，也没有受到有关绿化问题的教育。这是很遗憾的。

为了支援工业，为了保障农田，为了改良人民生活环境，我建议，各县最好指定一位县委委员、一位县长负责领导林业，负责领导山区生产规划，负责领导水土保持，负责十二年绿化工作。

（原载《中国林业》一九五七年第八期）

人 民 的 林 业

人民革命胜利后的另一个战斗任务

一九四九年，当我国人民革命在全国范围内取得了胜利的时候，摆在我们面前的另一个重要的战斗任务，就是刻不容缓地进行防旱、防风、防沙、防水——同大自然作斗争。恩格斯说过，随着人类成为自已社会关系的主人翁，他们也就成为自然界的真正的和自觉的主人翁。但是从我国的自然情况来看，要完成这个任务，是要进行艰苦战斗的。在我国，只有一部分沿海地区会受到灾害极大的台风袭击，多数人从来没有遇到过台风，也没有遇到过热带的风暴；但是水灾和旱灾却到处都有。长江、黄河、汉水、淮河以及其他河流，给居住在这些河流两岸的、占我国人口大多数的居民，带来了不少的灾难。仅仅黄河流域，水土流失严重的区域，就有五十几万平方公里，每年光从陕县上游的黄土高原上流下来的泥沙，就有十三亿八千万吨之多。结果是：上游流失了水，造成了旱灾，流失了土，损失肥料；下游则河道阻塞，酿成水灾。

因此，我们当前的迫切任务是：兴修新的巨大的灌溉工程，控制河流泛滥；疏浚河道和改变自古以来所存在的旧的自然面貌。而最主要的任务是培育在过去反动统治时期遭到滥伐的森林。森林面积的缩小，就是上述一切灾害的根源。

大家知道，森林可以阻塞风的道路，调节河流的水量，保持水土，改变气候。由于滥伐森林，有许多地区都经常经受着风沙的威胁。东北西部和内蒙古东部的情形，就是如此。在这些地区内，土壤瘠薄，田野荒芜，严重地阻碍了农业生产的发展。

由于森林的缺乏，又影响着我国工业的发展。现在我国工业用材不够，拿今年来说，国家就缺少了四百多万立方米的木材。在这方面，我们和苏联相比，是差得太远了。在苏联，按人口平均计算，每人每年消耗的木材约有一点八立方米；我国每人每年消耗的木材则只有零点一三立方米。苏联每年要生产三亿七千万立方米的木材；我国以国家生产的木材来计算，今年只有二千二百多万立方米光景。苏联的森林面积约为十亿公顷，占国土面积的百分之四十七以上；我国的森林面积则只有七千六百六十万公顷，占国土面积的百分之七点九。如果不设法恢复和扩大森林面积，而要使我国木材的生产量也达到苏联的水平，那么，只要在五、六年之内，我国的森林就要全部砍光。解决这个问题的办法，主要就是逐年扩大森林的面积。

大植物园里的园丁

由于我国土地辽阔，地形复杂，气候差异很大，自然条件多种多样，所以植物种类非常多。如果把我国的树种收集在一起，便可以成为一个丰富多彩的植物园。

我国生长着两千多种乔木，其中有一千多种具有相当大的经济价值。构成北半球主要森林树种中的松杉科植物，估计全世界约有三十属，我国就有二十六属；而其中的金钱松、台湾杉、福建柏和一些其他的松杉科植物，乃是我国的特产。在阔叶树中，种类更多。特有树种，也不胜枚举，象杜仲、樟树、桐树等，都是很著名的。在我国南部亚热带和热带地区，还有橡胶树、咖啡树、椰子树等。这样丰富的树种资源，对发展我国的林业提供了特别良好的条件。每一个地区都有许多适应地方气候条件的植物，其中生产效果最好的和最宝贵的那些树种，都被保留了下来。

但是正如园丁一样，不能因为园内花苗树种搜集得多而自满，还必须要加力培养，我们也不能仅仅因为国内森林种属丰富得象个大植物园一样就可以满足。在许多地区，我们必须培植小树苗，就好象园丁在花园里培养植物一样。

目前，在我们国家内，有许多荒山，树木尚未伐光，我们可以封山育林。具体地说，就是把这些山划分区域，停止樵采，停止放牧，停止一切破坏行为，则不出数年，幼苗会长成小树，小树会长成大树，大树会下种、育林，于是，这些荒山就将在不同程度上绿化起来。我们在黄河流域、黑龙江和其他各省的许多地区，正就是用这种方法来育林的。可是这种最简单的方法并不是到处都可以应用的。

有许多地区，特别是西北某些地区，森林摧残一空，山地不能蓄水，处处都是侵蚀沟，年年都愁干旱，这，不但不能封山育林，即使是普通植树造林，也感觉困难。然而，最近在这些地区内，也创造和摸索出来了一些宝贵的经验。

例如：山西省阳高县大泉山林业劳动模范张凤林和高进才，雨季之前，在山坡上挖了许多坑，坑和坑排列成三角形，把树苗栽在坑的边缘，使树根在秋末和春初，可以吸收坑内的雨水。这是一种“土蓄水，水养树，树保土”的造林方法。此外，在坑内还可以种豆子，增产粮食。

按照这两位造林模范的经验，在更陡的凹坡上造林，应当开凿台阶，在台阶的外缘种植白杨，在台阶上种植豆类植物。

又如甘肃省兰州地区，气候干燥，必须在斜坡上每隔三点二米挖一条水平沟，把苗木栽在沟内。春天，树木需要许多水分，但恰好在这个季节里，兰州几乎没有雨水。于是在春初的时候，人们便从黄河运冰上山，堆积在新栽的树木的周围。每棵树大约要堆六十斤冰。一九五六年三月一日到十五日，兰州市动员了十七万六千个劳动力运冰，栽活了一百七十万棵树。

响应党的绿化祖国的伟大号召

一九五六年，中国共产党中央委员会提出了在十二年内绿化祖国的任务。全国广大群众，从乡村到城市，从军队到学校，从机关到企业、厂矿，热烈地响应了党的号召。在许多地方，营造了一片片的少年林、青年林、母亲林、“三八”林、“八一”林，甚至还有老年林，而在北京，还造起了苏联专家林。一九五六年全国造林面积共有三百三十三万公顷。

在绿化任务中，我们第一个绿化主题是营造用材林。八年来，我们由国家生产的木材，几乎有百分之五十是由东北和内蒙古地区供给的，今后如果再要在这些地区进一步扩大伐木事业，那么这些地区的用材林就会很快被伐光。但是我们对木材的需要量却在增长着。为了减轻那些主要伐木区的负担，首先要在我国的南方大量营造用材林。长江以南各省，气候温和，雨量充沛，林木生长起来很快，例如浙江省的杉木的成材期，只抵得上东北的红松和内蒙古的落叶松的二分之一到三分之一。所以我们在南方各省，必须积极地营造用材林。

第二个绿化主题是营造森林改良土壤林。在黄河中游的甘肃、陕西、山西、河南四省，配合黄河水利工程，要按照规划营造水土保持林。几年来，已控制的水土流失面积虽然还只有七万平方公里，但由于在山西、甘肃两省，我们已摸索出了干旱地区造林的经验，今后就不难积极进行了。这是森林改良土壤林之一。其二是农田防护林，在东北西部、内蒙古东部、河北西部、河南东部、陕西北部等地区，或多或少地遭受着风沙的灾害，因此我们要在这些地区营造防护林。

第三个绿化主题是在气候条件许可下，营造特用经济林。例如长江流域的杜仲、栓皮栎，长江以南的油桐、油茶、乌桕等等。

八年来，我国人民在党的领导下，营造了相当数量的用材林、农田防护林、水土保持林、特用经济林、薪炭林等。但是，假若我们把已经进行了的工作和十二年的绿化任务相比较，那么，我们所作的工作还只是微不足道的一点点。如果再进一步，遥想到全国无限荒芜的深山、远山甚至石山，则头一个十二年绿化工作的措施，还仅仅是巨大绿化工作的开端。我国全体人民都应该参加这一伟大的工作。可以说，我们的绿化工作也好象是在走万里长途一样，现在只迈开了第一步。今后，为了把我国变为一个有着繁茂的森林和象一个花园一样的国家，我们还必须进行勇敢而顽强的斗争。

（原载《知识就是力量》一九五七年十月号）

林业工作者的重大任务

这次的《农业发展纲要（修正草案）》是经过一年多来实践的检验，作了一些必要的修改和补充，提交全国人民展开讨论的。这个纲要并非空想，而是建立在一年多来的实践经验和现有工作基础上的，只要全国人民和农民同心协力，共同奋斗，是完全可能实现的。譬如发展山区经济一条，就是建在我们几年来已有工作基础上的。自一九五四年起，我们就开始了山区生产规划工作，一九五六年国务院又成立了山区生产规划委员会和办公室，各省也都相继建立了机构，进行了工作，到目前为止，已初步完成山区生产规划的有九千零一十个乡（社），已经进行过山区生产规划的，大大发掘了山区生产潜力，鼓舞了山区人民增加生产、改善生活的信心。《农业发展纲要（修正草案）》第十七条，明确了山区发展经济的方向和措施，当会更加鼓舞山区群众的积极性，为发展山区经济而努力。再如开展水土保持工作，从一九五二年以来，在黄河流域的山西、甘肃、陕西、河南四省水土流失最严重的地区，农、林、水、牧及科学院等部门，就已经进行了调查研究，做了许多实际工作。各地群众在党政领导下，积极开展了水土保持工作。现在最严重的水土流失面积四十多万平方公里中，约有七万平方公里已制止水土流失。一九五五年十一月我们已开过全国性的水土保持会议，推动了水土保持工作的开展；今年十二月还要开全国水土保持会议，规划第二个和第三个五年计划的水土保持工作。所以在此基础上，只要我们不懈地努力，则实现

《农业发展纲要(修正草案)》中的水土保持工作要求是完全可能的。

《农业发展纲要（修正草案)》，对林业上的要求，除原《纲要(草案)》所列之外，还提出了：加强国营造林；十二年内尽可能地把国有森林全部经营管理起来；制止滥伐和采伐当中浪费木材的现象，并且及时更新采伐迹地，恢复森林。这些都是为全国人民所关心的林业工作中的重要问题，在纲要上表现出来是十分必要的。

国营造林是全民所有制，可以严格按照国家计划办事，严格选择目的树种，国营林场有技术熟练的工人，造林成活率比较高，可以完全按技术要求来进行栽植和抚育工作，能够示范群众，因此，它有很大优越性。我们发展国营造林，是以营造用材林为主，目前已营造的用材林约五十万公顷，预计三十年后，平均每公顷产木材二百立方米，就可以供应国家用材一亿立方米，相当于现在我国木材生产的四倍。为了适应我国工农业建设需要，大力发展国营造林，以解决因国家建设日益发展而木材供应日感不足的难题，是完全应该的。

现有的森林资源是我国的重要财富，三十年内，国家建设用材主要取自现有森林。因此积极地在十二年内把现有森林经营管理起来，使之免遭火灾、病虫害和滥伐的破坏，加强森林抚育工作，提高单位面积木材产量，采取有效措施消除采伐中的浪费木材现象，是非常重要的任务。大面积国有森林，由于地处偏远，人烟稀少，必须由国家修筑林区交通，建立基层林业机构，才能做好经营管理工作，这就要求我们按照《农业发展纲要（修正草案)》的精神，进行具体规划，有准备、有步骤地逐步加以实施。

森林更新，是将采伐过或破坏了的林地，用天然更新或人工更新的办法，使它恢复成林，以保持森林延续不绝，源源利用。

在历代反动统治时期，只采伐破坏森林，不进行更新工作，造成了大片荒山赤地。解放后，我们虽然重视更新工作，但是由于国家建设对木材的需要与日俱增，更新还是跟不上采伐的；加之反动统治时期遗留下来的大量采伐迹地，就更加重了更新任务。今后必须大力进行更新工作，逐步把大量的旧采伐迹地和火烧迹地以及解放后新采伐迹地，统统迅速地恢复起来，以保证国家用材的永续供应，发挥森林的保护作用。

（原载一九五七年十月三十日《光明日报》）

贯彻农业发展纲要，大力开展造林工作*

《农业发展纲要（修正草案）》中第十八条关于绿化的要求，我们认为非常必要，而且是可能做到的。

其所以说必要，是因为我国森林资源缺乏，不能满足社会主义工业建设对木材的需要；又因为广大国土缺乏森林庇护，水、旱、风、沙等自然灾害严重地威胁农村。国家必须积极地发展林业。

其所以说可能，是因为在党的正确领导下，广大人民群众是全国绿化的可靠力量。几年来，我们的林业建设就是依靠群众进行的。特别是一九五六年，农业合作化取得了伟大胜利，《农业发展纲要（草案）》中又提出了“十二年内绿化祖国”的伟大号召，全国人民，特别是农民，就热烈地响应，掀起了大规模的群众造林、护林、育林运动，涌现了不少绿化乡和绿化村。仅湖南、浙江、陕西三省就出现了八百七十三个绿化乡。广大群众在造林运动中发挥了无比的劳动热情和坚忍不拔的毅力，出现了很多动人的事例。如甘肃省兰州市是个干旱地区，年雨量仅三百毫米，栽一棵树，需用六十斤冰来代替浇水。一九五六年春季，兰州市群众，不惜从黄河到相距五里到二十五里的山上来回背冰造林，十五天内，用去十七万六千多个劳动力，共灌树一百七十多万株。还有不少地区，从数十里外拉水灌幼树，从山下把泥土搬到山上

* 本文是作者在一九五七年十一月二十六日应中国人民政治协商会议全国委员会编辑室之约而写的笔谈稿。——编者

换土种树。至于半夜造饭，黎明上山和冒雨造林的事例更为普遍了。群众的这种自觉的造林热情，连国际友人看到了，都赞赏不已。这样，全国在一九五六年就造了三百三十三万公顷林，比一九五五年造林面积增加百分之九十五，做到了五年造林计划四年内超额百分之二十二完成。

经验告诉我们，全国的机关、学校、团体和军队也都是绿化祖国的突击力量。一九五七年十一月十二日，郑州市机关干部、学生和解放军驻军官兵一万多人举行了绿化活动突击日，植树八万株，这是一个很好的例子。尤其是青年，在造林中更发挥了无穷的力量和无限的热忱。早在一九五五年在农业合作化高潮中，在团中央的号召下，如火如荼的青年造林运动就已经开展起来。一九五五年秋冬两季，全国共有六千六百多万人，组成了十八万个青年造林队，种了二十多亿株树。一九五六年三月团中央在革命圣地——延安召开了五省（区）青年造林大会，更加鼓舞了全国青年造林热情，和全国人民一起投入了轰轰烈烈的造林、护林、育林运动。

现在，《农业发展纲要(修正草案)》公布了。如果说，农业合作化全面胜利后的第一年——一九五六年，在《农业发展纲要(草案)》的鼓舞下，群众造林已经取得了成绩，那么，合作化以后第二年、第三年……在《农业发展纲要（修正草案)》的鼓舞下，群众造林一定会取得更大的成就，难道还用怀疑吗！

然而，我们不能满足于过去的成绩。过去全国造林，在数量上是惊人的，一九五六年一年就造了三百三十三万公顷；但在质量上却很差，单说造林成活率，全国平均不过百分之六十左右，今后必须设法提高。

《纲要》第十八条中提出“大力加强国营造林”，主要就是为了提高造林质量。造林不是种几棵树就算完了，它前前后后自有一整套工作。首先要调查：必须先知道土质如何，气候如何，生物如何，地方社会情况如何，交通如何。其次要设计：决定林种（用材林或特用经济林等），决定树种，决定造林方式（单纯林，还是混交林）。然后造林。而造林前必须选择优良种子，必须培养苗木，必须整地；造林时必须掌握各种技术；造林后必须抚育，必须保护。这样，才可以保证数十年或百数十年后有很多的木材产量、很好的木材质量。然而，这种工作不能一下子要求群众做，必先责成国营林场，按照国家一定计划，用较高的技术设计、施工，做出很好的榜样来指导群众。现在全国四百八十七个国营林场，事实上也正是兼做着指导群众造林的工作，将来还要逐步地把工作质量提高。

《农业发展纲要（修正草案）》第十八条中，还提出“在十二年内尽可能地把国有森林全部经营管理起来”。我们认为这是十分必要，而且非常及时的。因为中国是世界上荒山最多的一个国家，全国森林面积只有七千多万公顷，其中国有森林占五千多万公顷，这是国家的宝贵财产，这是今后几十年内供应国家建设用材的主要来源，也是调节气候、减免自然灾害、保护农田的重要屏障。我们一定要把它经营管理好，使它免受林火、病虫害和滥伐等各种灾害；使它得到周到的抚育工作，可以提高单位面积产量。在采伐时采取有效措施，杜绝浪费木材的现象；采伐后大力进行森林更新。森林更新是把采伐过或破坏了的林地，用天然更新或人工更新的办法，使它恢复成林，以保持森林连续不绝，源源利用。几年来，由于国家建设对木材的需要与日俱增，更新跟不上采伐，加上反动统治时期遗留下来的采伐迹地，再加上历史上遗留下来的火烧迹地，就更加重了更新的任务。今后必须一方面保护现有森林，一方面把已经破坏了的森林迅速地恢复起来，以保证国家工业用材的永续供应，以保障农田丰收。

几年来，我们对森林的经营管理作了很多工作，约有二分之一的国有森林作了经理调查，全国设置着基层森林经营机构即经营所九百六十九个，配备基层森林经营人员二万七千六百四十七名。国有林管理面积，约占全国国有林的百分之五十。只要大家进一步努力，可以争取在十二年内，基本上把全部国有森林经营管理起来。

在农村社会主义教育高潮中，在全国人民对《农业发展纲要（修正草案）》的热烈讨论中，一个新的大规模的农业生产建设高潮，即将形成或正在形成，绿化运动将是这个高潮的一部分，这是令人非常兴奋的事情。我们正在召开全国林业厅（局）长座谈会，大家在这种形势的鼓舞下，劲头很大，信心很足。我们相信，在各地党政大力领导下，一个全国规模的群众性绿化运动，将在今冬明春开展起来，我们要很好地迎接和组织这个运动，为又多、又快、又好、又省地完成绿化任务而努力！

（原载《中国林业》一九五八年第一期）

进一步扩大林业在水土保持上的作用

——在全国第二次水土保持会议上的报告

从第一届全国水土保持会议以来，已经两年了。在这期间，我们祖国的社会主义革命已经取得了基本胜利，社会主义建设在各方面都获得了巨大成就。在这里，我代表林业部向大家汇报几年来林业在水土保持方面的工作情况。

一、几年来营造水土保持林的工作情况

为了从根本上改变山区面貌，扩大森林面积，根治水、旱灾害，增加人民收入，几年来全国各地开展了大规模的水土保持林营造工作。在第一个五年计划期内，全国共造林一千零三十二万（一九五七年为计划数，下同）余公顷，其中重点地区的水土保持林为一百二十七万余公顷；与造林同时，在各河流的水源地区，还开展了封山育林工作，据不完全统计，一九五三年至一九五六年全国已完成五百三十二万余公顷。

几年来，各地在造林和育林工作上，不断有所提高，特别是自一九五六年合作化高潮和党中央提出十二年绿化的号召以后，农村中出现了新形势，给林业工作带来了迅速发展的条件，因而有关水土保持的造林、育林工作也有了极大的进展。这一年，全

国造林包含水土保持林在内共三百三十余万公顷，接近前三年造林的总面积（三百九十八余万公顷）。其中水土流失严重的陕、甘、晋三省共造林六十八万公顷，占三省过去七年造林总面积的百分之六十七。这一年，全国封山育林三百八十九万余公顷。在合作化的基础上造林、育林工作也由零星分散走向有计划地分年、分批，一坡、一沟，成片、成带地进行绿化。很多地方并通过统一规划，配合农业、水利措施，集中治理。几年来的造林、育林工作，已逐渐显示出它的效果，工作开展愈早的地方，效果愈显著。

拿黄河中游来说，林业结合农业、水利等措施，至一九五六年已控制水土流失面积七万多平方公里。陕、甘、晋三省原共有森林三百七十五万公顷，解放后七年当中（一九五〇年至一九五六年）通过造林和封山育林，扩大森林面积一百五十五万公顷，相当于三省原有森林的百分之四十一。陕西省的森林覆被率已由百分之八点六增加到百分之十点九，甘肃省由百分之三点二增加到百分之四点六，山西省由百分之四点三增加到百分之七点四。从荒山、丘陵到流沙地带，不少地方已经蔚然成林，同样，在海河、辽河、淮河、长江、珠江以及其他河流的水源地区，几年来森林面积都有相当的扩展，不仅在保持水土方面获得良好效果，而且在当地人民生产和生活中显示出应有的作用。

二、几年来的工作经验

几年来，特别是在合作化高潮到来以后，各水土保持地区的造林、育林工作，取得了很大成绩，同时也获得很多经验，主要的是：

（一）几年来的经验证明，林业是重要的社会生产事业之一。它不仅可以保持水土，保障农业增产，而且林业本身就是山区的一项主要生产门路，就是提高人民物质生活的一种社会主义事业。凡是这样认识林业，抓紧林业，把林业看作和群众生产、生活关系最密切的一个环节，从这个环节出发，提出响亮的动员口号，根据林业生产季节性和连续性的特点，经常把林业工作列入领导议事日程的地方，林木就长起来了，人民生活就改善了。甘肃省武山县就是这样一个例子。该县在解放后，曾遭受过大旱灾，全县人民生活困难，而住在林区和林区边缘的群众，由于依靠林业和副业生产，竟胜利地渡过灾荒。从此，森林这一作用，启发了县的领导，使他们认识到林业生产的重要性，在全县提出了“好年景，人养林；坏年景，林养人”等口号，大力向群众宣传，使全县干部和群众对林业生产有了深刻的认识，于是积极发展林业。到目前为止，全县造林和封山育林四十万亩。抚育残林二十二万亩，共六十二万亩，全县每人平均有林三十三亩。加上几年来在农田、沟壑进行的水土保持工作，已有一百三十九万亩土地制止了水土流失，在已经成林的林区，林木和林业副产品的收入，已占群众总收入的百分之三十三。

又如陕北榆林等八县一望无际的沙丘上，现在已生长了不少茂密的幼林，保护了广大的农田。沿无定河支流芦河西北岸已营造了约一百三十里长的防护林带，制止了流沙侵犯无定河（黄河支流）。靠近流沙区的东坑村，原有农田一千多亩，由于风沙的侵袭，至一九五二年只剩下五百多亩，每亩产量仅有二十斤左右。原有的八户人家因房屋被沙埋没而先后搬走。一九五二年开始造林防沙，五年来共造林约二千亩，耕地已恢复到八百亩，每亩产量增加到六十斤。同时，牧地扩大了，林副业有了收益，因此又从外地迁来农民二十五户。

在海河流域，山西省榆社县是开展林业工作较早的地区。该县百分之七十八点六是山地，过去曾因毁林垦荒，造成了严重的水土流失和水旱灾害。在一九三一年前后，共冲走良田十五万亩。解放后几年来共造林、育林十七万余亩，基本上改变了榆社县的面貌，浊漳河上游四十五里的地段已是清水长流，河床已缩小百分之六十，恢复和扩大滩地九万亩，其中除林地五万多亩外，余为农田。几年来群众已获得四万多立方米木材修建房屋，每年并可出柴火二千多万斤。由于林间杂草繁茂，去年解决了当地不足的饲料三百万斤。由于林业生产的发展，富裕了山区，改变了群众的“下山”思想。如石源村是个二十六户的山庄，去年总收入二万四千八百元，其中农业占百分之四十四点三，林业占百分之四十二点五，牧业占百分之十三点二，成为全县高产的村庄，前几年由此搬下山去的四户农民，现已迁回三户。类似的例子，在南方、北方各省都很多。每个典型事例，都说明了造林、育林不仅可以改变山区自然面貌，而且还可以从根本上改变山区经济面貌，是使山区走向进步、繁荣、康乐、幸福的道路。简括地说，林业本身就是山区人民的社会主义事业。

但是，由于我们宣传不够，某些干部和群众对林业生产的意义和特点还是认识不清，他们认为林木生长慢，远水不解近渴，或者看作无关大体的副业生产，不去积极营林。另外，有些干部虽然也认识到造林、育林技术及林木保持水土的功效，但忽视了林业对山区建设的重要作用，忽视了林业对当地群众生产、生活的密切关系，从而缺乏妥善的安排，因而也就不能充分调动干部和群众的积极因素去发展林业。因此，我们以为克服上述两种思想障碍，树立“林业是重要的社会生产事业之一”的观点，是推动林业工作进一步开展的重要环节，因而也就能建立保持水土的长久基地。

（二）童山秃岭的水土流失地区，产量低，收入少，群众生活困难，如何把群众当前利益和经营林业的长期利益结合起来，以鼓励群众发展林业生产的积极性，这也是搞好水土保持营林工作的一个关键性问题。

为了照顾山区人民的目前利益，在营造水土保持林方面，发展速生树种和经济树种是非常适当的。例如山西省夏县一带，群众喜爱因地制宜地栽植杨树、洋槐、臭椿、苦楝等树种。特别是钻天杨达到了“三年枝柴，五年椽材，七年矿柱，十年檩担”的要求，获利很大，每亩植杨树七百株，七年可产矿柱二千八百根，每根一元八角，共可卖五千元，每亩年产七百元，比种任何作物收益都高，因此，经过领导宣传推广后，群众对造林积极性非常高。杨树材质好，用途广，如果利用适宜的荒地大量栽植，不仅可以解决群众用材，而且可供应国家作为木材纤维的原料，用以造纸及人造衣料，代替棉花。

为了群众目前利益，对林业劳动应采取计工给酬办法，以发挥群众造林积极性。目前各地合作社采用的办法大体有三种：第一种是作为义务工或基建工；第二种是等到林木有收益时再给报酬；第三种是当年和农、牧、副业等同时计工，统一分红。经验证明，前两种办法因为当年不给报酬，会影响农民造林的积极性，很容易形成造林质量低劣，浪费劳力等情况。第三种办法是比较好的，它能激发社员对集体造林的积极性，提高劳动生产率，提高工作量。这样就可以把节省下来的劳力投入其他生产，增加农民当前收入，并且可以扩大合作社的长期收入，但分值要低些，要向社员讲清楚。效果很好。

（三）经验告诉我们，要搞好营造水土保持林工作，必须有相应的劳动组织。

林业生产和农业生产一样，从采种、育苗、整地、造林到抚育、保护、采伐，需要进行一系列的生产活动。如果没有一定形式的劳动组织来保证生产，很容易造成“造林时轰一阵，造林后无人问”的偏向，使得林业技术、劳动生产率等都不能提高。因此，发展林业，亦须在合作社内建立相应的劳动组织。根据各省经验，在林业生产任务很大，生产内容比较丰富，必须进行长年作业的地区，合作社可成立长年的专业生产队或组；在林业生产任务很大，但必须与农业生产或各种水土保持工作穿插进行的地区，可采取与农业或其他水土保持工作混合编队、组。总之，林业劳动的组织形式，必须与实际需要相适应。最重要的，在水土保持地区，不论劳动组织形式如何，每个合作社都应把造林、育林任务纳入生产计划之内，与各项生产及林业以外的水土保持工作进行全面安排，在保持社员收入增加的前提下，积极进行林业生产。有些地方规定了造林的劳动定额，采取划片包干，三年包栽包抚育，效果显著，应予推广。

（四）经验证明，在积极支持群众造林的同时，有计划地发展国营林场，是加速绿化和减免水土流失的必要措施。由于水土流失严重的地区，一般是种苗缺乏、群众困难较多的地区。在这类地区，我们过去除了根据可能尽量发动群众采种、育苗外，并由国营林场供给群众种苗。例如一九五六年全国供应群众的林木种子约二千五百万斤，苗木约一百亿株，其中大部分用在西北、华北和东北等水土流失地区，从而帮助群众解决了种苗方面的困难，加快地完成绿化任务。这样作是完全必要的，今后对种苗缺、困难多的地区，仍应由国家给以必要的支持。

另一方面，水土流失严重的地区，一般也是造林条件较为困难、造林技术要求较高地区，因此林业部门在这些地区加强技术指导是必要的。过去两年，各省已根据这种需要，设立了很多林业工作站，并大批地为合作社训练林业员，在技术指导方面起了很大作用。今后这方面的工作仍需继续加强。

与充分发动群众造林同时，近年在水土流失地区也开展了国家造林，例如一九五六年国家营造的水土保持林即有二万公顷，占全年国营造林总面积的百分之八。在山西省桑干河流域的水土流失严重地带，由一九五二年至一九五六年共营造国有林八千公顷左右，目前沿河两岸已生长着宽大的林带，巩固了河岸，使水流归了槽。在南方的韩江、赣江、西江以及其他河流上游的荒山地区，近年来已新设了很多国营林场，新造幼林，不仅对保持水土有极大作用，同时也为国家添加了用材。今后在宜林荒山荒地面积大而群众力所不及的水土流失地区，应由各省统一加以规划，适当地扩大国家造林，以便加快地保持水土和供应国家木材。

（五）实践证明，封山育林，是用人工保护幼树和用人工促进森林天然更新的很好办法，特别是在劳力缺乏的水土流失区，更有重要意义。几年来，在各省水源山地，很多乡村的封山育林工作已获得了显著效果，不仅保持了水土，而且对当地群众的生产和生活都起了很大作用。例如甘肃省武山县马河乡，在解放前是个水土流失严重、农民穷苦不堪的地方。自一九五二年开始封山育林，现在占全乡百分之三十的坡地已长出幼林和杂草，九条干涸已久的山沟，现在已是清水长流，停置多年的水磨又恢复运转。由于幼林保持了水土，加上精耕细作，粮食产量已由解放前的每亩六十斤提高到一百四十七斤，全乡由普遍缺粮变为基本无缺粮户，去年还卖给国家余粮四十万斤。林木亦开始有了收益，去年每户平均已收入十多元。各省类似马河乡的例子很多。

各地在封山育林方面的经验主要是：（1）划出群众利用的柴坡、牧场，同群众民主议定封山区，一般应将有母树或萌芽根、土壤较好、容易成林的阴坡先封；（2）有封有放，开放时组织群众有计划地割草、砍灌木；（3）明确林权，贯彻“村封村有，社封社有”政策。这样，从各方面结合群众现实利益，封山育林才受群众欢迎。

当封山育林已有显著效果，幼林已经生长起来以后，就应注意使护林工作和合理利用结合起来，在不破坏水土保持，不妨碍林木连续生产的原则下，帮助群众规划，确定“目的树种”，以便保留可以成材的主要树种，使它能达到适当密度，其他杂木和病枯木等则不妨砍伐，以供有计划地使用。很多地方护林工作中一面将乱砍乱伐、破坏森林的活动管理起来，一面组织群众学习技术，更给以贷款，开展了利用杂木、梢条编制各种用具和挖药材等副业生产。这样，既保护了林业，又满足了群众当前生产、生活所需。

总之，封山育林是保持水土的有力措施之一。各地宜根据当地具体情况和经验，继续大力推行。

（六）培养典型和推广先进经验，是开展水土保持工作的很好方法。几年来，各个水土保持区创造了不少典型，也培养了不少干部和群众积极分子。并且由于典型经验的出现和推广，把水土保持工作大大向前推进了一步。在这里，不妨把大泉山这个全国著名典型介绍一下。大泉山造林经验的主要内容是：经过整地（挖水平沟、鱼鳞坑，并结合砌田埂、修谷坊、打旱井、挖涝池等水土保持工作），而后一山一片、一沟一块地集中造林。并采取农林混作、乔灌木混种、用材林与特用经济林因地制宜地营造的方法。在造林后，还加以保护和抚育。这一套完整的造林方法，是很科学的。山西省在总结这一典型经验后，过两年先后在全省组织了各级干部和群众约一万余人前往参观学习，外省也有不少人去参观。由于大泉山造林经验的出现和推广，黄河中游各省的造林工作就有了新的发展。首先，在领导方法上，深刻体会到创造典型，组织参观，是推动群众开展营林工作的好办法。同时，通过参观学习，具体地传授了造林技术。目前，陕、甘、晋三省黄土干旱地区，已经普遍地采用了水平沟、鱼鳞坑的整地造林方法，显著地提高了造林成活率。

与培养典型同时，几年来各地都作了一些评选林业劳模和各种奖励工作，在推动工作与提高工作方面收到相当效果。今后各省应更多地注意这一工作，以便鼓舞干部和群众前进。

（七）制止水土流失的任务，需若干年才能完成？这在今年八月水土保持座谈会中，曾经根据过去经验，就水土流失现象极严重的黄河中游作了如下的估计：

人多地少地区，占黄河中游全地区的百分之五十一，估计需二十五年左右可以基本控制水土流失；人少地多地区占百分之三十八，由于劳力缺乏，需要三十五年左右时间；个别人口稀少地区占百分之十一，如无外力支援，则需四十年以上。

我们认为，人口稀少的山区，与其广种薄收，耗费了宝贵的劳力和资金，在山坡上全面开筑梯田，倒不如在耕种能力所不到的地面，尽量造林，比较合算。陈正人主任的报告说："在人口稀少地区，采取简单易行的封山育林、育草等办法来迅速恢复植物被覆"，也就是这个意思。造林、育林，比筑梯田、修田埂、筑工程节省劳力，节约时间，而且山坡上培植森林，比任何其他措施适应自然，可以更多、更好、更快、更省地得到水土保持的功能。这不仅对农田有利，还可以延长下游水库的寿命。官厅水库自一九五三年以来，平均每年淤积泥沙四千四百万立方米，如果上游山地不造林，则二十年后蓄洪能力就要减低，发电能力也将减弱，三十年后基本失效，四十八年后将全部淤满泥沙。三门峡水库，为了建成后能延长寿命，必须争取时间来迅速搞好上游的水土保持工作。所以，我们以为，黄河中游山多人少地区，以多造林、少垦山为得计。而已垦的农地，必须精耕细作，想尽一切方法来提高单位面积产量，使它合乎《农业发展纲要（修正草案）》第二条的标准，拿黄河中游来说，以十年内达到每亩产粮食四百斤为标准。

这样，“以田养林，以林护田”，目前利益与长远利益都可以顾到。这一点，在这次会议上是否有讨论的必要，请各位研究。

三、营造水土保持林的方针和任务

几年来，水土保持工作的实践证明，“全面规划，综合开发，坡沟兼治，集中治理”的方针是正确的。今年八月间国务院水土保持委员会召开的黄河中游水土保持座谈会，进一步明确了水土保持的一般规律，指出了面蚀是水土流失的根源。所以，要保持水土，必须本着“向水土流失原因作斗争”的原则，以治坡为主，结合治沟。而在治理方法上，应从生产出发，结合群众当前利益，以发展农业生产为主，进行综合措施。座谈会又指出，过去我们在工作中，偏重工程措施，对农业技术和生物措施的重要性认识不足，同时，各种措施配合不够，互不联系，以致效益不显著。

最近邓子恢副总理在山东省社会主义农业积极分子代表会议上的讲话中指出了我国农业生产的方向。他说：第一个方向是提高现有耕地的单位面积产量，第二个方向是向山区发展。他指出，我国国土面积是“八山一水一分田”，山区生产门路多，应当发展多种经济，其中“造林是百年大计，是发展农业的根本”。邓副总理又指出：“大力开展植树造林运动，搞好水土保持，从根本上克服旱灾和水灾危害，并增加山区生产收入”，就是说，植树造林的最终目的之一，也是为了提高农业生产。因此，我们可以说，只有提高耕地的单位面积产量，才能够少垦山，多造林；反过来说，只有少垦山，多造林，才能够稳定地提高耕地的单位面积产量。

根据上述水土保持工作的总方针和农业生产的发展方向，我们可以知道，扩大森林面积是提高农业生产的根本措施，也是我们全国当前的迫切任务。林业部本着这种原则，又根据《农业发展纲要(修正草案)》第十八条“发展林业，绿化一切可能绿化的荒山荒地”的精神，在一九五七年十一月举行了全国林业厅（局）长座谈会，初步拟定了今后十年内(一九五八年至一九六七年)合作社造林四千二百多万公顷和国家造林一千五百万公顷的长远规划。当然，这里头不单是水土保持林，还包含着用材林、特用经济林和护田林等等。

但是，不论哪一种森林，都发生水土保持的功用，中国水、旱、风、沙灾害之多，就是吃了荒山的亏。如果满山满壑都覆盖着郁郁葱葱的树木，则用材林也好，特用经济林也好，什么森林都可以保持水土。根据捷克农业科学院近年来的大规模的调查研究，各种森林的保水能力虽有差别，但总的说来，有林地比无林地的保水作用要大到二至九十六倍。土是被水冲下来的，山上只要能保水，就能保土。又根据苏联记录，在郁闭的森林中，降水量的百分之十三至四十被截留在树冠，百分之三至十在林地被蒸发，百分之五十至八十渗入土壤，径流(一下子往山下直冲的水)至多不过百分之一。而渗入土壤的水，一部分留在土里，另一部分通过土壤，慢慢流下，变为泉水、井水，这一部分水的流速很慢，一年只走二公里。所以，森林可以蓄水，可以防洪；非但可以防洪，还可以防旱。

那末，依照林业部的十年造林规划，中国森林覆被率将达到怎样程度呢？这一造林任务完成后，林地面积占全国土地面积的百分率，将由现在的百分之七点九增加到百分之十六左右。如果除去新疆、西藏、青海、内蒙古等地区，则其余二十一个省、区内，森林覆被率将达到百分之二十三左右。所以说，这样大规模的造林，再配合上农业、水利等其他措施，显然地，可以控制水土流失；可以克服水、旱、风、沙等农田灾害；同时，可以生产工矿、建筑、交通用材。

四、这样规模宏大史无前例的造林任务是否可以完成？依靠谁完成？如何去完成？

下面准备谈三个问题：

第一，造林任务可以完成。应当肯定，已经取得了社会主义革命胜利的中国人民，完全有可能来实现这个伟大的绿化任务。一九五六年农业合作化高潮到来和中央提出了十二年绿化的号召后，就曾经鼓舞起广大群众在林业建设上的热潮，当年造林三百三十余万公顷，一年完成过去两年多的造林任务，出现了很多的先进典型和模范事迹。如果说，这是在我国农业合作化初步完成和种苗等各项准备工作不足的条件下取得的巨大成绩，那末就应当看到，两年来合作社的组织和各种制度已日趋健全，劳动效率已普遍提高，同时，几年来建设山区的实践，使广大干部和群众已开始认识到发展林业是保持水土、改变山区自然面貌与经济面貌的根本办法，从而绿化山区的积极性会更加提高；各级领导在林业工作方面也积累了相当的经验，建立了很多基层林业机构和培养了大批干部。加之，《农业发展纲要(修正草案)》已经公布，农村正热烈地在展开讨论；同时，通过整改，陆续有成千上万的干部被调下乡上山，加强林业战线；而且广大农村中经过两条道路的大辩论，农民群众的社会主义觉悟已大为提高。这许多主观的和客观的有利条件汇集起来，农村中必将掀起一个更热烈、更雄伟的生产高潮。在这种形势下，我们完全有可能领导群众在林业生产战线上来一个大的跃进，而且我们也应当及时的从各方面作好准备工作，以迎接新的绿化高潮的到来！

第二，造林主要靠合作社。应当明确，林业是广大群众的生产事业，造林主要依靠群众，特别是依靠农业合作社，也只有充分发挥群众力量，才能完成这样巨大的任务。所以凡是群众力量所能及的地方，都应该依靠群众造林，在群众力量所不及的地方，则依靠国家造林。

为了充分动员群众的积极性来从事林业建设，我们的工作必须密切结合群众利益，从解决当前生产、生活的迫切需要出发。目前水土流失严重地区，一般是燃料、肥料、饲料都缺，群众还在烧粪，或花很大劳力掘草根和远道打柴。因此，在这类地区解决烧柴，是农业增产和保持水土的重要问题之一，必须在营造水土保持林当中，大量采用乔灌木速生树种，以求在三、五年内，首先解决烧柴问题。同时为了改变这种地区的穷困面貌，需要因地制宜地结合各种水土保持措施，适当地发展核桃、栗子、油桐、油茶、乌桕、桑、茶等特用经济树种和各种果树，以便发展多种经营，增加群众收益。

此外，还必须看到，随着农村生产的发展和农民生活的提高，农民对木材的需要也越来越多，若干年以后，民用材消耗量将数倍于今日。因此与发展薪炭林、特用经济林的同时，还应当注意发展一定比例的用材林。除了组织合作社的成片造林以外，还要发动个人和机关团体利用各种隙地进行零星植树，并因地制宜，尽量采用各种速生树种，如平原地区尽先种植杨树、泡桐、楝树、桉树等。至于在有条件、有习惯经营用材林的地区，仍应以用材林为主，继续发展。在有条件进行封山育林的地方，应继续组织群众育林。只有这样，从各方面发挥群众力量，从多方面开展营林工作，才能胜利地完成保持水土、增加生产、保证民用材自给和供应国家一部分用材的任务。

几年来，各地提倡由合作社自己采种，自己育苗，自己造林，已取得了巨大的成果和丰富的经验。今后仍应贯彻这一方针，主要依靠群众力量进行绿化。但由于水土流失严重地区，一般也是种苗缺乏、群众困难较多的地区，为了帮助群众克服困难，在这些地区，今后仍应由国家给以必要的种苗或经济上的支援。

为了加快绿化荒山，控制水土流失，并为今后国家更大规模的建设贮备用材，在水土流失地区，凡是宜林荒山荒地面积较大、群众力所不及的地方，应有计划地建立国营林场。国营林场应采用速生用材树种，一方面完成水土保持任务，另一方面为国家生产木材。应当看到，我们现有森林资源贫乏，只能解决若干部门的需要量，要做到木材源源不绝地供应，今后十年内的国营造林，将担当重大的使命。

第三，要做好大规模群众造林，必须从山区生产规划开始。为了结合农村各项生产建设，完成绿化荒山荒地、控制水土流失的任务，必须作好山区生产规划工作，加强对林业生产的领导，并与农业、水利等水土保持措施密切配合。

经验证明，作好山区生产规划，合理地划分农、林、牧各种用地和安排各种水土保持措施，是综合地开展水土保持工作和发展多种经济的重要步骤。截至目前为止，全国已完成一万多个山区乡、社的生产规划。凡是规划作的比较好、执行的比较彻底的地方，都很好地发掘当地的生产潜力，发展农、林、牧、副业多种经济，而且开展水土保持的综合治理工作。根据中共“八大”和三中全会发展山区多种经济和充分注意保持水土的精神，山区生产规划工作，今后在水土流失地区须优先进行。邓子恢副总理在最近召开的山区生产座谈会上指出，这一工作须由党委统一领导，农、林、牧各有关部门参加，从上而下提出要求，然后从下而上提出规划。

由于技术力量薄弱，经验不足，初步规划时，不应要求过高。倘能切实依靠群众，认真调查研究，并以合作社为基本规划单位，抓住生产中的关键问题和水土流失的主要因素，内容简短扼要，通俗易懂，就可以达到初步规划的目的。即或在规划中还有不足的地方，也可以在执行中加以修改和提高。

有了规划，还要加强领导，采取各种措施去促其实现。根据各地合作化高潮以后领导林业工作的经验，对群众造林来说，领导的主要任务，首先是要把林业工作列入领导议事日程，与整个农村工作作统一安排。同时应分别地区，培养与推广典型经验，以生动的实例教育群众和训练干部。其次是要加强对林业工作站的领导，使之成为指导合作社开展林业工作的得力助手；并为合作社训练林业员，通过他们使技术为群众所掌握。此外要帮助合作社建立与健全林业生产组织和劳动报酬制度，妥善处理林木入社和现有林木的保护、利用问题。这些工作，对进一步推动群众造林、加快水土保持工作都有重要作用。

对国家造林来说，今后发展的国营林场都是在地广人稀的地方，在劳力调动、各种物资供应等方面，会遇到很多困难。因此要求各地党政领导给林场配备强有力的领导干部，并从各方面给以大力支持。由于林场建设是百年大计，因此在设林场之前，必须充分作好调查设计和各项准备工作。

不论群众造林或国家造林，为了促使水土保持工作的顺利开展，都必须十分注意保证质量，在保证质量的基础上来要求数量。应当指出，目前很多地方的造林成活率还是不高的。由于采取重量不重质的方式去造林，结果苗木死亡很多，稀疏歪扭，不能郁闭成林，既减弱了保持水土的效果，也不能长成有用之材。今后一定要保证选择优良的种苗；造林前要整地；造林时须密植；造林后要除草松土，加强保护；缺苗的要补植。这样，才能够充分发挥保持水土和增加生产的作用。

为了贯彻综合治理的方针，农、林、水等有关水土保持部门必须在各级党政的统一领导下，密切配合。怎样才能密切配合呢？我们认为，山西省所采取的集中和连续的工作方式可以参考。这一工作方式的特点是：农、林、水、牧同在一定地区内统一规划，而后按农、林、水、牧各项不同性质的业务、要求和施工季节，依次完成各个作业区的某一个业务，当一个作业区的某项业务完成后，其他业务也陆续跟上。这样就把不同性质的农、林、水、牧各项业务统一于水土保持工作的相同工作上去了。

同志们！从根本上改变山区自然面貌和经济面貌的任务是非常艰巨的，也是非常伟大的。过去几年我们已经取得了不少成绩和经验，今后我们只要继续加强领导，各部门通力合作，并坚决依靠群众力量，善于发挥农村合作化以后的各种积极因素，并以愚公移山的毅力坚持下去，我们就一定能够胜利地完成这个改造自然的历史任务！

（原载《中国林业》一九五八年第二期）

让绿荫护夏 红叶迎秋

绿化这个名词太美丽了。山青了，水也会绿；水绿了，百水汇流的黄海也有可能渐渐地变成碧海。这样，青山绿水在祖国国土上织成一幅翡翠色的图案。这种美景，在旧中国不过是人们脑子里的一种理想，而新中国在不太久的将来就可以实现。

伟大的农业发展纲要和社会主义总路线掀起了广大人民的绿化祖国高潮。

十二年绿化将达怎样程度，就是说，怎样才可以称绿化？关于这个问题，我们从前的计划是保守的。从前，我们对人口稀少的远山有顾虑；对土壤贫瘠的石山有顾虑；对于大面积沙漠，那更没有提到。

绿化是全国的事，绿化是全民的事，人民有必要绿化全中国，人民也有能力绿化全中国，人民更有迫切的愿望绿化全中国。在这样的优越条件下，在这样的伟大人力下，我们必须重新估计绿化的可能性。

远山能不能绿化？能。湖南会同县和耒阳县造林远征队带了口粮和工具上山奋斗的勇气，贵州八十多万野战军在荒山上扎营苦战的干劲，河北平原和半山区群众一百五十多万人带着种子和苗木无代价地支援山区造林的共产主义协作精神，决不是路远所能阻挡的。只要人民决心征服荒山，哪怕天涯地角都可以去。可以说绿化“无远弗届”。

石山能不能绿化？能。湖南祁东县财宏社，今春出动了三百多人，向石山斗争两个月，开山凿穴，运搬客土来造林，终于使一千多亩紫色页岩穿上了绿衣。祁东全县就在财宏社的鼓动下，凿石造林二万多亩，群众说：“石硬没有决心硬，山高没有志气高”。

沙漠能不能绿化？在社会主义优越条件下，我们没有理由说不能。解放八年来，我国已改造了三千万亩沙荒。甘肃河西走廊本来计划在十年内营造的万里绿长城，今年一春就完成了造林面积的百分之六十七；在七月中旬，陕西榆林地区用飞机在五公里到二十公里距离的伊克昭盟沙漠边缘，成功地播种了沙蒿十九万亩。这些事实，都坚定了我们改造沙漠的信心。我们相信，在党的正确领导下，沙漠是可以变成绿洲的。

上述几个问题以外，还有两个值得注意的问题：一是大平原区，如河北和河南省的绿化问题。人们在京汉路上登高远眺，一望无际，目力可以直达太行山麓，太空旷了。现在，粮食问题已解决，可否各专区、各县定出一个森林覆被率的标准，营造团状或带状的森林，将大平原处处隔断。这可以增加雨量，减少干旱，调节气候，对农田和卫生都有益。另一个问题是黄河中游水土流失地区，可否在粮食只许增加不许减少的前提下，放弃陡坡来造林，把资金、劳力、机器放在较平坦的山田，努力增加单位面积产量，达到或超过《农业发展纲要》所指定的四百斤指标。

以上都说造林。造林到此，林业大功告成了没有？没有。以后工作还很多，特别是抚育。第一，太疏的要使它密。除新造幼林枯死的补植外，象南方某些省的马尾松林，当时已栽得很稀，往后又打枝过度，树冠与树冠不相接近，既不能保持水土，又不能供应通直的用材，这些林地要大大地补植。贵州省的抚育口号很正确，叫做“缺一株，补一株，缺一片，补一片”。第二，太密要使它疏。许多封山育林区和幼林区，要定期疏伐，促进优势木的生长。第三，疏密适中的林地更有抚育的价值。福建南平溪后乡每公顷蓄积量一千多立方米的高产杉木林发现后，引起了全国注意，大家正在研究，如何更进一步增加到每公顷三千、五千，甚至六千立方米以上。贵州锦屏县十八年成材的速生杉木林（称“十八杉”，下类推）发现后，引起了各方竞赛。黎平县提出了“十五杉”，剑河县提出了“八杉”，锦屏县万丰社更提出了“六杉”。高产、速生，关键都在于栽培和抚育。

林业工作是做不完的。绿化，要做到栽培农艺化，抚育园艺化；绿化，要做到木材用不完，果实吃不尽，桑茶采不了；绿化，要做到工厂如花园，城市如公园，乡村如林园；绿化，要做到绿荫护夏，红叶迎秋。北京的山都成香山；安徽的山都成黄山；江西的山都成庐山；各地区都按照自己最爱好的名胜来改造自然。这样，中国九百六十万平方公里的国土全部成一大公园，大家都在自己建造的大公园里工作、学习、锻炼、休息，快乐地生活。

（原载《中国林业》一九五八年第十二期）

哭许叔玑学长*

皇天独厚君，使君先我死，
不然君哭我，心痛亦如此。
贫交二十载，患难相终始，
中无纤介物，孔怀兄弟似。
少壮还相勉，白发忽垂耳，
秋风吹夕阳，人过魑魅喜。
方谓西子湖，潇洒胜燕市，
欲留不得留，蹭蹬若天使。
岂独垂老别，吞声而切齿，
又伤皋亭山，黄鹤飞不起①。
权贵势熏天，未许人向迩，
匆匆下横塘②，一行七十子。
书生何用哉，可怜几张纸，
生怀千岁忧，死反万事已。
所以田横客，纷纷哭蒿里，
而我独不哭，闭门读迁史。

---

* 许叔玑系作者好友，曾任北平大学农学院院长，中华农学会理事长等职。——编者

① 笕桥皋亭山一名黄鹤山。——作者

② 笕桥地名。——作者

祭许叔玑学长

一九三四年十一月二十九日为许叔玑学长出殡之期，道远未能执绋，谨奉江水一勺，遥祭先生。

扬子江心江水清，临江一勺祭先生，
风回北斗星初落，烟锁南朝月不明。
从此山樵辞鹤岭①，只应岛佛铸燕京②，
漫漫长夜无时旦，多事雄鸡报五更。

蓦地闻鸡首一昂，六朝往事几沧桑，
过江人士思无度，乱世奸雄说子将。
隔岸谁还吹笛过，登楼我自痛琴亡，
君看鬼录多亲故，黄鹤归来也断肠③。

大江应带汨罗涛，底事招魂不到艘，
记得春来寒九九，还因客去送劳劳④。
英雄末路有迁史，名士知心惟楚骚，
垂死凄凉成败论，可堪回首鹤鸣皋。

---

① 黄鹤山樵隐居黄鹤山。——作者

② 先生门弟子欲为铸象于北平农学院。——作者

③ 笕楼同仁星散以后，校工姚福君与朱昊飞先生相继逝世，今更遭先生之丧，哀哉。——作者

④ 先生今春曾来南京，留三日而去。——作者

道大不容天地宽，暮年心血尽雕肝，
一编死后人传易，百结生前自解难。
夫子之门多短褐，汉家开国不儒冠，
盖棺论定终无憾，寄语亲门莫鼻酸。

次韵枯桐兄哭叔玑学长

孤灯一梦断皋亭，劫数乘除竟到零，
还是去年今日好，落花流水逐飘萍。

烈士雄心悲暮年，凄凉垂死客冰天，
南人不作归南想，如此胸襟合葬燕。

张说当年谪岳州，文思凄绝笔生秋，
男儿生得江山助，死不甘攀李郭舟。

江东子弟有公评，多少名流赫赫声，
毕竟何人能得士，可怜孤岛一田横。

黄鹤不来山月死，清泉断绝路人愁，
可怜三尺城河水，乱带桃花绕郭流。

北行吊吴季青许叔玑二学长车中作

季札风情元度月，悠悠一梦断丰台，
心香烧尽三千里，未到黄垆已变灰。

题许叔玑先生纪念刊后

用先生送行词韵

一、临　江　仙

六十年间生老死，凄凉国士门风，遗容尽在一编中。剩青牛老子，随竹马儿童。记取先生生月日，何因与死相同，试呼李煜问前踪。别来多少恨，知否小楼东。

二、浪　淘　沙

莫道没人争，天大棋枰，鸿沟识破古今情，留个白头闲处着，别了皋亭。万念冷如冰，北去游平，一编黄卷一青灯，老子五千言不朽，水到渠成。

三、虞　美　人

坟前近泪无干土，泪尽仍何补，升天入地两茫茫，个里那知蝴蝶即蒙庄。一丘一壑英灵在，不为兴亡改。千秋人说钓鱼来，不说汉光皇帝有高台①。

（以上均原载《中华农学会报》一三八期，一九三五年）

① 钓鱼台，地名，在北平大学农学院。——作者

赠森林系五毕业同学*

一树青松一少年，葱葱五木碧连天，
和烟织就森林字，写在巴山山那边。

和李寅恭诗四首**

(一)

门巷深深百卉园，豆棚瓜架绿荫蕃，
除将明月清风外，容得狸奴眠小轩。
碧天无语风无力，正值先生午睡时，
偏是元蝉容不得，声声惊动凤凰枝。

(二)

晓报纷传众口同，飞仙吟兴合推公，
如何一谪人间世，再摘泥涂荆棘中。
深渊万丈落车厢，州里亲朋问讯忙，
哭煞黄州苏学士，浪传小劫是荒唐。

---

* 这是作者一九四一年五月二十九日在重庆前国立中央大学森林系赠一九四一届五名毕业生江良游、贾铭钰、任玮、斯炜、黄中立的诗。贾铭钰、黄中立都保存有作者这首诗的手迹。——编者

** 李寅恭系中大教授、森林系主任，作者的同事和好友之一。——编者

（三）

四十年来尘世改，婚姻细细数交亲，
此中难测人天意，白发夫妻有几人。

（四）

沧海茫茫几度更，书生老去百无成，
忽翻西蜀子云赋，对卷高吟一座惊。
扬子东流人唤渡，夕阳西下鸟投林，
分明一片桃花水，却笑仙源无处寻。

（摘自李寅恭《百卉园吟草》）

题中大《系友通讯》

系统连绵一线长，
友声莺语树中央，
通常离合诚无定，
讯问不难双鲤将。

（马大浦提供）

祝《新华日报》四周年*

黄柑斗酒读新华，老眼如看雾里花，

* 《新华日报》为中国共产党在抗日战争时期在国民党统治区公开出版的机关报，一九三八年一月十一日在汉口创刊，同年十月二十五日迁重庆继续出版。作者以“凡僧”的笔名，从一九四一年起，每逢周年纪念日热情赋诗祝贺。——编者

我辈暗中能摸索，英雄名下不虚夸。
残篇人尽千回诵，众目谁当一手遮，
料得满天星斗夜，万家儿女唱边笳。

（原载一九四二年一月十一日重庆《新华日报》）

祝《新华日报》五周年

忽闻高唱入云霄，滚滚洪流人海潮，
马列文章群众化，莺鸣风调友声娇。
火星有报来三峡，花月无愁笑六朝，
辛苦五年毛颖力，年年神往鸭江遥。

（原载一九四三年一月十一日重庆《新华日报》）

祝《新华日报》六周年

（一）

黄鹤楼前一纸风，飞飞风动入巴中，
吾曹反帝反封建，国策为农为苦工。
天汉迢遥星拱北，鲁阳咤叱日回东，
写来不少惊人事，汗马勋劳汗简功。

（二）

笔端应有杜鹃花，点点腥红血债赊，

汉口夕阳思故国，巴山夜雨说新华。
君看富贵五陵客，谁念寻常百姓家，
谩道庶人多横议，寒蝉秋怨诉些些。

（原载一九四四年一月十一日重庆《新华日报》）

巴山诗草*

龙泉驿

滚滚龙泉不测深，群山万木气萧森，
轻车百折羊肠路，一半风光似黑林①。

至成都主吴君毅兄

绿荫缭绕短垣中，依旧燕南处士风，
儿女别来如许大，忽惊身世太匆匆。

刘伯量君出示画照

桃花前度识刘郎，不觉匆匆二十霜，
君已长髯何况我，销魂无奈骆驼庄②。

华西坝寻曾和君兄家不见

点点黄牛散柳荫，幽幽迷路入花深，

* 从《龙泉驿》到《南江近事二首》这二十多首诗，为作者抗战期间在四川所作，由周慧明提供。总题《巴山诗草》是我们加的。——编者

① 黑林，德国地名，以森林著名于世。——作者

② 骆驼庄，北平农学院所在地。——作者

分明人在华西坝，踏遍苍苔无处寻。

吴园阻病

吴园秋嫩百花娇，客枕临轩暑气消，
不信主人留不住，却因阻病到今朝。

灌县李太守冰祠堂

离堆堆畔古祠堂，衮衮龙蛇配禹王，
千载人歌贤太守，不知天下有秦皇。

二郎庙

生不封侯死便王，皇清一敕太荒唐，
好官合受人民拜，宁作神仙李二郎①。

青城上清宫

纸窗如漆灯如豆，夜半凄凉蟋蟀声，
汉晋风流无异此，不知何处范长生②。

下青城山

蟋蟀栖岩鸟在枝，行人风露出门时。
径依流水天然曲，山到中峰格外奇。
万古能磨石成卵，百花不厌雨成丝。
问君仆仆何为者，纵不寻仙也是痴。

苏马头(在锦江)

细雨斜风苏马头，绿杨荫里小停舟，

---

① 李冰之子俗称二郎，有种种神话附会，清朝敕封为王，故又称二王庙。——作者
② 范寂汉晋间隐居青城山，人称范长生，谓其得道成仙云。——作者

今朝说是鱼虾市，圩里人烟一瞬稠。

平羌峡(在岷江)

分明舟已到途穷，水转山随路又通，
一峡平羌三十里，千回仍在曲流中。

乐山(嘉定)郊外

点点芦花浅浅湾，田家桑竹两三间，
乐山人说江南好，我说江南似乐山。

凌　云　山

江烟碧似天边水，山石红于日暮霞，
居士分明香里过，不知何处木犀花。

凌云山顶东坡读书处观大佛岩

佛头高枕读书处，佛脚双悬雪浪中①，
八百年前曾坐此，铜琶听唱大江东。

乌龙山尔雅台

高台三面水临轩，此处真无车马喧，
偏是离堆识秦守②，不然又误武陵源。

赠峨眉山沿路瀑布

入山人送出山泉，萍水些些未了缘，
若到巴江绕巴峡，莫教流向海东边。

---

① 大佛系唐代所凿。——作者
② 乌龙山亦有一离堆为秦太守李冰所凿。——作者

伏虎寺观张三丰草书

竹院无人玉殿清，依稀门里拓碑声，
回头瞥见张三草，疑是龙蛇绕壁行。

清　音　阁

秋雨潇潇秋瀑鸣，琉璃亭子竹凉棚，
买山合买清音阁，流水双桥夜夜声。

牛　心　石

且来此处听潮音，不管沧江几许深，
百事一如风马耳，双流万古雪牛心。
青天有路猿难度，黑夜无人龙独吟，
我亦欲随思邈去①，可堪与世久浮沉。

九老洞珙桐

赢得珙桐宠若惊②，王孙芳草太多情，
不然树海茫茫里，那有游人说到卿。

钻　天　坡

纷纷割据久成风，人物由来一理通，
不见钻天坡上下，冷杉杉木各称雄③。

---

① 白水潭、黑龙溪至此合流而成急湍，一大石适当其冲，状若牛心，故有黑白二水洗牛心之说。相传孙思邈在此炼丹。——作者

② 九老洞珙桐在峨眉山素不注重，相传美国总统罗斯福之公子赏识其花，遂名重一时。——作者

③ 钻天坡以下有杉木而无冷杉，钻天坡以上则满山冷杉而杉木绝迹，盖自成一植物带。——作者

峨眉山顶

峨山四大入空明，云海茫茫一片平，
花向七重天外笑，客来五里雾中行。
不辞万佛还千佛①，未惜兼程似一程，
我亦及时行乐耳，秋风无奈故乡情。

洗象池

老僧送我出山门，问短论长笑语温，
我是名山看遍了，只嫌未得见猢狲②。

下峨山过龙门洞

万壑争流各有声，在山记得许多名，
哪知一出龙门洞，欲问源头说不清。

峨眉县别邵维坤兄

潇潇风雨乱愁城，又是孤灯别邵平，
唤起西湖十年梦，不堪今夜竹鸡声。

南江近事二首

葛衣蒲扇坐凉台，忽听南江报喜来，
捉得松林小麻雀，今宵不把寝门开。

前夜夜深山月凉，机声轧轧出邻房，
元来又是南江事，床上新笼促织娘。

---

① 千佛顶、万佛顶与金顶各占一高峰。——作者
② 洗象池以猴得名，余上山下山皆过寺，寺僧为余呼猿不至。——作者

送吴中伦君赴美*

大火西流七月光，碧天无语送吴郎。
定知三载归来后，苍海茫茫好种桑。

祝《新华日报》八周年

（一）

自有雄辞动百蛮，谁能强笑作奴颜，
此中文字苏辛辣，天下黎民稼穑艰。
胡马踏平春草地，蜀鹃啼老夕阳山，
凭君仗义为喉舌，八载唇焦岂等闲。

（二）

果然深见九州同，雨露应教天下公，
中国何曾秦万世，大王不是楚重瞳。
六朝楼阁空陈迹，一统河山谩武功，
知否人间清议在，可能玉帛化兵戎。

（原载一九四六年一月十一日重庆《新华日报》）

* 一九四五年八月，吴中伦在重庆考取赴美留学，出国前，作者赋此诗送行。题目是我们加的 此诗由吴中伦提供。——编者

台湾纪游*

竹东王子君场长宴席

此番可是腊梅风，吹送行人过竹东，
感谢居停情意重，不教座上一樽空。

八仙山铁索道

高高索道上天空，命在千钧一发中，
俄顷登楼望下界，居然身与列仙同。

八仙山俱乐部

晓日照窗棂，幽禽唤梦醒，
帘开云海白，门对雪山青①。
一水溪先甲②，千年鸟姓丁，
寻仙仙不在，留得数浮萍。

---

* 作者应台湾林产管理局之邀于一九四八年二月由南京前往台北，自二月六日起赴各林场及山林管理所视察，至三月十二日返回台北，历时五周。作者精神焕发，诗情洋溢，每到一处，总要命笔赋诗。台湾林产管理局将作者诗篇三十九首，连同他的友好、学生的和诗二十余首，刊登在一九四八年四月出版的《林产通讯》二卷七期上，同时铅印成小册子。后作者又将原诗作了近二十处推敲修改，分赠友好、学生。另有《八仙山》七绝一首，现增补编入，合成四十首。这些诗篇由张楚宝提供。——编者

① 指大雪山。——作者
② 指大甲溪。——作者

八　仙　山

五岳寻山不辞远，八仙渡海岂空行，
此中路出黎明线，万木无声鸡独鸣。

赴溪头道中

南国山深好景多，松风蕉露两边过，
居然牛背千钧力，绕尽羊肠九曲坡。
此地已留右军字，何人更唱谪仙歌①，
杜鹃应识林间乐，奈唤不如归去何。

三　　绝

溪头见河合、本多、川濑、右田诸师手植杉树，并读侯子约学兄题句，感赋三绝。

十年树木百年人，回首门墙桃李春，
我示一枝偏不实，落花流水谬前因。

婆娑杉木向天参，手泽长留海客谈，
叹息琅玡道旁柳，树犹如此我何堪。

一别师门三十春，前情如梦复如尘，
侯生头白梁生老，何况当年传道人。

溪头旅次步前人韵

云林山草碧如油，鸟道轻车不驾牛，
难得元宵前六日，杜鹃声冷宿溪头。

① 王益滔院长醉后题字唱歌。——作者

嘉义郑月樵所长招宴

好客由来说郑庄，良宵风月醉流觞，
偶来人地思嘉义，不尽南天春日长。

阿里山慈恩寺寺僧食官俸

台殿通明屋宇宽，沧桑分付一蒲团，
伤心旧话三山客，削发新迁五斗官。
有佛共存中日印①，无花不献菊梅兰，
老僧已在红尘外，岂必逢人说挂冠。

阿里山观云海

群山万壑气蒸腾，如此奇观得未曾，
一片浪花浑似雪，中间不信有云层。

阿里山神木

生涯说是三千岁，老干无梢枝已疏，
待得蟠桃重结实，不知此木又何如。

阿里山三代木

三世峥嵘二世枯，可怜一世更虚无，
百千年事凭谁证，君请姑言我听姑。

十字路站望草林湖周围荒山

可怜十里草林湖，湖上萧疏树欲无，
若说春风容不得，上山何以采蘼芜。

① 佛阁中供三国佛像。——作者

山上废材

斧斤绳墨两无缘，多少遗材弃路边，
堪笑锱铢争木市，在山不值半文钱。

用侯子约兄韵赠屏东王国瑞所长

苍苍树海绿成荫，一寸河山一寸金，
岂有王戎偏爱李，入林无限护林心。

用乙酉年十月韵再赠王所长

夜半长吁吾道东，不嫌头白话灯红，
相逢况是巴山雨，短咏西窗不计工。

屏东至东港行道树

大道平平十里长，长林夹道木麻黄，
万丹西去又东港，枝动风来见海洋。

防风林

防风林木绿连阡，阡陌无风好种田，
尘土不扬沙不起，木麻黄叶舞翩翩。

竹头角

童叟成围看远客，汉和杂语问歧途，
杖藜遥指竹头角，小驿依稀有若无。

旗尾驿

远游到处欲魂销，野店无人村寂寥，

一饭红尘旗尾驿，木棉花下过元宵。

鹅銮鼻遇雨

鹅銮鼻灯塔周围皆高山族，附近有舟帆石兀立海水中。

云龙风虎鹅銮鼻，细雨斜阳化彩虹，
灯塔摩天楼顶上，舟帆立石水当中。
渔樵人聚高山猛，朝暮鲸翻大海雄，
三百年传清日史，如何不说郑成功。

宿四重溪

向晚雨潇潇，青山和梦遥，
醒疑天破晓，起悟月元宵。
风暖花如醉，春寒草不凋，
四重溪景好，归客欲魂销。

石　门

牡丹社祖先抵抗日军处。

石门百世草流芳，来吊高沙古战场，
五百倭军齐授首，樱花合拜牡丹王。

别屏东王国瑞所长

看山看水复看花，五日屏东一笑哗，
梁燕重来还是客，数声风笛别王家。

罗东竹林站近浊水溪戏作

溪水和泥拍渡头，渡头咫尺竹林幽，

阮生白眼稽康啸，那有清流傍浊流。

自鸠之泽经白兰线上太平山

鸠之泽旧有温泉，日人曾建俱乐部招待来宾，甚富丽，每逢酒酣，则主客高唱白兰歌以取乐，今俱乐部毁于洪水，其基地亦陆沉矣。

溪上楼台毁老蛟，沧桑无复旧堂坳，
乱山人渡鸠之泽，空谷谁歌鹊有巢。
红豆落余白兰尽，碧苔多处绿荫交，
王孙芳草今何在，剩有黄鹂傍树梢。

太平山招待所即景

东阁朝阳红似火，南湖山雪白如银，
更留数点瓶花在，开向晴窗报早春。

赠沈家铭场长

又教破费沈郎钱，结伴看山复听泉，
几度太平山上望，何时得见太平年。

下　山

笋舆藤杖下山来，半破苍烟踏碧苔，
陌上花开归缓缓，白丝初过又兰台。

古鲁社访高山族（亦名高沙族）

蓬门小屋访高沙，鸡犬儿童共一家，
帝力何关贫户事，自家织布自栽麻。

花苏公路三绝

临海危崖三百里，环山曲径两千弯，
曾经蜀道蚕丛险，比到花苏总等闲。

百丈悬崖千折坡，云林烟水绿逶迤，
瀛山反复来供眼，景在羊肠曲处多。

无端石窟断还连，仙境居然小洞天，
乍见在前俄在后，霎时过眼尽云烟。

太 鲁 阁

太山一览小东山，鲁国须弥芥子间，
阁上分明留片席，请君卧看白云闲。

木 瓜 山

松花柏木午风凉，紫李黄瓜冰雪香，
若说买山宜住此，鲤鱼湖水碧琳琅。

赴台东晤黄式鸿县长

武城风雨满弦歌，新港汪洋万顷波①，
太息天涯黄叔度，牛毛政令拙催科。

廉吏吁嗟墨吏骄，纷纷搜括到青苗，
伤心最是高山族，四壁萧然人未饶。

台东至高雄道中

寒食花朝尚未曾，南行百里感炎蒸，
劝君休望火烧岛，吾已昏昏欲饮冰。

---

① 新港为台东海港。——作者

大武西南屏岭东，行人苦热汗珠融，
思量日近长安远，鲲海无声夕照红。

车过屏东未停怀王国瑞所长

南来北去频经过，枫港居然似故乡，
况是屏东诗酒地，莫哀歌里忆王郎。

台北谢邱钦堂副局长
延医馈药为余治病

拜药先尝对康子，投诗作报谢邱迟，
但教利病何辞苦，我自平生不忌医。

留别唐振绪局长

萍水相逢道不孤，两家乡味共莼鲈，
思量海内唐寅宅，咫尺天涯范蠡湖。
三月莺鸣求友侣，万方鹤唳慕樵苏，
山林川泽虞衡事，尽是鹍鹏万里途。

留别林所长渭访同学

又教剪烛话西湖，和靖家风世所无，
客路大都拥梅鹤，宦情那得抵莼鲈，
山川佳句应题遍，身世浮名不爱沽，
今日相逢复相别，鲲洋一片白云孤。

次韵和王汝弼同学送别

登楼王粲已伤时，今更凄凉为别师，
迎面桃花潭水浪，销魂杨柳灞桥枝。

迎曙光*

以身殉道一身轻，与子同仇倍有情，
起看星河含曙意，愿将鲜血荐黎明。

西北纪行**

灞桥

草草劳人过灞桥，桥边杨柳晚萧萧，
无驴无雪心无憾，诗酒闲情要福消。

西安访韩兆鹗副主席

长安古道识荆州，一笑相逢两白头，
告我碑林千片石，还教西去茂陵游。

碑林

西汉文章日月光，未央宫瓦更寻常，
若教数到元明后，真个人才如斗量。

---

* 这首诗是作者在一九四八年参加中大学生“五四”营火晚会有感而作。由陈虓原提供。标题是我们加的。——编者

** 作者于一九五〇年九月赴西北林区考察，《西北纪行》为沿途所作。由周慧明提供。——编者

茂陵车中望古墓

墓未犁田木已薪，古坟无数渭川滨，
等闲白骨周秦汉，地下千秋大有人。

登武功农学院大楼

黄土高原百尺楼，绿林疏处见羊牛，
渭河如带山如障，一半云封太白头。

宝鸡渭河大桥（在川陕公路）晚眺

一色黄流一色天，江山如此岂徒然，
西来二水平分渭，南去千峰尽入川。
秋草离披压沙渚，夕阳高下照梯田，
桥头陇蜀皆堪望，三处云烟咫尺连。

宝鸡阻雨候车

雨淋枯木湿寒鸦，枫未经霜菊未花，
又是一天虚度了，黄昏人报不通车。

无月无星能几宵，阻风阻雨好连朝，
重重山与重重水，车在秦西第几桥。

秦岭林管处同人
嘱予漫谈木材干馏及烧炭

绛帐[①]西头忆马融，昔贤今我不相同，
思量此座堪谁比，白傅诗中烧炭翁。

① 绛帐车站在宝鸡之东。——作者

天　　晴

檐头小鸟最知几，雨便幽栖晴便飞，
欲借一竿来晒翅，那知人有未干衣。

宝 鸡 车 站

登车车不发，局促似鸡栖，
一觉鸡鸣后，依然在宝鸡。

天宝路货车中

天水宝鸡铁路正在改造，偶通货车，殊无定时，火车时常出轨，驶行甚缓，一小时只行十四、五里。

汽笛呜呜不断鸣，可怜龟步卜前程，
车停也作龙蛇势，站小偏多鸡犬声。
渭水长为来客伴，秦山远送老夫行，
夜深人报临胡店，睡眼矇矓喜若惊。

胡　　店

甘陕程途到此分，千峰送翠百花芬，
君今得陇将何望，客已过秦可有文。
低涧龙泉高涧雨，入山驴背出山云，
宵来居士还乡梦，犹恨木犀香未闻。

秦岭林场晓起

荒村数户邻，花露挹清晨，
犬吠初来客，禽呼未起人。
林深山色秀，滩浅水痕新，

细草微风里，高秋似仲春。

牛车上作

轮滑车轻金犊肥，晋唐韵事是耶非，
可怜喘上羊肠坂，鞭不留情力已微。

牧童

风动一山幽，牧童山上头，
不知人去处，林下散黄牛。

烧荒

烧山垦地者三年后地力衰微，必须他迁，名烧荒。

百载乔林一炬红，三年田作又成空，
老农他去觅新地，烧到山荒人更穷。

伐木

巨材还有几，旦旦发樵夫，
兔窟频移处，牛车劳载途。
梓桐盈把仅，樗栎中绳无，
莫枉伤乔木，嘤嘤鸟在呼。

渡渭河入小陇山

历碌人呼渡，优游船放回，
过河秦地尽，隔水陇山来。
经雨滩泥滑，冲波岸石颓，
晓凉风景好，到此合徘徊。

东 岔 村

东岔有高山茂林、曲涧清泉，慧明谓酷似杭州九溪十八涧。

松风柳露木桥头，下有清泉激石流，
说似九溪十八涧，教人低首忆杭州。

骑驴上割漆沟

高山流水路悠悠，红栎青松割漆沟，
添个白头驴背客，许教入画更风流。

归途重过胡店

下车初眺一开颜，曾说林泉非等闲，
再上幽岩三十里，归来胡店不成山。

胡店风光未是奇，较量胜地已怀疑，
谁知临去翻留恋，况复他年追忆时。

再 乘 货 车

今宵又作货车人，人货纵横错杂陈，
客本无奇居亦可，元来故事出三秦。

宝 鸡 一 宿

去是黎明来是昏，柳边风月总销魂，
背人低唱屯田句，灯下诗情带梦痕。

西安止园杂咏①

背郭林园以止名，当年不信枉高情，
我来摩抚将军树，飒飒秋风叶叶声。

西安往事已成尘，十五年中世代新，
都说解铃人伟大，可怜不见系铃人。

夜深啼血杜鹃红，魂断渝州路不通，
慷慨捐生黄祖席，祢衡毕竟是英雄。

画栋雕梁卅亩宫，晓窗帘卷碧玲珑，
老夫不合来金屋，未病先娇忽怕风。

枕上晴窗又雨窗，夜凉醒到晓钟撞，
月圆人复在何处，看取登山屐一双。

如此长安亦易居，离离碧草占春余，
枯荣一岁一霜露，真义不磨天地初。

石桥未烂海先枯，红蓼花疏有若无，
也作汉唐池馆看，西风残照立斯须。

欲从曲径上平台，院静无人长碧苔，
黄土墙头压拳石，雨淋生出瓦松来。

汉武秦皇安在哉，江山如此莫惊猜，
仓皇一鹊穿林去，蹀躞双童扫叶来。

① 止园为杨虎成将军故宅。——编者

紫栗红梨安石榴，安排果食过中秋①，
已嫌东道供张甚，还说供张苦未周。

为爱沧浪好濯缨，主人相约到华清，
敢言居士本无垢，浴罢腾身一燕轻②。

如何匆促上归程，未去陇头听水声，
若说来园欲观止，止园真个实符名。

华清池畔正气亭

半山孤立一方亭，无数游骖到此停，
指点东南飞雀尽，凭栏闲话小朝廷。

亭傍危崖石刻多，题名豪杰早投戈，
尔曹未解春秋义，误尽天祥正气歌。

潼关渡黄河

仰天大笑出潼关，滚滚洪流落照间，
不许老夫心不壮，中原如此好河山。

黄河东去落天涯，淘尽英雄汰尽沙，
八楫中流横夕照，关东大汉唱咿哑。

风陵渡口半分利客店

风陵渡口酒帘飘，黄土颓垣出市招，

① 交际处赠果食过节。——作者
② 农林部招浴华清池。——作者

小店迎人半分利，盘餐杯茗到中宵。

发风陵渡口上同蒲路

鸡声茅店月昏黄，眠未全酣又促装，
此子故应置丘壑，征人那得免星霜。
日高汾上风光好，路比山阴应接忙，
三晋云天人向北，君看葵藿尽倾阳。

并　州　剪

处处长亭有我曹，鸡声人影太劳劳，
此中谁是江南客，合买并州快剪刀。

汾　　酒

黄昏无雨也销魂，蚁绿灯红手一樽，
过客都称汾酒好，几人能道杏花村。

太　　原

四十年来南面王，背城一战失金汤，
棘门赵壁皆儿戏，翻手风云赤帜张。

书同文字俗同风，何事同蒲轨不同，
咫尺中原论割据，苦心还怕五丁通。

不能府海也官山，煤铁经营事事艰，
说客纵横谈李牧，一杯偏洒雁门关。

太德路车中别洞涡水

屈曲清溪帘外过，行行相伴路无多，

石桥渐远人东去，流水声中别洞涡。

冀西驴戽水

双眼迷蒙绕井行，团团驴转桔槔鸣，
秋风黄叶人何在，终日麦田流水声。

冀西驴磨粉

磨粉何为将眼蒙，盲从无奈主人翁，
闻香未识香来处，到此黔驴技已穷。

冀西沙河故道(神道滩)沙荒地上青杨白杨林

沧海成田不长桑，金沙古道百年黄，
故应小试麻姑爪，来种兰陵青白杨。

青杨何妥白杨萧，文彩风流两隽骄，
才是峥嵘头角露，十分姿态向人娇。

次韵报子约*

无言面壁似参禅，忽地潮音报古龛，
种树书逃秦火厄，开编人欲发其凡。

少不如人况老时，此中敢说合时宜，

* 子约即侯过，为作者同学、好友。作者作《西北纪行》后寄一份给侯过，侯过作了四首七言绝句答作者。作者用侯过韵又作了这四首绝句。作于一九五〇年。由林业部档案处提供。——编者

徒教郑五添惆怅，风雪输人驴背诗。

落叶疏林鸟未安，北风吹上腊梅寒，
此花不适玄都观，只合山深踏雪看。

红旗猎猎雪中明，大地山河一统成，
我比放翁归更好，一廛盛世老为氓①。

赋得蝉曳残声过别枝*

五言八韵

蝉曳残声去，偏留客梦思，
别来千万恨，飞过两三枝，
易地何伤僻，因时总合宜，
入林难寂寞，抱叶亦高危。
孤柳吟风怨，双槐挹露滋，
白头才子咏，玄鬓美人悲，
音与琴箫咽，情愁霜雪欺，
那知无限好，更有夕阳随。

---

① 陆放翁诗：二釜昔伤贫借禄，一廛今幸老为氓。——作者

* 全国人大副委员长陈叔通有诗一首寄作者，作者阅后用其原韵赋写了这首诗。两人的诗中都有蝉、曳、残、声、过、别、枝七字。这首诗大约写于一九五一年。由林业部档案处提供。——编者

附陈叔通诗：

赋得蝉曳残声过别枝

五言八韵

友人以年老调职来书作牢骚语，引用“蝉曳残声过别枝”旧句，余戏作五言八韵，试帖诗以慰之。

过耳蝉声在，应知别有思，
衰残辞旧侣，摇曳占新枝。
且住何须择，相安便是宜，
岂惟莺谷胜，差免燕巢危。
倦翼因风鼓，饥肠得露滋，
生涯仍不恶，歧路漫同悲，
暑退衣防薄，秋侵鬓受欺，
无依还几辈，羡尔欲追随。

无　　题*

十年秦火劫，百战楚歌声，
破壁诗书出，挥毫金石鸣。
天边同日庆，海上昔年情，
江水众流汇，文章擅凤城。

* 这首诗原稿上无题，作于五十年代。由林业部档案处提供。——编者

六十八岁初度在武汉*

江风吹帽发萧疏，六十八年人初度，
汉口夕阳话鹦鹉，武昌生日食鳊鱼。
未能席上千言赋，偏得槎头一乐余，
滚滚长流来不尽，连天烟水付樵渔。

瞻仰烈士遗首**

两眼抉开新日月，一头拼保旧山河，
我来瞻仰英雄面，太息当年苦难多。

和寰澄次九***

俞七风流李九狂，童年一手好文章，
黉门最晚交梁五，梁五而今七十霜。

---

* 作于一九五一年，林业部档案处提供。——编者

** 作者一九五二年在哈尔滨市东北烈士纪念馆瞻仰了抗日联军杨靖宇、陈翰章、汪亚臣三位将军的遗首后赋写了这首诗。林业部档案处提供。——编者

*** 寰澄即俞寰澄曾任全国政协委员。约作于一九五三年，林业部档案处提供。——编者

梁希著作目录

著作	发表(写作)年代	发表刊物或收藏者
民生问题与森林	1929	《林学》创刊号
施肥问题（翻译）	1929	《中华农学会报》67期
西湖可以无森林乎	1929	《中华农学会报》70期
两浙看山记	1931	《中华农学会报》89期
对于浙江旧泉唐道属创设林场之管见	1931	《中华农学会报》90期
日本近来试行木炭汽车之成绩	1932	《中华农学会报》98—99期
《中华农学会报·森林专号》弁言	1934	《中华农学会报》129—130期
读凌傅二氏文书后	1934	《中华农学会报》129—130期
松脂试验(与王相骥合著)	1934	《中华农学会报》129—130期
黄垆旧话	1935	《中华农学会报》138期
樟脑(樟油)制造器具之商榷	1935	《中华农学会报》140—141期
几种油桐种子之油量分析(与张楚宝合著)	1935	中央大学《农学丛刊》3卷1期
近世甲醇定量之新方法	1936	《林学》6期
木素定量(与王相骥合著)	1936	《中华农学会报》153期
德国采脂(松脂)之新方法(翻译)	1937	《中华农学会报》157期
盐酸刺激法所得松脂之性质(翻译)	1937	《中华农学会报》157期
关于“二次乙二氧化物”之分解云杉材与天然木素组成之研究(摘译)	1937	《中华农学会报》158期

著　　作	发表(写作)年代	发表刊物或收藏者
木材制糖工业(翻译)	1938	《中华农学会报》161期
造林在我们自己的国土上	1939	《广播周报》163期
中国十四省油桐种子之分析(与周慧明合著)	1939	《中华农学会报》167期
重庆木材干馏试验(与陶永明、郑兆崧合著)	1940	《中华农学会报》168期
用唯物论辩证法观察森林	1941	《群众》6卷5—6期
中国十四省油桐种子分析第二报(与周慧明合著)	1941	《中华农学会报》171期
川西(峨眉、峨边)木材之物理性(与周光荣合著)	1941	《中华农学会报》171期
油桐抽提试验(与周慧明合著)	1941	《中华农学会报》172期
竹材之物理性质及力学性质初步试验报告(与周光荣合著)	1944	《林学》3卷1期
气压法木材防腐试验装置之设计(与张楚宝合著)	1944	中国农学会25届年会论文
《林钟》复刊词	1946	周慧明、吴中伦、陈建仁
科学和政治	1948	《科学工作者》创刊号
活化石(水杉)木材性质(英文，与周光荣、区炽南合著)	1948	中央大学试验报告
台湾林业视察后之管见(与朱惠方合著)	1948	《林产通讯》2卷7期
祝科协南京分会第三届大会	1948	大会特刊
在全国林业业务会议上的开幕词	1950	会议专刊
在全国林业业务会议上的总结报告	1950	会议专刊
目前的林业工作方针和任务	1950	会议专刊
《中国林业》发刊词	1950	《中国林业》1卷1期
这一次的春季造林	1950	《中国林业》1卷1期

著　　作	发表(写作)年代	发表刊物或收藏者
《中国科学工作者协会南京分会会员录》题词	1950	会员录
在一九五〇年华北春季造林总结会议上的报告	1950	《中国林业》1卷2期
我们要用森林做武器来和西北的沙斗争	1950	《中国林业》1卷5期
西北林区考察报告	1950	《中国林业》1卷6期
在中南区农林生产总结会议上的报告	1951	《中国林业》2卷2期
新中国的林业	1951	《中国林业》2卷3期
两年来的中国林业建设	1951	《中国林业》3卷4期
组织群众护林造林，坚决反对浪费木材	1951	《中国林业》3卷5期
在布拉格机场的答词	1951	林业部档案处
中国林业工作者必须学习苏联	1951	林业部档案处
在全苏政治与科学知识普及协会欢迎会上的讲话	1951	林业部档案处
在苏联科学院欢送会上的告别词	1952	林业部档案处
在招待英国人民文化代表团座谈会上的讲话	1952	林业部档案处
悼伟大的斯大林主席	1952	林业部档案处
自然科学工作者组织起来了	1952	《中国林业》1—2期
林业工作者坚决保卫和平	1952	《中国林业》6期
三年来的中国林业	1952	《中国林业》10期
东北今后林业工作的方针和任务	1952	《中国林业》10期
为庆贺完成胶园勘测任务给华南林垦调查队的一封信	1952	林业部档案处
中国人民的一件大喜事	1953	林业部档案处

著　　作	发表(写作)年代	发表刊物或收藏者
过渡时期总路线上的科学技术工作者	1953	林业部档案处
中国林业的过去工作情况和今后工作方向	1953	林业部档案处
泾河、无定河流域考察报告	1953	《中国林业》8期
在林业干部教育座谈会上的总结报告	1953	《中国林业》11期
科学技术普及协会的性质和工作方针	1954	吴凤生
欢迎朝鲜停战协定的签字	1954	林业部档案处
悼达依诺夫同志	1954	《中国林业》7期
中国第一部森林影片和群众见面了	1954	《大众电影》14期
林业调查设计工作者当前的责任	1954	《林业调查设计》创刊号
有计划地发展林业	1954	《中国林业》10期
森林在国家经济建设中的作用	1954	科普协会小册子
向台湾农林界朋友们的广播讲话	1954	林业部档案处
一九五四年全国林业工作概况及一九五五年的中心工作	1954	林业部档案处
在齐齐哈尔市庆祝苏联十月社会主义革命三十七周年大会上的讲话	1954	林业部档案处
做好春季造林工作	1955	《中国林业》4期
积极开展科学普及工作为实现五年计划而努力	1955	《工人日报》7月17日
第六次全国林业会议总结报告	1955	林业部档案处
在国有林区森林工业厅局长会议上的报告	1955	林业部档案处
如何实现林业五年计划	1955	《中国林业》8期
完成林业建设的五年计划，保证供应工业建设用材并减少农田灾害	1955	《中国林业》8期

著　　作	发表(写作)年代	发表刊物或收藏者
给八位同学的信	1955	《中国林业》 8 期
在小兴安岭南坡林区森林施业案审查会议上的讲话	1955	《林业调查设计》 9—10期
一九五五年林业工作基本情况及一九五六年工作任务	1955	《中国林业》12期
有关水土保持的营林工作	1956	《中国林业》 1 期
开化县不应该开山	1956	《中国林业》 2 期
绿化黄土高原，根治黄河水害	1956	《旅行家》 2 期
青年们起来绿化祖国	1956	林业部档案处
黄河流碧水，赤地变青山	1956	《中国青年》 4 期
林业部机关青年的光荣任务	1956	林业部档案处
向高中应届毕业生介绍林业和林学	1956	《中国林业》 5 期
在百花齐放百家争鸣的方针下做好科学普及工作	1956	《人民日报》 7 月19日
争取做到全国山青水秀风调雨顺	1956	《中国林业》 8 期
科学普及工作的新阶段	1956	林业部档案处
农民需要科学翻身	1956	林业部档案处
妇女有权利要求科学家普及科学	1956	《中国妇女》10期
广泛开展工会和科普协会的合作关系	1956	林业部档案处
向台湾科学文教界朋友们的广播讲话	1956	林业部档案处
放宽“家”的尺度，扩大“鸣”的园地	1956	林业部档案处
一九五六年林业工作基本情况及一九五七年工作任务	1956	《中国林业》12期
林业展览馆参观以后	1957	《中国林业》 8 期

著　作	发表(写作)年代	发表刊物或收藏者
从五年到二十年	1957	林业部档案处
人民的林业	1957	《知识就是力量》10期
林业工作者的重大任务	1957	《光明日报》10月30日
中苏两国人民友谊如松柏长青	1957	《中国林业》11期
把科学技术知识交给人民	1957	林业部档案处
贯彻农业发展纲要，大力开展造林工作	1958	《中国林业》1期
进一步扩大林业在水土保持上的作用	1958	《中国林业》2期
每社造林百亩千亩万亩，每户植树十株百株千株	1958	《中国林业》3期
让绿荫护夏　红叶迎秋	1958	《中国林业》12期
哭许叔玑学长	1935	《中华农学会报》138期
祭许叔玑学长	1935	《中华农学会报》138期
次韵枯桐兄哭叔玑学长	1935	《中华农学会报》138期
北行吊吴季青许叔玑二学长车中作	1935	《中华农学会报》138期
题许叔玑先生纪念刊后	1935	《中华农学会报》138期
赠森林系五毕业同学	1941	贾铭钰、黄中立
和李寅恭诗四首		王伯心
题中大《系友通讯》		马大浦
祝《新华日报》四周年	1942	《新华日报》1月11日
祝《新华日报》五周年	1943	《新华日报》1月11日

著　　作	发表(写作)年代	发表刊物或收藏者
祝《新华日报》六周年	1944	《新华日报》1月11日
巴山诗草		周慧明
送吴中伦君赴美	1945	吴中伦
中大同学醵金为雨农先生寿先生不受有诗次韵*	1945	吴中伦
祝《新华日报》八周年	1946	《新华日报》1月11日
台湾纪游	1948	张楚宝
迎曙光	1948	陈啸原
西北纪行	1950	周慧明
次韵报子约	1950	林业部档案处
赋得蝉曳残声过别枝	1951	林业部档案处
无题		林业部档案处
六十八岁初度在武汉	1951	林业部档案处
瞻仰烈士遗首	1952	林业部档案处
和寰澄次九	1953	林业部档案处

* 雨农指钱崇澍先生。——编者

编 后 记

1983年12月28日为已故林业部部长梁希先生诞辰一百周年，中国林学会开展纪念活动，并组成纪念梁希先生百年诞辰筹委会和《梁希文集》、《梁希纪念集》编辑组*进行工作。本文集共收入梁希先生所作文章66篇、诗词128首，其中有些文章和诗词是过去没有公开发表过的。编排时，文章和诗词分别按发表（或写作）年代为序。

本文集所收全部著作都保持原貌。但，为便于读者阅读，我们统一了数字的写法，将度量衡单位名称改为现行国际通用的名称（如“米突”、“公尺”改为“米”等），改正了过去发表时误排的字和标点符号，个别地方稍微作了一点删节，有的地方加了注释。

本文集为选集。但凡是我们搜集到的梁希先生的文章和诗词，不论已否收入本文集，都编入《梁希著作目录》。此目录附于文集后面，以便读者查考。

在编辑过程中，林业部图书室、林业部档案处、北京图书馆、中国社会科学院近代史研究所图书馆、南京林产工业学院图书馆、南京农学院图书馆等单位，以及周慧明、张楚宝、陈啸原、王伯心、范立宾、吴凤生、陈建仁等同志在提供资料方面给予了很大帮助；文集中的树种学名都经中国林业科学研究院刘东来和北京林学院火树华二同志校订，在此谨致谢忱。

* 编辑组成员：周慧明、张楚宝、熊大桐、黄在康、张钧成、胡谷岳、王贺春、钱或境、王晓梅、刘慧等。周慧明、张楚宝为编辑组顾问。

由于我们水平有限，加上时间仓促，本文集编辑方面的缺点和错误在所难免，希望读者批评指正。

《梁希文集》编辑组

一九八三年七月十五日

1983版《梁希文集》复刻记

梁希先生是我国杰出的林业科学家、林业教育家和社会活动家，是我国近代林学和林业的杰出开拓者，是新中国首任林垦部部长，中国林学会第一任理事长。凌道扬、梁希等老一辈林学家一起，于1917年创立了中华森林会，1928年更名中华林学会，新中国成立后定名中国林学会。1983年是梁希先生诞辰100周年，中国林学会组织编写出版了《梁希文集》。2023年，是梁希先生诞辰140周年，为缅怀梁希先生的光辉业绩，弘扬梁希科学精神，学会将1983年出版的《梁希文集》进行复刻再版。

《梁希文集》复刻版所收著作基本保持文章原貌。对文中的单位名称没有统改，如“公里”与“千米”“公斤”与“千克”混用，如“方”“大”“尺”“寸”“担”“斤”“蓄积”“cc”，等等。并考虑时代背景，物种名称、地名及单位同样未做修改，如香港、台湾，等等。

在《梁希文集》复刻本中，对原文中误排的字和标点符号，我们尽可能在本书的最后做了勘误，如有遗漏，敬请读者指正。

中国林学会

2023年12月

1 亩约等于 666.67 平方米。
1 丈等于 10 尺，1 尺等于 10 寸，
1 寸等于 10 分；1 丈约等于 3.33 米。
1 英寸等于 0.0254 米。
1 英尺等于 0.03048 米。
1 英里等于 1690.344 米。
1 石即 1 担，等于 50 千克。
1 公担等于 100 千克。
1 斤等于 500 克。
1 两等于 50 克。
1 斗等于 10 升。

《梁希文集》勘误

页	行	误	正	备注
序 P3	13	山青水秀	山清水秀	包含全文
P2	第 3 段，第 2 行	一步一步的退后	一步一步地退后	
P3	3	那末	那么	包含全文
P3	倒数第 2 行	拚命在那里研究	拼命在那里研究	
P7	倒数第 8 行	简括的说一句	简括地说一句	
P7	倒数第 7 行	过甚其辞	过甚其词	
P9	10	夫洋房马路而可以杀风景	夫洋房马路而可以煞风景	
P12	倒数第 6 行	作伞柄	做伞柄	包含全文
P18	倒数第 1 行	大叶越桔	大叶越橘	
P19	6	绝然不同	决然不同	
P19	倒数第 2 行	四、五里	四五里	类似用法，包含全文
P30	3	或蟠踞似虎	或盘踞似虎	
P44	8	不可理谕	不可理喻	
P44	倒数第 3 行	互相推委	互相推诿	
P46	倒数第 3 行	又及山颠	又及山巅	
P51	6	真过的浑浑噩噩	真过得浑浑噩噩	
P51	12	就象	就像	包含全文
P51	12	芦沟桥	卢沟桥	
P52	12	皇帝还好开除么？	皇帝还好开除吗？	疑问词“么”的用法，包含全文
P52	13	反么？	反吗？	
P52	倒数第 7 行	熟悉世故的说	熟悉世故地说	
P52	倒数第 5 行	想了一回心思	想了一会心思	
P54	3	嗤的笑了	嗤地笑了	
P55	5	一包一包的放在	一包一包地放在	
P58	倒数第 3 行	汽孔	气孔	包含全文
P59	1	汽管	气管	包含全文
P59	倒数第 9 行	联接	连接	包含全文
P59	倒数第 9 行	粘土	黏土	包含全文
P61	倒数第 9 行	恢心	灰心	

（续）

页	行	误	正	备注
P62	倒数第 2 行	漏汽	漏气	包含全文
P68	9	只须	只需	包含全文
P77	8	所须时间	所需时间	
P80	倒数第 6 行	可作甲氧基定量之用	可做甲氧基定量之用	
P81	倒数第 6 行	沾湿	蘸湿	
P81	倒数第 6 行	绵	棉	
P85	倒数第 2 行	还管它象样不象样	还管它像样不像样	
P88	8	决不是	绝不是	包含全文
P89	3	作全面的观察	做全面的观察	
P90	倒数第 8 行	决没有	绝没有	
P91	倒数第 3 行	作最后之挣扎罢了	做最后之挣扎罢了	
P92	倒数第 11 行	不象	不像	“象”“不象”之类的用法，包含全文
P92	倒数第 4 行	粘液	黏液	包含全文
P93	9	叫做	叫作	包含全文
P93	13	不是循环形的回到出发点	不是循环形地回到出发点	
P93	倒数第 5、第 6 行	转形	转型	包含全文
P94	倒数第 6 行	作别的消耗	做别的消耗	
P96	4	在失却生活机能细胞之间隙中	在失去生活机能细胞之间隙中	
P135	倒数第 3 行	其它	其他	包含全文
P138	1	未作	未做	
P171	2	决非危言耸听	绝非危言耸听	
P178	2	无需	无须	包含全文
P179	11	枕木 9，000 根作实地试验	枕木 9，000 根做实地试验	
P181	13	装璜	装潢	
P182	15	联成一片	连成一片	
P184	12	清风藤	青风藤	
P188	13	须要	需要	
P188	14	水蒸汽	水蒸气	包含全文
P189	2	粘化物	黏化物	包含全文
P189	9	粘度	黏度	包含全文
P190	5	连络线	联络线	
P191	3	不作集材之用	不做集材之用	
P196	11	销费	消费	
P197	倒数第 8 行	仓卒	仓促	包含全文
P202	8	张惶	张皇	
P204	倒数第 2 行	作得更深入一些	做得更深入一些	
P208	9	作一番彻底的检查	做一番彻底的检查	
P209	1	材能	才能	
P211	13	警戒	警诫	
P217	2	作了一次初步的检阅	做了一次初步的检阅	
P222	4	合理的加以仔细研究	合理地加以仔细研究	

（续）

页	行	误	正	备注
P223	3	很好的完成	很好地完成	
P226	倒数第 2 行	长的不好	长得不好	
P227	倒数第 13 行	开始作造林计划	开始做造林计划	
P229	倒数第 1 行	更快的恢复	更快地恢复	
P231	5	索兴	索性	
P236	7	叫做	叫作	包含全文
P237	倒数第 6 行	作更进一步的测勘	作更进一步地测勘	
P244	倒数第 8 行	察勘	勘察	包含全文
P259	9	作肥料	做肥料	
P260	8	看做	看作	包含全文
P266	倒数第 11 行	走头无路	走投无路	
P266	倒数第 11 行	栽包谷	栽苞谷	
P269	倒数第 6 行	一步步的走得准	一步步地走得准	
P271	倒数第 7 行	从头作起	从头做起	
P277	15	人材	人才	包含全文
P277	倒数第 4 行	怎样作群众的学生	怎样做群众的学生	
P279	4	飞快的进步	飞快地进步	
P289	9	距阵	矩阵	
P297	倒数第 8 行	了望	瞭望	
P304	倒数第 5 行	烂滩子	烂摊子	
P327	倒数第 1 行	老奸巨滑	老奸巨猾	
P328	3	长统袜	长筒袜	包含全文
P338	倒数第 12 行	作一个简单的介绍	做一个简单的介绍	
P358	倒数第 8 行	溶雪	融雪	
P365	倒数第 1 行	纱绽	纱锭	
P371	8	鱼网	渔网	
P381	倒数第 7 行	舍不得化钱	舍不得花钱	
P382	倒数第 12 行	身分	身份	包含全文
P386	倒数第 6 行	作好	做好	包含全文
P385	倒数第 5 行	顺利的完成	顺利地完成	
P407	倒数第 4 行	做的很不够	做得很不够	
P408	13	栽的太疏	栽得太疏	
P408	15	执行的不够	执行得不够	
P410	4	截至目前为止	截至目前	
P411	12	直升飞机	直升机	包含全文
P418	6	综合的解决了	综合地解决了	
P437	13	截止六月	截至六月	
P445	14	当做	当作	包含全文
P447	1	那怕是	哪怕是	包含全文
P456	14	讲的非常踊跃	讲得非常踊跃	
P476	7	好象	好像	包含全文
P493	6	乱砍乱伐	乱砍滥伐	
P545	10	作了一点删节	做了一点删节	

图书在版编目（C I P）数据
梁希文集：复刻版 / 中国林学会组织编写 . -- 北京：中国林业出版社，2024.3
ISBN 978-7-5219-2464-0
Ⅰ . ①梁… Ⅱ . ①中… Ⅲ . ①梁希（1883-1958）- 文集 Ⅳ . ① S7-53

中国国家版本馆 CIP 数据核字 (2023) 第 227714 号

主　任：
赵树丛
副主任：
文世峰　沈瑾兰　曾祥谓

主　编：
曾祥谓　王　妍
副 主 编：
李　莉　韩少杰　李　彦
成　员（按姓氏笔画为序）：
王　妍　文世峰　李　彦　李　莉
沈瑾兰　赵树丛　韩少杰　曾祥谓

策划编辑：吴卉　黄晓飞
责任编辑：张佳　黄晓飞　倪禾田
书籍设计：DONOVA
电话：（010）8314 3552
出版发行：中国林业出版社（100009，北京市西城区刘海胡同 7 号）
E-mail：books@theways. cn
网址：http://www. cfph. net
印刷：北京富诚彩色印刷有限公司
版次：2024 年 3 月 第 1 版
印次：2024 年 3 月 第 1 次印刷
开本：889mm×1230mm 1/32
印张：17. 875
字数：415 千字
定价：88. 00 元